油库加油站安全技术与管理

（第二版）

王伟峰　聂世全　主编

中国石化出版社

内 容 提 要

　　本书包括油库加油站安全技术与管理概论、安全设施、防爆电气、防静电技术、防雷电危害技术、安全"收储发"、安全消防、安全检修、事故分析与对策、事故管理等章节内容，既有一定的理论深度，又结合油库加油站实际问题；既包含安全技术和管理知识，又有解决问题的方法。

　　本书可作为油库加油站业务技术人员培训、自学使用，也可供相关院校油料专业师生参考。

图书在版编目(CIP)数据

　　油库加油站安全技术与管理／王伟峰，聂世全主编.
—2版.—北京：中国石化出版社，2019.7(2024.9重印)
　　ISBN 978-7-5114-5350-1

　　Ⅰ.①油… Ⅱ.①王… ②聂… Ⅲ.①油库-加油站-
安全技术 Ⅳ.①TE972

　　中国版本图书馆CIP数据核字(2019)第115706号

中国石化出版社出版发行
地址：北京市东城区安定门外大街58号
邮编：100011　电话：(010)57512500
发行部电话：(010)57512575
http://www.sinopec-press.com
E-mail：press@sinopec.com
北京科信印刷有限公司印刷
全国各地新华书店经销

*

787毫米×1092毫米 16开本 20.25印张 501千字
2019年7月第2版　2024年9月第2次印刷
定价：85.00元

《油库加油站安全技术与管理(第二版)》
编 委 会

主　　编　王伟峰　聂世全

编写人员　王伟峰　聂世全　王　军

　　　　　牛星华　孔佑铭　郭守香

　　　　　刘春熙　杨祝祥　范建峰

　　《油库加油站安全技术与管理》一书转眼间已出版发行 14 个年头了，深受读者的喜爱，先后印刷了六次。应广大读者朋友的要求，我们组织该书其他几位撰稿人，经过近一年的努力，完成了该书再版的修订任务。该书第一版的主编范继义高级工程师已经离开我们有 5 个年头了，在再版修订过程中，范老的音容笑貌时刻陪伴在我们身边，激励着我们精益求精地续写前辈未完的篇章。该书凝聚了范老多年的心血和汗水，我们站在前辈的肩膀上完成了第二版的修订任务，在此对范老表示深深的怀念和感谢。

　　《油库加油站安全技术与管理（第二版）》在忠实于原著的基础上，紧贴油库加油站建设管理实际，依据最新标准规范，结合多年来的工作经验，主要做了以下工作：一是进行了增新，增加了新标准、新技术、新工艺及新设备等方面的内容；二是进行了删减，对书中涉及过时或淘汰的内容，例如卤代烷灭火器的使用等进行了删减；三是进行了补充完善，主要补充了新时代下安全工作相关要求，完善了事故有关数据统计分析等相关内容。希望该书的再版，能为读者朋友带来一定的帮助。

　　该书根据《石油库设计规范》（GB 50074—2014）、《汽车加油加气站设计与施工规范》（GB 50156—2012）和油料行业有关规程、标准，结合油库加油站第一线工作者的亲历经验编撰而成。内容包括安全技术与管理概述、安全设施、防爆电气、防静电技术、防雷电危害技术、安全"收储发"、安全消防、安全检修、安全防护、事故分析与控制、事故管理等 11 章。既有一定的理论深度，又结合油库加油站实际问题；既含有安全技术和管理知识，又有解决具体问题的措施，而且还吸收了部分现代安全管理的方法。

落实"安全第一，预防为主，综合治理"的安全生产方针，除了思想上重视，组织上严密，制度上严谨，执行上严格，措施上落实，以及安全设施配套齐全和设备设施技术状况良好外，还应大力抓好全员的安全教育、安全技术和业务技能的培训，不断提高全员的思想素养和专业技术素质，培养和造就一支事业心强，具有安全技术和专业知识，具有战斗力的油库加油站专业队伍。只有这样才能提高油库加油站的管理水平，确保油库加油站安全正常运行。

油库加油站事故之所以发生，绝大多数是由于指挥者、操作者缺乏专业技术和安全技术知识，责任心不强，思想麻痹，盲目指挥，违章作业所致。因此，油库加油站库安全是全员的事情，技术人员要努力学习和钻研安全技术，领导和其他人员也应学习安全技术知识。只有全员共同努力，才能搞好油库加油站安全工作。

油库加油站安全工作经验说明，只要尊重科学，善于在工作实践中发现潜在的危险因素，对事故苗头和事故隐患进行全面、认真、深入研究，就可以总结出由危险因素转化为事故隐患，再变为事故的客观规律。经过长期的实践，特别是事故的经验总结，就可以研究出消除或控制危险因素，提出预防事故发生的有效措施。《油库加油站安全技术与管理(第二版)》一书中介绍的方法和措施就是油库加油站长期工作实践经验的总结、结晶。

参与本书修订的人员都具有从事油库加油站工作20年以上的经历，书中绝大多数内容都是编撰者亲历经验的深化、总结、提高，以及再实践和总结的结果。全书再版由王伟峰、聂世全统稿，孔佑铭在制表、校核方面做了大量的工作。王军、牛星华参与了本书部分章节的编写和校核，郭守香、刘春熙、杨祝祥、范建峰对第一版中涉及的编写内容分别进行了修订补充，并提出了宝贵的修改意见和建议。

在编写修订过程中，本书参阅了大量有关书刊及规范、标准，对这些作者深表谢意。

由于编者知识和技术水平有限，缺点、错误在所难免，恳请同行批评指正。

CONTENTS 目录

第一章

概　述

油库加油站安全技术与管理是一门涉及范围广、内容极为丰富的综合性学科。

安全技术是调查分析生产过程中各类事故、职业性伤害发生的原因、规律；研究防止事故、职业病发生的系统的科学技术和理论；制订预测、预防事故、职业病的技术措施。它具有政策性强、群众性广、技术性复杂等特点；它涉及诸多的基础科学、应用科学和工程技术知识。

安全管理是管理科学的一个重要分支，它是为实现系统安全目标而进行的有关决策、计划、组织和控制等方面的活动。其主要任务是在国家安全生产方针的指导下，依照有关政策、法规及各项安全生产制度，运用现代安全管理原理、方法和手段，分析和研究生产过程中存在的各种不安全因素，从技术上、组织上和管理上采取有力措施，控制和消除各种不安全因素，防止事故的发生，保证生产顺利发展，保障职工的人身安全和健康，以及避免国家财产各种损失。

第一节　油品的特性

油品的危险性是由其化学组成及理化特性所决定的。油品的化学组成及理化特性也决定着油品不同形式的燃烧特点。油品的危险性和燃烧特点，给油库加油站带来了诸多的不安全因素，使其环境具有相当的危险性。

一、油品的危险特性

（一）蒸发性

液体表面汽化的现象叫蒸发。物质要蒸发的这种固有趋势称为蒸发性，或挥发性。蒸发性是轻质油品在储运中最重要的危险特性之一。它与油品的密度、饱和蒸气压密切相关。在环境温度下，汽油蒸发最快，煤油和柴油次之，润滑油最慢。油品蒸发受气温、油品温度、油品表面积、表面空气流速、表面压力和油品密度的制约。温度高蒸发快，温度低蒸发慢；油品表面积大蒸发快，表面积小蒸发慢；油品表面空气流速快蒸发快，流速慢蒸发慢；油品表面压力大蒸发慢，压力小蒸发快；油品密度大蒸发慢，密度小蒸发快。对于油库加油站安全来说，在相同条件下，蒸发性大的油品蒸发损失就大，火灾的危险性也就大，形成气阻、气蚀的可能性也大。据资料介绍，美国、日本石油蒸发损失占产量的 3%~5%，苏联由于油罐大小呼吸要损失近 7% 的轻质成分。据测试，汽油每输转一次大呼吸损失 1.2kg/t 左右，从炼油厂到用户仅大呼吸一项损失占 0.8%~1%。一个汽油收发量万吨的油库，每年收发、输送、储存中有 50~60t

汽油变为油气逸散到周围空间。而且油气比空气重，易于在作业场所及低洼、通风不良的地方飘浮积聚，这种潜在的不安全因素，对油库加油站的防火安全影响极大。

(二) 燃烧性

物质的燃烧性是由其闪点、燃点、自燃点来衡量的。常用油品的闪点、燃点、自燃点见表1-1。低闪点是可燃物发生火灾的危险信号，是衡量火灾危险性的重要依据。闪点愈低，火灾危险性愈大。汽油、煤油、柴油的闪点都在120℃以下，润滑油类的闪点一般在210℃以上，所以，油品都有着火的危险性。汽油的闪点在-58~10℃，在任何环境温度下都能挥发出大量的油气，且只需0.2~0.25mJ的点火能量就可以引燃。因此，汽油的火灾危险性最大。煤油的闪点通常在40~46℃，-35号轻柴油的闪点为50℃左右，正常情况下环境温度可能达到或接近此温度。所以，煤油和-35号柴油火灾危险性也较大。轻柴油和重柴油闪点在60~120℃，环境温度不可能达到，但如果油品被加热或附近有足够温度的点火源，也有被点燃而发生火灾的危险。润滑油类的闪点在120~210℃，通常不易着火，但其附近具有高热辐射燃烧时，则可迅速传播燃烧，也具有火灾危险性。

表1-1　常用油品的闪点、燃点、自燃点

油 品 名 称	闪点/℃	燃点/℃	自燃点/℃
车用汽油	-58~10		390~530
喷气燃料	>28		278
煤油	>38		290~430
-35号柴油	>45		300~330
轻柴油	>60		500~600
舰船用燃料油	>80		
QB汽油机油	185~210	一般比闪点高 1~20	
QE汽油机油	>200		306~380
20号航空润滑油	>230		
CA柴油机油	195~220		
CC柴油机油	200~220		
汽轮机润滑油	185~195		
齿轮油	170~180		
变压器油	135~140		
酒精	12		510
石油苯	-12		660~720
乙醚	-41		193

(三) 爆炸性

所谓爆炸性是物质发生非常迅速的物理或化学变化的一种形式。通常用爆炸极限表示油品爆炸的危险性。油气与空气混合，其浓度达到一定的混合比范围时，遇到一定能量的点火源就爆炸。爆炸最低的混合比，称为爆炸下限；爆炸最高的混合比，称为爆炸上限。如汽油的爆炸下限油气体积含量为1.4%，爆炸上限为7.6%。如果混合气体浓度超出上述范围时，遇点火源则不爆、不燃。但在通常的储运条件下，油气很难达到均匀与空气混合，在爆炸极限外，可能存在可燃油气混合物的"气袋"或"边缘区"，这种危险必须注意。另外，因为油气浓度是在一定温度下形成的，除了油气浓度爆炸极限外，还有一个温度爆炸极限。表1-2是几种油品的爆炸极限。由于油品的组成和生产工艺不同，即使同牌号的油品爆炸极限也不是固定不变的。它受诸多因素的制约和影响。如初始温度和压力、惰性气体和杂质的含量、点火源的性质、容器大小等因素都影响着油品的爆炸极限。

表 1-2 几种油品的爆炸极限

油品名称	浓度爆炸极限/%(体积)		温度爆炸极限/℃	
	下 限	上 限	下 限	上 限
车用汽油	1.4	7.6	-38	-8
航空汽油	1.4	7.5	-34	-4
喷气燃料	1.4	7.5	—	—
煤 油	0.6	8.0	+40	+86
柴 油	0.6	6.5	—	—
溶剂油	1.4	6.0	—	—

汽油气在不同浓度下发生爆炸时所产生的压力也不同。表 1-3 是汽油在不同浓度下发生爆炸所产生的压力。图 1-1 是汽油气浓度与爆炸压力的关系曲线。

表 1-3 汽油在不同浓度下的爆炸压力

油气在空气中的浓度/%(体积)	爆炸压力/kPa	油气在空气中的浓度/%(体积)	爆炸压力/kPa
1.15	不爆炸	3.64	744
1.36	不爆炸	3.72	778
1.58	545	3.86	588
1.60	573	3.96	738
1.68	569	3.98	661
1.84	663	4.02	716
1.88	716	4.24	765
2.04	736	4.28	650
2.08	786	4.40	526
2.20	732	4.44	212
2.24	742	4.70	491
2.40	749	4.76	104
2.42	983	4.80	498
2.58	770	4.88	147
2.70	841	4.96	132
2.70	796	5.04	154
2.78	809	5.12	122
2.78	791	5.24	106
2.92	785	5.46	108
3.00	802	5.72	446
3.00	819	5.84	106
3.08	809	5.88	46.4
3.14	780	6.08	66.7
3.16	775	6.18	72
3.24	796	6.49	57
3.24	697	6.96	不爆炸
3.34	809	6.90	不爆炸
3.40	791		

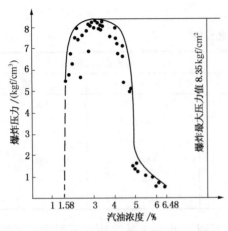

图1-1　爆炸压力与汽油浓度关系曲线图
注：1kgf/cm² = 0.09807kPa

从表1-3和图1-1可以看出，汽油气在空气中的浓度达到3%时，所产生的压力最高。油品火灾不仅有燃烧与爆炸相互转化的特点，而且突发性强，传播速度快，热辐射强。据测试，罐内容积为394m³的柴油罐燃烧时，10s内离开液面5m高的火焰温度高达1100℃。这就是说，油品的这种特性对油库加油站安全威胁极大。油品火灾控制、扑灭于初期极为重要，否则后果难以设想。油库加油站应千方百计地预防火灾的发生。

（四）带电性

根据双电层理论，油品在运输、输转、灌装、调和等作业过程中，不可避免地发生搅拌、沉降、过滤、摇晃、冲击、喷射、飞溅、发泡以及流动等接触分离的相对运动而产生静电。由于油品是电导率极低的碳氢化合物，系非极性液体，液体电导率在0.1~10pS/m时，易于带电；电导率小于0.1pS/m时，所含离子少不易形成双电层，很难带电；电导率大于10³pS/m时，起电性能好，产生静电荷多，但因导电率高，电荷极易泄漏，很难积聚带电。我国生产的石油及石油产品的电导率多在易于产生、积聚静电危险的1~10pS/m范围之内。所以，油品静电的产生、积聚、带电、放电是油库加油站着火爆炸事故点火源之一。

油品静电的积聚除受油品电导率的影响外，还受所处环境的空气湿度、油品的流速、承受的压力、输油管材质及管壁粗糙度以及油品中所含杂质等的影响。空气湿度大，静电积聚少；空气湿度小，静电积聚多。当灌装油品时，空气相对湿度47%~48%，接地设备电位达1100V；湿度为56%时电位为300V；湿度接近72%时带电现象实际终止。油品流速快，产生积聚静电多，电位高；油品流速慢，产生积聚静电少，电位低。通常油品流速限制在4.5m/s以下。当油品承受压力大时，增强摩擦冲击，易于产生紊流和湍流，增大了油品本身的热运动和碰撞，而产生新的电荷。同时，也使扩散层电荷趋向管道中心而增加油品的带电性。输油管材质不同因对静电的消散不同而影响油品带电，消散快带电少，消散慢则带电多；管壁粗糙度大，摩阻系数大带电多，粗糙度小，摩阻系数小则带电少。油品中的杂质有自然存在的及精炼加入的两类。杂质包括氧化物、沥青质、环烷酸和磺酸的金属盐类及水分等。这些活性化合物只要有百万分之一至亿万分之一，就可使油品带电。杂质主要是通过影响油品电导率而影响油品带电性的。

（五）膨胀性

油品与其他物质一样，具有热胀冷缩的特点。汽油的膨胀系数约为1.0‰，煤油、柴油的膨胀系数约为0.8‰。当油品受气温的影响而产生热胀冷缩时，储油罐、储油桶、存油管线等都可能发生胀溢或吸瘪，使管件胀裂或管内出现空穴。这些都可能造成设备的损坏，油品的失控、流失及其产生的油气又成为着火爆炸事故的燃烧物。因此，储油罐规定了安全装油高度，安装了机械呼吸阀和液压安全阀；对运油罐、油桶允许装油量做了规定；输油管线增设了泄压装置。这些安全技术措施的采用，目的在于预防设备、设施的损坏，防止跑、溢油事故及设备损坏事故的发生。

（六）流动性

油品是一种流动性很好的液体物质。油品流动扩散的快慢由油品的黏度决定。这种特性要求油品由特定容器盛装储存，采用专用工艺设备运输、接卸、输转。这些储运设备、设施的技术管理，安全措施稍有疏忽，就会发生跑溢漏滴。失控的油品四处流动扩散，随之产生的油气也会到处飘逸散发，甚至失控油品顺着排水沟（渠）流至非禁火区和库外，扩大了危险性范围。在火灾情况下会造成事故的蔓延扩大。在预防因油品流动性而发生的跑油、混油等事故中，管好储油容器、输油管线、各种阀门、输油泵极为重要。要求安全设备、设施配套，保持罐、管、阀、泵及其安全装置的技术状况完好，在收储发中严格执行安全技术措施和各项规定，从而确保油品始终在有效控制下运输、接卸、输转、储存、灌装。

（七）漂浮性

油品密度比水的密度小，且不与水相溶。因此失控油品可漂浮于江河湖海的水面，水流带动着浮油流动，扩散速度快、范围大。在这种情况下如果发生火灾，则可能形成火烧"连营"的局面。油品的漂浮性还使"水"这种常用灭火剂无用武之地，给油库加油站的防火和灭火造成极大的困难。油库加油站不同区域的隔离、水封设施就是针对油品流动性和漂浮性而设置的；油水分离装置则是利用油品的漂浮性这一基本特性而设计的。从油库加油站安全角度认识油品漂浮的危险性，主要是建立隔离、水封设施，预防失控油品流入江河湖海等水域；在火灾条件下，预防失控油品被汇集的冷却水带走，避免事故的蔓延扩大。

（八）渗透性

油品是一种渗透性很强的液体物质。总体来说，轻质油品与重质油品相比，渗透性强。如在油罐、输油管道腐蚀穿孔，漏油如不能及时发现，渗入地下的油品成为不可忽视的危险因素。

（九）热波性

罐储重质油品在火灾条件下，有时油品会沸腾突溢，燃烧油品大量外溢，甚至从罐中猛烈喷出，形成巨大火柱。通常把这种现象称作"突沸""突溢""喷溅"。这种情况的出现不仅会造成扑救人员的伤亡，而且将使灾情扩大。其原因是重质油品具有热波的特性。所谓热波，就是重质油品燃烧时，处于燃烧面的轻馏分被烧掉，被燃烧热和辐射热加热的重馏分逐步下沉，热量向油品深层传递，从而形成一个向油品深层不断发展的界面，这种现象通常称为热波。冷热油界面称为热波面。热波面的温度可达149~316℃。油品在热辐射和热波的共同作用下，当温度达到油品沸点时，则发生沸腾和外溢。或者热波将油品中的悬浮水滴加热汽化，被油膜包围形成泡沫，当油泡沫突破油层压力上升至油面时出现突沸。更为严重的是热波面传递到水垫层时，水被汽化，体积急剧膨胀增大（水变为蒸汽后体积可达其原体积的1700倍），压力升高，将上部油品抬起，最后突破油层而发生喷溅。另外，热波性只有在宽沸点范围的油品存在，如原油、重油等。而汽油、煤油等，由于沸点范围较窄，各组分密度差别不大，热波面向油品深层推移速度与油品燃烧的直线速度基本相等，所以不会发生沸腾突溢或喷溅现象。

（十）毒害性

油品的毒害性，因其组成的烃类不同而不同。不饱和烃、芳香烃的毒害性比烷烃大；易蒸发的油品毒害性比不易蒸发的油品大；含四乙基铅汽油的危害比不含四乙基铅汽油大。油品对人的毒害性，一是烃类蒸汽，即油气；二是汽油中加入的四乙基铅。毒害性最大的是轻质油品，特别是汽油。因汽油中含有不少芳香烃和不饱和烃，且蒸发性很强。

油品对人体的危害是通过人体呼吸道、消化道及皮肤三个途径进入体内，造成中毒现象或中毒事故的。危害程度则是由油气浓度，作用时间的长短而决定的。

二、油品的燃烧特性

(一) 突发性强

油品火灾具有强烈的突发性。火灾的发生就在瞬间，由于油品热值高，具有较低的闪点和点燃能量，特别是汽油闪点和点燃能量极低。因此，油品着火后，传播速度极快，火焰温度可达到1000℃以上。同时伴随着产生极强的热辐射。几种油品的燃烧速度见表1-4；几种油品燃烧时表面温度见表1-5。

表 1-4　几种油品的燃烧速度

油品名称	密度/(kg/cm³)	燃烧速度	
		直线速度/(cm/h)	质量速度/[kg/(m²·h)]
苯	0.875	18.9	165.37
航空汽油	0.73	12.6	91.98
车用汽油	0.73	10.5	76.65
煤油	0.835	6.6	55.11

表 1-5　几种油品燃烧时表面温度

油品名称	油品表面温度/℃	油品名称	油品表面温度/℃
汽油	80	煤油	321~326
柴油	354~366	原油	300
重油	>300		

(二) 先爆后燃

当油罐内存油较少，气体空间较大，油气混合气体在爆炸极限范围之内，点火源引燃油气混合气体的条件下，爆炸后引燃油品。这种爆炸可能出现几种情况：油罐顶爆飞、掉入罐内、局部开裂；油罐壁板开裂、塌陷；油罐底板与壁板连接的丁字焊缝开裂，甚至罐体移位等。油罐顶部损坏时，一般燃烧呈稳定状态。这时火势大、火焰高。罐内油位较高时，下风方向的火舌可卷出数十米远。油罐壁板损坏部位在液位以上时，燃烧与罐顶损坏类似。损坏部位在液位以下，由于罐内部分油品流出，将引起火灾的扩大。油罐底板与壁板连接的丁字焊缝开裂和油罐移位时，由于罐内油品全部流出，将造成大面积的火灾。

(三) 先燃后爆

一是油罐发生火灾时，罐内气体空间油气浓度大于爆炸极限，燃烧中大量空气进入罐内稀释，油气消耗使油气混合气体达到爆炸极限，回火引起爆炸。二是油罐在火场高温火焰作用下，罐内油品蒸发加快，压力急剧增加，当压力超过油罐所能承受的极限压力时，发生物理性爆炸。三是火灾油罐的相邻油罐，在火焰和热辐射的作用下，罐内油品不断蒸发，通过油罐呼吸系统排向大气，与周围空气形成爆炸性混合气体，燃烧油罐的火焰或高温引燃爆炸。四是当火灾油罐采取罐底导流排油时，如流速过快，罐内形成负压发生回火，引燃罐内爆炸性混合气体发生爆炸。上述四种情况的先燃后爆，都会造成火灾的蔓延扩大。

（四）稳定燃烧

当油罐内液位较高，气体空间较小，油气混合气体过浓的条件下，以及油罐、铁路油罐、汽车油罐的人孔、呼吸阀、测量孔等处有油气混合气体排出，遇点火源发生火灾时，则出现火炬形的稳定燃烧。但如果条件发生变化，有新鲜空气进入罐内空间，稀释油气混合气体，浓度达到爆炸极限，也可能引起爆炸。另外，失控流淌的油品、敞口容器内的油品发生火灾的时候，一般都是稳定燃烧。

（五）爆后不燃

当罐内油品的温度低于闪点，气体空间油气混合气体又处于爆炸浓度范围之内；或者储存过轻质油品的空油罐、空油桶及其他容器；还有积聚爆炸性油气混合气体的油罐室、巷道、泵房、管沟、低洼处等，遇点火源爆炸时，爆炸后如无可燃物继续供给，或爆炸后的温度不足以点燃高闪点油品，则爆炸后不再继续燃烧。

（六）突沸喷溅

储存重质含水油品或有水垫层重质油品罐发生火灾时，由于热辐射和热波的作用，可能发生突沸或喷溅。一般来说，起火后30~60min可能发生突沸（与油品含水量有关）。发生喷溅的条件是油罐底要有水垫层或积水。发生喷溅的前兆是：罐内油面发生蠕动、涌涨、出现泡沫；火焰增大，发亮变白；烟色由浓变淡；罐内出现激烈的"嘶嘶"声等。喷溅也可根据燃烧时间、热波的传播速度和罐内油面高度进行估算。热波的传播速度见表1-6。

（七）热辐射强

油罐火灾因火焰高大，燃烧猛烈，速度快，火焰温度高。所以，热辐射强。而且热辐射强度与燃烧面积、燃烧时间、相对位置、距离和风向有关。燃烧面积大、时间长、距离近、下风方向热辐射强，反之则弱。表1-7是2000m³油罐着火时热辐射测定的资料。热辐射对火灾周围的油罐、设施，以及扑救工作的顺利进行影响很大。

表1-6 不同油品的热波传播速度

油品名称		热波传播速度/（cm/h）
轻质原油	含水0.3%以下	38~90
	含水0.3%以上	43~127
重质原油和重油（含水0.3%以下）		50~75
重油（含水0.3%以上）		30~127

注：热传播速度系指由液面向液体深度传播的速度。

表1-7 2000m³油罐着火时热辐射资料

燃烧油品	风速/（m/s）	气温/℃	辐射温度/℃								
			D			1.5D			2D		
			上风	侧风	下风	上风	侧风	下风	上风	侧风	下风
汽 油	0.5	14	28	34	75	22	21.5	40	18	20.5	30
汽 油	1.1	25	41	80	87	28	60	65	28	39	45
航空汽油	2.1	18	20	29	55	21	22	25	19	25	52
汽 油	1.0	18	24	32	60	21	24	26	20	19	24
汽 油	3.1	18	36	46	85	26	32	54	25	26	40
汽 油	2.8	27	20	56	76	33	43	57	20	32	45
原 油	2.2	13.5	26	30	49	22	31	31	—	25	25

注：油罐直径D=15.3m，燃烧面积为184m²。

（八）油品和油气失控

失控油品及逸散、积聚的油气，是油库加油站常见火灾的燃烧物。据油库445例火灾统计，油品及油气为燃烧物的火灾占93.7%。

三、油品的火灾危险性分类

油品的火灾危险是根据油品被引燃的难易程度，按油库加油站储存油品的闭杯闪点分为甲、乙、丙三类，见表1-8。

原油、汽油等是闪点在28℃以下的油品，最易挥发，遇点火源会燃烧或爆炸。喷气燃料、灯用煤油、-35号轻柴油等油品，闪点高于28℃，低于60℃，挥发性也较强，较易引起着火和爆炸。闪点60~120℃以下的轻柴油、柴油、20号重油因储存温度过高，也曾发生过几起火灾。闪点高于120℃的润滑油和100号重油很难起火，除因其他火灾引燃之外，国内尚未听说过这类油品的火灾。

表1-8　油库加油站储存油品的火灾危险性分类

类别		特征或液体闪点 $F_t/℃$	举　例
甲	A	15℃时的蒸气压力大于0.1MPa的烃类液体及其他类似的液体	液化石油气、液化乙烯、液化丙烯、液化丙烷
	B	甲$_A$类以外，$F_t<28$	原油、汽油、甲醇、乙醇
乙	A	$28≤F_t<45$	喷气燃料、灯用煤油
	B	$45≤F_t<60$	轻柴油、军用柴油
丙	A	$60≤F_t≤120$	重柴油、20号重油
	B	$F_t>120$	润滑油、100号重油、变压器油

第二节　作业与安全

油库是炼厂和用油单位的中间环节，是产销的纽带，加油站是油品产销的最后环节。油品的危险性和油库加油站作业的特点，决定了安全工作必须贯穿于油库加油站收储发的全过程。

一、作业特点

以油品储存、供应为中心的油库加油站作业具有许多特点。如危险性、技术性、随时性、断续性、独立性、批进零出等。这些特性给油库加油站安全工作带来诸多不利因素。

（一）危险性

由于油品本身固有的不安全因素，油库加油站作业中随时有发生事故的可能性。只要有一个环节、一个岗位、一项操作、一条规定没有落实或稍有疏忽，就可能引发事故。

（二）技术性

油库加油站工作涉及技术门类多，甚至一项工作与多种技术有关，要求油库加油站工作者具有多种技术能力。而实际情况是油库加油站工作者技术素质水平低。如油库加油站中毒事故几乎全部是由于缺乏油料专业知识造成的。油库加油站技术设备失修状况较为严重，其主要原因是懂得设备修理的人才太少。

（三）随时性

油库接收来油没有固定的时间，为了不积压铁路油罐车，必需随到随收。由于铁路机车调运问题，大多数在下班后或夜间送到油库。特别周转供应库，多数是星期天和公休日工作，这种随时性极易造成疲劳而失误。

（四）断续性

油库收发作业，大多不是连续作业，设备的运行时断时续。且有的时间间隔很长，有的储备油库多年不进不出。因人员少和断续性作业，油库设备长期不运转和失修的情况较为普遍。

（五）独立性

油库作业岗位多，战线长。通常每个岗位只有一人工作。这种独立工作的特点，要求工作者具有很高的自觉性、责任心和技术素质。否则极易失控而发生事故。

（六）批进零出

油库加油站大多数是由铁路油罐车和油轮整批接卸，然后由用户用汽车油罐车、油桶等容器零星拉走。这种作业方式，既在装卸、输送中有大量油气逸散，又使油品零发场所外来人员和车辆多。这无疑会有诸多外来不安全因素进入零发油现场，给具有油气飘浮的发油场所的安全造成威胁，给安全管理带来困难。

二、安全在作业中的重要地位

油品的危险性决定了油库加油站作业中潜在的不安全因素。而且这种不安全贯穿于油库加油站工作的各种作业的全过程。因此，安全工作对油库加油站具有特别重要的意义，是油库加油站的"生命线"。

（一）安全是作业的前提

围绕油库加油站收储发这个中心而进行的各种作业活动，其目的是为国民经济的发展、国防建设的加强提供动力资源，且作业中必须保证操作人员的身心健康和人身安全。但是，油品自身的危险性给油库加油站作业带来了极大的危险性，稍有疏忽与失误，就可能造成重大事故。如一个闸阀误操作就可能酿成重大的跑油、混油、设备损坏事故。1985年4月16日，某港务公司接收油品时，填制作业票时误将2号罐写成3号罐，按作业票向3号罐注油，造成跑油687t，渗入土壤，从管线与防火堤结合部位缝隙流到堤外，又从下水道流入大海，所幸未引起火灾。结果损失油品266t（收回421t），油罐顶部两处凹陷。又如1980年8月11日，某油库2号洞将7号、8号油罐人孔打开没有连续通风，使爆炸性油气混合气体进入安装不规范的防爆开关内积聚，结果开灯时发生爆炸事故，造成一人死亡，2座2000m³金属油罐报废，2座轻度受损，洞内电器、通风设备大部分破坏，输油管线炸坏30m，主通道被覆层炸坏17m的恶性事故。至于安全制度不健全或执行不严格，操作人员缺乏安全常识或技能，违章指挥或违章作业的事故更多。根据油库千例事故和加油站百例事故统计，由于上述原因和责任心不强所致事故分别占62.3%和58.3%。1978年5月，某石油公司油库，在未采取可靠安全措施的情况下，更换储存66号含铅汽油的（未清完底油）1000m³覆土油罐进出油管闸阀的法兰垫片，5月28日工作人员已有中毒现象，头昏、吃不下饭等症状，未引起重视，31日在未通风和无防护装具的条件下继续工作，造成3人中毒死亡事故。上述情况充分说明，离开了安全这个前提，油库加油站各项工作就难以正常运转。

（二）安全是作业的关键

油库加油站作业是否安全，是关系油品的损失，设备和设施毁坏，人员的健康和伤亡，以及环境污染的大事，同时还会影响友邻单位，造成人们的恐惧心理，也会因供需失调而影响油品需求单位的生产、国防建设等。所以，油库加油站安全作业是圆满完成以收储发为中心任务的关键所在。我国油库加油站经过 50 多年的建设与发展，有了相当的规模和基础，但是还有相当数量的油库加油站存在着工艺技术落后，设备陈旧，储存保管条件差，安全距离不足，安全设施缺乏，被居民或企事业单位包围等严重事故隐患，势必影响油库加油站作业的安全。

（三）安全是作业的保证

从油库事故千例统计分析和加油站百例事故统计分析中发现，影响油库加油站安全作业的因素很多，大体可归纳为以下五类：

（1）人的不安全意识和不安全行为。

（2）安全制度不健全(含油库加油站各种制度，如操作规程、作业程序等)和执行不严。

（3）技术设备状况不良和安全设备不配套。

（4）油品固有的危险特点。

（5）社会环境和自然条件的影响、作用。

只有将这些影响油库加油站安全作业的问题加以研究和解决，方可保证安全作业。

三、安全作业的基本原则

油库加油站作业离不开保证操作人员在作业过程中的安全和健康这一社会主义的基本原则。

（一）作业必须安全

人类的生产活动(油库加油站作业也在其中)是最基本的实践活动，它决定着社会的其他活动。生产劳动是人类赖以生存和发展的必然条件，然而，在生产劳动中必然存在着各种不安全、不利于身心健康的因素，如果不加以防护，随时可能发生工伤事故和职业病或职业伤害，造成生命财产的损失。

（1）保护劳动者原则。生产力由科学技术、劳动对象、劳动工具、劳动者四者组成，其中劳动者是生产力的决定因素。发展科学技术，维护劳动工具，合理开发劳动对象，都离不开保护劳动者的安全和健康，这也是全面建设现代化油库加油站的客观需要。

（2）关心劳动者利益的原则。安全作业直接关系油库加油站人员的切身利益。全面建设油库加油站，实现油库加油站作业的现代化，要依靠油库加油站人员的聪明才智和创造性劳动。调动群众的积极性，除了细致的政治思想工作外，就是关心群众生活，创造一个安全、卫生的劳动环境，解除劳动者的后顾之忧。反之，搞不好安全作业，关心和爱护群众就成了一句空话。

（3）安全作业既是油库加油站的客观需要，又是社会主义制度的需要。60 多年的实践证明安全作业必然促进油库加油站的全面发展。"生产必须安全，安全促进生产"这一揭示生产与安全辩证关系的科学方针，同样适合于油库加油站的作业。执行这一方针，必须树立

"安全第一"的思想，贯彻"管生产必须同时管安全"的原则。

（4）"安全第一"的原则。所谓"安全第一"就是组织安排油库加油站作业时，应把安全作为一个前提条件考虑，落实安全作业的各项措施，保证油库加油站人员的安全和健康，以及油库加油站作业的长期和安全运行；"安全第一"就是在油库加油站作业与安全发生矛盾时，作业必须服从安全；"安全第一"对领导和干部来说，应处理好作业与安全的辩证关系，把人员的安全和健康当作一项严肃的政治任务；"安全第一"对油库加油站人员来说，应严格执行规章制度，从事任何工作都应分析研究可能存在的不安全因素和注意的问题，采取预防性措施，避免人身伤害或影响油库加油站作业的正常运行。

（5）贯彻"管生产必须同时管安全"的原则。这一原则要求油库加油站各级领导，要特别重视安全，抓好安全，将安全作业渗透到油库加油站作业的各个环节，做到作业和安全的"五同时"。即计划、布置、检查、总结、评比作业时，要将安全纳入其中。编制油库加油站年度计划和长远规划时，应将安全作为重要内容。

（二）安全作业，人人有责

安全作业是一项综合性的工作，必须坚持群众路线，贯彻专业管理和群众管理相结合的原则。油库加油站作业，领导和干部决策指挥稍有失误，操作者工作中稍有疏忽，检修、化验人员稍有不慎，都可能酿成重大事故。所以，油库加油站作业必须做到人人重视，个个自觉，提高警惕，互相监督，发现隐患，及时消除，才能实现安全作业。为保证安全作业的落实应确实做好以下几点：

（1）实行全员安全责任制。安全责任制是岗位责任制的组成部分，是一项最根本的安全制度。安全责任制将安全与作业从组织领导上统一起来，使安全作业事事有人管，人人有专责。

（2）建立健全安全规章。安全规章中要特别重视岗位安全技术、操作规程的建立健全和贯彻执行，使操作者有章可循。

（3）适时修改和完善安全规章。安全规章应随着油库加油站机构的变动，科学技术的发展，对油库加油站作业认识的深化，作业经验的积累，操作技能的提高，事故教训的总结而适时修改和完善。

（4）加强经常性的政治思想工作和监督检查。领导和干部应以身作则，身体力行，认真执行。同时要依靠各级组织和群众做好经常性政治思想和安全教育，定期或不定期督促检查执行情况，发现问题，及时解决。安全作业中的好人好事要给予表扬和奖励，好经验要及时总结推广。而对违章指挥、违章作业、玩忽职守造成事故者，必须认真追究，严肃处理。

（三）安全作业，重在预防

"凡事预则立，不预则废"，是总结同灾害作斗争的经验而提出的科学论断，是"防患于未然"的正确主张。油库加油站安全同消防工作"以防为主，以消为辅"一样，应"重在预防"，变被动为主动，变事后处理为事前预防，把事故消灭于萌芽状态。

（1）体现"三同时"原则。"安全作业，重在预防"体现在认真贯彻执行"三同时"的原则。即新建、改建、扩建油库加油站，以及油库加油站实施技术革新、新科技项目时，安全技术、"三废"治理、主体工程应同时设计、施工、投产，决不能让不符合安全、卫生要求的设备、装置、工艺投入运行。

（2）体现对设备设施的整修改造。"安全作业，重在预防"体现在对已投入运行的安全装置和设施的整顿改造。在运行的油库加油站中，凡不符合安全要求的安全装置应及时更换或改造；不配套的安全设施应完善配套；不安全的设备、工艺应更新或改造；老、破、旧、损设备应有计划、有步骤地用新设备代替。而且对运行油库加油站的整修改造应在总体规划指导下进行，以免出现"拆了建，建了拆"的浪费现象。

（3）体现科技含量的不断提高。"安全作业，重在预防"体现在积极开展安全作业的科研、技术革新，对油库加油站现有设备、工艺、装置、设施存在的影响安全问题，组织力量攻关，及时消除隐患；研究或采用新材料、新设备、新技术、新工艺时，应相应地研究和解决安全、卫生等问题，并研制各种新型、可靠的安全防护装置，以提高油库加油站安全的可靠性。

（4）体现人员技能的不断提高。"安全作业，重在预防"体现在狠抓安全作业的基础工作，不断提高人员识别、判断、预防、处理事故的能力和本领。如运用安全教育、安全技术培训、安全技术考核；定期不定期地开展预想、预查、预防的"三预"活动和安全检查；完善各种测试手段，坚持测试，随时掌握设备和环境的变化情况，做到心中有数，以及油库加油站典型事故分析和事故分类综合分析，研究掌握油库加油站事故发生的原因和规律，主动采取预防措施。

（5）体现安全管理方法的不断改进。"安全作业，重在预防"体现在结合油库加油站实际，应用事故致因理论不断完善安全技术设施，加深对危险因素认识，加大对物质危险状态和人的不安全行为的监控力度，防止事故隐患向事故方面转化，采用符合油库加油站的职业安全健康管理体系，实现油库加油站的持续发展。

四、安全作业的基本任务

安全与危险是对立的统一。所谓安全是预测危险，消除隐患，取得不使人身受到伤害，不使财产遭受损失的结果。油库加油站安全作业的基本任务归纳起来有两条：

（一）预防工伤和职业病
在油库加油站作业过程中保护操作者的安全和健康，防止工伤事故和职业性危害。

（二）预防各类事故发生
在油库加油站作业过程中防止各类事故的发生，确保油库加油站连续、正常运行，保护国家财产不受损失。

油库加油站安全作业和劳动保护这两个概念有相同的内涵，也有不同的含义。相同者是其基本任务都是消除作业中的不安全、不卫生因素，防止伤亡事故和职业病的发生。不同者是安全作业含有保护设备、设施、工艺等财产，保证油库加油站正常运行等内容；劳动保护含有劳逸结合，女工保护、未成年保护等内容。

第三节　安全技术与管理的基本内容

油库加油站安全作业包括安全技术和安全管理两个方面的内容。安全技术是安全工作的物质基础，安全管理是安全工作的保证，两者互相促进，互为补充。安全管理主要是贯彻执行国家、军队和上级有关安全的法令、规定、规范、规程、条例、标准和命令，为确保安全而采取的一系列技术措施及组织措施的实践活动。

一、安全生产

安全生产是国家的一项长期基本国策，是保护劳动者的安全、健康和国家财产，促进社会生产力发展的基本保证，也是保证社会主义经济发展，进一步实行改革开放的基本条件。因此，做好安全生产工作具有重要的意义。所谓"安全生产"，是指在生产经营活动中，以安全生产法律法规和技术标准为指导，采取有效的技术、管理、组织等一系列措施使生产过程在符合规定的物质条件和工作秩序下进行，有效消除或控制生产过程中的危险和有害因素，无人身伤亡和财产损失等生产事故发生，从而保障人员安全与健康、设备和设施免受损坏，环境免遭破坏，使生产经营活动得以顺利进行。

我国早期的安全生产工作依照苏联的叫法称之为"劳动保护"，主要是保护劳动者的安全与健康。而美国、英国、日本、澳大利亚等称作"职业安全健康"。主要包括安全管理、安全技术和职业健康三方面的内容。也是以保护从业人员的安全与健康为主。而"安全生产"这个概念，则既要保护人身的安全与健康，也涉及减少经济损失，即保护设备与财产安全的问题。其目的是要实现安全目标，预防人身伤害事故，避免职业病和减少财产损失。

安全生产不应当简单地把安全管理理解为安全管理部门的行政管理。确切地讲，安全生产应当包括安全的法制管理、行政管理、监督检查、工艺技术管理、设备管理、劳动环境和劳动条件的管理。近年来，随着人们对安全、健康和环境意识的不断提高，在生产过程中不仅要保护人身安全和健康，还要不断改善劳动环境和劳动条件；保护人们赖以生存的环境不受污染。与此同时，生产出的产品不但要满足一般使用的要求，还要求节省资源和有利于生态平衡，取得良好的经济效益、生态效益并持续发展。因此在安全生产中要推行安全、健康与环境的"三位一体"的管理。

二、安全管理及其基本内容

(一) 安全管理的形成和发展

安全管理(Safety Management)是国家或企事业单位安全部门的基本职能。它运用行政、法律、经济、教育和科学技术手段等，协调社会经济发展与安全生产的关系，处理国民经济各部门、社会集团和个人有关安全问题的相互关系，使社会经济发展在满足人们日益增长的物质和文化生活需要的同时，满足社会和个人安全方面的要求，保证社会经济活动和生产、科研活动顺利进行、有效发展。

安全管理是油库加油站管理的重要组成部分，是一门综合性的系统科学。安全管理的对象是生产中一切人、物、环境的状态管理与控制，是一种动态管理。油库加油站安全管理主要是组织实施安全管理规划、指导、检查和决策，其理论基础是管理学，或称为企业管理学。

它的发展大致可以划分为三个阶段，即古代管理、近代管理和现代管理。工业革命(17世纪中叶)以前的手工作坊式的管理叫古代管理。从工业革命工厂的产生到20世纪40年代这一阶段叫近代管理。这一阶段中又分为传统管理时期和科学管理时期。17世纪中叶到20世纪初为传统管理时期；由20世纪初到20世纪40年代为科学管理时期。传统管理时期的主要特点是资本家凭经验管理工厂，师傅凭经验带徒弟，工人凭经验操作。科学管理时期已经有了以泰勒为代表的科学管理思想和理论，对工厂实行有组织、有计划的管理，对工人进行挑选、培训、教育，对人员的分工也力求合理等。

现代管理阶段是从20世纪40年代到现在。这一时期管理学发展得非常迅速，出现了许多新的管理理论和管理方法，如管理科学、行为科学、系统科学和权变理论等。特别是在现代数学和计算机技术基础上发展起来的网络化管理，更把管理科学提高到了空前水平。

行为科学是专门研究人的行为规律，以便实现预测和控制人们行为的一门科学。行为科学认为，人是管理中的决定因素，任何人都会对自己受到的各种刺激做出反应。而这种反应必然会对他所从事工作的效率产生影响，由此提出在管理中必须尊重被管理者的个人"尊严"，实行"民主管理""自主管理""参与管理"，既确定工作目标，也评价工作结果。利用各种激励手段，千方百计调动员工的积极性和创造性。

在企业管理的发展过程中，始终都渗透着安全管理的内容。现实采用的安全管理理论、方法和手段，均可以从企业管理理论中找到依据。如现代安全管理理论中的系统安全工程、可靠性工程、安全行为学、安全经济学、事故致因理论、人机工程学等，以及各种安全教育方法、安全作业标准化、系统安全分析、系统安全评价等，都是科学管理理论的应用。

（二）安全管理的研究对象

油库加油站安全管理涉及面广，客观存在是进行各项管理的前提，又是实现油库加油站管理目标的重要内容和约束条件。在油库加油站作业过程中，由于导致事故的原因较多，包括人、设备、环境等诸多因素，而这些因素又涉及设计、施工、操作、维修、储存、运输，以及经营管理诸环节。油库加油站安全管理与作业过程中的许多环节和因素发生联系并受其制约。因此，油库加油站安全管理研究对象应包括油库加油站系统的人、物、环境三要素及三者之间互相联系的各个环节。其中对物的管理包括油库加油站设备、设施，对环境的管理包括内部和外部环境。

（三）安全管理的基本内容

油库加油站安全管理涉及内容比较多，它是顺利进行各项管理的前提，又是实现管理目标的重要内容和约束条件。其基本内容包括以下几个方面：

（1）安全管理组织体制。主要研究安全管理组织机构设置的原则、形式、任务、目标等方面的内容，从而达到优化体制建设的目的。

（2）安全管理基础工作。主要研究安全管理法规贯彻落实，组织安全培训和法规的实施，制订和实施安全检查方案。

（3）安全作业。主要是研究储存和收发作业中的安全管理，储油输油设备设施，电气、通风、消防设备设施运行作业中的安全管理。

（4）劳动保护。主要研究油库加油站生产作业中毒物的来源、危险及防护，油库加油站噪声的危害及控制，油库加油站劳动保护用品等内容。

（5）作业人员的安全管理。主要研究人的行为与安全的关系，行为的退化及预防措施，安全行为的模型，不安全行为的表现以及消除这些不安全行为所采取的对策。

（6）安全的评估。主要研究油库加油站安全评估的标准、组织实施及应注意的问题。

（7）事故管理。主要研究油库加油站事故调查、分析、处理程序及方法，事故发生发展规律，预测、预报理论和方法等。

综合上述内容，可归纳为三个方面的内容：

第一，建立健全安全管理机构，全面实行岗位责任制机制，自上而下明确责、权、利。

第二，用情感和规章制度规范人的思想，约束人的行为，保护好劳动者的安全。在安全管理中，实行"走动"管理模式，进行信息交流，疏通思想。

第三，建立事故管理和安全评估机制，真正实现预测预防，对危险因素进行有效消除或控制。

（四）安全管理的研究方法

（1）理论与实践相结合。由于油库加油站安全管理是一门实用性很强的科学，涉及的范围广，内容复杂，与自然科学、社会科学、技术科学、行为科学等学科在内容上存在多边的联系。因此，研究油库加油站安全管理，必须学习和掌握多方面、多学科的知识，如油库加油站设计、油库加油站设备的使用维护及检修技术、系统论、系统工程、行为科学、心理学、管理科学以及电子计算机等。同时，还应善于将这些知识、技术应用于油库加油站安全管理之中，应用现代管理科学知识和工程技术去研究、分析。控制以及消除油库加油站生产过程中的各种危险因素，有效地防止灾害事故的发生。

（2）定性和定量相结合。任何事物都有其自身质的规定性和量的规定性。油库加油站安全管理中所涉及的因素较多，有人的因素、环境的因素以及设施、设备的因素等，而在这些因素中，有些因素能够用数量表示，有些因素不能用数量表示。在对这些因素进行分析时或对油库加油站系统安全或各子系统安全进行评价时，就无法完全采用定量的方法进行，因此应采取定性分析和定量分析相结合的方法，尽量扩大定量分析的范围，以便对油库加油站安全管理的规律有更深刻的认识，指导油库加油站安全工作实践。

（3）总结与吸收相结合。油库加油站安全管理有其普遍的规律，也有其特殊的规律。各油库加油站由于其规模的不同，设施设备的差异，所处地理环境的不同，人员素质的高低等原因，其安全管理工作有差异。因此油库加油站在安全管理中应针对其具体情况，采取有效的措施，不断总结各油库加油站自身安全管理工作的规律。比如军用油库大多地处偏僻，人员流动性大，担负的任务不同，这就决定了军用油库与地方油库相比有其特殊规律，而且即使是军用油库加油站，北方油库加油站和南方油库加油站、储备油库和供应油库，其安全管理工作也有所不同。

（五）实施安全监督

大力推行安全监督制度，是我国改革劳动保护制度的重要内容。安全监督，就是使安全管理成为封闭式管理，即不但管生产的管安全，而且要有安全监督部门监督安全。安全监督，就是组织职能机构对所属单位组织的安全生产，保证劳动者健康的工作进行监督。国家建立了"国家监察、行业管理、行政负责、群众监督"的安全管理体制，并成立中华人民共和国应急管理部，保证有效的安全监督和应急管理。油库的安全监督机构，对所属单位进行安全检查、评比、监督和事故处理。同时，还应大力开展群众性的安全监督。实践证明，油库设立安全监督岗和安全员实施安全监督是行之有效的方法。油库建、管、用的安全监督见图1-2。

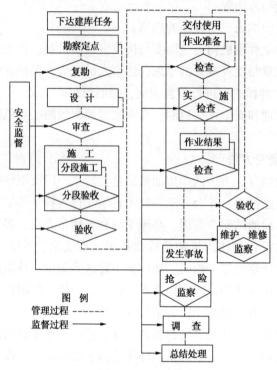

图 1-2　油库建、管、用的安全监督

三、安全技术及其基本内容

(一) 安全技术的历史演变

所谓安全技术是研究和查明油库加油站作业过程中各类事故和职业性伤害发生的原因，防止事故和职业性疾病发生的系统科学技术和理论。安全技术是生产技术的一个分支，与生产技术紧密相关。在生产中利用安全技术，针对不安全因素进行预测、评价、控制和消除，以防止人身伤害事故、设备事故、环境污染，保证生产的安全运行。

安全问题是随着生产的出现而产生，随着生产和技术的发展而发展。

自古以来，人们为了生存，就要采取各种方法和手段从自然界索取财富，同时也采取各种手段和方法保护自身及所拥有的财富，这就形成了人类最初的安全技术措施。但由于当时人类生产使用的工具十分简单，安全问题并不突出，人类对安全的认识及其为保证安全而采取的方法和措施也是极其肤浅的。以后，随着生产力的发展，生产规模的不断扩大，生产工具、手段日益机械化，生产事故的不断增多，安全问题日益突出，人类在生产实践中逐渐认识到保护劳动者自身安全的重要意义，积累了许多安全方面的宝贵经验。

进入 18 世纪中叶，蒸汽机的发明引起了一场工业革命，手工业生产方式逐渐被大规模的机器生产所代替。生产中的事故概率、伤害人数及经济损失都在与日俱增，甚至形成公害波及社会。工业生产安全问题引起了社会的普遍关注，导致了工人的斗争和反抗。促使许多国家相继颁布了各种安全法令以保护工人的安全，也迫使企业开始寻求防止事故的方法和措施，如 1867 年美国一些州开始就安全检查，建立安全工作机构、具有危害性的机械必须安装安全装置等进行立法。19 世纪末开始对有危害的机械设备安装了安全防护器。由于采取了一系列保证安全生产的措施，使企业事故率不断下降。

进入 20 世纪中叶以来，由于科学技术的迅猛发展，工业发展速度加快，生产的大规模化和复杂化，重大工业事故不断发生，如 1961 年 9 月 14 日日本富士市一家化工厂因管道破裂，氯气外泄，造成 532 人中毒，9000 多人受到不同程度的损害，以及大片农田被毁。1984 年 12 月 3 日，美国联合碳化物公司在印度道博帕尔市的一家农药厂，由于剧毒化学物质异氰酸甲酯的大量泄漏，造成了 2500 人死亡，近 20 万人受到不同程度的损害。不仅使工业企业遭受重大经济损失，而且还波及社会，酿成公害，这就使传统的安全工作面临严重的挑战，促使了现代安全技术和安全管理的迅速发展，在传统的安全工程基础上产生安全学、安全系统工程、人机工程和可靠性工程等。

20 世纪 60 年代以来，通过广泛应用各个技术领域的科技成果，安全技术取得长足的发展，形成了一门独立的科学技术体系。70 年代又发展了高完整性安全保护系统。同时，电子计算机的应用，各种定性和定量的事故预测技术（系统分析方法）的出现与完善，对生产系统和工艺操作的安全可靠性进行分析、评价也由定性分析向定量分析方向发展，对安全的认识也不断深化，使人们对事故规律的认识，预测危险及发生事故可能性的能力大大提高，对于采取先进技术对事故前兆进行监测，防止重大灾害性事故的发生，减轻事故的危害，起了很大作用。

（二）安全技术研究的对象和目的

（1）研究对象。油库加油站安全技术是为了控制和消除油库加油站中各种潜在的不安全因素，针对油库加油站生产作业环境、设备设施、工艺流程以及作业人员等方面存在的问题，而采取的一系列技术措施。

油库加油站安全技术是安全作业工作的重要组成部分。作为一门综合性实用学科，安全技术的研究涉及机械、电子、焊接、起重、防腐、系统工程、管理工程等广泛的知识领域，安全技术是一门综合性应用技术，其研究的对象包括人（生产作业人员）、物（油料及其与储运、加注、维修、化验等相关的设备设施）、环境（油库加油站内外部环境）等及其有关的各个环节。

（2）研究的目的。油库加油站安全技术研究的目的，总的来讲，就是应认真贯彻执行国家有关的法律、方针、政策及法规、标准，分析研究油库加油站建设及运行过程中存在的各种不安全因素，采取有效的控制和消除各种潜在不安全因素的技术措施，防止事故的发生，保证职工的人身安全和健康，保证国家财产安全。因此，在研究中必须坚持"安全第一，预防为主"的安全生产方针。

（三）安全技术研究的主要内容

油库加油站安全技术是一门综合性的边缘学科，它的研究内容，从横向来看，应包括对油库加油站的人、物、环境等诸对象采取的安全技术措施；从纵向来看，又涉及从油库加油站设计、施工、验收、操作、维修、储存、运输以及经营管理等诸多环节中的安全技术问题。具体来讲，主要有以下几方面的内容：

（1）安全设计。主要包括地址选择的安全要求；总平面布置的安全要求；油库加油站工艺流程的安全设计与评价；油库加油站设备设施的安全设计；油库加油站建筑防火防爆炸设计；安全设计的审核与评价等内容。

（2）设备设施的安全技术管理。主要包括油库加油站储油设备、输油设备、泵房设备、加温设备、电气设备、通风设备以及装卸设施的安全操作、安全检查与维护和常见事故及预防措施等内容。

（3）检修安全技术。主要包括油库加油站动火作业、罐内作业、高处作业、动土作业、涂装作业、清洗作业的安全技术以及检修作业常用机具的安全使用。

（4）静电防止技术。

（5）建（构）筑物防雷技术。

（6）环境保护。

（7）劳动保护。

（8）油库加油站灭火技术。

（9）油库加油站事故预测与分析技术。

综合上述研究内容，安全技术可归纳为三个方面的基本内容：

第一，预防作业过程中的工伤和其他各类事故的安全技术。这方面内容主要有预防油品流失和变质、减少油气逸散、预防火灾爆炸、预防静电危害、预防设备设施损坏和失修、人体防护等安全技术，以及油库加油站安全评估、事故管理和数理统计，安全系统工程运用等。

第二，预防职业性伤害的安全技术。这方面的内容主要有防尘、防毒、噪声治理、振动消除、通风采暖、照明采光、放射性防护、高频和射频防护、现场急救等。

第三，建立预防安全事故的技术标准规范。制订、完善安全技术规范、规程、规定、条例、标准等内容。

四、本质安全

任何一个系统都是由人员、机器（物料）、环境以及它们之间的关系组成。人员、机器（物料）、环境称作"安全生产三要素"。这些要素中的任一要素自身都能独立地成为实现安全的充分条件。例如，人员若能对危害因素具有绝对的抵御能力或与之隔离，或者机器（物）、环境绝对不造成危害，或者它们之间的关系能在时空、能量上不发生任何危险性联系，其结果都是安全的。这样的系统是本质安全化的系统。然而在现实的生产、生活中，不可能做到绝对的本质安全化，只能做到与现实社会、科技、经济发展水平相适应的相对本质安全化。其主要表现在以下几个方面：

（1）人员经受过良好的安全教育、训练，从而具有良好的安全生理、心理、知识、技能与应急应变反应能力的综合素质，同时具有完善的人身防护。

（2）所用机械设备具有完备的安全及冗余设计，安全装置、安全指示、报警联锁、排出等机构齐全，动作准确，可靠性高。即使出现了故障，也不会导致事故。

（3）所处理的物料（原料、材料、中间体等）、产品等物质具有良好的安全性能。不选用有潜在危险的或性能不明的物质。

（4）工艺过程无害化、安全化；工艺布置可以阻断、隔离危险的发展与继续，能够避免事故及损失。

（5）创造能充分发挥"人、机、物"正常功能的"文明舒适"环境条件，包括光线、温度、湿度、换气、噪声、活动空间等。而且还要考虑到雷雨、风暴、地震、洪水、山火等不正常情况下的应急安全措施。

（6）科学而严密的安全管理，在线检测与监控，达到人、机（物）、环境全系统最佳的动态协调。

在以上这些本质安全化所要求的基本内容中，最能体现本质安全化的集中体现在以下三个方面：

第一，系统的安全性，依靠系统自身而不是系统外附加的安全装置与措施来保证。

第二，人员对机(物)、环境有良好适应性。

第三，构成系统的机(物)、环境的结构设计具有避免事故的功能，即使人员出现了操作失误，机(物)、环境也不会伤害到人员。

五、安全技术与作业技术

安全技术与作业技术都属于生产斗争知识，两者密切相关，相互促进。作业技术没有安全技术的保证就难以实现，而安全技术没有作业技术的基础就难以发展，两者的发展水平必须互相适应。

(1)安全技术是作业技术的一个组成部分。安全技术与作业技术都是根据科学原理和实践经验而发展的各种物质生产的知识和技能。两者的发展水平代表了人类利用自然、改造自然、征服自然的能力。有什么样的作业技术就有什么样的安全技术保证其实现。各个行业都有自己的安全技术。一般来说安全技术有通用和专用之分。作业技术的进步必须伴随安全技术改进，才能确保安全作业；而安全技术的发展，必须熟悉作业技术。

(2)安全技术贯穿于作业的全过程。新建、改建、扩建油库加油站时，从定点、设计、施工、安装到竣工、验收、试运行、投入使用等各个环节都有安全技术的内容，都必须遵守有关安全技术法规。如《石油库设计规范》《建筑设计防火规范》《工厂企业设计卫生标准》等安全规范、规程、规定、条例和标准。油库加油站运行过程中，在人员方面有岗位分配的禁忌、对人员的安全教育、岗前体验、安全技术培训和考核等；在物资方面有油品的质量化验、设备和器材的质量检验、工艺设备的维护和定期技术鉴定、检修等；在管理方面有劳动组织、计划调度、工艺改革、安全技术措施等都与安全技术有不同程度的关联。因此，油库加油站运行中，在各个环节上都应做好安全技术和安全管理工作。

(3)安全技术随着作业技术的发展而发展。作业技术的发展，对安全技术提出新的更高的要求，也为安全技术的发展创造了条件。与新的作业技术相应的安全技术问题得不到解决，新的作业技术就难以推广应用。而安全技术愈发展，工作者预知和消除危险的本领就愈大，也就愈能保证正常、连续、安全地运行，可获得更佳的效益，人员的安全和健康更有保障。因此，安全技术是随着作业技术的发展而发展的。而先进的科学技术和先进的管理方法是安全技术不断前进的原动力。

第四节 安全技术与管理的相关概念

一、安全、危险、风险及其关系和区别

(一)安全、危险、风险

(1)安全。所谓安全，顾名思义，"无危则安，无缺则全"，但世界上没有绝对的安全和十全十美的事物。人们从事生产、经营和参加各种活动，说不定在什么时间、什么地点会

遇到这样那样的不安全问题。例如，下井采煤，有冒顶、水淹、瓦斯爆炸等危害；在化工生产中，有危险化学品着火、爆炸、中毒、化学灼伤等危害；搞建筑施工的，有机械伤害和高处坠落等危害。因而我们工业生产战线上的安全工作者，主要任务就是采取各种预防措施，保护劳动者在生产过程中不发生人身伤害和职业病。然而，现代安全的概念已不仅仅是预防伤亡事故或职业病，也并非仅仅局限于企业生产经营过程之中，安全科学关注的领域已经涉及人类生产、生活和生存的各个方面，因而安全的定义是不会引起死亡、伤害、职业病，或设备损坏、财产损失，或环境危害的条件。

(2) 危险。危险是安全的反义词，它是指可能造成人员伤害、职业病、财产损失、作业环境破坏的状态。其可能性的大小，与安全条件和概率有关。

危险是只有坏结果的不确定事件，即有可能发生事故，造成人员受伤、死亡、中毒，或者使设备、财产等遭到损坏、失效，环境遭受污染的潜在隐患。危险必须同时具有两个特性：①发生的可能性；②后果的严重性。两者中的一个不存在，则认为这种危险就不存在。例如，吸烟有引发火灾的可能性，油库加油站中的许多火灾事故确实是由于吸烟引发的。但只要吸烟人不在油库加油站吸烟，就可认为这个火灾危险在油库加油站并不存在。

(3) 风险。人们为了衡量客观事物危险程度的高低，引入了风险的概念。风险是指在未来时间内，人们为取得某种利益而可能付出的代价，即对意外事件发生的可能性及其后果好坏的综合估计。一个事件有风险，必须同时具备两个特点：①发生的不确定性；②结果的双重性——可能有坏结果，也可能有好结果。

(二) 危险与风险的关系，风险与危险、危害的区别

(1) 安全与危险的关系。安全与危险是相对的。安全是指客观事物的危险程度能够为人们普遍接受的状态。例如，骑自行车上班的人不必戴头盔，是因为骑自行车发生事故的概率较低且受到的伤害也较轻，人们普遍能够接受；而骑摩托车的人则必须按照交通法规的要求戴上头盔，因为其发生事故的可能性和受伤害的严重性是人们难以接受的；自行车赛的运动员也必须戴头盔，这是国际自行车比赛联合会在总结了一系列赛事伤害事故之后做出的决策。同样是骑车，要求却不一样，体现了安全与危险的相对性。

安全与危险的相对性早在我国古代就认识到了，《庄子·则阳》中就有"安危相易，祸福相生"的告诫。说明安全与危险是既互为存在条件，又互相转化的。它们在一项活动中总是相互依存、互相促进的。安全可以用以下公式表示。

$$S = 1 - D$$

式中　S——安全度；

　　　D——危险度。

由此可见，安全与危险是一对矛盾，它们既是对立的，又是统一的。即共存于人们的生产、生活和一切活动中，同时产生，同时消亡。就一个系统而言，没有永远的安全，也没有不变的危险。安全相对危险而产生，相对危险而发展，安全以危险而存在，危险以安全的变化而变化。在长期的安全状态下，危险因素会悄悄产生，逐渐积累，达到一定程度转化为危险。当人们意识到危险即将来临或不满足安全现状的时候，就开始追求新的安全目标，从而创造更安全的条件和状态，安全就向前发展。一个系统总是在"安全—危险—安全"这个规律下螺旋式上升和发展的。

这种转化和发展要靠生产的发展、安全科学技术的进步、经济的投入，更重要的是要靠人的安全意识。当系统呈现危险状态时，迫使人们分析危险产生的根源，研究采取安全防范和控制事故的措施。许多新的生产方法，新工艺、新设备、新技术、新材料往往是在分析、研究危险因素或事故教训之后产生的。

为了促使危险向安全转化，就要掌握安全评价技术，通过安全性评价，及时发现系统中的隐患，预测系统的风险程度，采取控制危险的措施，使系统尽快达到安全状态，或者从根本上促使系统向更高层次的安全状态过度。在这种转化和发展中，安全管理和安全技术也在向前发展和进步。

安全与危险还存在着界限的模糊性，以及由潜在危险转变为显现事故的随机性。比如，再好的医药，剂量适中才能够治病，才是安全的，而超过剂量就会变成危险。

安全是人类生存与发展中的永恒主题，也是当今乃至未来人类社会重点关注的主要问题之一。人类在不断发展进化的同时，也一直与各种活动中所存在的不安全问题进行着不懈的斗争。从某种意义上来说，人类发展的历史可以看作是不断解决安全问题的奋斗史。火的利用是人类发展史上迈出的最重要的一步，但此后也不断与各类火灾事故作斗争；现代采煤业已实现了机械化和半自动化，事故概率大大降低，这是人们多少次与瓦斯爆炸、塌方、透水等事故做斗争才换来的，而且至今这种斗争仍在继续。汽车、火车、飞机等现代化交通工具为人们提供了极大的出行方便，但与交通事故做斗争、进一步提高其安全性仍然是人们不断努力的重要课题。甚至战争中的矛与盾的不断进化与升级，实际上也是人们为了安全而进行的努力。当今社会无处不在的各类安全防护装置和安全管理措施（例如道路交叉口处的红绿灯），都是人们为了安全而付出心血的结晶。而且，随着生产劳动的社会化和科学技术的飞速发展，安全问题也会变得越来越复杂、越来越多样化，对安全问题的研究也更深入、更科学性。从这个意义上说，安全生产只有起点，没有终点。

（2）风险与危险、危害的区别。风险和危险都具有不确定性，只是预期结果有所不同。危险的预期结果是坏的，失败的，破坏性的，对人是不利的。而风险的预期结果有两种，一种是坏的，失败的，破坏性的，对人是不利的；而另一种可能是好的，成功的，盈利的，对人是有益的。因此，人们在处理事物时，要认真分析风险可能带来的利益和危害，权衡得失，再作决策。所谓"风险投资"，就是当要对某个项目（活动、方案等）进行投资决策时，必须在分析可能得到的好结果（效益、成功、盈利、安全等）的同时，认真分析其可能出现的坏结果（亏本、失败、危害，甚至伤亡事故），然后采取措施扬长避短，使事件向好的结果发展。

任何一项新的科学发明和新技术，都会给人类社会带来利益。同时，如果用之不当，也会带来某些危险。例如，人们利用飞机、轮船等交通工具有一定的风险，时有发生坠机和翻船的可能性，有机毁人亡的严重后果。但如果飞机和轮船的安全保障技术完善和交通安全管理完好，就会将风险降到最低，避免危险，从中获得快捷、经济等效益，给人们带来利益。正是风险的存在，才使人类生活更加有意义。

（3）危险与危害。危险和危害都表示不安全，但也有区别。危害着重表达可能造成人的伤害、职业病、环境污染的根源、状态。危险除了表达人员可能遭受伤害外，也表达可能使设备、建筑物或其他财产遭到破坏。

人们常常使用"危险因素"和"危害因素"两个术语。危险因素通常强调不利条件的突发性和瞬间作用，而危害因素则强调不利条件在一定时间范围内的积累作用。有时对两者不加区分，统称为危险因素或事故隐患。

客观存在的危险、有害物质或能量超过临界值的设备、设施和场所，则称为危险源。

风险的度量以风险度来表示。风险度就是在单位时间内，系统可能承受的人员伤亡、财产损失或环境破坏的大小。计算风险度(R)是以系统存在的危险因素为基础的，测算系统在危险因素作用下可能发生的事故概率(P)，一旦发生事故可能造成的损失(C)来估计的。其关系用以下公式表示。

$$R = PC$$

式中　P——事故概率，次/时间；

　　　C——损失，损失/次；

　　　R——风险度，损失/时间。

风险度大，则表示危险程度高；风险度小，则表示危险程度低。

人们常把危险程度分为高、中、低三个档次。当事物状态处于高危险程度时，人们是不能接受的，是危险的；当事物状态处于中等和低等危险程度时，人们往往是可以接受的，则这种状态是相对安全的。中等以上的危险程度称为危险范围，中等以下危险程度称为安全范围。

尽管从概念上来说，风险、危险、危害三者有些不同，但区别并不大。人们常常将它们混用。

风险、危险、危害是客观存在的，它的发生和发展有其自身的规律，不以人们的意志为转移，在宏观上具有必然性，在微观上具有偶然性。必然性是绝对的，偶然性是相对的。在社会生活和劳动生产中，自然灾害或意外事故时有发生，如洪水、台风、火灾、爆炸、车祸、沉船等，严重危害人民的生命和财产安全。但就具体到一件自然灾害或意外事故而言，在何时、何地发生则是难以预料的。因而，风险管理就成为人们在安全防范领域内研究的重要课题。其中保险业的出现与发展，就是用经济手段进行风险管理的一个重要例证。

风险管理用在安全生产管理上是指通过识别风险、分析风险、评价风险，从而有效地控制风险，用最省的方法来综合处理风险，以实现最佳的安全生产保障。

二、燃烧爆炸事故分类、形态和特点

(一)燃烧爆炸事故分类

燃烧爆炸事故通常分为三类：

(1)燃烧型事故

如普通砖木结构建筑物发生火灾(建筑物内是普通可燃物质，无化学易燃易爆物品)。

(2)燃爆型事故

①燃料起火，并引起盛装燃料的容器爆炸、例如油库加油站失火，引起密闭的油桶发生爆炸。

②易燃气体、蒸气或可燃粉尘与空气形成的混合物，当达到燃爆极限时，遇到足够强的点火能量就会引起燃烧爆炸。

③快速燃烧物质发生燃爆。例如黑火药、硝化棉等被明火或火花点燃时，则会由燃烧而转化为爆炸。

（3）爆炸型事故

① 化学爆炸事故。如雷管、炸药一类爆炸性物品发生的爆炸事故；氧化剂与可燃剂接触而发生的爆炸事故等。

② 物理化学爆炸事故。如化工生产中因技术条件控制不好，容器中物料化学反应加速，温度上升，物料分解，蒸气压急剧升高，以至超过容器强度极限而发生爆炸事故。

（二）燃烧爆炸事故的形态

危险物质发生燃烧爆炸事故形态见表1-9。

表1-9 危险物质发生燃烧爆炸事故的形态

危险性物质	爆炸形式	爆炸效应
①可燃气体与空气的均匀或非均匀混合物 ②可燃性液体或喷雾 ③可燃液体薄膜 ④可燃固体粉尘 ⑤液体爆炸性化合物或混合物 ⑥固体爆炸性化合物或混合物 ⑦上述可燃物的多相混合体系	①化学爆炸。燃烧、爆燃、爆轰、剧烈的聚合、分解、反应失控 ②物理爆炸。高压容器破裂，槽罐的减压破裂，爆炸性蒸发 ③化学、物理爆炸并存。内部爆炸导致的容器破裂，容器破裂导致的流出气、流出液爆炸	①冲击波（爆炸波、爆风）；近距离与远距离效应 ②破片，一次破片和二次破片 ③热辐射；火球辐射 ④地震波，主要是固体和液体爆轰引起的效应

（三）燃烧爆炸特点

（1）燃烧爆炸事故与技术过程有关。生产中采用易燃易爆物质为原材料，或生产的中间产品或成品具有易燃易爆特性；生产技术条件要求高温高压；加工的物料具有易挥发（液体）或易飞扬（固体），或散发出毒气、烟雾等，这些都直接与事故原因、受损失大小相联系。

（2）容易形成次生灾害。工业上的燃烧爆炸事故一般来势迅猛，若不及时扑救，可能造成事故蔓延扩大或形成次生灾害。特别是对于加工易燃品、爆炸品的化工厂，要充分估计一旦发生事故时所造成的影响，采取一些自动化程度较高的防火防爆装置。

（3）燃烧与爆炸往往是连续发生。对于一些化工厂来说，燃烧和爆炸虽然是两类事故，但往往连续发生。一般说来，大的爆炸事故之后常伴随有燃烧和火灾；存有爆炸物质的场所，燃烧和火灾往往创造了爆炸的条件，由燃烧而导致爆炸。

（4）燃烧爆炸事故一般损失惨重。燃烧爆炸事故一般破坏性大，损失惨重，往往造成人身伤亡和设备、建筑物破坏，迫使生产停顿，要恢复生产也须花费较大的投资和较长的时间。

（四）防燃烧爆炸事故的基本要求

（1）预防燃爆灾害发生。这是最根本的、最重要的。研究燃烧、爆炸过程的特点和规律，了解物质的燃爆特性和运输、储存的安全措施，从建筑设计和工艺设备上采取预防性措施，都有利于预防燃爆灾害的发生。

（2）限制燃爆灾害的后果。如果生产过程难以避免地出现燃烧爆炸事故，那么在工厂建设上、生产规模上、规章制度上、组织管理上采取一系列措施，以防止燃爆事故的蔓延扩大，减少事故造成的损失。

（3）积极灭火和防爆。这是在一旦发生事故时所做的工作。如根据着火物的特性、火场的具体条件，选用合适的灭火剂和灭火器材，采用正确的灭火方法；撤离可能爆炸的物品。

（4）事故之后认真查找原因。这是不可缺少的一项重要工作。有时会因为现场破坏难以查明原因，但也要认真调查、综合分析。这样做一方面是为了提出预防类似事故发生的措施，另一方面是为了确定事故责任者或揭穿坏分子的破坏阴谋，教育群众。

三、事故概率与危险度的关系

一个事件或一项活动的危险度与发生事故的概率有关，概率越高，危险度越大；同时与事故后果的严重度相关，后果越严重，危险度越大。因而，危险度的大小可用以下公式表示：

$$危险度 = 事故概率 \times 事故后果严重度$$

事故概率与危险物质的敏感度和预防事故的措施(包括工程技术防护措施和安全管理绩效)及其有效性有关。而油气(天然气、煤气等)是高敏感度物质，因而发生事故的概率相当高；事故后果的严重程度与事故发生时意外释放的能量大小有关，能量越大，对人员的伤害和对财产的破坏越大。

一些国家为了规范安全性评价或危险源评估，对事故概率和事故后果严重度制定了分级标准，见表1-10和表1-11。

表1-10　事故概率的分级

等　级	事故死亡率	危险性	举　例
A	1×10^{-3}	高度危险，回避或立即采取措施	
B	1×10^{-4}	中度危险，应当采取措施	如交通事故
C	1×10^{-5}	一般危险，需加注意	如游泳溺死事故
D	1×10^{-6}	不算危险，一般人可以接受	如遭遇天灾致死
E	1×10^{-7}	可以忽略的危险，听天由命	

表1-11　事故后果严重程度分级

级　别	内容说明
I	灾难性，即可能或可以造成人员死亡或系统的彻底破坏
II	严重的，即可能或可以造成人员严重伤害，严重职业病或系统严重损坏
III	轻度的或临界的，即可能造成人员轻伤，轻度职业病或系统轻度损坏
IV	轻微的或忽视的，即不至于造成人员伤害、职业病或系统损坏

近年来，我国交通运输行业发展迅速，公路交通事故明显增加。据近来的统计，我国每年每10万辆车事故死亡26人左右，即每年造成的死亡概率为2.6×10^{-4}。

四、安全科学技术

《学科分类与代码》(GB/T 13745—2009)规定"安全科学技术"为一级学科。

现代科学技术的主要层次，按照我国科技泰斗钱学森教授的意见，"现代科学技术可以分为四个层次，首先是工程技术这一层次，然后是工程技术为理论基础的技术科学这一层次，再就是基础科学这一层次，最后是通过进一步综合，提炼达到最高概括的马克思主义哲学"。据此，我国安全科学技术工作者经过多年的研究、探讨，提出了现代安全科学技术分为四层次，见表1-12。

表1-12　安全科学技术体系

哲　学	安全观	安全价值、安全辩证唯物论、安全意识、安全态度
基础科学	安全学	安全原理、灾害预防学等
技术科学	安全科学	安全化学、灾害物理(力学)、安全毒理学等
工程技术	安全工程技术	防火工程、防爆工程、职业卫工程、电气安全技术等

（一）哲学层次

哲学是对自然知识和社会知识的总结与概括，是对自然界和人类社会中一切事物总的与根本的看法。一句话，就是关于世界观的学说。当哲学具体论及安全的时候，就是安全哲学，安全文化，即安全观。包括对安全的看法、态度、安全思维(精神与物质、偶然与必然、相对与绝对)与方法论、价值取向、道德标准、行为规范等等。正确的安全观认为，安全是人类社会生产、生活等一切活动的基本条件和保证，是赖以生存与发展的基础和动力，因此，要树立"生命高于一切""以人为本""安全第一"理念。正确的安全观把个人安危置于人类、人群及整体安全和发展之中，建筑在辩证唯物主义之上，既不是盲目的"一不怕苦、二不怕死"，也决不作无谓的冒险与牺牲，只有在非常之必要的时候才做出置个人安危于不顾、弃小安求大安的抉择。

（二）基础科学层次

我国著名学者茅以升教授在《科学与技术》的论文中所说："科学的内容包括：①对自然规律的认识；②对自然规律认识过程的系统化；③应用规律时的指导。技术内容包括：①对自然规律的应用(实践与生产)；②对自然规律应用过程的系统化；③认识规律时的验证"。"科学是看不见的，是用文字、图画和数学符号表达出来的；技术是从实际工作的效果上看出来的，是从生产任务的完成表达出来的。科学是认识，技术是方法；科学是理论，技术是实践。"因此，安全科学或称安全原理，包括安全学、灾害预防学，是对下层次的安全技术具有指导意义的学问。主要体现为探讨事故的致因理论、事故形成的机理、事故的概率、事故的演变规律及其结果等方面。

（三）安全技术层次

各行业消除危险、避免事故、保障生产顺利进行的技术知识体系。包括安全系统论、信息论、控制论、安全管理学、心理行为学、人机工程学、安全经济学等。

（四）安全工程层次

它是指具体行业、具体专业的安全工程技术。如防火防爆工程(消防与抗爆工程技术)、职业卫生工程(防毒与防职业病)、建筑结构安全设计、机械安全设计、电气安全工程、安全性评价、危险源评估等具体的工程技术知识。

2009年6月6日，国家质量监督检验检疫局批准了在92版基础上修订了的《学科分类与代码》(GB/T 13754—2009)。此国家标准规定安全科学技术为一级学科，下设5个二级学科和29个三级学科(图1-3)，并指出安全科学技术和环境科学技术、管理学这三个一级学科属于综合学科，列在自然科学和社会科学之间。

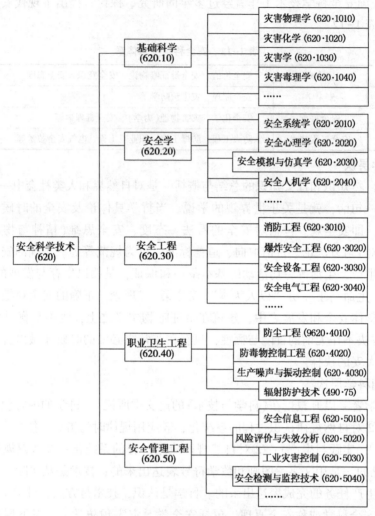

图 1-3　安全科学技术的分类及代码

由此看来，安全科学技术即使只是产业安全方面，也是一个非常庞大的知识体系。我国于 1996 年 12 月成立的全国安全工程专业教学指导委员会，首先组织编写了《安全学原理》《安全工程概论》《安全系统工程》《安全人机工程》《安全管理学》5 种教材，通过这 5 门功课的学习，为安全工程专业奠定了专业技术基础。

第二章

油库加油站安全设施

从安全的意义上讲，《石油库设计规范》(GB 50074—2014)和《汽车加油加气站设计规范》(GB 50156—2012)实质上是安全技术规范。依据该规范，参照油料行业标准，以及多年油库加油站安全工作的经验和教训，结合油库加油站的特点，对各个区域和设备的安全设施及安全技术要求叙述如下。

第一节　油库加油站的分类及其安全要求

凡是接收、储存、发放原油或石油产品的单位和企业都称为油库。凡是给汽车、机械设备加注油品的单位和企业都称为加油站。油库加油站是协调原油生产、原油加工、成品油销售和运输的纽带，是石油及其产品储存、供应的基地。

一、油库加油站的分类

油库加油站按管理体制和业务性质分为独立油库加油站和附属油库加油站两大类型，见表2-1。

表 2-1　油库加油站按管理体制和业务性质分类表

独立油库加油站	民用油库	储备油库
		中转油库
		分配油库
		加油站
	军用油库	储备油库
		中转供应油库
		野战油库
		加油站(城市、公路、部队)
附属油库加油站	油田原油库	
	炼油厂原油库、成品油库、加油站	
	机场油库、港口油库	
	各企业事业单位自用加油站	
	农机站油库	
	其他单位或企业附属油库、加油站	

油库加油站主要储存物是易燃易爆的石油产品，这对油库加油站安全威胁很大。油库加油站容量越大，发生事故造成的损失也越大。因此，从安全角度出发，根据国家有关规定，各部门对油库和加油站等级的划分，事故条件下造成的损失和后果，以及操作和业务的繁简等情况，将油库按容量划分为六级，加油站划分为三级，见表2-2。

表2-2 油库加油站等级划分

项 目	等 级	总容量(TV)/m^3		
	特 级	$1200000 \leqslant TV \leqslant 3600000$		
油 库	一级	$100000 \leqslant TV < 1200000$		
	二级	$30000 \leqslant TV < 100000$		
	三级	$10000 \leqslant TV < 30000$		
	四级	$1000 \leqslant TV < 10000$		
	五级	$TV < 1000$		
加油站	一级	总容量	$150 < TV \leqslant 210$	单罐容量	$\leqslant 50$
	二级		$90 < TV \leqslant 150$		$\leqslant 50$
	三级		$TV \leqslant 90$		汽油罐$\leqslant 30$，柴油罐$\leqslant 50$

注：1. 表中总容量(TV)指油库储油罐容量和桶装油品设计存放量之总和。不包括零位罐、高架油罐、放空油罐的容量。

2. TV为油罐总容量，柴油罐容量可折半计入油罐总容量。

油库还可根据其主要储油方式分类。按此分类有地面油库、隐蔽(覆土)油库、山洞油库、水封石洞油库、水下油库等。油库按运输方式分为水运油库、陆运油库、水陆联运油库。不同类型的油库其业务性质和作业特点也不同，对安全技术及安全管理有不同的要求和侧重。

二、油库加油站的安全要求

油库加油站总的安全要求是确保油品质量，减少油品蒸发损失及环境污染，预防工伤和职业伤害，防止各类事故的发生。

(一)油库选址、设计、施工中的安全要求

1. 选择油库地址的安全原则

(1)油库地址选择应符合城镇规划、环境保护、防火安全要求，且交通方便。

(2)油库地址应具备良好的地质条件。为防止地质灾害对油库的威胁，油库地址不得选于滑坡、崩塌、泥石流、断层、沼泽、流沙等自然灾害威胁，以及地下矿藏开采后可能塌陷的地域。人工洞油库应选于地质构造简单，岩性均一，石质坚硬，不易风化的地域，宜避开断层和破碎带。

(3)油库地址应具有预防水害的条件。为预防洪水灾害对油库的侵害，在靠近江河、湖泊、水库的滨水地段选址时，库区场地的最低设计标高，应高于计算最高洪水水位0.5m及以上；采取可靠的防止油库受淹措施，且技术经济合理，也可低于计算水位。当然，以上只是原则性要求，实际上库区场地的最低设计标高一定要结合当地情况确定，不能受以上具体数据制约。计算最高洪水水位采用的洪水频率为：一级油库为100年，二、三级油库为50年；四、五级油库为25年。

(4)地址应具有良好的水源条件。油库正常运行中及火灾条件下都需要有充足的水源满足生产、消防、生活的需要，而且还应具备流畅的排水条件。

(5)地址不宜选于强地震区。从发生强烈地震，油罐破裂，油品流到库外，威胁安全考

虑，一、二、三级油库不得选在地震基本烈度9度及以上地区，四、五级油库应尽量避免定址于地震高烈度地区。

（6）服务于城镇的商业油库地址。为保证城镇安全，节省运输费用，在符合城镇环境保护和防火安全的条件下，应尽量靠近城镇。

（7）单位和企业附属油库地址。为保证城镇、工业区、单位、企业的安全，附属油库应结合单位、企业主体工程统一考虑，并符合城镇或工业区规划、环境保护、防火安全的要求。

（8）当油库选定海岛、沿海地段或潮汐作用明显的河口段时，为保证港口和船舶的安全，应考虑海洋灾害对油库的危害。如风暴潮、巨浪、地震海啸、大风等灾害对储油罐的破坏及引发的次生灾害。库区场地的最低设计标高，应高于计算水位1m及以上。在无掩护海岸，还应考虑波浪超高，计算水位应采用高潮累积频率10%的潮位。

（9）油库地址与周围的安全距离。为减少油库与周围单位、企业、交通在火灾事故时互相影响，防止油品的污染等，规定了油库与周围单位、设施的安全距离，见表2-3。

表2-3　油库与库外居住区、公共建筑物、工矿企业、交通线的安全距离　　　　m

序号	石油库设施名称	石油库等级	库外建（构）筑物和设施名称				
			居住区和公共建筑物	工矿企业	国家铁路线	工业企业铁路线	道路
1	甲$_B$、乙类液体地上罐组；甲$_B$、乙类覆土立式油罐；无油气回收设施的甲$_B$、乙$_A$类液体装卸码头	一	100(75)	60	60	35	25
		二	90(45)	50	55	30	20
		三	80(40)	40	50	25	15
		四	70(35)	35	50	25	15
		五	50(35)	30	50	25	15
2	丙类液体地上罐组；丙类覆土立式油罐；乙$_B$、丙类和采用油气回收设施的甲$_B$、乙$_A$类液体装卸码头；无油气回收设施的甲$_B$、乙$_A$类液体铁路或公路罐车装车设施；其他甲$_B$、乙类液体设施	一	75(50)	45	45	26	20
		二	68(45)	38	40	23	15
		三	60(40)	30	38	20	15
		四	53(35)	26	38	20	15
		五	38(35)	23	38	20	15
3	覆土卧式油罐；乙$_B$、丙类和采用油气回收设施的甲$_B$、乙$_A$类液体铁路或公路罐车装车设施；仅有卸车作业的铁路或公路罐车卸车设施；其他丙类液体设施	一	50(50)	30	30	18	18
		二	45(45)	25	28	15	15
		三	40(40)	20	25	15	15
		四	35(35)	18	25	15	15
		五	25(25)	15	15	15	15

注：1. 表中的工矿企业指除石油化工企业、石油库、油气田的油品站场和长距离输油管道的站场以外的企业。其他设施指油气回收设施、泵站、灌桶设施等设置有易燃和可燃液体、气体设备的设施。

2. 表中的安全距离，库内设施有防火堤的储罐区应从防火堤中心线算起，无防火堤的覆土立式油罐应从罐室出入口等孔盖算起，无防火堤的覆土卧式油罐应从储罐外壁算起；装卸设施应从装卸车（船）时鹤管口的位置算起；其他设备布置在房间内的，应从房间外墙轴线算起；设备露天布置的（包括设在棚内），应从设备外缘算起。

3. 表中括号内数字为石油库与少于100人或30户居住区的安全距离。居住区包括石油库的生活区。

4. Ⅰ、Ⅱ级毒性液体的储罐等设施与库外居住区、公共建筑物、工矿企业、交通线的最小安全距离，应按相应火灾危险性类别和所在石油库的等级在本表规定的基础上增加30%。

5. 特级石油库中，非原油类易燃和可燃液体的储罐等设施与库外居住区、公共建筑物、工矿企业、交通线的最小安全距离，应在本表规定的基础上增加20%。

6. 铁路附属石油库与国家铁路线及工业企业铁路线的距离，应按《石油库设计规范》（GB 50074—2014）中表5.1.3铁路机车走行线的规定执行。

(10) 另外，油库还应注重交通方便，油品流向合理，生活便利等条件。这些虽不直接影响安全，但对安全有间接积累作用。而且可节省建设投资和油库的运行费用。

2. 设计的安全要求

(1) 油库设计单位必须具有油库设计资质的设计单位。

(2) 油库设计单位必须严格执行《石油库设计规范》，以及《建筑防火设计规范》《工业企业卫生标准》《工业企业采暖通风和空气调节设计规范》《污水综合排放标准》《厂矿道路设计规范》《工业锅炉房设计规范》等有关专业规范的要求。特别应注意电气设备和自控设备的防爆要求。

(3) 重视总平面设计及其总体安全要求。油库区域划分和布置是否安全合理，直接关系油库的安全运行和安全管理。如风向对油库各区之间的影响；道路对消防安全的影响；零星发油区外来危险因素对油库安全的影响等问题，必须在总平面设计中予以妥善解决。

(4) 重视油库附属工程和防护设施的设计。分析油库事故和安全管理经验得出：凡油库事故的扩大蔓延，几乎全部是由于附属工程不全或不符合安全技术要求所致；自然灾害导致油库损失中，大部分属于防护设施问题。如排洪沟渠、桥梁涵洞、挡墙护坡等的设计不符合要求。当然也有油库地址选择问题。

(5) 重视防爆电气及接地装置设计。主要问题：一是防爆电气设计粗略；二是防爆电气选型不当；三是施工人员缺乏防爆电气施工知识，而按普通电气施工；四是油库有些安全技术要求是油库系统经验总结，尚未列入规范；五是油库接地种类多，不同接地有不同技术要求，应严加区分，并正式设计出图。另外，还应注意杂散电流对油库的威胁和危害。

3. 施工的安全要求

(1) 施工单位必须具有油库施工安装的资质。

(2) 油库施工必须按先设计然后施工的步骤和程序实施，特别是山区油库、山洞油库、湿陷性黄土地区油库尤为重要，严防附属工程位于"虚渣"之上及水害处。

(3) 严格按图施工，按照国家和专业标准检查施工的全过程及工程质量，防止施工隐患影响油库的安全运行。

(4) 油库的储油罐、工艺管路必须按技术要求施工，按规范、标准检验质量；阀门应全部清洗试压；安全设备或装置应全部进行质量检查或质量鉴定。

(5) 所有隐蔽工程必须有详细的施工记录，并由建设单位技术人员签字认可，才能继续施工。

(二) 加油站选址、设计、施工中的安全要求

1. 加油站选择地址的安全要求

(1) 加油站位置应符合城镇规划、环境保护和安全防火的要求，并应选在交通便利的地方。

(2) 在城区建成区内不应建一级加油站，建成区内的加油站宜靠近城市道路，不宜在城市干道的交叉路口附近。

(3) 汽油设备与站外建筑物和构筑物的防火距离见表2-4。

表 2-4　汽油设备与站外建（构）筑物的安全间距

单位：m

站外建（构）筑物	站内汽油设备											
	埋地油罐									加油机、通气管口		
	一级站			二级站			三级站					
	无油气回收系统	有卸油油气回收系统	有卸油和加油油气回收系统	无油气回收系统	有卸油油气回收系统	有卸油和加油油气回收系统	无油气回收系统	有卸油油气回收系统	有卸油和加油油气回收系统	无油气回收系统	有卸油油气回收系统	有卸油和加油油气回收系统
重要公共建筑物	50	40	35	50	40	35	50	40	35	50	40	35
明火地点或散发火花地点	30	24	21	25	20	17.5	18	14.5	12.5	18	14.5	12.5
民用建筑物保护类别　一类保护物	25	20	17.5	20	16	14	16	13	11	16	13	11
民用建筑物保护类别　二类保护物	20	16	14	16	13	11	12	9.5	8.5	12	9.5	8.5
民用建筑物保护类别　三类保护物	16	13	11	12	9.5	8.5	10	8	7	10	8	7
甲、乙类物品生产厂房、库房和甲、乙类液体储罐	25	20	17.5	22	17.5	15.5	18	14.5	12.5	18	14.5	12.5
丙、丁、戊类物品生产厂房、库房和丙类液体储罐以及容积不大于50m³的埋地甲、乙类液体储罐	18	14.5	12.5	16	13	11	15	12	10.5	15	12	10.5
室外变配电站	25	20	17.5	22	18	15.5	18	14.5	12.5	18	14.5	12.5
铁路	22	17.5	15.5	22	17.5	15.5	8	8	6	8	8	6
城市道路　快速路、主干路	10	8	7	8	8	6.5	6	5	5	6	5	5
城市道路　次干路、支路	8	6.5	5.5	6	5	5	5	5	5	5	5	5
架空通信线	1倍杆（塔）高									5		
架空电力线路　无绝缘层	1.5倍杆（塔）高，且不应小于6.5m			1倍杆（塔）高，且不应小于6.5m			0.75倍杆（塔）高，且不应小于6.5m			6.5		
架空电力线路　有绝缘层	1倍杆（塔）高，且不应小于5m			1倍杆（塔）高，且不应小于5m			0.75倍杆（塔）高，且不应小于5m			5		

注：1. 室外变、配电站指电力系统电压为35～500kV，且每台变压器容量在10MV·A以上的室外变、配电站，以及工业企业的变压器总油量大于5t的室外降压变电站。

2. 表中道路系指机动车道路。油罐、加油机和油罐通气管通气管口与郊区公路的安全间距应按道路确定，高速公路、一级和二级公路应按城市快速路，主干路确定；三级和四级公路应按城市公路次干路、支路确定。

3. 与重要公共建筑物的主要出入口（包括铁路、地铁和二级及以上公路的隧道出入口，地铁车站出入口）尚不应小于50m。

4. 一、二级耐火等级民用建筑物面向加油站一侧墙面为无门窗洞口的实体墙时，油罐、加油机和通气管与该民用建筑物的距离，不应低于本表规定的安全间距的70%，并不得小于6m。

2. 设计的安全要求

(1) 加油站设计必须具有加油站设计资质的设计单位。

(2) 加油站设计必须符合《汽车加油加气站设计与施工规范》的要求。

(3) 油罐和输油管线,必须埋地敷设,不得使用油罐室和管沟敷设。

3. 施工的安全要求

参照油库施工的安全要求实施。

(三) 油库加油站运行中的安全要求

油库加油站运行中的安全要求主要是"十防"。即防止跑油混油、防止火灾爆炸、防止中毒、防止静电危害、防止设备损坏或失修、防止禁区失控、防止环境污染、防止人的不安全意识和不安全行为、防止自然灾害(含洪灾、地震、雷击、台风等)侵袭、防止有意无意破坏和泄密。除此之外,还应做好以下几项工作:

(1) 建立健全安全组织,实行全员安全责任制,明确岗位职责范围,每项作业者应制定作业程序和操作规程,达到安全作业贯穿于油库各项活动的全过程,做到事事有人管,人人有专责。

(2) 建立健全设备、设施的维修保养和技术鉴定的标准、制度,并保证其落实,达到工作有章可循,设备、设施质量有标准可依,确保设备、设施的良好状况,防止跑冒滴漏。

(3) 加强全员安全知识教育和安全技术培训,提高全员按章办事的意识和操作技能,以及发现问题、解决问题的能力,保证油库加油站正常、长期运行。

(4) 将经常性的思想政治工作和关心群众生活结合起来,创造一个和谐的工作环境,增加全员在各种情况下的承受能力,预防不安全意识和不安全行为的发生。

(5) 人尽其才,合理安排工作。根据人员的思想认识、知识水平、身体条件、特长爱好、心理生理特征、精神状态等具体情况,尽量安排合适的工作,以充分发挥其聪明才智,避免工作中的失误。

(6) 组织好"预想、预查、预防"和科研活动,及时发现、解决不安全因素及事故隐患,改善安全设备、设施的状况,采用新型安全技术设备和装置,提高油库的安全性、可靠性。

第二节　区域安全要求及安全设施

由于油库加油站储油罐和工艺设备的不同,在各种建筑物和构筑物内油气散发的多少、火灾危险程度、作业操作方式和业务管理特点等有较大的差别,因此对安全管理的要求、采取的安全技术措施也有较大的不同。为有利于安全管理,采取有效的安全技术措施,防止区域间的相互危害。按作业操作方式、业务管理特点,火灾危险程度等因素将油库分为储油区、装卸区、辅助生产区、行政管理区四个区域。

一、各区域内主要建筑物、构筑物及防火距离

(一) 各区内主要建筑物、构筑物

各区内主要建筑物、构筑物见表2-5。

表 2-5 油库分区及其建筑物和构筑物表

序 号	分 区		区内主要建筑物和构筑物
1	储油区		油罐、防火堤、油泵站、变配电间等
2	油品装卸区	铁路油品装卸区	铁路油品装卸栈桥、站台、油泵站、桶装油品库房、零位罐、变配电间等
		水运油品装卸区	油品装卸码头、油泵站、灌桶间、桶装油品库房、变配电间等
		公路油品装卸区	高架罐、灌桶间、油泵站、变配电间、汽车油品装卸设施、桶装油品库房、控制室等
3	辅助生产区		修洗桶间、消防泵房、消防车库、变配电间、机修间、器材库、锅炉房、化验室、污水处理设施、计量室、油罐车库等
4	行政管理区		办公室、传达室、汽车库、警卫及消防人员宿舍、集体宿舍、浴室、食堂等

注：1. 企业附属油库的分区，尚宜结合该企业总体布置统一考虑。

2. 对于四级油库，序号 3、4 的建筑物和构筑物可合并布置；对于五级油库，序号 2、3、4 的建筑物构筑物可合并布置。

（二）建筑物、构筑物间的防火距离

防火距离主要是根据火灾条件下相互影响及便于火灾扑救而确定的。其原则是：

（1）避免和减少火灾发生的可能性。油气释放源与明火的距离应大于正常情况下油气扩散所能达到的最大距离。

（2）尽量减少火灾可能造成的影响和损失。对于油气释放源和易于着火及火灾不易扑灭，而且影响油库运行的建筑物、构筑物，其与油罐间的距离应大些，其他可以小些。

（3）按油罐容量大小及储存油品的危险性大小，规定不同的防火距离。

（4）在相互不影响的条件下，尽量缩小建筑物、构筑物之间的防火距离。

（5）在确定防火距离时，应考虑作业安全，方便管理，便于火灾的扑救。

（6）油库内建筑物、构筑物之间的防火距离不应小于表 2-6 规定，加油站设备之间的防火距离见表 2-7。

（三）建筑物、构筑物的耐火等级

耐火等级是根据建筑构件的燃烧性能和耐火极限而确定的。油库内建筑物、构筑物的耐火等级不得低于表 2-8 的规定。

二、储油区的安全要求及安全设施

储油区是"消防重点保卫单位"的要害部位。保证储输油设备、工艺、设施的技术完好，防止油品失控，减少油气逸散和积聚，禁止火源进入储油区，实行封闭式管理是储油区管理的基本安全要求。

（一）油罐选型

（1）油罐建在地上，具有施工速度快、施工方便、土方工程量小、工程造价低等优点。另外，与之相配套的管道、泵站等也可建在地上，从而也降低了配套建设费，管理也较方便。但由于地上油罐目标暴露、防护能力差、受温度影响的呼吸损耗大，在军事油库和战略储备油库等有特殊要求时，油罐可采用覆土、人工洞、埋地等形式。

表2-6　油库内建(构)筑物、设施之间的防火距离　　　　　　　　单位：m

序号	建(构)筑物和设施名称	V(m³)	易燃和可燃液体泵房 甲B、乙类液体(10)	易燃和可燃液体泵房 丙类液体(11)	灌桶间 甲B、乙类液体(12)	灌桶间 丙类液体(13)	汽车罐车装卸设施 甲B、乙类液体(14)	汽车罐车装卸设施 丙类液体(15)	铁路罐车装卸设施 甲B、乙类液体(16)	铁路罐车装卸设施 丙类液体(17)	液体装卸码头 甲B、乙类液体(18)	液体装卸码头 丙类液体(19)	桶装液体库房 甲B、乙类液体(20)	桶装液体库房 丙类液体(21)	隔油池 150m³及以下(22)	隔油池 150m³以上(23)	消防车库、消防泵房(24)	露天变配电所变压器、柴油发电机间 10kV及以下(25)	露天变配电所变压器、柴油发电机间 10kV以上(26)	独立变配电间(27)	办公用房、中心控制室、宿舍、食堂等人员集中场所(28)	铁路机车走行线(29)	有明火及散发火花的建(构)筑物及地点(30)	油罐车库(31)	库区围墙(32)	其他建(构)筑物(33)	河(海)岸边(34)
1	外浮顶、内浮顶储罐，覆土立式油罐，储存甲B、乙、丙类液体的立式固定顶储罐	V≥50000	20	15	30	25	30/23	23	30/23	23	50	35	30	25	25	30	40	40	50	40	60	35	35	28	25	25	30
2	同上	5000<V<50000	15	11	19	15	20/15	15	20/15	15	35	25	19	15	19	23	26	25	30	25	38	19	26	23	11	19	30
3	同上	1000<V≤5000	11	9	15	11	15/11	11	15/11	11	30	23	15	11	15	19	23	19	23	19	30	19	26	19	7.5	15	30
4	同上	V≤1000	9	7.5	11	9	11/9	9	11	11	26	23	11	9	11	15	19	15	23	11	23	19	26	15	6	11	20
5	储存甲B、乙类液体的立式固定顶储罐	V>5000	20	15	25	20	25/20	20	25/20	20	50	35	25	20	25	30	35	32	39	32	50	25	35	30	15	25	30
6	同上	1000<V≤5000	15	11	15	15	20/15	15	20/15	15	40	30	15	15	20	25	30	25	30	25	40	25	35	25	10	20	30
7	同上	V≤1000	12	10	11	11	15/11	11	15/11	11	35	30	11	11	15	20	25	20	30	15	30	25	35	20	8	15	20
8	甲B、乙类液体地上卧式储罐		9	7.5	8	8	11/8	8	11/8	8	25	20	8	8	11	15	19	15	23	11	18	19	25	15	6	11	20
9	覆土卧式油罐、丙类液体地上卧式储罐		7	6	8	6	8/6	6	8/6	6	20	15	6	6	8	11	15	11	15	8	15	15	20	11	4.5	8	20

续表

序号	建(构)筑物和设施名称	易燃和可燃液体泵房·甲B、乙类液体(10)	泵房·丙类液体(11)	灌桶间·甲B、乙类液体(12)	灌桶间·丙类液体(13)	汽车罐车装卸设施·甲B、乙类液体(14)	汽车罐车·丙类液体(15)	铁路罐车装卸设施·甲B、乙类液体(16)	铁路罐车·丙类液体(17)	液体装卸码头·甲B、乙类液体(18)	液体装卸码头·丙类液体(19)	桶装液体库房·甲B、乙类液体(20)	桶装·丙类液体(21)	隔油池·150m³以下(22)	隔油池·150m³以上(23)	消防车库、消防泵房(24)	露天变配电所变压器、柴油发电机间·10kV及以下(25)	·10kV以上(26)	独立变配电间(27)	办公用房、中心控制室、宿舍、食堂等人员集中场所(28)	铁路机车走行线(29)	有明火及散发火花的建(构)筑物及地点(30)	油罐车库(31)	库区围墙(32)	其他建(构)筑物(33)	河(海)岸边(34)
10	易燃和可燃液体泵房 甲B、乙类液体	12	12	12	12	15/15	11	8/8	6	15	15	12	12	15/7.5	20/10	30	15	20	15	30	15	20	15	10	12	10
11	丙类液体	12	9	12	9	15/11	8	8/6	6	15	11	12	9	10/5	15/7.5	15	10	15	10	20	12	15	12	5	10	10
12	灌桶间 甲B、乙类液体	12	12	12	12	15/11	11	15/11	11	15	15	12	12	20/10	25/12.5	12	20	30	15	40	20	30	15	10	12	10
13	丙类液体	12	9	12	9	15/11	8	15/11	11	15	11	12	9	15/7.5	20/10	10	10	20	10	25	15	20	12	5	10	10
14	汽车罐车装卸设施 甲B、乙类液体	15/15	15/11	15/11	15/11	—	—	15/11	15/11	20/20	20/15	15/11	15/11	20/15	25/19	15/15	20/15	30/23	15/11	30/23	20/15	30/23	20	15/11	15/11	10
15	丙类液体	11	8	11	8	—	—	15/11	11	20	15	11	8	15/7.5	20/10	12	10	20	10	20	15	20	15	5	11	10
16	铁路罐车装卸设施 甲B、乙类液体	8/8	8/6	15/11	15/11	15/11	15/11	见石油库设计规范(2014年版)中第8.1节	见石油库设计规范(2014年版)中第8.1节	20/20	20/15	8/8	8/8	25/19	30/23	15/15	20/15	30/23	15/11	30/23	20/15	30/23	20	15/11	15/11	10
17	丙类液体	6	6	11	11	15/11	11	见石油库设计规范(2014年版)中第8.1节	见石油库设计规范(2014年版)中第8.1节	20/15	15	8	8	20/10	25/12.5	12	10	20	10	20	15	20	15	5	11	10
18	液体装卸码头 甲B、乙类液体	15	15	15	15	15	15	20/20	20	见本规范第8.3节	见本规范第8.3节	15	15	25/19	30/23	25	20	30	15	45	20	40	20	—	15	—
19	丙类液体	15	11	15	11	15	11	20/15	15	见本规范第8.3节	见本规范第8.3节	15	11	20/10	25/12.5	20	10	20	10	30	15	30	15	12	12	—

续表

建(构)筑物和设施名称		易燃和可燃液体罐泵房 甲B、乙类液体	易燃和可燃液体罐泵房 丙类液体	灌桶间 甲B、乙类液体	灌桶间 丙类液体	汽车罐车装卸设施 甲B、乙类液体	汽车罐车装卸设施 丙类液体	铁路罐车装卸设施 甲B、乙类液体	铁路罐车装卸设施 丙类液体	液体装卸码头 甲B、乙类液体	液体装卸码头 丙类液体	桶装液体库房 甲B、乙类液体	桶装液体库房 丙类液体	隔油池 150m³及以下	隔油池 150m³以上	消防车库 消防泵房	露天变配电所变压器、柴油发电机间 10kV及以下	露天变配电所变压器、柴油发电机间 10kV以上	独立变配电间	办公用房中心控制室、宿舍、食堂等人员集中场所	铁路机车走行线	有明火及散发火花的建(构)筑物及地点	油罐车库	库区围墙	其他建(构)筑物	河(海)岸边
序号		10	11	12	13	14	15	16	17	18	19	20	21	22	23	24	25	26	27	28	29	30	31	32	33	34
20	桶装液体库房 甲B、乙类液体	12	12	12	12	15/11	11	8/8	8	15	15	12	12	15/7.5	20/10	20	15	20	12	40	15	30	15	5	12	10
21	桶装液体库房 丙类液体	12	12	12	10	15/11	8	8/8	8	15	11	13	10	10/5	15/7.5	15	10	10	10	25	10	20	10	5	10	10
22	隔油池 150m³及以下	15/7.5	10/5	20/10 15/7.5	15/7.5	15/7.5	15/7.5	25/19	20/10	25/19	20/10	15/7.5	10/5	—	—	20/15	15/11	20/15	15/11	30/23	15/7.5	30/23	15/11	10/5	15/7.5	10
23	隔油池 150m³以上	20/10 15/7.5	15/7.5	25/12.5	20/10	20/10	20/10	30/23	25/12.5	30/23	25/12.5	20/10 15/7.5	15/7.5	—	—	25/19	20/15	30/23	20/15	40/30	20/10	40/30	20/15	10/5	15/7.5	10

注：
1. 表中 V 指储罐单罐容量，单位为 m³。
2. 序号 14 中，分子数字为未采用油气回收设施的汽车罐车装卸设施，分母数字为采用油气回收设施的汽车罐车装卸设施与建(构)筑物或设施的防火距离。
3. 序号 16 中，分子数字为未采用油气回收设施的铁路罐车装卸设施或仅用于卸车作业的铁路车线与建(构)筑物或设施的防火距离，分母数字为采用油气回收设施的铁路罐车装卸设施或仅用于卸车作业的铁路车线与建(构)筑物或设施的防火距离。
4. 序号 14 与序号 16 相交数字的分母，仅适用于相邻装车设施均采用油气回收设施的情况。
5. 序号 22、23 中的隔油池，系指设置在罐组防火堤外的隔油池。其中分子数字为无盖板的隔油池，分母数字为有盖板的隔油池与建(构)筑物或设施的防火距离。
6. 罐组专用变配电间和机柜间与石油库内各建(构)筑物与建(构)筑物或设施的防火距离，应与易燃和可燃液体泵房相同，但变配电间和机柜间的门窗应位于易燃液体设备的爆炸危险区域之外。
7. 焚烧式可燃气体回收装置应按有明火及散发火花的建(构)筑物及地点执行。
8. Ⅰ、Ⅱ级毒性液体的可燃性，其他形式的可燃液体的可燃性，应按相应火灾危险性类别在本表规定的基础上增加30%。
9. "—"表示没有防火距离要求。

表 2-7 加油站设备设施之间的防火距离

单位：m

设施名称	汽、柴油罐 埋地油罐	汽、柴油罐 通气管管口	加油机	站房	消防泵房和消防车水池取水口	其他建、构筑物	燃煤独立锅炉房	燃油(气)热水锅炉房	变配电间	道路	站区围墙
汽、柴油罐 埋地油罐	0.5			4	10	5	18.5	8	5		3
汽、柴油罐 通气管管口				4	10	7	18.5	8	5	3	3
密闭卸油点				5	10	10	15	8	6		
加油机				5	6	8	15	8	6		
站房					※	6	6				
消防泵房和消防车水池取水口						6	12				
其他建筑物、构筑物							6	5			
燃煤独立锅炉房									5		
燃油(气)热水炉间									5		
道路											
站区围墙											

注：1. 加油机与非实体墙的防火距离不应小于 5m。

2. 站房、变电间的起算点应为门窗；其他建筑物、构筑物系指根据需要独立设置的汽车洗车房、润滑油储存及加注间、小商品便利店等。

3. 表中"※"表示该设施不应合建。

表 2-8　油库内建筑物、构筑物的耐火等级

序　号	建筑物、构筑物名称	油品类别	耐火等级
1	油泵房、阀门室、灌油间(亭)、铁路装卸油品栈桥和暖库	甲、乙	二　级
		丙	三　级
2	桶装油品库房及敞棚	甲、乙	二　级
		丙	三　级
3	化验室、计量室、仪表间、变配电间、修洗桶间、汽车油罐车库、润滑油更生间、柴油发电机间、空气压缩机间、铁路装卸油品栈桥、高位罐支座(架)	—	二　级
4	机修间、器材库、水泵房、铁路油品装卸栈桥、汽车油品装卸站台、油品装卸码头、油泵棚、阀门棚	—	三　级

注：1. 建筑物和构筑物构件的燃烧性能和耐火极限应符合现行国家标准《建筑设计防火规范》的规定。

2. 三级耐火等级的建筑物和构筑物的构件不得采用可燃材料建造。

3. 桶装甲、乙类油品敞棚承重柱的耐用火极限不应低于 2.5h；敞棚顶承重构件及顶面的耐用火极限可不限，但不得采用可燃材料建造。

(2) 钢制油罐与非金属油罐比较具有造价低、施工快、防渗防漏性好、检修容易、占地小等优点，所以要求油库采用钢制油罐。

甲类、乙$_A$类油品易挥发，采用浮顶或内浮顶油罐储存甲类和乙$_A$类油品可以减少油品蒸发损耗 85% 以上，从而减少油气对空气的污染，还减少了空气对油品的氧化，保证油品质量，对保证安全也非常有利。浮顶油罐比固定顶油罐投资多，但减少的油气损耗约 1 年即可收回投资。因此，储存甲类和乙$_A$类油品的地上立式油罐，应选用浮顶油罐或内浮顶油罐，浮顶油罐应采用二次密封装置。

由于覆土油罐和人工洞罐受温度影响很小，又多为部队所采用，周转次数很少，所以可不采用浮顶油罐或内浮顶油罐。

(二) 油罐之间的防火距离

油罐间防火距离确定主要考虑以下因素：

(1) 尽量减少占地面积。通常储油区，占油库总面积的 1/3~1/2，节约用地是基本国策之一，在安全的前提下，尽量减少占地面积。

(2) 油罐着火概率。据调查统计油罐着火概率较低，年平均着火概率为 0.448‰，且多数为操作管理不当造成。

(3) 着火油罐对相邻油罐的威胁。主要取决于相邻油罐阻火器、呼吸阀的完好，以及火灾中对着火油罐和相邻油罐的冷却。

(4) 满足消防操作要求。即满足冷却油罐喷射仰角 50°~60° 所需距离及着火油罐上操作泡沫钩管的场地要求。

(5) 考虑国内外油罐间距的有关规定。综合分析规定油罐之间的防火距离，其防火距离见表 2-9。

表 2-9 地上油罐组内相邻储罐之间的防火距离

储存液体类别	单罐容量不大于300m³，且总容量不大于1500m³的立式储罐组	固定顶储罐（单罐容量）			外浮顶、内浮顶储罐	卧式储罐
		≤1000m³	>1000m³	≥5000m³		
甲B、乙类	2m	0.75D	0.6D		0.4D	0.8m
丙A类	2m	0.4D			0.4D	0.8m
丙B类	2m	2m	5m	0.4D	0.4D 与 15m 的较小值	0.8m

注：1. 表中 D 为相邻储罐中较大储罐的直径。
    2. 储存不同类别液体的油罐、不同型式的油罐之间的防火距离，应采用较大值。

（三）油罐分组的安全要求

（1）地上、覆土式油罐分组。油罐分组是按照节约用地，油品的火灾危险性和消防的不同要求，以及方便操作管理等因素而进行的。

① 火灾危险性相同或相近的甲、乙、丙A类油品，布置在一个油罐组内有利于油罐之间互相调配和统一考虑消防设施，既可节省输油管道和消防管道，也便于管理。丙B类油品的性质与它们相差较大，消防要求不同，所以不宜建在一个油罐组内。

沸溢性油品在发生火灾等事故时容易从油罐中溢出，导致火灾流散，影响非沸溢性油品安全。所以，沸溢性油品储罐不应与非沸溢性油品储罐布置在同一油罐组内。

② 地上油罐、覆土油罐、高架油罐、卧式油罐的罐底标高、管道标高等各不相同，消防要求也不相同，布置在一起对操作、管理、设计和施工等均不方便。故地上油罐、覆土油罐、高架油罐、卧式油罐不宜布置在同一油罐组内。

③ 油罐组的总容量。随着石化工业的发展，油罐的容量越来越大，浮顶油罐单体容量已达100000m³，固定顶油罐也做到了20000m³。所以，适当提高油罐组的总容量有利于采用大容量油罐，以减少占地。综合分析单罐容量越来越大的发展趋势，固定顶储罐组及固定顶储罐和外浮顶、内浮顶储罐的混合罐组的容量不应大于1.2×10⁵m³，其中浮顶用钢质材料制作的外浮顶储罐、内浮顶储罐的总容量可按50%计入混合罐组的总容量；浮顶用钢质材料制作的内浮顶储罐罐组的容量不应大于3.6×10⁵m³；浮顶用易熔材料制作的内浮顶储罐罐组的容量不应大于2.4×10⁵m³；外浮顶储罐罐组的容量不应大于6×10⁵m³，浮顶用易熔材料制作的内浮顶储罐罐组的容量不应大于2.4×10⁵m³。

④ 油罐组油罐数的限制是因为油罐越多，发生火灾事故的机会就越多；单体油罐容量越大，火灾损失及危害就越大。为控制火灾范围和损失，根据油罐容量大小规定了最多油罐数量，一个罐组内等于或不大于10000m³油罐座数不应多于12座。当最大单罐容量大于或等于1000m³，储罐数最多不超过16座。由于储存丙B类油品油罐不易发生火灾，不大于1000m³油罐发生火灾较易扑救，所以，这两类情况不加限制。

⑤ 为了油罐失火时便于扑救的需要，油罐布置不应超过两排。因超过两排时，如中间一排油罐发生火灾，四周油罐会给扑救工作带来困难，也可能使火灾扩大。储存丙B类油品的油罐（尤其是储存润滑油的油罐），在独立石油库中发生火灾事故的概率极小，所以规定这种油罐可以布置成四排。

为便于火灾的扑救，立式油罐排间的防火距离不应小于5m，卧式油罐排间的防火距离不应小于3m。

⑥ 单罐容量不大于 $300m^3$ 时，总容量不大于 $1500m^3$ 的立式油罐组可集中布置，油罐间距离可根据施工和操作要求确定。这是因为油库总容量不超过 $1500m^3$ 时，可视为一个油罐看待，以节约用地和输油管路，操作管理也方便。

(2) 洞室油罐分组。人工山洞油库油罐区的布置总的安全要求是一条贯通式巷道内的油罐总容量和座数不应过大、过多，在洞内发生爆炸或火灾时使其影响尽量减少。其安全要求是：

① 油罐室的顶部围岩厚度满足防护要求；主巷道出入口不宜少于两个；变配电室、发电间、空压机房等不应与油罐布于同一主巷道内；主巷道洞口外部的建筑物、构筑物与油罐的通风管、呼吸管出口间的距离不应小于 15m；通风机、油泵房与油罐在同一主巷道内时，与油罐室的距离不应小于 15m。

② 由于人工山洞油库主巷道太长时，不利于通风，增大了发生事故的可能性，且一旦发生爆炸事故威胁同一巷道其他油罐的安全。为尽可能地缩小影响范围，同一贯通主巷道内油罐总容量不应大于 $1×10^5 m^3$，油罐数不宜多于 15 座；尽头式巷道总容量不应大于 $4×10^4 m^3$，油罐不宜多于 6 座；储存丙$_B$类油品的油罐座数可不受此限制。

③ 人工山洞油库石质好时，发生爆炸事故对围岩影响不大。但油罐间距离不宜小于相邻较大油罐室毛洞的直径。

④ 为了油罐施工、维修防腐、操作使用的方便和安全，罐顶与油罐室顶净距离不应小于 1.2m；罐壁和罐室壁净距离不应小于 0.8m。

⑤ 为便于人工山洞油库施工出渣、工艺设备安装、运行操作方便，其主巷道衬砌后净宽不应小于 3m；边墙高不应低于 2.2m；主巷道纵向坡度不宜小于 5‰。

⑥ 人工山洞油库主巷道口部、油罐室防爆墙的抗爆等级，应与防护门抗爆等级相适应。为防止油罐破裂油品流出油罐室，影响其他油罐的安全，人工山洞油库必须在主巷道口部设置防护门和密闭门，油罐室防爆墙上设密闭门。

(四) 防火堤的设置和安全技术要求

地上油罐、覆土式油罐(含有水平通道无密封门的覆土油罐)的油罐组均应设防火堤，能承受所容油品的静压力而不应泄漏，以防油罐破裂或其他事故油品流出时，设置防火堤安全技术要求是：

(1) 必须使用非燃烧材料构筑防火堤，且穿过防火堤的输油、消防管路，必须用非燃烧材料严密填实。防火堤上的排水孔洞应设置"排水阻油装置"，或设水封井，或安装闸阀等措施，防止事故状态下油品流到防火堤外。

(2) 地上油罐组应当设置防火堤。立式油罐防火堤的计算高度应保证堤内有效容积需要。防火堤的实高应比计算高度高出 0.2m。防火堤的实高不应低于 1m(以防火堤外侧道路路面或堤外设计地坪最低值计)，且不宜高于 3.2m(以防火堤外侧道路路面计)。卧式油罐的防火堤实高不应低于 0.5m(以防火堤内侧设计地坪计)。如采用土质防火堤，堤顶宽度不应小于 0.5m。

(3) 严禁在防火堤上开洞。管道在穿越防火堤时，应采用非燃烧材料严密填实。在雨水沟穿越防火堤时，应采取排水阻油措施。各油罐组防火堤的人行踏步不应少于两处，且应处于不同的方位上。

(4) 覆土式油罐利用油罐室墙作围护结构时，油罐室墙应采用砖石或混凝土块浆砌，油罐室墙应严密不渗漏，油罐室应有排水阻油措施；覆土式油罐的水平通道应设密闭门，覆土式油罐的竖直通道可不设密闭门。

（5）地上立式油罐的罐壁至防火堤内堤脚的距离，不应小于罐壁高度的一半；卧式油罐的罐壁至防火堤内堤脚的距离，不应小于3m。依山建设的油罐，可利用山体作防火堤，油罐的罐壁至山体的距离不得小于1.5m。

（6）防火堤内有效容量，不应小于罐组内一个最大储罐的容量。

（7）立式油罐组内应当设置隔堤。隔堤应采用非燃烧材料建造，并应能承受所容纳油品的静压力而不应泄漏。单罐容量小于5000m³时，隔堤内的油罐数量不应多于6座；单罐容量等于或大于5000m³至小于20000m³时，隔堤内油罐的数量不应多于4座；单罐容量等于或大于20000m³或小于50000m³时，隔堤内油罐数量不应多于2座；单罐公称容量大于或等于50000m³时，隔堤储罐数量应不多于1座；沸溢性油品储罐，隔堤内的数量不应多于2座；非沸溢性的丙$_B$类油品储罐可不设置隔堤。隔堤顶面高度宜为0.5~0.8m。

（8）防火堤内侧、油罐组内的场地，最好进行防渗处理，防止油品大量渗入地下，以免留下隐患。

（五）油罐区的消防及消防设施

油罐区的消防系统，应根据油库等级、油品危险性、油罐形式，以及邻近消防协作单位条件等因素综合分析确定。油罐宜设置低倍数或中倍数空气泡沫灭火装置。独立油库宜采用固定式泡沫灭火；企业附属油库宜采用半固定式泡沫灭火；半地下、地下、覆土式油罐，卧式油罐，以及容量不大于200m³的地上油罐和润滑油油罐，宜采用移动式泡沫灭火。储油区消防系统要求：

（1）水源应保证灭火时的最大用水量、冷却时的最大用水量、保护用水最大量的总和。水源可以是城市自来水、井水、江河水、泉水等。如果水源不能经常保证最大消防用水量时，应建消防水池进行储水，且补水时间不应超过96h。

（2）消防给水宜与其他用水分开设置管网。给水压力应达到设计消防用水量，最不利点灭火所需压力，且不小于0.15MPa。消防给水管道应环状敷设；四级、五级油库和山区油库、覆土式油罐库环状敷设有困难时，可采用枝状敷设。

（3）消防车道建设要求

① 石油库储存区应设环形消防道路。但对于覆土油罐区，储罐单排布置、且储罐单罐容量不大于5000m³的地上罐组以及四级、五级石油库储存区的罐区或罐组，位于山区或丘陵地带的，设置环形消防车道有困难的可以设尽头式消防车道。尽头式消防车道应设置回车场。两个路口间的消防车道长度大于300m时，应在该消防车道的中段设置回车场。

② 地上储罐组消防车道设置的一般要求。储罐总容量大于或等于120000m³的单个罐组应设环形消防车道；多个罐组共用一个环形消防车道时，环形消防车道内的罐组储罐总容量不应大于或等于120000m³；同一个环形消防车道内相邻罐组防火堤外堤脚线之间应留有宽度不小于7m的消防空地；总容量大于或等于120000m³的罐组，至少应有2个路口能使消防车辆进入环形消防车道，并宜设置在不同的方位上。

③ 除丙$_B$类液体储罐和单罐容量小于或等于100m³的储罐外，储罐至少应有与1条消防车道相邻。储罐中心至少有2条消防车道的距离均不应大于120m，条件受限制时，储罐中心与最近的1条消防车道的距离不应大于80m。

④ 铁路装卸作业区应设消防车道，并应平行于铁路罐车装卸作业线，且宜与库内消防车道构成环形道路。消防车道与铁路罐车装卸作业线的距离不应大于80m。

⑤ 汽车罐车装卸设施和灌桶设施，应设置保证消防车辆顺利接近火灾场地的消防车道。

⑥ 储罐组周边的消防车道路面标高，宜高于防火堤外侧地面的设计标高 0.5m 及以上。位于地势较高的消防车道的路堤高度可适当降低，但不宜小于 0.3m。消防车道与防火堤外堤脚线之间的距离，不应小于 3m。

⑦ 消防车道的净空高度不应小于 5m，转弯半径不宜小于 12m。一级石油库的储罐区和装卸区消防车道的宽度不应小于 9m，其中路面宽度不应小于 7m；覆土立式油罐和其他级别石油库的储罐区、装卸区消防车道的宽度不应小于 6m，其中路面宽度不应小于 4m；储罐单罐容量大于或等于 100000m³ 的储罐区消防车道的宽度应按 GB 50737—2011《石油储备库设计规范》的有关规定执行。

⑧ 石油库通向公路的库外道路和车辆出入口的设计，一般要求是：

a. 石油库应设与公路连接的库外道路，其路面宽度不应小于相应级别石油库储罐区的消防车道；

b. 石油库通向库外道路的车辆出入口不应小于 2 处，且位于不同的方位。受地形、地域条件限制时，覆土罐区和四级、五级石油库可只设 1 处车辆出入口；

c. 储罐区的车辆出入口不应小于 2 处，且位于不同的方位。受地形、地域条件限制时，覆土罐区和四级、五级石油库可只设 1 处车辆出口或公路装卸区应设置直接通向库外道路的车辆出入口。

(4) 消防车库的位置，应满足接到火灾报警后，5min 内到达最远着火的地上储罐，10min 内到达最远着火的覆土油罐。消防车的台数应按冷却油罐最大需水量配备；当采用泡沫消防车进行油罐灭火时，应按着火油罐最大需要泡沫液量配备。

(5) 储油区周围应设防火隔离带或防火林带。这对山区油库尤为重要。消防道路两侧植树时，株距应满足消防操作要求；消防车道与防火堤间不宜植树；储油区不应栽油性大的树种。储油区的枯草、油棉纱布等可燃物必须及时清除。

三、装卸区的安全要求及安全措施

装卸区收发作业频繁，工艺设备较为复杂，外来人员和车辆较多，不安全因素和事故隐患较为突出。据油库 445 例火灾爆炸事故统计，发生在装卸区的事故 225 例，占 50.7%。因此，装卸区安全的总要求是：平面位置便于出入安全；实行半封闭式管理；严格规章制度，严防外来不安全因素进入；健全安全设施，配置消防器材；加强工艺设备的维修保养，确保技术状态良好，防止"溢洒滴漏"；选配责任心强、操作技能好，处理问题能力强，以及严格执行门卫制度的装卸作业人员和保卫人员。

(一)装卸区布置位置的安全要求

(1) 铁路装卸区。为使铁路油罐车进出油库时，不影响其他区域的作业活动和管理，有利于油库安全和消防，铁路装卸区宜布置在油库边缘地带，铁路专用线尽量避免通过油库其他区域，减少铁路与库内公路的交叉。如因地形或其他条件所限，铁路装卸区无法布置于边缘地带时，应综合分析，合理布置，消除影响。铁路专用线如与油库进出公路交叉，常因铁路调车作业而影响油库正常车辆出入，容易发生事故。特别是火灾条件下，可能影响外来救援车辆的顺利通过。

(2) 公路装卸区。由于该区主要任务是向用户供油，或接卸汽车油罐车来油。应布置于面向公路的一侧，单设出入口，用围墙与其他区域隔离，并设置业务室、休息室，出入口外设停车场。这样布置限制了外来人员的活动范围，外来车辆也有等待灌装油的停车场地，可达到有序进库装油，方便出入，利于安全，也不致由于待装油车辆在公路上影响公共交通安全。

（二）铁路装卸油品设施的安全要求

铁路装卸区由铁路作业线、栈桥、鹤管和集油管等组成。铁路装卸设施附近属于爆炸和火灾危险场所。其安全要求是：

（1）铁路作业线不宜建成贯通式，应采用尽头式的平直线，终端车位末端至车挡应有20m的安全距离。为防火安全，通常不准机车进入铁路作业线，机车取送车是推车进库，拉车出库。尽头式铁路作业线，可以满足装卸作业和安全的需要。

（2）由于铁路装卸油品作业线油罐车卸油口中心周围15m范围内属爆炸和火灾危险场所，禁止产生火花的作业靠近。所以，装卸油品的铁路作业线中心线至库内其他铁路作业线中心线的安全距离，装甲$_B$、乙类油品的不应小于20m，卸甲$_B$、乙类油品的不应小于15m，装卸丙类油品的不应小于10m；库内道路（不含消防道路）与装卸油品作业线中心线的距离不应小于10m。

（3）由于甲、乙类、丙$_A$类油品和丙$_B$类油品的爆炸和火灾危险性差别很大，所以二者的装卸作业线不宜使用一条作业线。如使用同一条作业线时，两者相邻鹤管之间应有24m的安全距离。且因润滑油、重油装卸车时间长，为不影响可能进行的调车和装卸作业，最好将丙$_B$类油品装卸设置于作业线后部。

（4）为保证调车作业的安全，铁路中心线至油库围墙大门边缘的安全距离，有附挂调作业时不应小于3.2m，无附挂调作业时不应小于2.44m。铁路中心线至装卸暖库大门边缘不应小于2m，暖库大门自轨面净空高不应低于5m。

（5）根据GB 146.1—1983《标准轨距铁路机车车辆限界》规定，结合最大油罐车G70型的最大宽度、车辆运行中的摆动、施工误差、取送油罐的调车及机车不准进入装卸油品作业线等因素，铁路装卸油作业线的中心线与装卸油栈桥边缘距离，自轨面算起3m以下不应小于2m，3m以上不应小于1.85m。在无栈桥一侧，其中心线与建筑物或构筑物的距离，露天场所不应小于3.5m，非露天场所（库房、敞棚、山洞等）不应小于2.44m。

（6）铁路装卸油品栈桥根据现有铁路油罐车平台高度，结合现场作业操作需要和活动梯的使用情况，装卸油品栈桥的桥面宜高于轨面3.5m。栈桥上应设置安全栏杆；栈桥两端和沿栈桥每隔60~80m处设上下栈桥的梯子。

（7）两条铁路作业线共用一座栈桥或一排鹤管时，两作业线中心线之间的距离，采用小鹤管时不宜大于6m，采用大鹤管时不宜大于7.5m。两相邻装卸油品栈桥之间的两条铁路装卸作业线中心的距离，装甲、乙类油品的不应小于20m，卸甲、乙类油品的不应小于15m。

（8）由于桶装油品作业量较小，其装卸作业线可与散装油品装卸作业线共用，桶装油品与散装油品车位间的净距离不应小于10m；其装卸站台应高于轨面1.1m，站台边缘至铁路作业线中心距离不应小于1.75m。

（9）由于在油库围墙外常有行人或杂散人员吸烟、点火等生产生活行为，有的畜力车还挂有桅灯、带有火炉等明火。鹤管周围15m范围内为爆炸和火灾危险场所，所以，鹤管距离围墙不应小于20m。

（10）为减少大呼吸损失、区域环境污染及油气爆炸性混合气体的形成，油库不宜设零位罐，下部接卸铁路油罐车的卸油系统应采用密闭管道系统，不应进行敞开式卸油。如设零位罐距离油品卸车线中心线的距离不应小于6m，容量不大于一次卸车量。

(三) 水运装卸油品设施的安全技术要求

油码头是水运装卸油品设施最主要的组成部分，油品的危险性对油码头提出了特殊的要求，特别是油品的漂浮性尤应引起重视。其安全技术要求是：

(1) 油码头应建于相邻码头或建筑物、构筑物的下游。这是由于油品可漂浮于水面，一旦发生跑油或失火，流出的油品、火灾油品在水面上顺流而下，且燃烧面积大，传递速度快，灭火较为困难。下游码头、船舶等都会受到威胁或危害。如油码头建于下游确有困难，必须经过充分的经济技术比较，采取可靠的安全措施，经有关部门同意批准，才可建于上游。

(2) 油码头不宜与其他码头建于同一港区水域内。这是由于油码头与其他码头布置同一港区水域时，油船、油码头一旦发生火灾，船舶撤离困难。特别是油码头设于港区进出口附近时，船舶根本无法撤离，将会造成严重的损失。特殊情况下，油码头必须与其他码头布置于同一港区水域时，必须加强安全措施，经充分的经济技术论证，有关部门研究批准，还应尽量远离其他码头、建筑物、构筑物，并满足安全距离的要求。根据油船发生爆炸后的影响范围，油品事故的概率，延及其他码头或建筑物、构筑物的严重后果，以及国内外的安全距离实际情况、规定、资料而确定安全距离，见表2-10~表2-13。

由于油船发生火灾事故往往形成流淌火，为保证客运码头的安全，鼓励油品码头建于客运码头下游，对油品码头建于客运码头上游的情况，要大幅度提高安全距离限制。

表2-10　油码头与公路、铁路桥梁等的安全距离　　　　　　　　　　　　m

油码头的位置	油品类别	安全距离
公路、铁路桥梁下游	甲B、乙	150
	丙	100
公路、铁路桥梁上游	甲B、乙	300
	丙	200
内河大型船队锚地、固定停泊场、城市水源取水口上游	甲、乙、丙A	1000

注：停靠小于500t油船的码头，距离可减少50%。

表2-11　油码头之间或油码头相邻两泊位的船舶安全距离　　　　　　　m

船　长	110	110~150	151~182	183~235	236~279
安全距离	25	35	40	50	55

注：1. 船舶安全距离系指相邻油品泊位设计船型首尾间的净距离。

2. 当相邻泊位设计船型不同时，其间距应按吨级较大者计算。

3. 当突堤或栈桥码头的两侧停靠船时，可不受上述船舶间距的限制，但对于装卸甲类油品泊位，船舷之间的安全距离不应小于25m。

4. 1000t级及以下油船之间的防火距离可取船长的0.3倍。

表2-12　油码头与相邻货运码头的安全距离　　　　　　　　　　　　m

油码头的位置	油品类别	安全距离
内河货运码头下游	甲、乙	75
	丙	50
沿海、河口、内河货运码头上游	甲、乙	150
	丙A	100

注：表中安全距离系指相邻两码头所停靠设计船型首尾间的净距离。

表 2-13 油码头与相邻货运码头的安全距离　　　　　　　　　　m

油码头的位置	客运站级别	油品类别	安全距离
沿海	一、二、三、四	甲、乙	300
		丙	200
内河客运站码头的下游	一、二	甲、乙	300
		丙$_A$	200
	三、四	甲、乙	150
		丙$_A$	100
内河客运站码头的上游	一	甲、乙	3000
		丙$_A$	2000
	二	甲、乙	2000
		丙$_A$	1500
	三、四	甲、乙	1000
		丙$_A$	700

注：1. 油码头与相邻客运站码头的安全距离，系指相邻两码头所停靠设计船型首尾间的净距离。

2. 停靠小于 500t 油船的码头，安全距离可减少 50%。

3. 客运站级别划分应符合 GB 50192《河港工程设计规范》的规定。

（3）油码头相邻两泊位间的安全距离：长度小于或等于 150m 的机动船舶，不应小于两泊位中较大设计船型总长度的 0.2 倍；长度大于 150m 的机动船舶及非机动船舶，不应小于两泊位中较大设计船型总长度的 0.3 倍(船舶在码头内、外档停靠时，不受此限)。

（4）根据国家有关环保法规，达不到国家污水排放标准的污水不能对外排放。因此，需要排放压舱水、洗舱水的码头，应设置接受含油污水的设施。含油的压舱水和洗舱水必须上岸处理。

（5）为了及时制止爆管跑油事故，避免事故扩大，输油管道在岸边适当位置设紧急关闭阀。

（6）栈桥式油品码头不宜与其他货运码头共用一座栈桥。

（四）油品灌装设备安全技术要求

油品灌装含灌装油桶、灌装汽车油罐两部分内容。灌装油桶又分灌桶间(棚)灌装和车载油桶灌装。灌装方式分自流和泵送两种。汽油、煤油、柴油等大多用流量表计量，润滑油一般用磅秤计量。其安全技术要求是：

（1）向汽车油罐车灌装时，宜在装车棚(亭)内进行。甲、乙、丙$_A$类油品可共用一个装车棚(亭)。润滑油应在棚内或室内灌装。

（2）对于灌装甲、乙类油品灌装油泵房、灌桶间、重桶库可合并设在同建筑物内，但油泵和灌油嘴之间应当设置防火墙。甲、乙、丙$_A$类油品的灌装间与油桶库房之间应设无门、窗、孔洞的防火墙。

（3）汽车油罐车的油品灌装宜采用油泵装车方式。有地形高差可供利用时，宜采用储油罐直接自流装车方式。

（4）汽车油罐车向卧式容器卸甲、乙、丙$_A$类油品时，应采用密闭管道系统，有地形高差可利用时，应采用自流卸油方式。

（5）汽车油罐车的油品灌装宜采用定量装车控制方式；汽油总装车量(包括铁路装车量)大于 $20\times10^4t/a$ 的油库，宜设置油气回收设施。汽车油罐车的油品装卸应有计量措施，计量精度应达到 3.5‰。

（6）油品灌装速度。上装鹤管向油罐汽车灌装甲、乙、丙$_A$类油品时，应采用能插到油罐车底部的装油鹤管，并落实慢→快→慢的灌装安全要求，如有条件可采用下部灌装。油品装车流量不宜小于 $30m^3/h$，但装卸车流速不得大于 4.5m/s；当 200L 油桶灌装甲、乙、丙$_A$类油品宜为 1min/桶；润滑油宜 3min/桶，枪口流出速度不得大于 4.5m/s。

（7）甲、乙、丙$_A$类油品灌装尽量不利用高位油罐灌装，以减少油品大呼吸损失、区域污染和危险因素。如利用高位油罐灌装，高位油罐容量一、二级油库不应大于半日灌装量，三、四级油库不应大于日灌装量。汽油、煤油、柴油高位油罐，每种油品不宜多于两座高架油罐。严禁将高位油罐安设在建筑物顶部，亦不得双层架设；润滑油高架油罐可设于其灌装间上部。

（8）高位油罐周围地面应设防火堤，高位油罐距离防火堤的坡脚不应小 2m。

（五）桶装油品库房的安全技术要求

（1）桶装油品库房应为单层建筑，其建筑面积应不大于表 2-14 的规定。甲类桶装油品库房宜单独设置，甲、乙类桶装油品库房不得建在地下或半地下。甲、乙类与丙类桶装油品储存于同一栋库房内时，应采用防火墙隔开。

表 2-14　桶装油品库房单栋建筑面积　　　　　　　　　　　　　　m²

油品类别	耐火等级	建筑面积	防火隔离面积
甲	一、二级	750	250
乙	一、二级	2000	500
	三级	500	250
丙	一、二级	4000	1000
	三级	1200	400

注：丙类桶装油品库房，必要时可建双层建筑，其耐火等级不应低于二级，单栋建筑面积不应大于400m²。

（2）甲、乙类桶装油品库房的门应向外开，丙类桶装油品库房的门可采用靠墙外侧的推拉门。建筑面积大于 $100m^2$ 的桶装油品库房，门的数量不得少于两个，门宽度应不小于2m。并设置斜坡、非燃烧材料门槛，高出室内地坪 0.15m。

（3）甲、乙类桶装油品库房内如安装电气设备、吊装设备，其防爆等级及电气配线，应符合场所危险等级要求；丙类桶装油品库房不属爆炸危险场所，电气设备没有防爆要求；引入室内的电路，应尽量采用埋地电缆，如架空线路引入时，除应符合爆炸危险场所的安全距离外，还应在室外(含埋地电缆引入时，电缆与架空线路转换处)装设低压避雷器。

（4）桶装油品库房内的堆放应满足操作和安全的要求，应设置不小于1.8m 的运输油桶的主通道，桶垛间、辅助通道应不小于1.0m，桶垛、墙壁之间的距离为 0.25~0.5m；机械堆码油桶时，甲类油品不得超过 2 层，乙类、丙$_A$类油品不得超过 3 层，丙$_B$类油品不得超过 4 层；人工堆码桶时，均不得超过 2 层。

（5）单层桶装油品库房净空高度不得小于 3.5m，多层堆码桶装油库，最上层距离屋顶的净距离不得小于1m。

四、辅助生产区和行政管理区的安全技术要求

这两个区域从总体上来说，没有储油区、装卸区的危险性大，发生事故造成的损失也不太严重，但是工伤事故和区域环境污染值得重视。辅助生产区的着火爆炸事故也不能忽视。据445例油库着火爆炸事故的统计，辅助生产区占3.7%，修洗桶的爆炸事故尤为突出，亡人事故屡有发生。

（一）油品化验

油库化验室主要任务是油品检验，其危险因素主要是：

（1）油品的试样，有毒（含剧毒）化学试剂，高压气瓶（含氧气、二氧化碳等）等物，虽然数量不大，但由于疏于管理发生的事故也有所闻。尤其值得注意的是油品试样和化学试剂混储于一室及疏于管理问题。

（2）油品化验操作不当，特别是加热蒸馏易燃油品引发的火灾并不鲜见。违章用电而触电的也有所闻。

（3）油品取样，由于取样方法或工具不当，引发的油品质量事故及火灾事故曾有发生。

（4）据油库195例油品质量事故统计，与油品化验相关者占32.4%，其因是不按规定检查外观，未化验和化验过程中卸油，还有主观臆断问题等。

（二）机修间

从机修间的安全工作来看，主要是气焊中使用的乙炔气发生器或乙炔气瓶、氧气瓶的安全使用和管理，预防工伤及触电事故。机修中更为重要的安全技术问题，是在爆炸和火灾危险场所检修设备、动火作业中的跑油、混油、着火、爆炸等问题。这方面的安全技术将在其他章节中详述。

（三）发（配）电间

（1）石油库输油作业的供电负荷等级宜为三级，不能中断输油作业的石油库供电负荷等级应为二级。一、二、三级石油库应设置供信息系统使用的应急电源。

（2）油库加油站主要生产作业场所的配电电缆应采用钢芯电缆，并采用直埋或者电缆沟充砂敷设。直埋电缆的埋设深度，一般地段不应小于0.7m，在耕种地段不宜小于1.0m，在岩石非耕地段不应小于0.5m。电缆与地上输油管道在同一构架上敷设时，应采用阻燃或耐火型电缆，且电缆与管道之间的净距离不应小于0.2m。

电缆不得与输油管道、热力管道同沟敷设。

（3）10kV以上的露天变配电装置应独立设置。10kV及以下的变配电装置的变配电间与易燃油品泵房（棚）相毗邻时，应符合下列规定：

① 隔墙皮为非燃烧材料建造的实体墙。与配电间无关的管道，不得穿过隔墙。所有穿墙的孔洞，应用非燃烧材料严密填实。

② 变配电间的门窗应向外开。其门窗应设在泵房的爆炸危险区域以外，如窗户设在爆炸危险区以内，应设密闭固定窗。

③ 配电间的地坪应高于油泵房室外地坪0.6m。

（4）油库加油站内建筑物、构筑物爆炸危险区域的等级及电气设备选型，应按GB50058《爆炸和火灾危险环境电力装置设计规范》执行，其爆炸危险区域的等级范围划分应符合《石油库设计规范》的规定。

（四）行政管理区

该区的安全要求同其他企事业单位行政管理区的安全技术要求一样。建筑应满足《建筑防火设计规范》的要求；日常的安全主要是预防案件和事故的发生。另外，油库行政管理区应注意私用、私存油品的危害，以及该区火灾事故对储油区、装卸区的威胁和影响。

第三节　储输油设备的安全设施

储输油设备安全设施的设置，其总的目的是预防跑油混油、着火爆炸、设备损坏，以及其他事故的发生及扩大蔓延。

一、油罐的安全设备及其作用

实质上油罐附件都具有安全的作用，都属于安全设备、设施的范畴，只是在习惯上称为油罐附件。油罐安全设备大体分为四类。即油罐通用安全设备、轻油罐专用安全设备、润滑油油罐安全设备、洞室油罐专用安全设备。其名称、安装位置、作用见表2-15。

表2-15　油罐安全设备及其作用

类　别	名　　称	安 装 位 置	安 全 作 用
油罐通用安全设备	梯子及栏杆	梯子分直梯和旋梯两种，安装于罐壁	方便操作人员上下油罐，保证人身安全
	罐顶栏杆	安装于罐顶周边	防止操作人员从罐顶跌落
	量油孔	安装于梯子平台对面的罐顶；轻油罐量油孔应有不产生火花垫圈	测量油罐内油位高低，掌握液位变化情况，并可取样
	工作平台	安装于罐顶量油孔旁	方便操作人员在罐顶站立作业，放置工具和仪器
	人孔	安装于罐壁底圈的钢板上，直径600mm，中心距底板750mm	具有安装、清洗、检修、防腐中供工作人员进出及通风的作用
	采光孔	设于罐顶与罐壁人孔的对面，也有设于罐顶中心的	供安装、清洗、检修、防腐等工作中采光及通风排气
	进出油短管及闸阀	设于罐壁底圈壁板上，管中心距罐底300mm	油罐进出油品，以及封闭罐与管的通路，防止跑油、混油
	保险阀装置	安装于进出油短管端部	防止进出油短管及闸阀故障或损坏时跑油
	柔性短管	设于进出油短管闸阀与输油管之间	防止油罐地基下沉及地震对油罐和油管损坏跑油
	保险阀旁通管	两头分别与罐壁和进出油短管连接(现很少采用)	平衡油罐保险阀内外的静压力，以方便操作及防止保险阀装置损坏
	胀油管及安全阀	两头分别与罐顶及输油管线相连	防止停输期间输油管内油品热胀时提供出路，以保证输油管的安全

续表

类 别	名 称	安 装 位 置	安 全 作 用
油罐通用安全设备	溢油管	两头分别相连在罐壁板最高安全液位处和输油管上（现较少采用）	油罐进油时，监视罐内油品装至最高安全液位，防止超高装油
	进气支管	设于油罐前输油管阀门外侧	供输油管放空油品时进气和输油时排放输油管内气体用
	排污管及门阀	排污装置有三种形式，即虹吸式，弹簧式放水阀，自流式；虹吸式安装于罐底圈钢板距底 300mm 处，其他两种设于罐底板上（前两种现在采用很少）	排除油罐底部水分、杂质，清洗油罐排除底油
	弹簧支座	设置在油罐进出油阀门处	防止油罐或管线位移时损坏油罐
	加强板	凡是在油罐底板，壁板，顶板开孔处应设加强板	增强开孔处的机械强度和刚度，保证油罐安全
轻油罐专用安全设备	浮船	用于浮顶及内浮顶油罐，安装于罐内	减少油品蒸发损耗，节约能源，减少油气危害
	呼吸阀	设于油罐顶部，通常与阻火器串联安装	控制罐内正压和真空度在设计压力范围内，以保证油罐安全
	液压安全阀	设于油罐顶部，通常作为呼吸阀的备用安全设备	当呼吸阀因为锈蚀或冻结发生故障时，保证油罐安全
	阻火器	设于油罐顶部，通常与呼吸阀串联安装	防止明火或火星进入油罐内，或者火灾条件下的火焰、高温进入罐内
	通风式阻火器	多使用于卧式油罐，安装于卧式油罐呼吸管端部	防止明火或火星，或者火灾条件下火焰侵入罐内
	弹簧式呼吸阀	适用于卧式油罐，设于油罐人孔盖上	确保卧式油罐内不超压
	防静电装置	设于油罐底板，按圈周长每 30m 安装一处，大于 50m³ 的油罐应不少于两处；浮盘与罐壁的防静电连接也包括在内	排除静电，防止静电积聚引发事故
	防雷装置	设于油罐顶部或油罐附近	预防雷电对油罐的危害
	泡沫发生器	设于油罐最上层圈壁板（高于装油最大安全高度）	用于油罐火灾条件下向罐内喷射泡沫灭火
	冷却水管	通常设于油罐壁板与顶板的连接处	炎热夏季冷却油罐或油罐火灾条件下实施冷却

续表

类 别	名 称	安 装 位 置	安 全 作 用
润滑油油罐专用安全设备	通气短管	设于油罐顶部中央,通气短管应带防尘罩	供油罐收发作业呼吸之用
	升降管	升降管有操纵式和浮桶式两种,安装于罐内进出油短管上	油罐出油时先发温度较高,干净的上层油品;进出油阀损坏或故障时,可将其升至液面上防止跑油
	加热管	分蛇管和梳状两种类型,又分局部和全面两种形式,安装于罐内底部	加热罐内油品,增加油品流动性,便于收发作业
洞室油罐专用安全设备	呼吸管路	从罐顶用管线引至洞室围岩外部,连通罐内与洞外大气	供油罐大小呼吸时使用
	管道式呼吸阀	设于罐室油罐呼吸管路上,与管路大呼吸闸阀并联	供油罐小呼吸时使用
	U 形压力计	设于管道式呼吸阀靠油罐一侧	用以检查洞室油罐进出油时罐内压力和真空度
	排水阀	设于呼吸管路标高最低处或凹形管段低处	排放凝结液体,防止管路堵塞
	排渣口(清扫口)	设于呼吸管路竖管底部,凡竖管段都应设置	排除呼吸管路内铁锈等沉积物,防止其堵塞管路
	通风式阻火器	设于呼吸管路洞口外部的端部	防止明火或火星,或者火灾条件下的火焰侵入管内
	防雷装置	避雷针设于距呼吸管洞外端部大于 3m 处	防止雷击呼吸管而危害洞内设备
	绝缘短管	设于呼吸管路洞口内侧、外侧做接地处理	防止感应高电位侵入洞内可能引发的爆炸
	呼吸管路防静电装置	凡法兰连接处都应跨接管路,每 200～300m 处与导静电干线连接一次	排除静电,消除静电危害

二、油泵和输油管路的安全设施及作用

油泵安全设备的作用,主要是监视输油作业运行,防止油泵的损坏和漏油;输油管路安全设备的作用,是防止管路损坏及油品流失。从安全角度上说,油泵和输油管路附件及其附属设施都具有不同程度的安全作用。其名称、安装位置、作用见表 2-16 和表 2-17。

表 2-16　油泵安全设施及作用

名　称	安 装 位 置	安 全 作 用
泵基座及地脚螺栓	通常用混凝土预埋地脚螺栓，将油泵固定于地面	防止因振动或位移而损坏
轴　封	油泵轴封分填料密封和机械密封两种，设于泵轴和泵壳之间	防止被输送油品外漏
联轴器	用于联接油泵与电机的两轴；其形式种类较多，但都有减少冲击的弹簧、弹性垫等装置	传递动力，控制、减缓冲击力的损失作用
过滤器	设于油泵吸入管路上	防止杂物进入油泵，损坏油泵
引液管	通常设于过滤器顶盖与真空系统之间	抽吸油泵内和吸入管路内的气体，使油品充满，防止油泵空转损坏
单向阀	设于油泵出口输油管路上	防止油品回流或故障条件下产生的水击对油泵的损坏
压力表真空表	设于油泵进出口管路的直管段上	监测油泵及输油运行状况，压力表被称为安全输油的"眼睛"
弹簧引压管	连接压力表，真空表与输油管的带圆形弯管的短管	减缓冲击压力，水击压力对表的冲击，防止仪表损坏
进出口阀门	设于油泵的进出油管路上	隔断油泵输油管路的通道，具有保护油泵，防止跑油作用；实际中也用于调节流量（对阀板有损害）
柔性管或波纹伸缩器	设于油泵进出口管路上（实际中极少设置），适于强地震区	防止地震对油泵的损坏
减震装置	通常设于油泵座与地面间；实际采用极少	减少油泵振动的传递，防止噪声危害
消声装置	除油泵本身消除不平衡力外，通常采用罩式吸声隔音装置	通过吸声，隔音途径减少噪声危害

表 2-17　输油管路的安全设施及作用

名　称	安 装 位 置	安 全 作 用
滑动支座	通常根据管材强度、刚度、外荷载大小、允许挠度等计算确定设置滑动支座的间距	支撑管路和外荷载，允许管路有轴向、横向位移
固定支座	通常根据计算设于管路补偿器一边或两边	支撑管路和外荷载；固定管路，不允许其有轴向和横向位移
导向支座	根据工艺要求和计算设置	支撑管路和外荷载；只允许管路有轴向位移，不允许横向位移

续表

名　　称	安 装 位 置	安 全 作 用
补偿器	根据计算确定补偿器设置部位；其型式有"π"型、"Z"型、波纹型、填料涵式等	补偿管路因热胀冷缩产生的伸缩量，防止管路受拉，受压损伤
泄压装置	通常设于管路无法排空、且两边有阀的管段	防止管内油品因热胀冷缩而损坏管路及其附件
阀　门	根据工艺和作业需要设置	具有导油及断流的作用，防止跑油和混油
法兰盲板	设于管路预留接口部，检修中用于封堵管口	防止跑油、混油
眼圈盲板	设于互为备用管路导通或隔断处，通常作为闸阀的补充	防止混油、倒罐、油品输送
排空阀	设于管路无法排空段管线下部，平时宜封堵	在需要排空管内液体时使用
法兰及垫片	多数管路附件安装采用法兰连接，应尽量减少管路法兰连接	便于安装与拆卸，并密封连接
静电消除器	设于油罐进出油短管之前的输油管路上	减少或消除油品携带的静电，防止在罐内积聚
防静电跨接	输油管路上凡是法兰连接，且电阻大于0.03Ω处都应设置跨接线	使输油管路处于等电位
接地装置	地上、管沟敷设的输油管线的始末端、分支处及直线段每隔200m都应设接地一次	防止静电和感应雷危害

第四节　通风系统的安全要求

油库通风系统主要有两类，一类是储存甲、乙类油品的山洞，另一类是易燃油品的业务用房(油泵、灌装油间、化验室等)。油库通风系统应采用自然通风全面换气，当自然通风不能满足要求时，可采用机械通风。储存甲、乙类油品的山洞一般采用自然和机械通风换气相结合的方法。

一、储油山洞的通风安全要求

山洞油库的油罐室和巷道由外部岩石或土壤包围，它只有内部空间，不存在外部空间，油罐室与外部的沟通只有巷道。这种结构特点，使油罐室和巷道的油气、潮湿空气易于积聚，形成对山洞油库的洞内设备设施及作业人员的威胁和危害。为了消除这种不安全因素，山洞油库应设置专门的通风系统。山洞油库通风曾有三合一(含排水、通风、排油气)地沟式，地面砌筑沟道式，塑料管式，金属管式通风系统，以及自然通风系统等多种方式的通风。实践证明金属管式通风系统及自然通风系统具有较多的优点和安全性，成为山洞油库的主要通风方式。储存甲、乙类油品的山洞油库，其通风的安全要求是：

(1) 储存甲、乙类油品山洞应设置固定通风系统、清洗油罐的机械排风系统。该系统宜与油罐室的机械排风系统联合设置。通风机应采用防爆型，电动机及其配电应满足使用场所的防爆要求。通风机与电动机尽量采用直联传动。如用三角皮带传动的应采取导静电措施和防护措施。风管材料应采用不燃性的导电材料，最好采用金属材料。

（2）储存甲、乙类油品山洞的排风系统的出口和油罐的通气管管口必须引至洞外，为防止形成小循环，风管排气口与洞口的水平距离不应小于20m，应高于洞口，并设于洞口的下风方向。如果采用送风通气时，风管进气口应设于洞口的上风方向，还应采取防止油气倒灌的措施。

（3）洞内油泵房的机械排风系统，宜和油罐室的机械排风系统联合设置。洞内通风系统应设置备用机组。

（4）洞内的柴油发电机间，应采用机械通风。柴油机排烟管的出口必须引至洞外，并应高于洞口，还应采取防止烟气倒灌的措施；洞内的配电间、仪表间，应采用独立隔间，并应采取防潮措施；通风口的设置应避免在通风区域内产生空气流动死角。

（5）通风换气应满足作业场所每小时最少换气10次的要求（机械通风的换气量应按一座最大灌室的净空间、一个操作间，以及油泵房、风机房同时进行通风确定）。并在风道分支处设插板或蝶阀，以保证换气次数。主巷道较长，应考虑漏气量，适当加大换气次数。

（6）风管分支处设置的插板或蝶阀等应采用撞击后不产生火花的材料制作。如果送入通风时，其送风干管上亦应设置不产生火花的单向阀，以防油气倒灌，并保证送入洞内气体不含油气。

（7）风管法兰联接处应设置导静电跨接，风管始、末端，分支处及其直线段每隔200~300m都应与洞内导静电干线连接。

（8）引至洞口外的风管宜用避雷针保护，设于距管口3m以外处。风管还应设防感应雷接地。

二、业务用房的通风换气和安全要求

（1）油库有易燃油品的建筑内应采用自然通风进行全面换气，当自然通风不能满足要求时，可采用机械通风。

（2）在爆炸危险区域内，风机、电机等所有活动部件应选择防爆型，结构适应能防止产生电火花。机械通风系统应采用不燃烧材料制作。风机应采用直接传动或联轴器传动。风管、风机及其安装方式均应采取导静电措施。

（3）易燃油品的泵房和灌装油间，除采用自然通风外，应设置机械排风进行通风换气，其换气次数不应小于每小时10次。计算换气量时，房间高度高于4m时按4m计算。

易燃油品地上泵房，当其外墙下部设有百叶窗、花隔墙等常开孔口时，可不设置机械排风设施。

（4）在集中散发有害物质的操作地点（如修洗桶间、化验室烟厨柜等），宜采取局部通风措施。

（5）有甲、乙类油品设备的房间内，宜设置可燃气体浓度自动检测报警装置，且应与机械通风设备联动，并应设有手动开启装置。

第五节 电气系统的安全设施及其作用

安全用电是油库加油站安全的重要内容，是关系人身和设备安全的大事，而电气系统安全设施的齐全完好则是安全用电的基础，油库加油站爆炸危险场所要求采用三相五线线制。现将油库电气系统主要安全设施及其作用列于表2-18。

表2-18 油库电气系统主要安全设施及其作用

类 别	名 称	安 装 位 置	安 全 作 用
架空输电线路	绝缘子	安设于电杆、塔架及其支撑物上	支撑、悬挂输电线路，隔绝输电线路与其他导体
	拉线绝缘子	设于拉线中部	绝缘拉线
	瓷夹板	用于照明线路的固定	固定、绝缘输电线路
	穿墙瓷套管	用于输电线路穿过墙壁处	绝缘、保护输电线路
	避雷线	架设于输电线路上方	多用于高压、超高压输电线路，防止输电线路遭受雷击
	高压避雷器	设于变压器高压侧线路上，并直接大地	防止雷击线路高电位、大电流对变压器及配电设备的危害
	低压避雷器	设于进入重要场所，或爆炸危险场所之前输电线路上，并直接大地	防止雷击线路高电位、大电流窜入室内造成危害
	杆塔接地	将杆塔金属体进行电气连接并在基部接地	杆塔防雷、防短路漏电
	工作零线重复接地	通常低压输电线路零线不大于1000m再次接地一次	降低输电线路零线电阻值，排除不平衡电流
电缆输电线路	电缆头	设于电缆中间或终端	封油、防尘，保持绝缘
	绝缘护套	电缆外保护层	绝缘、保护电缆内导线
	铠装钢带	设于电缆外层或外保护层内	保护(该类电缆多用于要求较高的场所)电缆
	抗拉筋	设于保护层与绝缘层之间	增强电缆承拉能力
	铅保护层	设于电缆外层或中层	保护(多用于充油电缆)电缆内导线及其内容物
	钢带、铅皮接地	电缆两端或进户前接地	导感应电，防止漏电危害
	钢管保护	电缆穿过墙壁、道路等，或钢管布线	保护电缆

续表

类　别	名　　称	安 装 位 置	安 全 作 用
变压器及高压配电设施	断路器（跌落保险）	设于高压输电线路进入用户变压器之前	故障时自动脱落，控制用户用电量，防止短路电流危害电网
	高压避雷器	用户变压器高压侧线路上，并直接大地	防止雷击线路高电位、大电流对变压器及配电设备的危害
	穿墙瓷套管	设于线路穿过墙壁处	保护线路，线之间、对地绝缘
	隔离开关	设在变压器与供电网和设备之间	隔离电源与供电网；严禁带负荷拉隔离开关
	负荷开关（充油式）	设于变压器与供电电网和设备之间	可带负荷进行送断作业，紧急情况下进行断电时使用
	失压保护	与负荷开关相联为一体或一处	失压自动脱扣（分离脱扣）
	过流保护	与负荷开关相联为一体或一处	过电流（过载）自动脱扣（瞬时过载脱扣）
	辅助开关	设于负荷开关处	用于分离脱扣及瞬时过载脱扣
	高低瓷套管	设于变压器上部	与变压器外壳绝缘
	中性点接地	变压器中性点	保证变压器及配电设备安全和正常工作
	变压器外壳接地	变压器外壳与中性并联接地	防止变压器漏电，危害安全
	相序保护	两台以上变压器同时运行时使用	保护变压器安全运行
	变压器油	充满变压器内部空间	具有绝缘、散热、降温等作用
	变压器油枕	设于变压器上部	保证变压器油充满变压器内部空间，油枕自动进行补充
	吸湿剂	设于变压器油枕上	防止变压器油吸附水分，而降低绝缘性能
	安全栅栏（门）	设于变压器周围、高压配电柜两侧	防止发生触电事故
低压配电系统	隔离开关	设于变压器低压侧与配电间之间	隔离电源与供电网；严禁带负荷拉隔离开关
	负荷开关（空气开关）	设于隔离开关与供电电网之间	带负荷送断电作业时使用
	限流装置	与负荷开关为一体	对于配电设备过载保护（过流）
	失压保护	与负荷开关为一体	失压自动脱扣保护
	时间继电器	设于低压配电柜内	对设备启动、停止、超负荷等进行延时、定时保护与控制
	热继电器	设于低压配电柜内	对设备过电流、过热保护
	短路保护装置（相间）	设于低压配电柜内	对供电线路、用电设备相线之间短路进行保护
	零序保护	总配电柜内或电动机的启动箱（柜）内	防止输电线路断路，引起其他相线的严重不平衡

续表

类　别	名　称	安 装 位 置	安 全 作 用
低压配电系统	漏电保护	设于配电柜内	防止因漏电引起的危害
	电动机堵转保护	设于配电或启动箱(柜)内	防止电动机堵转时间过长引起的损坏
	接地保护	电气装置中凡正常情况下不带电金属部分均应可靠接地	防止漏电造成危害
	工作接零保护	用电设备外壳与零线相接	防止漏电危害;在爆炸危险场不应采用工作接零保护
	电动机速断保护	设于启动箱(柜)内	过载和短路时迅速切断电源
	重复接地保护	用电设备外壳、金属构架与零线相接后,零线一点或多点再次接地	保护用电设备安全
	各类熔断装置	设于各类闸刀开关和其他开关内	限制用电量,超载时迅速切断电源,保护用电安全
	降压启动装置	启动箱(柜)内	增大启动力矩,保护电动机安全启动进入运转
	过压、欠压保护	设于配电柜内	防止过压或欠压危害
	综合保护装置	设于配电柜内	具有过载、断相、过压、漏电、堵转、三相电流严重不平衡等保护作用
	安全栅栏	设于配电柜两侧	防止人员触接带电零部件
爆炸危险场所	四极隔离开关	进入爆炸危险场所前	隔离线路电流,特别是防止杂散电流通过零线窜入危险场所
	四极隔离开关零线重复接地	四极隔离开关负载侧	排除断电后负载侧的杂散电流降低零线对地阻值和电压
	钢管布线或铠装电缆布线	用于1、2级爆炸危险场所	防止因线路火花而引起的爆炸事故
	防爆接线箱	用于1、2级爆炸危险场所线路的分配	防止接头松动而产生的电火花蹿出盒(箱)外,或者爆炸性气体蹿入盒(箱)内引燃后高温或火焰蹿出盒(箱)造成危害
	防爆接线盒	用于1、2级爆炸危险场所的线路分支处	
	隔离密封盒	设于钢管布线穿过墙壁、楼板、两场所分界处等	具有隔离、密封、排水的作用,防止危害在管内传播
	防爆活接头	用于钢管布线的连接处	防止钢管内外危险因素结合,引起爆炸;便于钢管连接
	防爆挠性连接管	用于钢管布线设备进口、弯曲度大、建筑物有伸缩和沉降的缝隙处	便于安装,防止振动松动及变形损坏布线钢管而引起电气危害

类 别	名 称	安 装 位 置	安 全 作 用
爆炸危险场所	防爆开关	用于1、2级爆炸危险场所	防止送、断电时产生的电火花在爆炸危险场所造成危害
	防爆灯具	用于1、2级爆炸危险场所	防止电火花引燃爆炸性气体
	防爆电动机	用于1、2级爆炸危险场所	防止电火花引燃爆炸性气体
	电气接地	所有用电设备都应接地，或通过接地干线接地	防止因漏电等故障引起危害或伤害
	专用保护接地干线	设于洞库，用电、配电设备应与接地干线相连，干线与变压器中性点直连，困难时可与零线重复接地相连	形成保护接地回路，降低接地电阻，防止杂散电流危害
辅助安全设施	灭弧装置	设于隔离开关和负荷开关上	减弱送断电引起的电弧光
	双向开关	用于电网与自备电源之间	保证配电系统只有一个电源供电，防止反向送电的危害
	接线鼻	用于较大电源线的接头连接	防止大电流接线接头过热
	过渡接头	用于铜、铝线的连接	防止铜、铝直接氧化过快发热
	电压表	设于配电柜上部面板上	指示电源电压变化情况
	电流表	设于配电柜上部面板上	指示工作电流情况
常用安全仪表	指示灯	设于配电柜或启动柜上部面板上	指示电源通、断(供电)情况
	控制按钮	安于配电柜、启动柜等上	启、停、速断操作
	防护装具	含绝缘手套、靴等	防止操作人员触电
	绝缘地板	铺设变配电室内地板上	防止人体对地放电和触电事故
	绝缘棒	工具	高压送断电时，用于人体防护
	放电线、卡	工具	停电检修线路或变配电设备时，泄放变配电系统残存电量
	兆欧表	仪表	检测电器绝缘性能
	接地电阻测量仪	仪表	检测各类接地电阻值
	万用表	仪表	检测电压、电流、电阻等
	高、低压验电笔(器)	工具	检查设备是否带电

第六节　自动化设备设施的安全要求

油库自动化是科学技术发展的必然趋势。近年来，油罐自动遥测、洞库三度(温度、湿度、可燃气体浓度)遥测监控、油品灌装自动测控等方面的开发研究不断深入，并取得了可喜的成绩。油库对自动化总的安全要求是测控的实时性，计量的准确性，操作的简便性，以及系统运行中的可靠性、稳定性、安全性应符合有关规程、规范、规定和标准的要求，适应人员的技能和素质水平，满足爆炸性危险场所电气设备安全规程的要求。其主要安全技术要求是：

(1) 自动化系统和与其配套的设备的安全性应根据爆炸危险性场所的等级、爆炸性危险物的类别、级别和组别，以及系统和设备的使用条件综合确定。在 0 级场所只准使用 ia 级本质安全型设备；1、2 级场所应选用隔爆型设备；各场所不宜选用正压型或充油型设备。系统和设备的级别、组别不得低于所在场所内爆炸性气体混合物的级别、组别。如场所内同时或交替出现两种以上爆炸性气体混合物时，应按危险程度高的级别、组别选型。

(2) 自动化系统和设备安设于不同危险等级的场所，其连接线路的布线应当符合场所防爆要求，在不同危险等级场所交界处应设置隔离密封、屏蔽接地等安全措施。安装于危险场所的设备和仪表的外部引出线路一般不应有中间接头。特殊情况须有接头时，应在防爆接线盒(或接线箱)内连接，严禁使用缠绕、绝缘带包扎的方法连接。

(3) 自动化系统的非防爆设备和仪表不应安设于具有爆炸性混合物的危险场所，应集中设于距危险场所 15m 以外的室内，而且面向危险场所方向不应设门或者能打开的窗户。

(4) 由于电子计算机技术的高速发展，油库自动化的精确性、稳定性、可靠性、安全性的关键在于一次设备和仪表的质量与精度。所以一次设备和仪表的选择、研究是油库自动化必须解决的问题。

(5) 坚持石油储运与自动化两个专业的密切结合，以互补专业知识的不足。

(6) 油库自动化应从油库具体的实际出发，区别不同情况，按照总体规划，分期分项实施，最后联网的步骤进行。

(7) 坚持操作和维修人员的培训是保证油库自动化安全可靠运行的重要一环。

第七节　油库加油站接地装置

接地装置是油库的重要安全设施之一。在通常工作场所不需要接地的设备、设施，在油库必须接地。油库接地包括防电气危害、防静电危害、防雷电危害接地，以及阴极保护(含牺牲阳极保护)、防杂散电流、电子设备和自动化系统接地等。

一、接地装置及其种类

金属设备和设施的任何部分与土壤作良好的电气连接称为接地；与土壤直接接触的金属体或金属体组称为接地体(或接地极)；连接于金属设备和设施与接地体之间的金属导线称为接地线；接地极与接地线称为接地装置。接地装置的种类、含义及允许接地电阻值见表2-19。

表 2-19 接地装置的种类、含义及接地电阻值

类 别	种 类	含 义	电阻值/Ω
电气系统接地	工作接地	在正常或事故情况下,为保证电气设备的可靠运行,必须在电力系统中某点进行接地,称工作接地	4
	保护接地	为防止因绝缘损坏而遭受触电危险将与电气设备带电部分相绝缘的金属外壳或构架同接地体之间作良好的连接,称为保护接地	4
	重复接地	将电力系统中的一点或多点与地再次作金属连接称为重复接地	10
	接零	将与带电部分相绝缘的电气设备的金属外壳或构架与中性点直接接地系统中的零线相连称为接零	4
防雷电接地	防直接雷击接地	为防止直接雷击对设备和设施造成的危害,而设置的避雷针、消雷器,以防雷击金属设备为目的的专设的接地系统,称为防直接雷击接地	10
	防雷电副作用接地	以防止雷电的感应及电磁感应危害为目的,对金属设备、金属管路、金属构架等进行可靠的电气连接并接地,称防雷电副作用接地	4
	防静电危害接地	以防止静电危害为目的而进行的电气连接及接地装置称为防静电危害接地	100
油库电子设备接地	工作接地	以大地作为回路,或者采用接地方法来减小设备与大地间的相对电位的接地称为工作接地	30
	保护接地	防止由于带电设备绝缘破坏而导致人身事故,将设备的机架、外壳等金属部分与大地之间构成电气连接并接大地,称为保护接地	4
	屏蔽接地	为防止外来电磁和电气回路对电子设备的干扰而进行的电气隔离和接地称为屏蔽接地	20
	过电压接地	为防止过电压对人身和设备的危害而进行的接地如直接雷击、间接雷击、邻近强电流线路等	4

注:1. 表列电气系统的接地阻值仅适用于低压电气设备。

2. 电子设备的接地要求有较大差别,表列接地阻值仅为参考。

二、接地范围

油库设备设施接地含电气装置接地、非电气设备接地,以及防雷电和静电接地三部分。

(一)电气装置接地

在油库所有的电气接地中,正常情况下不带电的金属部分均须可靠接地。主要是:变压器、电动机及其他电器的金属底座和外壳;变配电柜、控制盘(台、箱)的构架;穿线钢管、电缆铠装层和屏蔽层;各种防爆灯具、插销、开关、接线盒等小型电器设备(含移动设备)的外壳;各种安装电器设备的金属支架等均应进行可靠的电气连接并接地。

(二) 非电气设备接地

在油库中虽不属电气装置，但由于杂散电流、零线电流的影响，以及静电积聚和雷电作用等可能发生火花危险的设备也应可靠接地。主要是：泵房、管组、工艺设备；铁轨、鹤管、金属栈桥；输油管、金属油罐等均应进行电气连接并接地。如设备、管路等间距较小，高电位(雷电的静电、电磁感应)可能击穿空气绝缘而放电时，还应将其跨接。

(三) 防雷电和防静电接地

凡是易遭雷电的储输油设备设施都应设置防直接雷击和雷电副作用接地，如油管、呼吸管路、通风管路等。除设有防雷电措施的设备设施不需设防静电接地外，防静电接地主要有：油罐、泵房工艺设备；铁路钢轨、油罐车、金属栈桥、鹤管、集油管；铁路油罐车、汽车油罐车、油轮(驳)、零发油工艺设备、加油站工艺设备、加油枪；洗桶设备；金属通风管道、呼吸管道；输油管路的两端、分岔、变径及闸阀处；还有较长管路每隔200m左右应接地一次；人体排静电体。

三、接地的通用技术要求

(1) 保护接地干线(网)。在油库一般不应采用中性点不接地的低压供电系统。在中性点接地的供电系统中，爆炸危险场所必须建立保护接地干线(网)，且与变压器中性点接地体连接成一体。保护接地干线(网)应在不同方向设置接地体，接地体不应少于两处。

(2) 重复接地。电力线路在干线和支线端点及沿线每1000m处，其工作零线必须重复接地。

(3) 专用接地干线。在1级爆炸危险性场所的电气设备、仪表(器)、灯具的电气线路中，必须设置专用的接地线与保护接地干线(网)相连，不得利用电气线路中工作零线或穿线钢管代替保护接地线。在2级爆炸危险性场所允许不设专用接地线，可利用穿线钢管作为接地线与保护接地干线(网)相连。但不得利用油品管路、通风管道、金属容器壁、电气线路中的工作零线代替保护接地线。各电气设备的专用接地线不得互相串联，必须与保护接地干线(网)并联，且不应与工作零线或零线接地体相连。

(4) 铠装电缆接地。铠装电缆进入电气设备时，其内部接地线与设备的内接地螺栓相连，外部钢带作为辅助接地与设备的外接地螺栓相连，钢带的另一端也必须可靠接地。

(5) 防静电接地装置可与防感应雷和电气设备接地装置共同设置，其接地电阻值应当符合防感应雷和电气设备接地的规定。只作为防静电接地的接地装置，其接地电阻值不大于100Ω。

(6) 检修接地。在对设备、管道等进行局部检修时，会造成接地系统断路或破坏等电位，应设置好临时接地，检修完毕后及时恢复原状。

(7) 信息系统接地。当信息机房接地与防雷接地系统共用时，接地电阻要求小于1Ω。因此，对于监控机房和通信机房接地均应与建筑物防雷接地等共用同一接地装置，接地电阻要求小于1Ω。电力和信息线路应采用铠装电缆埋地引入洞内，接地电阻不宜大于20Ω。信息系统的接地宜与防雷接地、防静电接地、电气设备的工作接地及保护接地共用接地装置，其接地电阻应按其中接地电阻值要求最小的接地电阻值确定。

四、洞库、泵站的接地要求

（1）洞库、泵站接地系统应采取接地干线制，保护接地线不得串联，应与干线分别连接。

（2）变压器及保护接地回路。洞库、泵站应尽量设置单独的变压器供电，避免与生活区共用一台变压器。洞库、泵房的接地干线（网）应有专设接地线与变压器中性点接地体相连，形成保护接地回路。如变压器远离洞库（大于200m）设置专用保护回路有困难时，允许将专用接地线（网）引至洞库、泵房配电室的零线接地体上，但应将零线多处重复接地以降低零线上的电位，其接地阻值应小于4Ω。

（3）电力线路。进入洞库、泵房的电力线路，其零线必须作重复接地，架空线杆上必须装设防雷装置。从架空线处到洞内的线路，必须设置不小于50m的埋地铠装电缆，电缆钢带必须接地。

（4）洞库配电室的总开关宜采用四联控制开关，当切断洞内三相电源时，同时切断工作零线，以此确保洞内电气安全。配用四联控制开关时，零线的重复接地应设于开关的洞内配电侧，不应设于开关的电源进线侧。

（5）漏电开关。当采用漏电开关作相线漏电保护时，被保护设备的外壳应作单独接地，不得与其他电气接地干线相连。漏电开关必须选用国家有关部门颁发生产许可证的产品。

（6）电气外壳接地。洞库、泵房内电动机（含风机）和其他用电设备的保护接地，应用专用接地线将保护接地螺栓与接地线回路作电气连接，应与四线制的工作零线相连（含零线重复接地线）。洞库内的接线盒、灯具、插销等专用接地在主干线上允许串联连接，芯线缠绕接线柱一周以上，紧固螺栓应有防松装置，穿线钢管必须可靠接地。

（7）工艺设备接地。泵房的工艺管道、鹤管、集油管、铁路道轨、铁路油罐车、金属栈桥等必须作可靠等电位电气连接，并不少于三处接地。

五、接地线及接地体

接地线及接地体分为自然接地线（体）和人工接地线（体）两种。在油库爆炸危险性场所，通常不允许利用自然接地线（体）。如地下水管、金属结构、布线钢管、电缆金属外壳皮等。人工接地体的阻值应根据土壤电阻系数、接地体的类型、埋设方式等因素计算确定，并考虑腐蚀。人工接地线应考虑机械强度、机械损伤、腐蚀量等选择，必要时应校核热稳定和载流量等。因计算较为复杂，在实际中通常规定材料的最小尺寸，考虑机械强度直接选用。

（1）接地干线和接地体。接地干线和接地体的材料及尺寸，见表2-20。

（2）接地体安设。接地体的长度通常为2.5m，多为竖直埋设。接地体顶面埋设深度不小于0.6m；为减少相邻接地体的屏蔽作用，垂直接地体的间距不宜小于其长度的2倍；与建筑物间的距离不宜小于1.5m。接地体必须采用焊接连接。搭焊长度：扁钢应大于扁钢宽度的2倍；圆钢应大于圆钢直径的6倍。焊接部分、接地线埋地部分应进行防腐处理。接地体在地面必须设立标志桩，刷白色底漆，写黑色字，标明接地体的类别和编号。

表 2-20　接地干线和接地体的材料及尺寸表

材　料		地上/mm		地下/mm
		室　内	室　外	
接地干线	镀锌扁钢	25×4	40×4	40×4
	镀锌钢管	φ8	φ10	φ16
接地体	镀锌角钢			50×50×5
	镀锌钢管			DN50

（3）接地线安装。明敷接地线的安装应便于检查，不妨碍设备的拆卸和检修；地上接地线在与公路、铁路、管路等交叉，或其他可能使接地线遭受机械损伤处，应用钢管或角钢加以保护；为便于测量接地体的接地电阻值，接地干线与接地体必须用螺栓连接，且应采用不小于 M10 的两个以上镀锌螺栓紧固。其接触面应除油污和防锈，涂接触导电膏，加防松弹簧；接地支线应有足够的机械强度，严禁用单股绝缘导线，应使用多股铜质软绞线，其截面积不应小于相线截面的二分之一，且不得小于 4mm²；接地线表面涂黑色或每隔 1m 涂 15mm 宽的两条黑色带或环。

（4）改善接地体的接地电阻。在岩石、石渣、砂质，或者土壤电阻率较高地区埋设接地体时，要达到所要求的接地电阻值是很困难的。为改善这种情况，一是用电阻率较低的黏土、黑土及砂质黏土置换电阻率较高的土壤，以降低接地体的接地电阻值。二是采取深埋接地体的方法，通常砂质土壤可采取此法，因砂质土壤底层土壤电阻系数较低。三是采用人工方法处理，如在接地体周围土壤中加入煤渣、木炭、炭黑、炉灰等可提高土壤的导电率。四是采用化学方法降低土壤电阻率，如在接地体埋设过程中加入降阻剂（A、B 型）或加入食盐等，改善土壤电阻系数，其效果都十分明显。五是外引接地体，如附近有湖泊、江河、海洋等水域，或导电良好的土壤时，可将接地体外引至有利的地方埋设。在实际工作中应根据当时当地的具体条件，综合分析比较选择适合的方法。

第三章

油库加油站防爆电气

据油库 445 例爆炸和火灾事故的统计，由于电气设备不符合使用场所要求而引发的爆炸和火灾事故 88 例，占 19.8%。在引发事故的点火源中居第一位。这主要是由于历史原因，对油库防爆问题认识不足，防爆知识不普及，以及防爆电气的研究、生产、宣传等多种因素，致使在油库爆炸危险场所使用了非防爆或防爆等级不够的电气设备，再加上油库人员缺乏防爆知识，对防爆电气技术了解掌握不够，发现不了问题而造成的。近年来，随着防爆电气设备标准、规范的完善，防爆产品的迅速发展，对油库防爆认识的提高，油库防爆炸危险场所电气设备的整修、更换，由电气问题引发的事故大为减少，但仍有发生。本章主要介绍油库加油站爆炸和火灾危险区域划分，电气设备防爆原理及其分级、分组、标志。

第一节　爆炸气体和火灾危险环境及区域划分

划分爆炸危险区域的意义在于，确定易燃油品设备周围可能存在爆炸性气体混合物的范围，要求布置在这一区域内的电气设备具有防爆功能，使可能出现的明火或火花避开这一区域。为了对防爆电气提出不同程度的防爆要求，将爆炸危险区域划分为不同的等级。

一、爆炸性气体混合物环境及区域划分

对于生产、加工、处理、转运或储存过程中出现或可能出现下列情况之一者称为爆炸性气体混合物环境。

（1）在大气条件下，有可能出现易燃气体、易燃液体的蒸气或薄雾等易燃物质与空气混合形成爆炸性气体混合物的环境。

（2）闪点低于或等于环境温度的可燃液体的蒸气或薄雾与空气混合形成爆炸性气体混合物的环境。

（3）在物料操作温度高于可燃液体闪点的情况下，可燃液体有可能泄漏时，其蒸气与空气混合形成爆炸性气体混合物的环境。

（一）爆炸性气体环境的分区

爆炸性环境的分区是根据爆炸性气体混合物出现的频繁程度和持续时间确定的。《爆炸危险环境电力装置设计规范》（GB 50058—2014）将爆炸性气体环境划分为三级危险区域，见表 3-1。

（二）危险物质释放源

可释放出能形成爆炸性混合物的物质所在位置或地点称为危险物质释放源。《爆炸危险

环境电力装置设计规范》(GB 50058—2014)将危险物质释放源分为三级。

表 3-1　爆炸性气体环境危险区域划分

区域符号	区域特征
0 区	连续出现或长期出现爆炸性气体混合物的环境
1 区	在正常运行时可能出现爆炸性气体混合物的环境
2 区	在正常运行时不太可能出现爆炸性气体混合物的环境，或即使出现也仅是短时存在的爆炸性气体混合物的环境

（1）连续级释放源。连续级释放源应为连续释放或预计长期释放的释放源。下列情况可划为连续级释放源：

① 没有用惰性气体覆盖的固定顶盖储罐中的可燃液体的表面；

② 油、水分离器等直接与空间接触的可燃液体的表面；

③ 经常或长期向空间释放可燃气体或可燃液体的蒸气的排气孔和其他孔口。

（2）一级释放源。一级释放源应为在正常运行时，预计可能周期性或偶尔释放的释放源。下列情况可划为一级释放源：

① 在正常运行时，会释放可燃物质的泵、压缩机和阀门等的密封处；

② 储有可燃液体的容器上的排水口处，在正常运行中，当水排掉时，该处可能会向空间释放可燃物质；

③ 正常运行时，会向空间释放可燃物质的取样点；

④ 正常运行时，会向空间释放可燃物质的泄压阀、排气口和其他孔口。

（3）二级释放源。二级释放源应为在正常运行时，预计不可能释放，当出现释放时，仅是偶尔和短期释放的释放源。下列情况可划为二级释放源：

① 正常运行时，不能出现释放可燃物质的泵、压缩机和阀门的密封处；

② 正常运行时，不能释放可燃物质的法兰、连接件和管道接头；

③ 正常运行时，不能向空间释放可燃物质的安全阀、排气孔和其他孔口处；

④ 正常运行时，不能向空间释放可燃物质的取样点。

（三）危险物质释放源与爆炸危险区域的关系

爆炸危险区域与释放源密切相关。可按下列危险物质释放源的级别划分爆炸危险区域。

（1）存在连续级释放源的区域可划为 0 区。

（2）存在第一级释放源的区域可划为 1 区。

（3）存在第二级释放源的区域可划为 2 区。

（四）通风条件与爆炸危险区域的关系

（1）当通风良好时，应降低爆炸危险区域等级；当通风不良时，应提高爆炸危险区域等级。

（2）局部机械通风在降低爆炸性气体混合物浓度方面比自然通风和一般机械通风更为有效时，可采用局部机械通风降低爆炸危险区域等级。

（3）在障碍物、凹坑和死角处，应局部提高爆炸危险区域等级。利用堤、墙等障碍物，限制比空气重的爆炸性气体混合物的扩散，可缩小爆炸危险区域的范围。

二、火灾危险环境区域划分

划分火灾危险区域的意义在于，要求布置在这一区域内的电气设备具有一定的防护功能以及采取其他适当的防火措施。根据可燃物质的特性，将火灾危险环境划分为 3 个区域，是为了对电气设备提出适当的防护要求。

（一）火灾危险环境

对于生产、加工、处理、转运或储存过程中出现或可能出现火灾危险物质的环境，称为火灾危险环境。在火灾危险环境中能引起火灾危险的可燃物质有四种：

（1）可燃液体：如柴油、润滑油、变压器油、重油等。

（2）可燃粉尘：如铝粉、焦炭粉、煤粉、面粉、合成树脂粉等。

（3）固体状可燃物质：如煤、焦炭、木材等。

（4）可燃纤维：如棉花纤维、麻纤维、丝纤维、毛纤维、木质纤维、合成纤维等。

（二）火灾危险区域划分

根据火灾事故发生的可能性和后果，以及火灾危险物质的危险程度和物质状态的不同，将火灾危险环境划分为三个不同危险程度的区域，见表 3-2。

表 3-2　火灾危险环境划分标准特征及其区域符号

符号	区域特征	举例
21 区	具有闪点高于环境温度的可燃液体，在数量和配置上能引起火灾危险的环境	油库加油站中储存的柴油、润滑油、重油等闪点大于 45℃ 的油品
22 区	具有悬浮状、堆积状的可燃粉尘或可燃纤维，虽不可能形成爆炸混合物，但在数量和配置上能引起火灾危险的环境	镁粉、铝粉、锌粉、面粉、淀粉、鱼粉、木粉、纸粉等
23 区	具有固体状可燃物质，在数量和配置上能引起火灾危险的环境	煤、木、布、纸等

《石油库设计规范》（GB 50074—2014）中将下列区域划分为火灾危险区域。

（1）可燃液体设备。

（2）可燃液体（即乙$_B$和丙类液体）油罐组。

（3）桶装可燃液体库房。

（4）设置有可燃液体设备的房间。

第二节　爆炸危险区域等级范围

由于爆炸性混合气体可在气体空间漂移，有可能侵入相邻建（构）筑物，因此与具有爆炸危险场所相邻的建（构）筑物也应划定危险等级。

油库加油站爆炸危险场所区域等级范围的划分，主要根据爆炸性混合气体形成、积聚的可能性和危险程度，以及油气扩散的范围而确定。其等级范围的大小用图例表示。

一、爆炸危险区域等级图例

爆炸危险区域等级图例见表 3-3。

表 3-3　爆炸危险区域等级图例表

危险场所名称	0 级区域	1 级区域	2 级区域
图　例	▨	▨	▨

注：易燃设施的爆炸危险区域内地坪以下的坑、沟划为 1 区。

二、爆炸危险区域等级范围划分

爆炸危险区域等级范围见表 3-4。

表 3-4　油库加油站爆炸危险区域等级范围图表

区域名称	图　例	危险区域范围
储存易燃油品的地上固定顶油罐爆炸危险区域划分		1. 油罐内未充惰性气体的油品表面以上空间划为 0 区 2. 以通气口为中心、半径为 1.5m 的球形空间划为 1 区 3. 距储罐外壁和顶部 3m 范围内及储罐外壁至防火堤，其高度为堤顶高的空间内划为 2 区
储存易燃油品的内浮顶油罐爆炸危险区域划分		1. 浮盘上部空间及以通风口为中心、半径为 1.5m 范围的球形空间为 1 区 2. 距储罐外壁和顶部 3m 范围内及储罐外壁至防火堤，其高度为堤顶高的范围内划为 2 区
储存易燃油品的浮顶油罐爆炸危险区域划分		1. 浮盘上部至罐壁顶部空间为 1 区 2. 距储罐外壁和顶部 3m 范围内及储罐外壁至防火堤，其高度为堤顶高的范围内划为 2 区
易燃油品的地上卧式油罐爆炸危险区域划分		1. 罐内未充惰性气体的液体表面以上的空间划为 0 区 2. 以通气口为中心、半径为 1.5m 的球形空间划为 1 区 3. 距储罐外壁和顶部 3m 范围内及储罐外壁至防火堤，其高度为堤顶高的范围内划为 2 区

续表

区域名称	图　例	危险区域范围
易燃油品泵房、阀室爆炸危险区域划分	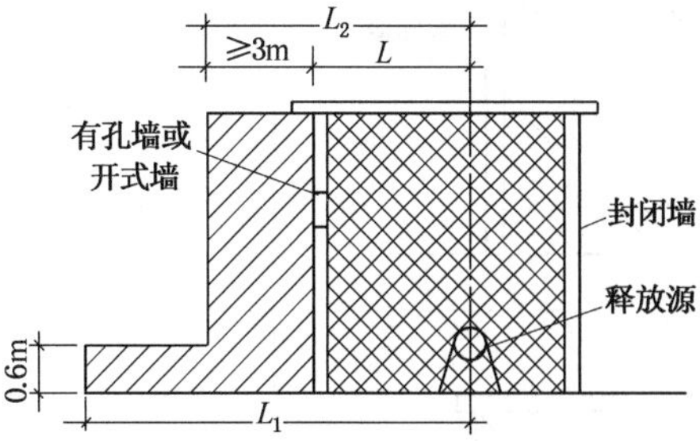	1. 易燃油品泵房和阀室内部空间划为1区 2. 有孔墙、开式墙外与墙等高、L_2范围以内且不小于3m的空间及距地坪0.6m高、L_1范围以内的空间划为2区 3. 危险区边界与释放源的距离应符合下表规定 距　离 | L_1/m | L_2/m 压　力/MPa | ≤1.6 | >1.6 | ≤1.6 | >1.6 泵　房 | L+3 | 15 | L+3 | 7.5 阀　室 | L+3 | L+3 | L+3 | L+3
易燃油品泵棚、露天泵站的泵及配管的阀门、法兰等为释放源的爆炸危险区域划分	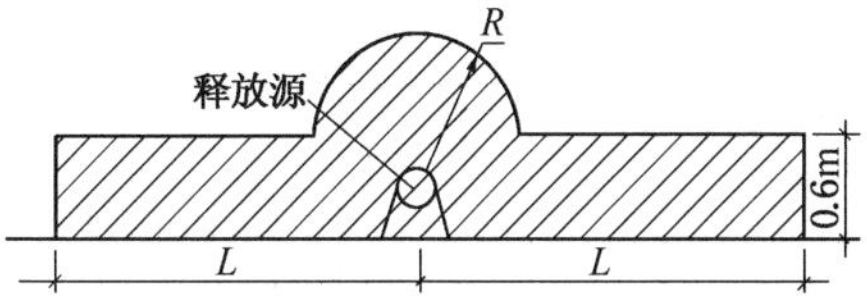	1. 以释放源为中心、半径为R的球形空间和自地面算起高为0.6m、半径为L的圆柱体的范围内划为2区 2. 危险区边界与释放源的距离应符合下表规定 距　离 | L_1/m | R/m 压　力/MPa | ≤1.6 | >1.6 | ≤1.6 | >1.6 泵　房 | 3 | 15 | 1 | 7.5 法兰阀门 | 3 | 3 | 1 | 1
易燃油品灌桶间爆炸危险区域划分	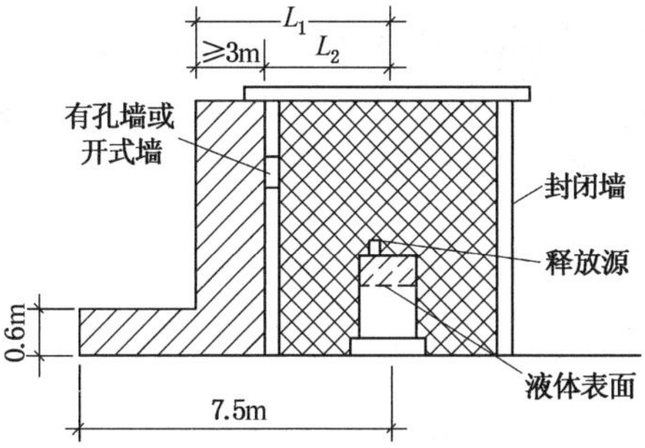	1. 油桶内液体表面以上的空间划为0区 2. 灌桶间内空间划为1区 3. 有孔墙、开式墙外3m以内与墙等高，且距释放源4.5m以内的室外空间，和自地面算起0.6m高、距释放源7.5m以内的室外空间划为2区 4. 图中$L_2 ≤ 1.5$m时，$L_1 = 4.5$m；$L_2 > 1.5$m时，$L_1 = L_2 + 3$m
易燃油品灌桶棚或露天灌桶场所爆炸危险区域划分	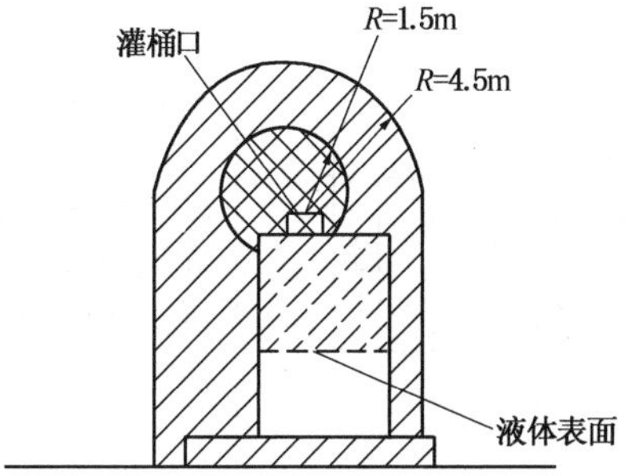	1. 油桶内液体表面以上的空间划为0区 2. 以灌桶口为中心、半径为1.5m的球形空间划为1区 3. 以灌桶口为中心、半径为4.5m的球形并延至地面的空间划为2区

区域名称	图 例	危险区域范围
易燃油品汽车油罐车库、易燃油品重桶库房爆炸危险区域划分	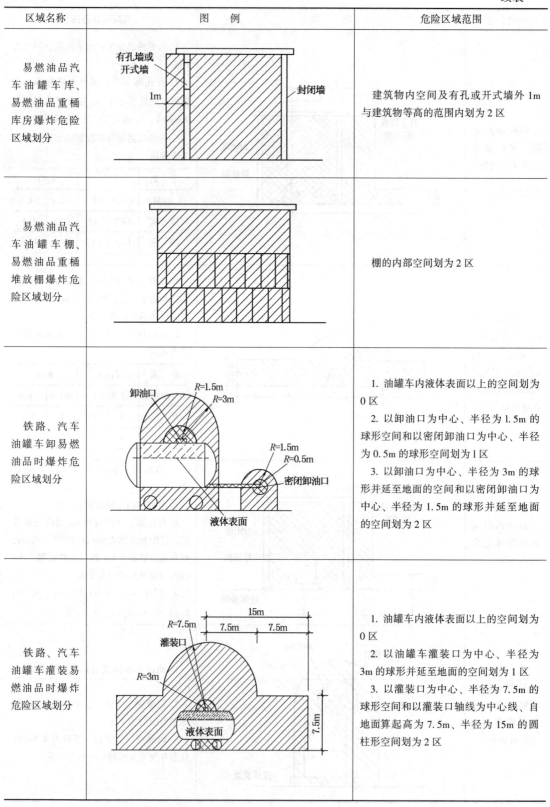	建筑物内空间及有孔或开式墙外 1m 与建筑物等高的范围内划为 2 区
易燃油品汽车油罐车棚、易燃油品重桶堆放棚爆炸危险区域划分		棚的内部空间划为 2 区
铁路、汽车油罐车卸易燃油品时爆炸危险区域划分		1. 油罐车内液体表面以上的空间划为 0 区 2. 以卸油口为中心、半径为 1.5m 的球形空间和以密闭卸油口为中心、半径为 0.5m 的球形空间划为 1 区 3. 以卸油口为中心、半径为 3m 的球形并延至地面的空间和以密闭卸油口为中心、半径为 1.5m 的球形并延至地面的空间划为 2 区
铁路、汽车油罐车灌装易燃油品时爆炸危险区域划分		1. 油罐车内液体表面以上的空间划为 0 区 2. 以油罐车灌装口为中心、半径为 3m 的球形并延至地面的空间划为 1 区 3. 以灌装口为中心、半径为 7.5m 的球形空间和以灌装口轴线为中心线、自地面算起高为 7.5m、半径为 15m 的圆柱形空间划为 2 区

续表

区域名称	图　例	危险区域范围
铁路、汽车油罐车密闭灌装易燃油品时爆炸危险区域划分	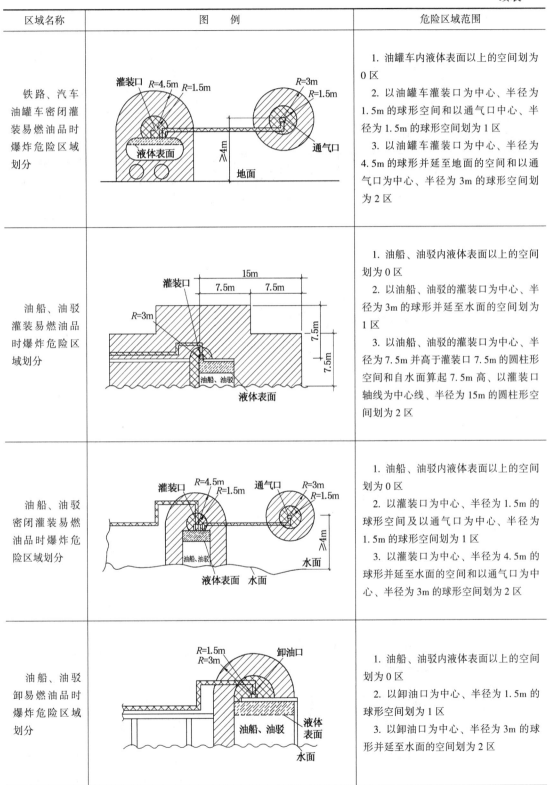	1. 油罐车内液体表面以上的空间划为0区 2. 以油罐车灌装口为中心、半径为1.5m的球形空间和以通气口中心、半径为1.5m的球形空间划为1区 3. 以油罐车灌装口为中心、半径为4.5m的球形并延至地面的空间和以通气口为中心、半径为3m的球形空间划为2区
油船、油驳灌装易燃油品时爆炸危险区域划分		1. 油船、油驳内液体表面以上的空间划为0区 2. 以油船、油驳的灌装口为中心、半径为3m的球形并延至水面的空间划为1区 3. 以油船、油驳的灌装口为中心、半径为7.5m并高于灌装口7.5m的圆柱形空间和自水面算起7.5m高、以灌装口轴线为中心线、半径为15m的圆柱形空间划为2区
油船、油驳密闭灌装易燃油品时爆炸危险区域划分		1. 油船、油驳内液体表面以上的空间划为0区 2. 以灌装口为中心、半径为1.5m的球形空间及以通气口为中心、半径为1.5m的球形空间划为1区 3. 以灌装口为中心、半径为4.5m的球形并延至水面的空间和以通气口为中心、半径为3m的球形空间划为2区
油船、油驳卸易燃油品时爆炸危险区域划分		1. 油船、油驳内液体表面以上的空间划为0区 2. 以卸油口为中心、半径为1.5m的球形空间划为1区 3. 以卸油口为中心、半径为3m的球形并延至水面的空间划为2区

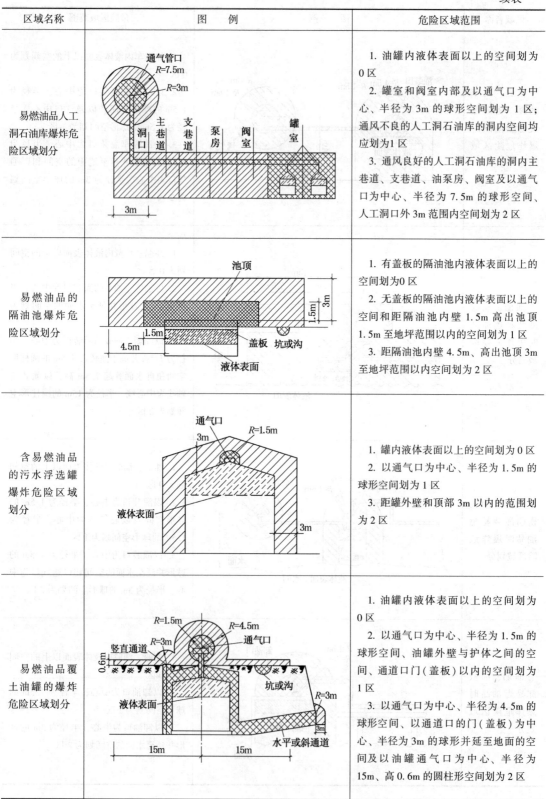

区域名称	图 例	危险区域范围
易燃油品人工洞石油库爆炸危险区域划分	通气管口 R=7.5m R=3m 主巷道 支巷道 泵房 阀室 罐室 洞口 3m	1. 油罐内液体表面以上的空间划为0区 2. 罐室和阀室内部及以通气口为中心、半径为3m的球形空间划为1区;通风不良的人工洞石油库的洞内空间均应划为1区 3. 通风良好的人工洞石油库的洞内主巷道、支巷道、油泵房、阀室及以通气口为中心、半径为7.5m的球形空间、人工洞口外3m范围内空间划为2区
易燃油品的隔油池爆炸危险区域划分	池顶 3m 1.5m 1.5m 4.5m 盖板 坑或沟 液体表面	1. 有盖板的隔油池内液体表面以上的空间划为0区 2. 无盖板的隔油池内液体表面以上的空间和距隔油池内壁1.5m高出池顶1.5m至地坪范围以内的空间划为1区 3. 距隔油池内壁4.5m、高出池顶3m至地坪范围以内空间划为2区
含易燃油品的污水浮选罐爆炸危险区域划分	通气口 3m R=1.5m 液体表面 3m	1. 罐内液体表面以上的空间划为0区 2. 以通气口为中心、半径为1.5m的球形空间划为1区 3. 距罐外壁和顶部3m以内的范围划为2区
易燃油品覆土油罐的爆炸危险区域划分	R=1.5m R=4.5m 竖直通道 R=3m 通气口 0.6m 坑或沟 液体表面 R=3m 3m 15m 15m 水平或斜通道	1. 油罐内液体表面以上的空间划为0区 2. 以通气口为中心、半径为1.5m的球形空间、油罐外壁与护体之间的空间、通道口门(盖板)以内的空间划为1区 3. 以通气口为中心、半径为4.5m的球形空间、以通道口的门(盖板)为中心、半径为3m的球形并延至地面的空间及以油罐通气口为中心、半径为15m、高0.6m的圆柱形空间划为2区

续表

区域名称	图　例	危险区域范围
易燃油品阀门井爆炸危险区域划分	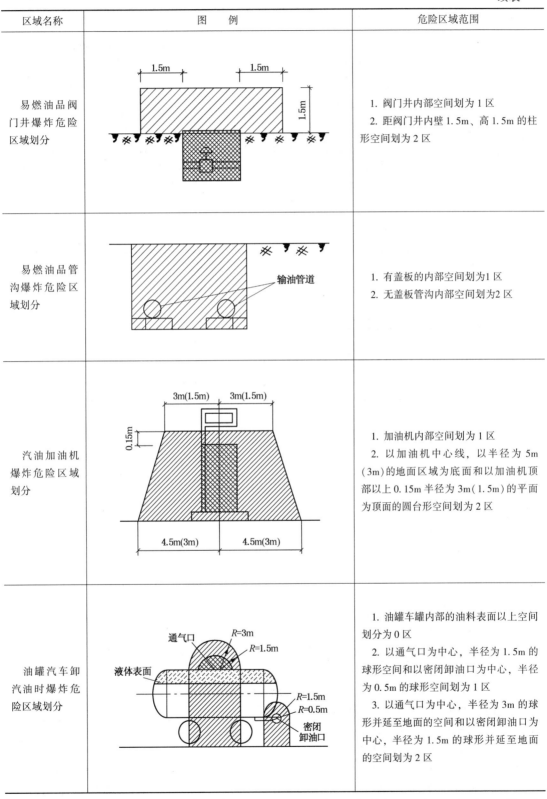	1. 阀门井内部空间划为1区 2. 距阀门井内壁1.5m、高1.5m的柱形空间划为2区
易燃油品管沟爆炸危险区域划分		1. 有盖板的内部空间划为1区 2. 无盖板管沟内部空间划为2区
汽油加油机爆炸危险区域划分		1. 加油机内部空间划为1区 2. 以加油机中心线，以半径为5m（3m）的地面区域为底面和以加油机顶部以上0.15m半径为3m（1.5m）的平面为顶面的圆台形空间划为2区
油罐汽车卸汽油时爆炸危险区域划分		1. 油罐车罐内部的油料表面以上空间划分为0区 2. 以通气口为中心，半径为1.5m的球形空间和以密闭卸油口为中心，半径为0.5m的球形空间划为1区 3. 以通气口为中心，半径为3m的球形并延至地面的空间和以密闭卸油口为中心，半径为1.5m的球形并延至地面的空间划为2区

续表

区域名称	图 例	危险区域范围
埋地卧式汽油储罐爆炸危险区域划分	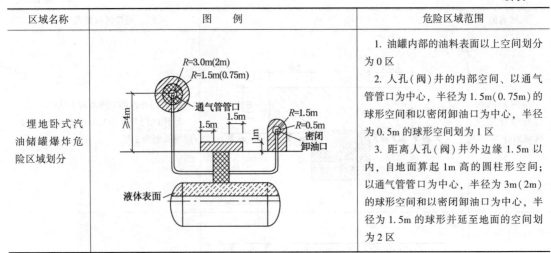	1. 油罐内部的油料表面以上空间划分为0区 2. 人孔（阀）井的内部空间、以通气管管口为中心，半径为1.5m(0.75m)的球形空间和以密闭卸油口为中心，半径为0.5m的球形空间划为1区 3. 距离人孔（阀）井外边缘1.5m以内，自地面算起1m高的圆柱形空间；以通气管管口为中心，半径为3m(2m)的球形空间和以密闭卸油口为中心，半径为1.5m的球形并延至地面的空间划为2区

注：1. 本表根据《石油库设计规范》和《汽车加油加气站设计与施工规范》整理。

2. 图中采用卸油油气回收系统的汽油罐通气管管口爆炸危险区域用括号内数字。

三、爆炸危险区域等级

油库加油站爆炸危险区域等级见表3-5和表3-6。

表3-5 油库加油站爆炸危险区域等级

序号	场 所 名 称	危险区域等级	备 注
1	轻油洞库主巷道、上引道、支巷道、罐室、操作间、风机室	1	
2	洞内汽油罐室以量油口为中心，以半径3m的球形空间以内	0	不得安装固定照明设备
3	洞内柴油、煤油罐间	1	不宜安装固定照明设备
4	轻油覆土罐罐室、巷道	1	不得安装固定照明设备
5	轻油泵房（含地下、半地下、地面泵房）	1	不含敞开式地面泵棚
6	柴油、煤油泵房	2	
7	汽油灌桶间	0	不应安装固定照明设备
8	柴油、煤油灌桶间（含室内、室外）	1	
9	敞开式轻油灌油亭、间、棚	1	
10	轻油铁路装卸油区（含隧道铁路装卸油整条隧道区）	1	
11	汽油泵棚、露天汽油泵站	2	棚是指敞开式，四面无墙
12	地面油罐、覆土式油罐、放空罐、高位罐的呼吸阀、量油口等呼吸管道口，以半径为1.5m的球形空间	1	
13	轻油洞库通风、透气管口，以半径为3m的球形空间以内	1	
14	轻油桶装库房及汽车油罐车库	1	
15	码头装卸油区	2	不含专设丙类油品装卸码头
16	阀组间、检查井、管沟	2	有盖板的应为1区

续表

序号	场 所 名 称	危险区域等级	备　注
17	修洗桶间、废油回收间及喷漆间	2	
18	乙炔发生器间	1	不宜安装固定电气设备
19	油品试样间	2	
20	乙炔气瓶储存间，氧气瓶储存间	2	
21	废油更生厂(场)的废油储存场	2	
22	露天桶装轻油品堆放场	2	

注：1. 储存易燃油品的油罐通气口 1.5 m 以内的空间为 1 区，罐外壁和顶部 3m 范围内及防火堤内高度等于堤高的空间，应划为 2 区；储存易燃油品的罐内空间应划为 0 区。

2. 以装运易燃油品铁路油罐车、汽车油罐车和油船注入口为中心，以半径为 3m 的球形空间为 1 区，3~7.5m 和自地面算起高 7.5m、半径为 15m 的圆柱形空间划为 2 区。

3. 在爆炸危险场所内，通风不良的死角、沟坑等凹洼处应划为 1 区。

表 3-6　爆炸危险场所相邻场所等级划分

爆炸危险区域等级	用有门的墙隔开的相邻区域		
	一道有门的隔墙	两道有门的隔墙	一道无门的隔墙
0 区	0 区	1 区	2 区
1 区	2 区	非爆炸危险场所	非爆炸危险场所
2 区	非爆炸危险场所		

注：1. 门、墙，应当用非燃材料制成。

2. 隔墙应为实体的，两面抹灰，密封良好。

3. 两道隔墙、门之间的净距离不应小于 2m。

4. 门应有密封措施，且能自动关闭。

5. 隔墙上不应开窗。

6. 隔墙下不允许有地沟、敞开的管道等连通。

第三节　电气设备防爆原理及其分级、分组、标志

最大试验安全间隙、最小点燃电流比、自燃温度是衡量可燃气体危险程度的重要参数。这些参数与防止爆炸性气体混合物发生爆炸关系极大。为使防爆电气设备具有一定的通用性，以电气设备防爆性能的安全性来适应可燃气体的不同程度危险性，并符合安全、适用、经济的原则。在研究可燃气体的基础上，按防爆技术要求，将防爆电气设备分为Ⅰ类(煤矿井下电气设备)和Ⅱ类(工厂用电气设备)。

一、电气设备的防爆原理和防爆类型

电气设备防爆类型共有 9 种，即：隔爆型、增安型、本安型、正压型、充油型、充砂型、浇封型、无火花型和气密型，其代号含义及防爆措施、使用区域见表 3-7。

表 3-7　各型防爆电气设备的代号含义及防爆措施、使用区域

防爆形式	代号	含义	防爆措施	适用区域
隔爆型	d	具有能承受内部爆炸性混合物的爆炸压力，并阻止内部爆炸向外壳周围爆炸性混合物传播的电气设备	隔离存在的点火源	1区，2区
增安型	e	在正常运行情况下不会产生电弧、火花或可能点燃爆炸性混合物的高温，采取措施提高安全程度，以避免在正常和认可的过载情况下出现危险现象的电气设备	设法防止产生点火源	1区，2区
本安型	i(ia, ib)	在正常运行或发生故障情况下，产生的火花或热效应均不能点燃规定的爆炸性混合物的电路，也就是说这类设备产生的能量低于爆炸物质的最小点火能量	限制点火源的能量	0区，1区，2区；1区，2区
正压型	p (px, py, pz)	向外壳内充入惰性气体，或者连续通入洁净空气，以阻止爆炸性混合物进入外壳内部的电气设备	危险物质与点火源隔开	1区，2区
充油型	o	把可能产生火花、电弧或危险高温的带电零部件浸在油中，使之不能点燃油面上爆炸性混合物的电气设备	危险物质与点火源隔开	1区，2区
充砂型	q	把细粒状砂料填入外壳，壳内出现电弧、火焰传播或壳壁和颗粒表面的温度均不能点燃壳外的爆炸性混合物的电气设备	危险物质与点火源隔开	1区，2区
浇封型	m(ma, mb)	把可能产生危险火花、电弧、能量密封起来的电气设备	设法防止产生点火源	1区，2区
无火花型	n(na, nl, nc, nr, nz)	在正常运行和规定的一些条件下(仅指灯具的光源故障条件)，不能点燃周围爆炸性混合物的电气设备	设法防止产生点火源	2区
气密型	h	将电气设备或电气部件置入经气密的外壳内，这种外壳能防止壳外部爆炸性混合物进入壳内	设法防止产生点火源	1区，2区

二、爆炸性气体混合物的分级、分组

(一)爆炸性气体混合物的分级

根据《爆炸危险环境电力装置设计规范》(GB 50058—2014)和爆炸性气体混合物的最大试验安全间隙(MESG)或最小点燃电流比(MICR)，将爆炸性气体混合物分为三级，见表 3-8。

表 3-8　爆炸性气体混合物分级

级别	最大试验安全间隙 $MESG$/mm	最小点燃电流比 $MICR$	油库加油站中可产生爆炸性气体混合物的油品举例
IIA	$MESG \geq 0.9$	$MICR > 0.8$	甲类油品(如原油、汽油、液化石油气)、乙$_A$类油品(如煤油)
IIB	$0.5 < MESG < 0.9$	$0.45 \leq MICR \leq 0.8$	
IIC	$MESG \leq 0.5$	$MICR < 0.45$	

（二）爆炸性气体混合物的分组

根据《爆炸危险环境电力装置设计规范》（GB 50058—2014）和爆炸性气体混合物的引燃温度，将爆炸性气体混合物分为 6 个组别，见表 3-9。

表 3-9　爆炸性气体混合物分组

组　别	引燃温度 $T/℃$	电气产品表面 最高温度 $T_i/℃$	油库加油站中可产生爆炸性 气体混合物的油品举例
T_1	$450<T$	$300≤T_i<450$	甲烷、丙烷
T_2	$300<T≤450$	$200≤T_i<300$	丁烷、丙烯
T_3	$200<T≤300$	$135≤T_i<200$	原油、汽油、煤油
T_4	$135<T≤200$	$100≤T_i<135$	
T_5	$100<T≤135$	$85≤T_i<100$	
T_6	$85<T≤100$	$T_i<85$	

三、防爆电气的标志

（一）铭牌标志主要内容

（1）铭牌右上方有明显的标志"E_x"。

（2）防爆标志，并顺次标明防爆类型、类别、级别、温度组别等标志。

（3）防爆合格证编号（为保证安全指明在规定条件下者，须在编号之后加符号"X"）。

（4）其他需要标出的特殊条件。

（5）有关防爆型式专用标准规定的附加标志。

（6）产品出厂日期或产品编号。

（7）小型电气设备铭牌，至少应有上述 1、2、3、6 等项内容。

（二）防爆标志举例

根据 GB 3836.1 规定，各型防爆电气设备标志举例列于表 3-10。

表 3-10　各型防爆电气设备标志举例

举　例	标　志
Ⅰ类隔爆型	dⅠ
Ⅱ类隔爆型 B 级 3 组	dⅡBT₃
采用一种以上的复合型式，须先标出主体防爆型式，后标出其他防爆型式。如Ⅱ类主体增安型，并具有正压型部件 T_4 组	epⅡT₄
对只允许使用于一种可燃气体或蒸气环境中的电气设备，其标志可用该气体或蒸气的化学分子式或名称表示，这时可不必注明级别和温度组别。如Ⅱ类用于氨气环境的隔爆型	dⅡ（NH₃）或 dⅡ氨
对于Ⅱ类电气设备的标志，可以标温度组别，也可标最高表面温度，或二者都标出。如最高表面温度为 125℃ 的工厂用增安型	eⅡT；eⅡ（125℃） 或 e（125℃）T

举　例	标　志
Ⅱ类本质安全型 ia 等级 A 级 T$_5$ 组	(ia) ⅡAT$_5$
Ⅱ类本质安全型 ib 等级关联设备 C 级 T$_5$ 组	(ib) ⅡCT$_5$
Ⅰ类特殊型	S Ⅰ
对使用于矿井中除沼气外，正常情况下还有Ⅱ类 B 级 T$_3$ 组可燃气体的隔爆型电气设备	dⅠ/ⅡBT$_3$
复合电气设备，须分别在不同防爆型式的外壳上，标出相应的防爆型式	
为保证安全指明在规定条件下使用好电气设备。如指明具有抗冲击能量的电气设备，在其合格证编号之后加符号"x"	××××-x
各项标志须清晰，易见，并经久不褪	

第四节　防爆电气设备的选型

油库加油站气体爆炸危险区域用电气设备按照爆炸危险区域等级，防爆电气结构等要求进行选型应用。

一、防爆电气设备选型要求

（1）防爆电气设备要求。气体爆炸危险区域防爆电气设备选型应当符合表 3-11 的要求。

表 3-11　气体爆炸危险区域用电气设备防爆类型选型表

爆炸危险区域	适用的防护型式电气设备类型	符　号
0 区	1. 本质安全型(ia 级)	ia
	2. 其他特别为 0 区设计的电气设备(特殊型)	s
1 区	1. 适用于 0 区的防护类型	
	2. 隔爆型	d
	3. 增安型	e
	4. 本质安全型(ib 级)	ib
	5. 充油型	o
	6. 正压型	p
	7. 充砂型	q
	8. 其他特别为 1 区设计的电气设备(特殊型)	s
2 区	1. 适应于 0 区或 1 区的防护类型	
	2. 无火花型	n

（2）各种防爆电气设备结构要求。GB 50058—2014 要求，各种电气设备防爆结构应符合表 3-12~表 3-16 的要求。

表 3–12　旋转电机防爆结构的选型

爆炸危险区域	1 区			2 区		
防爆结构 设备名称	隔爆型 d	正压型 p	增安型 e	隔爆型 d	正压型 p	增安型 e
鼠笼型感应电动机	○	○	△	○	○	○
绕线型感应电动机	△	△		○	○	○
同步电动机	○	○	×	○	○	○
直流电动机	△	△		○	○	○
电磁滑差离合器(无电刷)	○	△	×	○	○	○

注：1. 表中符号：○为适用；△为慎用；×为不适用(下同)。

2. 绕线型感应电动机及同步电动机采用增安型时，其主体是增安型防爆结构，发生电火花的部分是隔爆或正压型防爆结构。

3. 无火花型电动机在通风不良及户内具有比空气重的易燃物质区域内慎用。

表 3–13　低压变压器类防爆结构的选型

爆炸危险区域	1 区			2 区		
防爆结构 设备名称	隔爆型 d	正压型 p	增安型 e	隔爆型 d	正压型 p	增安型 e
变压器(包括启动用)	△	△	×	○	○	○
电抗线圈(包括启动用)	△	△	×	○	○	○
仪表用互感器	△		×	○		○

表 3–14　低压开关和控制器类防爆结构的类型

爆炸危险区域	0 区	1 区					2 区				
防爆结构 设备名称	本质安全型 ia	本质安全型 ia, ib	隔爆型 d	正压型 p	充油型 o	增安型 e	本质安全型 ia, ib	隔爆型 d	正压型 p	充油型 o	增安型 e
刀开关、断路器			○					○			
熔断器			△					○			
控制开关及按钮	○	○	○		○		○	○		○	
电抗启动器和 　启动补偿器			△					○			○
启动用金属电阻器			△	△		×		○	○		
电磁阀用电磁铁			○			×		○			○
电磁摩擦制动器			△			×		○			△
操作箱、柱			○	○				○	○		
控制盘			△	△				○	○		
配电盘			△					○			

注：1. 电抗启动器和启动补偿器采用增安型时，是指将隔爆结构的启动运转开关操作部件与增安型防爆结构的电抗线圈或单绕组变压器组成一体的结构。

2. 电磁摩擦制动器采用隔爆型时，是指将制动片、滚筒等机械部分也装入隔爆壳体内者。

3. 在 2 区内电气设备采用隔爆型时，是指除隔爆型外，也包括主要有火花部分为隔爆结构而其外壳为增安型的混合结构。

表 3-15　灯具类防爆结构选型

爆炸危险区域	1 区		2 区	
防爆结构 设备名称	隔爆型 d	增安型 e	隔爆型 d	增安型 e
固定式灯	○	×	○	○
移动式灯	△		○	
携带式电池灯	○			
指示灯类	○	×	○	
镇流器	○	△	○	○

表 3-16　信号、报警装置等电气设备防爆结构的选型

爆炸危险区域	0 区	1 区				2 区			
防爆结构 设备名称	本质 安全型 ia	本质 安全型 ia、ib	隔爆型 d	正压型 p	增安型 e	本质 安全型 ia、ib	隔爆型 d	正压型 p	增安型 e
信号、报警装置	○	○	○	○	×	○	○	○	○
插接装置			○				○		
接线箱(盒)			○		△		○		○
电器测量表			○	○	×		○	○	○

二、爆炸危险区域电气线路选择

油库加油站爆炸危险区域的电气线路选择应符合表 3-17 的要求。

表 3-17　爆炸危险场所配电线路最小允许截面

爆炸危险 区域等级	线芯最小截面/mm²						
	铜芯				铝芯		
	动力	控制	照明	通讯	动力	控制	照明
1 区	2.5	1.5	2.5	0.28	×	×	×
2 区	1.5	1.5	1.5	0.19	4	×	2.5

注：1. 表中×表示不允许采用。

2. 钢管应采用低压流体输送用镀锌焊接钢管。

3. $DN25mm$ 及以下的钢管螺纹旋合不应少于 5 扣，$DN32mm$ 及以上的不应少于 6 扣，并有锁紧螺母。

4. 1 区接线盒、挠性连接管采用隔爆型，移动电缆应采用重型；2 区接线盒、挠性连接管采用隔爆型或增安型，移动电缆应采用中型的。

三、火灾危险环境电气设备选型

1. 选用原则

电气设备应符合环境条件（如化学、机械、热、霉菌和风沙）的要求；正常运行时，有火花和外壳表面温度较高的电气设备应远离可燃物质；不宜使用电热器具，必须使用时，应将其安装在不燃材料底板上。

2. 选型

火灾危险区域应根据区域等级和使用条件，按表3-18的规定选择相应类型的电气设备防护结构。

表3-18 火灾危险区域电气设备防护结构选型

项　目		21 区	22 区	23 区
电动机	固定安装	IP44	IP44	IP21
	移动式、携带式	IP54		IP54
电器和仪表	固定安装	充油型 IP54、IP44	IP54	IP44
	移动式、携带式	IP54		IP44
照明灯具	固定安装	IP2X	IP54	IP2X
	移动式、携带式			
配电装置		IP5X		
接线盒				

注：1. 在火灾危险区域21区内固定安装的、正常运行时有集电环等火花部件的电动机，不宜采用IP44型结构。

2. 在火灾危险区域23区内固定安装的、正常运行时有集电环等火灾部件的电动机，不应采用IP21型结构，而应采用IP44型结构。

3. 在火灾危险区域21区内固定安装的、正常运行时有火花部件的电器和仪表，不宜采用IP44型结构。

4. 移动式和携带式照明灯具的玻璃罩应有金属网保护。

5. 表中防护等级的标志应符合GB/T 4208—2017《外壳防护等级（IP代码）》的规定。

第五节　防爆电气设备安装

一、爆炸危险场所电气线路

在爆炸危险区域，电气线路的位置、敷设方式、导体材质、绝缘保护方式、连接方式的选择应根据危险区域等级进行。

（一）电气线路敷设要求

1. 电气线路的位置

电气线路的位置应考虑在爆炸危险性较小的区域或远离油蒸气释放源的地方敷设线路。如因油气的密度比空气密度大，电气线路应在高处敷设。另外电气线路应避开可能受到机械损伤、振动及受热的地方。架空线路不得跨越爆炸性危险场所，当10kV及以下架空线路与爆炸危险场所邻近时，其间距0级和1级场所为30m，2级场所为电杆高度的1.5倍。

2. 电气线路的敷设方式

(1) 爆炸危险场所电气线路主要有钢管和电缆配线。钢管配线工程必须明敷,应使用镀锌钢管。电缆配线 1 区应采用铜芯铠装电缆;2 区也宜采用铜芯铠装电缆。当采用铝芯电缆时,与电气设备连接应有可靠的铜-铝过渡接头等措施。

(2) 钢管配线工程,两段钢管之间,钢管及其附件之间,钢管与电气设备引入装置之间的连接,应采用螺纹连接,其有效啮合扣数不得少于 6 扣;钢管与电气设备直接连接有困难处,以及管路通过建筑物的伸缩、沉降缝处应装挠性连接管。

(3) 在爆炸危险场所,不同用途的电缆应分开敷设,动力与照明线路必须分设,严禁合用;不应在管沟、通风沟中敷设电缆和钢管布线;埋设的铠装电缆不允许有中间接头或埋接线盒;防爆电机、风机宜优先采用电缆进线。

(二) 爆炸危险场所配线工程的要求

架空线路严禁跨越爆炸危险场所,两者间最小水平距离为:于 0 级、1 级场所 30m;于 2 级场所 1.5 倍电杆高度。引入爆炸危险场所的电气线路应采用铠装电缆埋地引入,且埋地长度不宜小于 50m。爆炸危险场所应选用钢管配线或铠装电缆配线,不准明敷绝缘导线。

1. 通用要求

(1) 线路最小截面。爆炸危险场所使用电缆或绝缘导线的材质和最小截面应符合表 3-17 的规定。

(2) 额定电压。爆炸危险场所使用电缆或绝缘电线,其额定电压不应小于线路的额定电压,且不得小于 500V。零线的绝缘应与相线相同,且应在同一护套或钢管内。

2. 允许负载电流

爆炸危险场所的电气线路,除符合有关规定外,还应满足:

(1) 导线长期允许负载电源不应小于熔断器熔体额定电流,或自动空气开关延时动作过电流脱扣额定电流的 1.25 倍。

(2) 电动机支线的长期允许载流量不应小于电动机额定电流的 1.25 倍。

(3) 工作零线必须接在设备的接线端子上,不得接在外壳接地端子上(或内接地螺栓上)。

3. 线路配置

(1) 爆炸危险区域配线方式按表 3-19 选用。

(2) 爆炸危险场所一切配线(不含埋地铠装电缆)必须明敷。严禁在洞库通风沟内铺设电缆或钢管配线,也不应在输油管沟中铺设电缆或钢管配线(不含本安电路)。

(3) 埋地铠装电缆不允许有中间接头或埋设接线盒。

(4) 动力线路与照明线路必须分设,严禁合用。

(5) 在洞库内尽量少设固定备用动力线路和插座。爆炸危险场所的动力线路不宜有中间接头。

表 3-19   爆炸危险区域配线方式

配 线 方 式	爆炸危险场所等级		
	0 级	1 级	2 级
本安电路及本安关联电路	○	○	○
钢管配线	×	○	○
电缆配线	×	○	○

注:表中符号含义同表 3-12。

4. 线路保护和连接

(1) 在1级场所单相回路(如照明)中的相线和零线均应有短路保护,并使用双极自动空气开关同时切断相线和零线。

(2) 危险场所所有电气线路均应设相应的保护装置,以便在发生过载、短路、漏电、断线、接地等情况下能自动报警或切断电源。

(3) 线路的导电部分连接均应采用防松措施的螺栓固定,或者压接、熔焊。铜、铝导线相互连接时,必须采用铜铝过渡接头。

(4) 移动式防爆电气设备的供电线路应采用中间无接头的重型橡套电缆。其最小截面不小于2.5mm²;接零芯线应在同一护套内,在与设备的端子连接时,必须长于相线。

5. 设备进线

爆炸危险场所防爆电气设备进线方式见表3-20。

表3-20 防爆电气设备进线方式

引入装置方式	密封方式	钢管配线	电缆配线			移动式电缆
			护套电缆	铅包电缆	铠装电缆	
压盖式、螺母式	弹性密封垫	○	○	○	○	○
压盖式	浇注式		○	○	○	

注:1. 浇注式引入装置即放置电缆头腔的装置。

2. 移动式电缆必须有喇叭口的引入装置。

3. 除移动式电缆和铠装电缆外,凡有振动的入口处必须用防爆挠性连接管与引入装置螺纹连接,严禁钢管直配。

二、电缆和钢管配线工程

(一) 电缆配线工程

1. 电缆选型

在1级场所明敷电缆必须是铜芯铠装电缆。铠装电缆宜选用聚氯乙烯绝缘(芯线)、聚氯乙烯内外护套钢带铠装电缆。在2级场所可以采用塑套(橡套)电缆。

2. 电缆布设

(1) 铠装电缆明敷时,其水平段宜采用电缆吊架、托架、电缆槽、固定卡等固定,固定间距以电缆轴向不受悬垂拉力为原则;垂直段应采用固定卡固定。

(2) 铠装电缆暗敷设时,如在混凝土地坪下或设在混凝土基础中,必须采用镀锌钢管保护,保护管的内径宜大于电缆外径的1.5倍。

(3) 电缆通过地坪、墙壁及易受机械损伤处均设厚壁钢管保护;将保护管与建筑间的空隙用100号水泥砂浆堵严;保护管两端应用非燃密封材料封堵,其堵塞厚度不应小于钢管内径1.5倍,且不小于50mm。

(4) 电力电缆与通信、信号、仪表电缆应分开铺设,其间距应分别在300mm以上。电缆布线应每隔一定距离预留适当的检修余量。

3. 设备进线

防爆电气设备、接线盒等的进线口,不论是压盖式,还是压紧螺栓式均应做好密封。在1级场所必须采用隔爆型结构。其要求是:

(1) 电缆进接线口应为圆形的、整体的,护套表面不应有凸凹、裂缝、砂眼等缺陷。严禁多股导线合并后进入接线盒(钢管配线除外)。

(2) 橡胶密封圈的内孔应与电缆护套外径紧密配合;其剩余径向厚度不应小于电缆外径的3/10,且不得小于4mm;轴向长度不应小于电缆外径的7/10,且不得小于10mm。

(3) 橡胶密封圈两端应有金属垫片,不允许压紧螺母式压盘直接压在密封圈上。

(4) 外径大于20mm的电缆,必须配用喇叭口形有防止电缆拔脱装置的进线口。

(5) 电缆轴线应与进线口中心线平行,不允许出现单边挤压密封圈现象。

(6) 电缆铠装钢带应与电气设备的外壳接地螺栓连接,密封圈不得直接压在铠装钢带上。

(二) 钢管配线工程

1. 钢管、管件选型

(1) 钢管配线工程中所使用钢管及附件应做好防腐处理,明敷设时一般采用镀锌钢管,暗敷设在混凝土内或地下的管线一般采用防腐漆的厚壁管;钢管的管口及内壁要圆滑无毛刺、无堵塞、无漏洞,接头紧密;钢管应无裂缝、砂眼、明显凹瘪。

(2) 在1级场所钢管配线采用的接线盒、分线盒、隔离密封盒、挠性连接管,以及管件(活接头、弯头、接头)等,必须采用隔爆型结构。

(3) 在2级场所可选用增安型结构,采用普通管接件。

2. 连接要求

(1) 钢管与设备之间及钢管之间的接线盒、分线盒、密封隔离盒、挠性连接管、管接件等连接,必须采用螺纹连接。

(2) 螺纹啮合应紧,有效扣数不小于6扣(粗牙圆柱管螺纹),其外露丝不宜多于4扣;严禁采用倒扣安装,应使用防爆活接头;容易松动处,必须装设锁紧螺母。

(3) 螺纹应无滑扣,应涂导电性防锈脂(油),不得缠麻、绝缘密封带,或涂其他油漆。

(4) 钢管配线在接线盒、设备进线口处均须做好密封。钢管与接线盒之间,须用管子压紧接头连接。

(5) 钢管配线安装必须固定可靠,钢管不得作为其他物品的支撑。

3. 隔离密封盒的设置

(1) 管路通过任何场所共用隔墙时,应在隔墙的任意一侧设横向式隔离密封盒。

(2) 管路通过楼板或垂直方向引向其他场所时,应在楼板或地面的上方设纵向式隔离密封盒。

(3) 易积聚冷凝水的管路,应在垂直段的下方设排水式隔离密封盒。

(4) 设备进线口无密封装置及管路超过20m,且无其他密封装置时,应加设隔离密封盒。

(5) 隔离密封盒严禁作为导线连接或分线使用;隔离密封盒内应无锈蚀、灰尘和油迹;密封填堵料应采用非燃性纤维材料。

(6) 隔离密封盒安装位置见图3-1。

4. 防爆挠性连接管的应用

(1) 钢管配线工程在设备进线口、管路与电气设备连接困难处、管路通过建筑物、构筑物伸缩缝处,应采用防爆挠性连接管。

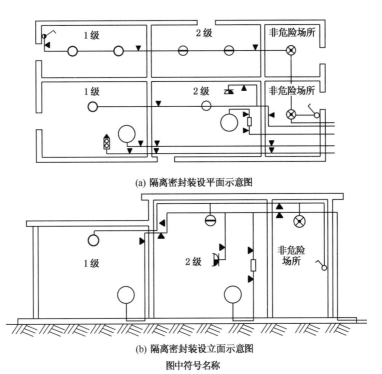

(a) 隔离密封装设平面示意图

(b) 隔离密封装设立面示意图

图中符号名称

图例	名称	图例	名称
▭	防爆综合磁力启动器	○	防爆电动机
◄	防爆插销	⌐	一般灯开关
◖●●►	防爆按钮	⌐	防爆灯开关
▼	应加密封隔离盒处	⊗	半密闭型灯
— · —	控制线路	⊖	增安型灯
——	动力或照明线路	◉	防爆型灯

图 3-1　隔离密封装设位置示意图

注：1. 本图表示爆炸危险场所各区之间及防爆电气设备进出口处的隔离密封安装位置；

　　2. 在易积聚冷凝水的环境中，钢管配线时应有一定坡度，并选择合适地点，选用排水型防爆隔离密封盒

（2）防爆挠性连接管应无裂缝、孔洞、机械损伤、老化和脱胶等缺陷；隔爆衬垫(铅垫)无变形、断裂、错位等缺陷。

（3）防爆挠性连接管安装弯曲半径不应小于管子外径的 5 倍。主管路中一般不应串接防爆挠性连接管，必须加设跨接线。

（三）本安电路与本安关联电路配线

本安电气一般由本安设备、本安关联设备和外部配线组成，见图 3-2。

本安电路与本安关联电路的配线，除应满足爆炸危险场所电缆配线或钢管配线要求外，还应满足下列要求：

1. 电缆与绝缘导线选型

（1）电缆或绝缘导线必须采用芯线最小截面积不小于 0.5mm² 的铜绞线，其绝缘强度最低为 500V。非本安电路及其外部配线用电缆或绝缘导线的耐压强度最低应为 1500V。

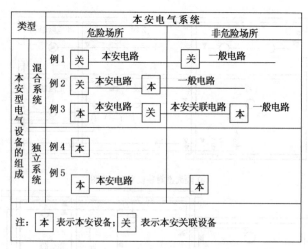

图 3-2 本安电气系统形式示意

（2）通常应优先选用带屏蔽层的电缆。如采用无铠装或无屏蔽层电缆时，应采用镀锌钢管保护屏蔽。

2. 配线方式

（1）本安电路与非本安关联电路的配线，应用钢管配线工程或电缆工程组成单独系统，不应与非本安电路发生交混、静电感应、电磁感应。本安电路与一般电路的配线也必须做到不会发生上述危险。

（2）本安电路与本安关联电路的配线，不得共用同一电缆或钢管。严禁与其他电路共用同一电缆或钢管。

（3）两个及两个以上单元的本安电路或本安关联电路，芯线无单独屏蔽层时，不应共用同一电缆或钢管。

（4）电缆(导线)屏蔽层只允许一端接地，并在非爆炸危险区域内进行，严禁两端同时接地。

（5）本安电路原则上不得接地。有特殊要求的场合，应按产品说明书的技术要求接地。

3. 本安电路的外部配线

（1）本安电路的外部配线原则上不得在爆炸危险区域互相连接或分支。特殊情况下，在1级、2级区域进行连接或分支时，应按规定选用防爆接线盒或分线盒加以保护。

（2）本安电路及非本安电路通过同一接线端子箱与电气设备引线连接时，应设本安电路专用端子板，且两电路的端子板应设绝缘隔板或接地的金属板，或者有大于50mm的安全距离。

（3）本安电路或本安关联电路的配线连接应牢固可靠，并设有防松措施或自锁装置，接线端外露部分的导体应穿绝缘套管保护。如环境条件差时，还应采用防水、防尘、密封措施。

（4）非本安电路的外部配线直接连到本安关联设备时，接线方式应符合前"3.（2）"和"3.（3）"规定。但与爆炸危险区域本安关联设备连接时，应按规定选用相应的防爆接线加以保护。

（5）本安关联设备应安装在非爆炸危险区域，本安关联设备出来的本安电路配线，必须按爆炸危险区域的配线要求进行，且有防雷措施。在特殊情况下，本安关联设备安装于爆炸危险区域时，本安关联设备本身及非本安电路一端的进出线口和配线必须按防爆要求进行。

4. 非爆炸危险区域的仪表盘内配线

（1）仪表盘应设置连接外部配线和盘内配线用的专用接线箱，该接线箱连接本安电路和非本安电路的外部配线时，应符合"3.（1）"的要求。

（2）本安电路、本安关联电路的盘内配线应与其他电路分开束扎、固定，必要时设绝缘隔板加以分离。

（3）仪表盘内的外部配线和盘内配线及仪表的连接应符合"3.（3）"的规定。

5. 本安电路配线的识别

本安电路及本安关联电路配线中的电缆、钢管、端子板应有蓝色的标志，或缠上蓝色胶带。两个本安电路在一起时，配线的端子部位应标明回路号，以便识别。

三、防爆电气设备的安装

（一）安装前的准备工作

1. 按图施工

爆炸危险场所的电气安装工程，必须依照已批准的设计图纸施工，严禁边设计、边施工或无图施工。施工前必须"读图"，掌握有关技术要求。

2. 产品订购

必须按图纸要求订购防爆产品，在订货时要充分了解防爆产品的市场情况，择优订购。必要时应检验防爆产品合格证书，并要注意证书的有效期，如合格证书与产品不符或已过有效期，应拒绝订货。

3. 防爆电气设备和器材的检查验收

（1）开箱检查清点配件和产品的技术文件是否齐全。

（2）产品型号、规格是否符合订货合同及设计图上的要求。

（3）设备铭牌中必须标有国家指定检验单位签发的"防爆合格证号"，防爆标志是否清晰齐全。

（4）产品合格证书、检验单是否齐全。

（5）产品外观上是否无损伤、裂缝、变形和严重锈蚀。

凡是产品不符合上述各款的任一款，都不得安装使用。

4. 安装前的质量检查

（1）安装前必须对防爆电气设备和器材作全面质量检查。各项指标均应符合国家或部颁的现行技术标准，特别在防爆结构上，要对照《爆炸性环境用防爆电气设备》（GB 3836）的要求，做严格检查。同时还应检查进线装置、紧固件及密封件是否齐全完好，转动系统、控制按钮、主触头及联锁触头的接触情况是否灵活、良好，设备多余的进出线孔是否按规定封闭，设备内壁的耐弧漆是否完整。

（2）防爆面的检查，隔爆电气设备在安装前以及在维护保养时一定要认真检查并维护保养好防爆面，以保证其防爆性能。

① 应妥善保护防爆面，不得损伤，严禁用汽油、苯等可燃物清洗。

② 无电镀、磷化层的隔爆面，经清洗后涂磷化膏或涂 204 号防锈油、工业凡士林。严禁涂刷其他油漆（涂磷化膏或涂工业凡士林、204 号防锈油时，应涂薄薄的一层即可，不要涂得太厚），也不许加任何垫片或加密封胶泥。

③ 隔爆面上不得有锈蚀层，如隔爆面上有锈蚀经洗后，不应出现麻面现象。

④ 隔爆接合面的紧固螺栓，不得任意更换、短缺，弹簧垫圈应齐全，紧固时，必须保

证防爆面受力均匀,不应有偏心不平行现象。

⑤ 隔爆面上的机械伤痕不超过表3-21和图3-3的规定。

表3-21 隔爆面上的机械伤痕检查标准

隔爆面长度/mm	机械损伤最深度和宽度/mm	无损伤防爆面的有效长度 L'/mm	
		有螺孔的防爆面	无螺孔的防爆面
10			$L'>2/3\times10$
15	<0.5	$L'>2/3\times L_1$	$L'>2/3\times15$
25			$L'>2/3\times25$
40			$L'>2/3\times40$

注:1. L_1 为有螺孔隔爆面螺孔边缘至隔爆面内边缘的最短有效长度。

2. 无伤隔爆面的有效长度 L',应以几段无伤痕部分的有效长度相加计算之(当隔爆面上有两处以上的伤痕时)。

3. 防爆面缺陷超过上述规定必须进行修理。如螺孔周围5mm范围内有缺陷; L 或 L_1 为5mm范围内的缺陷;联爆面边角缺陷;防爆面上有松动现象的铸件等,不允许焊补。

⑥ 隔爆结合面最大间隙(W)值,不得超过表3-22的规定。

表3-22 隔爆结合面最大间隙值

外壳净容积 V/ L	防爆面长度 L/ mm	隔爆结合面最大间隙 W/mm			
		级 别			
		1	2	3	4
$V\leqslant0.02$	5	0.3	0.2	0.15	*
$0.02<V\leqslant0.5$	10	0.3	0.2	0.15	*
	15	0.4	0.25	0.15	*
$0.5<V$	25	0.5	0.3	0.12	*
	40	0.6	0.4	0.25	*

注:"*"表示采用试验确定的最大不传爆间隙的50%。

⑦ 转轴与轴孔隔爆结合面的间隙(最大直径差) W 值,应不超过表3-23的规定。

表3-23 转轴与轴孔隔爆结合面的最大间隙(直径差) W 值

种类	外壳净容积 V/L	防爆面长度/ mm	最大间隙(直径差)/mm			
			级 别			
			1	2	3	4
滚动轴承	$V\leqslant0.02$	5	0.4	0.3	0.2	*
	$0.02<V\leqslant0.5$	10	0.4	0.3	0.2	*
		15	0.5	0.4	0.25	*
	$V<0.5$	25	0.6	0.45	0.3	*
		40	0.8	0.6	0.4	*
滑动轴承	$0.002\leqslant V$	5	0.3	0.3	0.2	*
	$0.002<V\leqslant0.1$	15	0.3	0.2	0.1	*
	$0.1<V\leqslant0.5$	25	0.3	0.3	不许使用	*
	$V<0.5$	40	0.5	0.5		*

注:"*"表示采用试验确定的最大不传爆间隙的50%。

5. 安装前土建工程的要求

（1）与电气装置安装有关的建筑物和构筑物，应保证工程质量，防止由此影响防爆设备的防爆性能或构成潜在威胁。

（2）有碍电气安装的模板、脚手架应予拆除。

（3）会使防爆电气装置发生损坏或严重污染的抹面或装饰工程应全部结束。

（4）电气装置安装用的基础、预埋件、预留孔（洞）等应符合设计要求。

（5）接地干线不得浇铸在混凝土内部。

6. 安全教育、技术培训、施工方案

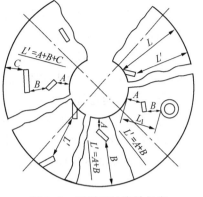

图 3-3　隔爆面的有效长度

（1）防爆电气设备安装人员必须经过防爆安全教育和防爆技术培训，否则不准上岗作业。

（2）在爆炸危险场所施工，必须采取严密的安全措施，制定详细的施工方案，报请上级批准后才能开工。

（二）通用技术要求

（1）爆炸危险场所的电力设计，从安全可靠、经济合理的角度出发，首先应尽量将有关设备布置在非爆炸危险场所；如必须设在危险场所内，也应尽量布置在相应危险性较小的地点。

（2）爆炸危险场所的电气设备及线路，在布置上应避开可能会造成意外机械损伤的部位，并要符合防潮、防腐、防水和防油浸等要求。

（3）在爆炸危险场所，不应采用隔墙机械传动的防爆方法。

（4）在爆炸危险场所内，应尽量少装防爆插座。灯距不宜过密，以基本能满足作业照明需要为原则。

（5）洞库内照明，应按实际作业需要，采取分段控制的办法，尽量减少每次作业开灯的数量。三相供电负载尽量平衡，避免零线出现过高不平衡电位。

（6）防爆电气、设备应用预埋或膨胀螺栓及焊接法固定，电气设备的固定螺栓应有防松装置。

（7）接线盒内部接线应紧固，其内部裸露带电部分之间及金属外壳之间的漏电距离和电气间隙应不小于表 3-24 的规定。

表 3-24　漏电距离和电气间隙

电压等级/V		漏电距离/mm				电气间隙/ mm
		绝缘材料抗漏电强度级别				
直　流	交　流	Ⅰ	Ⅱ	Ⅲ	Ⅳ	
48 以下	60 以下	6/3	6/3	6/3	10/3	6/3
115 以下	127~138	6/5	6/5	10/5	14/5	6/5
230 以下	220~230	6/6	8/8	12/8		8/5
460 以下	380~400	8/6	10/10	14/10		10/6

注：1. 分母电流为不大于 10A，额定容量不大于 250W 的电气设备的漏电距离和电气间隙值。

2. Ⅰ级为上釉的陶瓷、云母、玻璃。Ⅱ级为三聚氰胺石棉耐弧塑料，硅有机石棉弧塑料。Ⅲ级为聚四氟乙烯塑料、三聚氰胺玻璃纤维塑料、表面用耐弧漆处理的环氧玻璃布板。Ⅳ级为酚醛塑料、层压制品。

(8) 防爆电气设备的进线口必须用弹性橡胶密封圈密封，禁止采用填充密封胶泥、石棉绳等其他方法代替。禁止在接线盒内填充任何物质。橡胶密封圈上的油污应擦洗干净，以免老化变质，失去防爆性能。

(9) 严禁改动防爆电气设备的结构、零部件及设备的内部线路。多余的进出线口，应加厚度不小于 2mm 的金属垫片和胶垫将其密封。

(三) 隔爆型电气设备

(1) 隔爆型电气在安装和检修时，应妥善保护隔爆面，不得损伤，严禁敲打和碰撞。

(2) 隔爆设备严禁用汽油、苯等易燃物质清洗。

(3) 隔爆面清洗后应涂磷化膏、204 号防锈油，严禁涂刷任何防腐油漆、密封胶泥，不得加装任何垫片。

(4) 隔爆接合面的紧固螺栓不得任意更换、短缺，弹簧垫圈应齐全。紧固时，必须保证隔爆面的受力均匀，不得出现偏心、不平衡等现象。

(5) 隔爆面的光洁度、砂眼、机械伤痕、隔爆间隙、螺纹有效扣数等，必须符合《爆炸性环境 第 1 部分：设备 通用要求》(GB 3836.1—2010) 和《爆炸性环境 第 2 部分：由隔爆外壳"d"保护的设备》(GB 3836.2—2010) 的有关规定。

(6) 隔爆型插销的安装，必须保证在插头拔脱后，其插座上裸露触点不带电，接地触点的接线必须正确无误，接地良好。

(四) 充油型电气设备

(1) 进入充油型电气设备的电缆(绝缘导线)的绝缘必须是耐油型的。设备应垂直安装，其倾斜不应大于 5°，油标不得有裂缝及漏油等缺陷，手动或自动排气畅通无杂物。

(2) 油面必须在油标的标度线位置，当油量不足添加时，变压器油必须经检验合格，严禁加注其他油品或油中混有其他物质。

(3) 充油型开关设备不得用于移动式电气设备的直流回路设备。

(五) 本安型电气设备

(1) 本安电路除严格按设备说明书要求接线外，其外部配线的分布电容、电感量必须符合设备所提要求。

(2) 安装前应检查设备所有零件、元件和线路是否连接牢固，性能是否完好，有故障的设备不得安装。

(六) 防爆通信装置

(1) 油库作业中，爆炸危险场所用的通信联络设备必须是防爆的，其防爆等级不应低于场所的防爆等级。轻油洞库应使用隔爆型(或本安型)电话单机和隔爆型电话插销。本安型电话单机与总机之间必须有安全隔离装置(安全栅关联设备)，当采用隔爆型电话单机或隔爆型与本安型复合型的电话单机时，必须按钢管配线或铠装电缆配线。

(2) 覆土轻油罐旁的普通电话机插销应距离油罐呼吸阀口、测量口 15m 以外；地面轻油罐旁的普通电话插销，应设在距离罐体外壳 5m 以外空间，且位置应高于防护堤。

(3) 轻油洞库的防爆通信系统，在洞外非爆炸危险场所必须装设电话线避雷装置。在线路进洞之前，应加装双投式控制开关，做到作业完毕后，切断洞内通信电源。

(七) 防爆自动化仪表

防爆自动化仪表是指在具有爆炸性混合物的环境中安全使用的自动化电动仪表。这类仪表在设计制造时就采取了一定的安全技术措施，能保证在油库加油站等有爆炸危险环境的场所安全使用。目前油库加油站常用的防爆自动化仪表主要有：雷达液位仪、伺服液位仪（以Enraf 居多）、磁致伸缩液位仪、质量流量计、电液阀、压力变送器等。这些仪表在安装使用过程中，要满足以下要求：

（1）爆炸危险场所的自动化仪表必须是防爆的，其防爆等级不得低于场所的防爆等级，其配线和安装必须符合有关规程规定。未经国家指定检验机关做防爆鉴定的任何仪表，不得用于爆炸危险场所。

（2）本安型仪表电路的外部线路一般不应有中间接头，在特殊情况下必须有时，应在防爆接线盒内进行，严禁采用缠绕、绝缘布（带）包扎等方法连接。

（3）应采取必要的措施，保证在仪表关闭停止工作时，通向爆炸危险场所的一切外部线路、设备不带电。

第六节　防爆电气设备的运行及检修

一、一般规定

（1）油库应绘制爆炸危险场所划分平面图，在每个场所设置该场所危险等级的标志牌。

（2）防爆电气设备的安装、专业性检查和检修应由经过防爆技术培训的电气技术人员负责，其他人员不得擅自操作。

（3）油库内所有防爆电气设备均应统一分类编号，建立设备档案。从设备的安装、试车、运行、检修、直到设备的防爆降级、报废，都应将各个不同时期的各种技术数据收集齐全，整理归档。

（4）油库必须建立防爆电气设备检查、保养、检修制度和防爆安全教育、技术培训、考核制度。

二、检查制度

防爆电气设备检查可分日常运行维护检查、专业维护检查和安全技术检查三种。专业维护一般每半年一次，安全技术检查每半年或一年一次。

（一）日常运行维护检查

日常运行维护检查由运行操作人员进行。其主要内容是：

（1）保持防爆电气设备外壳及环境的清洁，清除有碍设备安全运行的杂物和易燃物品。

（2）设备运行时应具有良好的通风散热条件，检查外壳表面温度不得超过产品规定的最高温度和温升的规定。

（3）设备运行时不应受外力损伤，应无倾斜和部件摩擦现象。声音应正常，振动值不得超过规定。

（4）运行中的电机应检查轴承部位，须保持清洁和规定的油量，检查轴承表面的温度，不得超过规定。

（5）检查外壳各部位固定螺栓和弹簧是否齐全紧固，不得松动。

（6）检查设备的外壳有无裂纹和有损防爆性能的机械变形现象。电缆进线装置应密封可靠。不使用的线孔，应用厚度不小于 2mm 的钢板密封。观察窗的透明板要完整，不得有裂缝。

（7）检查正压型电气设备内部的气体，是否含有爆炸性物质或其他有害物质，气量、气压应符合规定，气流中不得含有火花，出气口气温不得超过规定，微压（压力）继电器应齐全完整，动作灵敏。

（8）检查充油型电气设备的油位，应保持在油标线位置，油量不足时应及时补充，油温不超过规定，同时应检查排气装置有无阻塞情况和油箱有无渗油漏油的现象。

（9）设备上的各种保护、联锁、检测、报警、接地装置应齐全完整。

（10）检查防爆照明灯具是否按规定保持其防爆结构及保护罩的完整性。检查灯具表面温度不得超过产品规定值。

（11）在爆炸危险场所除产品规定允许频繁启动的电机外，其他各类防爆电机不允许频繁启动。

（12）正压型防爆电气设备，启动前均须先进行通风或充气，当通风或充气的总量达到外壳和管道内部空间总容积的 5 倍以上时，才准许送电启动。正压型防爆电气设备停用后，应延时停止送风。

（13）防爆电气的接地线应牢固，接地端子无松动，无明显腐蚀，无折断，铠装电缆的外绕钢带无断裂。

（14）电气设备运行中发生下列情况时，操作人员应采取紧急措施并停机，通知专业维修人员进行检查和处理。

① 负载电流突然超过规定值或确认断相运行状态时。

② 电机或开关突然出现高温或冒烟时。

③ 电机或其他设备因部件松动发生摩擦，产生响声或冒火星时。

④ 机械负载出现严重故障或危及电气安全时。

（15）设备运行操作人员对日常运行维护和日常检查中发现的异常现象可以处理的应及时处理，不能处理的应通知电气维修人员处理，并将发生的问题或事故登记在设备运行记录本上。

（二）专业维护检查

专业维护检查应由电气专职维护人员进行，检查维护项目除日常运行维护检查项目外，其主要内容是：

（1）更换照明灯泡、熔断器和本安型设备的电源电池时，必须使用符合设计规定的规格型号，不得随便变更。

（2）清理电气设备的内外灰尘，进行除锈防腐；根据环境条件，更换电缆钢管内吸潮剂或排水。

（3）检查设备和电气线路的完好状况及绝缘情况。

（4）检查接地线的可靠性及电缆、接线盒等完好状况。

（5）停电检查电器内部动作机件是否有超过规定的磨损情况以及接线端子是否牢固可靠。

（6）检查各种类型防爆电气设备的防爆结构参数及本安电路参数。

（7）检查控制、检测仪表、电讯等设备及保护装置是否符合防爆安全要求；是否齐全完好、灵敏可靠；有无其他缺陷。

（8）检查设备运行或缺陷记录上提出的问题，及时处理，消除隐患。不能处理的应及时上报。

（三）安全技术检查

油库加油站主管安全工作的领导组织有关的专业技术人员，按照各自分工管理范围，定期对电气防爆安全技术专业进行检查。除日常维护和专业维护检查的项目外，还应检查的项目有：

（1）检查爆炸危险场所设备运行操作、化验分析、电气、仪表、通信、设备维修等有关人员是否熟知电气防爆安全技术的基本知识。

（2）检查防爆电气设备和线路的运行、操作、维修等规程制度是否齐全及执行情况。

（3）按照技术要求，检查爆炸危险场所存在的问题。

（4）针对存在的问题提出解决的措施，并检查措施的落实情况。

（四）检查时应注意事项

（1）日常运行维护检查时，严禁打开设备的密封盒、接线盒、进线装置、隔离密封和观察窗等。

（2）专业维护检查时，必须切断电源后，在电闸上悬挂警告牌，才能打开设备盖子检查。

（3）不得用带压力的水直接冲洗防爆电气设备。

（4）非防爆的移动型、携带式电气仪表禁止在爆炸危险场所使用。

（5）尽量少打开隔爆型设备的隔爆外壳。

（6）严禁带电更换灯泡，必须在隔爆外壳紧固后才准送电。

三、防爆电气设备的检修

防爆电气设备的检修是指为了维护防爆电气设备的防爆性能、电气性能以及设备和各种保护装置的可靠性，以保证安全运行而实行的检验与修理。防爆电气设备检修通常分为一般性检修、专业性检修和送工厂检修三种。一般性检修视实际情况需要随时进行，专业性检修一般每半年或一年一次。

（一）检修的主要内容

（1）易损、易坏各部件的更换。

（2）对已损坏的各部件进行恢复原状的修理。

（3）对已损坏的电气设备进行综合性恢复原状的修理。

（4）检查各种保护装置（如过电流、过负荷、超温、超压、接地、压力等）的整定值是否变动。

（5）预防性的设备性能检验。

（二）一般性检修

一般性检修是对在日常运行维护检查中发现的问题和一部分在专业维护检查中发现的故障进行检修，其主要内容是：

（1）日常的现场维护。

（2）清除设备外壳内外的灰尘、污垢和其他杂物。

(3) 更换或修理易损零部件和紧固件。

(4) 测试电机、电器和线路的绝缘电阻值。

(5) 补充和更换绝缘油及设备润滑点上的润滑脂(油)。

(6) 调整设备的机械操作机构、联锁机构以及保护装置的整定值。

(7) 检查接地线是否完好，测量接地电阻值。

(8) 检查设备进出线孔的密封情况，更换损伤变形或老化变质的密封圈。

(三) 专业性检修

专业性检修是对防爆设备防爆性能恢复的检修，必须由具有较高防爆电气技术的技术人员进行，其主要内容是：

(1) 完成一般性检修内容。

(2) 检查电机轴承磨损情况，更换不合格轴承。

(3) 检查隔爆零部件，修复不合格的隔爆结合面。

(4) 测量并调整隔爆间隙值。

(5) 修复线圈的绝缘、焊接端子。

(6) 外壳空腔内壁补涂耐弧漆，外部刷防腐漆。

(7) 更换局部范围内已不合格的电缆和配线钢管。

(8) 更换已失灵或报废的开关、按钮等小型防爆设备。

(四) 送工厂(或聘请技术人员到现场)检修

防爆电气设备出现重大故障，油库现场条件无法修复或油库缺少合格的检修人员时，应送设备生产工厂或有权修理防爆电器的单位进行修理。对于油库自行修理的较大项目，如重绕电机、变压器的线圈绕组、更换防爆外壳、主要零部件等，须经防爆专业质量检验机构进行检查，签发合格证后方可投入使用。隔爆型电动机线圈燃毁后，自行重绕修复，原则上不再作为铭牌标明防爆等级的防爆电机使用。

(五) 隔爆型设备的检验标准

隔爆型电气设备其电气性能应符合同类普通电器的质量标准，其防爆质量要求如隔爆间隙、允许最高表面温度、螺纹有效扣数、进出线孔密封等，必须符合《爆炸性环境 第1部分：设备 通用设备》(GB 3836.1—2010)和《爆炸性环境 第2部分：由隔爆外壳"d"保护的设备》(GB 3836.2—2010)的规定。

(六) 检修时的要求和注意事项

(1) 对防爆电气设备的检修、检验人员，应进行防爆电气设备修理知识的培训，经考核合格后方可承担检修和检验工作。

(2) 在爆炸危险场所需动火检修防爆电气设备和线路时，必须办理动火审批手续。

(3) 在爆炸危险场所禁止带电检修电气设备和线路；禁止约时送电、停电。并应在断电处挂上"有人工作、禁止合闸"的警告牌。

(4) 检修时如将防爆设备拆至安全区域进行，现场的设备电源电缆线头应做好防爆处理，并严禁通电。

(5) 在现场检修时，当防爆电气设备的旋转部分未完全停止之前不得开盖。如防爆外壳内的设备有储(电)能元件(如电容、油气探测头)，应按厂家规定，停电后延迟一定时间，放尽能量后再开盖子。

（6）在现场检修中，不准使用非防爆型的仪表、照明灯具、电话机等，除非把爆炸性混合气体排除干净，并采取相应的安全措施。所用工具采用无火花防爆工具。

（7）应妥善保护隔爆面，不得损伤，隔爆面不得有锈蚀层，经清洗后涂磷化膏或 204 号防锈油。

（8）更换防爆电气设备的元件、零部件等时，其尺寸、型号、材质必须和原件一样。紧固螺栓不得任意调换或缺少。

（9）禁止改变本安型设备内部的电路、线路。如更换元件，必须与原规格相同；其电池更换必须在安全区域内进行，同时必须换上同型号、同规格的电池。

（10）严禁带电拆卸防爆灯具和更换防爆灯管（泡），严禁用普通照明灯具代替防爆灯具。不得随意改动防爆灯具的反光灯罩，不准随便增大防爆灯管（泡）的功率。

（11）检修完的防爆设备的防爆标志应保持原样。检修完毕后，应将检查项目、修理内容、测试记录、零部件更换、缺陷处理等情况详细记入设备技术档案。

（12）在检查、检修防爆电气设备中，发现设备不符合技术要求，但一时又无合格备品时，为了不影响正常作业，可由油库提出安全防范措施并报上级主管部门备案，对危险程度比较大的设备必须上报主管部门批准，但对设备问题仍需限期解决。

四、防爆电气设备的降级和报废更新

（一）防爆电气设备报废的条件

（1）防爆电气设备因受外力损伤、大气腐蚀、自然老化、机械磨损、事故损坏时，防爆性能下降，虽经检修和更换零部件仍恢复不到原有的防爆性能，危及安全运行的应报废。

（2）防爆设备经过大修虽能达到质量标准，但检修时间长、检修费用大于或接近于购置同型设备费用的 50% 以上，经济上不合算的，应当报废更新。

（3）电缆和钢管配线的绝缘强度低于标准，很难修复，以致可能导致线路接地、短路等危及安全运行的，应当局部或全部报废，予以更新。

（4）防爆设备制造厂家和国家防爆检验机关宣布淘汰并禁止使用者，应当报废，予以更新。

（二）防爆电气设备报废的技术依据

（1）《爆炸性环境 第 1 部分：设备 通用要求》（GB 3836.1—2010）。

（2）产品出厂技术说明书。

（3）防爆电气系统的设计要求。

（三）防爆电气设备的降级使用

防爆电气设备的报废含义仅指该设备原防爆等级的失效，并不指设备的最终报废处理。对其经过检修和更换零部件虽不能达到原有防爆等级的防爆性能，但仍能满足低一等级的防爆性能者，允许降级使用。如经过检修仍不具备任何防爆等级的防爆性能者，可以作为普通电器使用。如达不到普通电器设备质量标准的可以作为最终报废处理。

（四）防爆电气设备报废的审批手续及处理办法

需报废的防爆电气设备，应先由使用单位认真组织鉴定，确认符合报废条件者，提出报废申请。对于小型设备或局部线路的报废，由油库加油站领导批准；对大型设备，或大范围内的线路报废，须经油库加油站的上级主管部门核准后，实施报废处理。

批准报废或降级使用的防爆电气设备，应立即从安装现场拆除，从设备上除去原有防爆等级标志，并将鉴定情况、批准降级报废的文件一并存入设备档案，并随设备转移，以免日后误用。

第七节　爆炸性混合气体的形成及判断

在油库加油站爆炸危险区域，给一个精确范围不是容易的事。因为有许多可变因素影响着爆炸性混合气体形成和漂移。但是，已经取得的试验成果和经验，对油库加油站爆炸性混合气体出现的范围，或者可能变成危险区域的范围，做出合理评价是可能的。这种评价已由GB 50058—2014《爆炸危险环境电力装置设计规范》、GB 50074—2014《石油库设计规范》、GB 50156—2012《汽车加油加气站设计与施工规范》，以及行业、部门的有关标准加以规定。在实际中如何理解和运用"规范"要求，并结合当时当地的具体实际，做出准确判断，是油库加油站作业活动中经常遇到的问题。

一、油气释放源及爆炸性混合气体形成的途径

在油库加油站中，凡是能向大气中排放或逸散油气的设备、设施、管网都应视为油气释放源。另外，在事故条件下失控的油品也应作为油气释放源看待。

(1)敞开状态下经常释放油气的设备和设施。如敞开的储油容器，或管理和技术缺陷致使储油容器的测量孔、人孔关闭不严、不关闭或未加口盖；呼吸阀故障，液压安全阀缺油等，使储油容器与大气直通，经常有油气向大气中排放。

(2)储输油设备和设施上设置的孔口。如储油罐呼吸系统排气口、真空系统排气口、消气器排气口、装卸油鹤管口，以及通风系统排气口等，在油库正常运行、作业活动中都有油气向大气释放。

(3)作业活动打开的孔口。因油库作业活动的需要，将储输油设备和设施孔口打开或拆卸检修。如测量孔、装卸油口(铁路油罐车、汽车油罐车、油船的人孔，以及油桶、油箱的加油口等)、储油罐的人孔和采光孔，以及检修设备、设施、管网等拆卸开的孔口，都会有油气向大气逸散。

(4)封闭状态的孔口或部位。正常情况下有可能渗漏少量油气。如油泵、阀门盘根，以及储输油设备和设施允许开关的孔口，即使处于封闭状态，也会有少量油气向大气泄漏。

(5)储输油设备设施、管网连接部位。储输油设备、设施、管网的附件及连接件的连接部位，仪器仪表的连接部位，通常也会有微量油气向大气中泄漏散发。

(6)事故条件下油品与油气失控。在事故或故障条件下(储输油设备设施的滴漏渗和油品失控，设备和设施损坏等)，油品蒸发或油气失控，向大气排放逸散。

上述列举的各种情况，在正常或不正常情况下，向大气释放油气，有可能与空气混合形成爆炸性混合气体。

二、爆炸性混合气体形成的因素

油气释放源的存在，并不意味着都能形成爆炸性混合气体，在具体判断时，应结合当时当地的具体实际，分析爆炸性混合气体形成的因素。

（1）油气释放量的影响。油库油气释放大都是以油气与空气的混合状态排出，其油气浓度只有60%~70%。释放的混合气体中油气浓度愈高，达到可燃浓度的混合气体扩散的距离也就愈远。如释放源散发的油气浓度为100%，用空气稀释到可燃浓度，要比油气浓度为50%的所需空气量大得多。一般来说，油品温度高于它的闪点温度时，危险区域半径大致与油气压力的平方根成正比。在其他条件相同的情况下，连续泄漏比间歇泄漏油气扩散的距离远。

（2）油气排出速度的影响。相同浓度的油气混合气体排出，排出速度快的比排出速度慢的油气含量多。但排出速度快，携带空气多、距离远，使高浓度油气混合气体很快稀释。反之，排出速度慢动能小，易于积聚，不易扩散。

（3）风向和风速的影响。空气绝对静止的条件是不存在的。在沿着风轴线运动方向，随着风速的增加，油气浓度要减少。只要有比微风稍大些的风，都将引起油气很快扩散。风不仅是带着油气沿一个方向运动，而且以涡流和旋涡的形式，席卷着油气向上和两边运动，从而使油气与空气进一步混合。在油气释放源的逆风方向，要测量到任何浓度的油气几乎是不可能的。但风向可能突然改变，故释放源周围都应视为爆炸性混合气体存在。另外，当风碰到障碍时，会产生低压区。在这个区域内，风会发生反向流动。在这种情况下，油气不会沿着风的主流方向运动，而是随风的反向流动。如果遇到建（构）筑物开着的门、窗、孔、洞等，则可侵入其内部，积聚而形成爆炸性混合气体。

（4）油气密度的影响。油气密度比空气大，在静止的空气中，排出的油气有向外和向下运动的趋势，这就为油气向低洼、坑槽处漂移积聚创造了条件，易于在这些地方形成爆炸性混合气体。

（5）建筑物、构筑物的影响。油气释放源如果在建筑物、构筑物的内部，在没有机械通风或自然通风不良时，排放的油气会在建筑物、构筑物开口处外部一定范围内也形成爆炸性混合气体。即使有机械通风或自然通风良好的条件下，建筑物、构筑物内部也应视为危险场所。

（6）周围环境的影响。在油气释放源排出油气流动的线路上，如果有凹地、坑槽时，因油气密度大于空气，会在凹地、坑槽内沿地面积聚，形成爆炸性混合气体。另外，还应重视障碍物（设备设施或建筑物、构筑物）背风区形成的气动力阴影区的油气积聚。

（7）在分析爆炸性混合气体形成的影响因素时，绝不能忽视少量或微量散发的油气。因为这种散发大多有油气积聚的条件，如阀井内闸阀盘根微渗，能在阀井内形成爆炸性混合气体。

以上列举的爆炸性混合气体形成的因素，是油库作业活动中判断危险区域必须考虑的。

三、判断爆炸性混合气体的程序和原则

判断油库加油站爆炸性混合气体形成必须遵循Ⅱ类三级危险区域划分标准，依据作业场所是否存在油气释放源，释放油气有无积聚的可能，比照爆炸性混合气体区域划分等级标准，确定危险区域范围的程序进行。

1. 分析油气释放源的情况

（1）根据储输油设备、设施、管网的结构形式及作业活动的具体实际，分析场所是否存在油气释放源。

（2）如果存在油气释放源，进一步查清油品的爆炸极限范围、引燃温度、闪点、密度，结合环境温度及作业活动情况，分析能否形成爆炸性混合气体。

（3）分析油气释放源的状态，如具体部位及释放数量、速度、方向、时间、频度，并研究分析其在空间的分布范围。

2. 分析影响油气扩散和积聚的因素

（1）根据油气释放源所处场所，分析通风状况。如在露天或敞开建筑物、构筑物可视为通风良好；设置机械通风的场所可视为通风良好。否则，应视为通风不良。

（2）根据油气释放源所处的场所，分析油气扩散方向有无影响油气扩散的障碍物及凹地、坑槽等形成局部积聚油气的可能。

3. 对照爆炸混合气体区域划分等级标准，确定危险区域范围

（1）在油库加油站中，0级场所通常只存在于密闭容器和管网内部的气体空间。这种条件下很少使用电器设备及仪表，如果使用电器和仪表，应是本质安全型的。其点火源主要是静电放电。

（2）在油库加油站中，1级场所通常是在油气释放源周围空间1.5~3m的范围内；油气释放源在建(构)筑物内部，一般应将其内部空间视为1级场所。

（3）在油库加油站中，2级场所通常是在1级场所以外7.5m的空间范围内；建(构)筑物内部为1级场所时，其敞开部位(门、窗、孔、洞)外部3~7.5m空间范围内，以及储油罐防火堤内应视为2级场所。

（4）在油库1级场所内的凹地、坑槽应视为0级场所；2级场所内的凹地、坑槽应视为1级场所。

（5）油罐清洗、涂装作业时，由于油气和涂料稀释剂挥发出的爆炸性气体的四处漫流，爆炸危险场所的范围和等级有所扩大。一是甲、乙类，丙A类油品罐清洗、通风前，罐内可燃气体浓度在爆炸下限的40%以上时，罐内为0级场所，其他为1级；二是储存丙B类油品的油罐涂装作业期间，罐内为1级场所，其他是火灾危险场所；三是储存甲、乙类、丙A类油品的地面、半地下罐，沿罐壁水平距离15m以内为1级场所，15~30m范围内为2级场所，30m以外为安全场所；四是储存甲、乙类、丙A类油品罐的洞罐室、巷道和通风管口周围15m以内为1级场所，洞口15m和通风管周围15~30m以内为2级场所，其他为安全场所。五是1级和2级场所中坑、沟应提高1个级别；六是作业现场低凹部位视实际情况加大爆炸危险场所范围。

（6）在比照爆炸性混合气体区域划分等级标准，确定危险场所范围时，应注意分析危险场所附近的凹地、坑槽及障碍物处是否有油气积聚。

（7）在事故(如跑油)条件下，确定危险场所范围时，凡是失控油品流淌、漂浮所及地方周围空间都应视为危险场所，且范围应扩大。通常将其50m空间范围内划为危险场所。

（8）上述提供的情况是属概略判断确定的范围，仅适用于油库加油站作业活动中一般情况，如果有动火等作业活动时，应执行《爆炸和火灾危险环境电力装置设计规范》《石油库设计规范》的规定。必要时，还要测定空间范围内油气的浓度。

四、油库气动力阴影区

油库加油站爆炸性混合气体形成、积聚的主要因素是：储存、收发油品的理化特性，储

输油工艺与操作，油气释放数量、密度、速度，以及风向、风速与周围环境等。在其他条件相同的情况下，风向、风速起着较大的作用。驱散油气最有利的因素是风速，最不利因素是逆转现象。在油库储存、收发、检修等各项作业活动过程中，常常会遇到设备设施与建筑物、构筑物等障碍物的背风区油气浓度较大，甚至达到爆炸极限。如油罐在进油的条件下，上下油罐的旋梯位于背风区时，直觉感到油气浓度很大，进入油罐背风处油气味突然变大；还有在油品收发作业的条件下，作业区建筑物、构筑物等障碍物的背风区域油气味大于其他部位。这都说明在障碍物背风区有逆转现象存在。即在背风区形成了旋涡、涡流，也就是气动力阴影区。

所谓气动力阴影区是指空气只进行闭路循环的区域。在油库有油气释放源的场所，气动力阴影区属于危险区域。在油罐进油且有风条件下，经用可燃气体测量仪检测，油罐背风位置气动力阴影区可延伸到油罐直径以远的地方，甚至达到防火堤以外。其范围超出了《石油库设计规范》《爆炸危险环境电力装置设计规范》等划定的爆炸危险场所范围，这是油库加油站分析判断可燃气体范围时必须予以重视的问题。

根据气动力阴影区形成原理，在油库中，凡是油气释放源处于有障碍物的场所，在障碍物背风区域都会形成气动力阴影区，都会成为油气积聚的有利场所。因此，在分析判断油库可燃气体形成时，除了按照相关规范、标准分析判断外，还应重视由于气动力阴影区的形成、存在而造成油气积聚区域的确认。

五、判断爆炸性混合气体形成时应注意的问题

（1）尽管危险区域划分的分级标准是以允许或不允许使用某种类型的电器设备和仪表而划分"安全"界限的，但这种划分同样适用于非电气点火源。

（2）危险场所划分标准中的"正常情况"是指：按照工程标准设计、建设的油库加油站，遵守规定的作业程序、规程，以及有关标准、规则就能避免发生某些事故或灾害。

（3）危险场所划分标准中的"不正常情况"是指：油库加油站设备、设施运行和操作维修中出现的问题。如温度、压力、流量、液位的控制失灵；储输油设备、设施、管网连接件（法兰、流量表、阀门等）损坏；油泵、阀门压盖或密封件出现损伤等。

（4）危险场所不是固定不变的，在某些条件下可以互相转化。如跑油的情况下，因油品失控流淌，会使原来的安全场所转化为不安全场所；因阀门渗漏会使经过严格清洗的储油罐转化为有爆炸性混合气体的危险场所。判断油库爆炸性混合气体形成应特别重视场所安全是否转化。

（5）对油库加油站危险场所固定的电气设备和仪表来说，主要是按照标准和规定进行操作管理的问题。但在油库加油站许多作业活动中，要求作业人员对场所的危险性做出正确判断，特别是有可能出现点火源时，更应做出准确的判断，以保证油库加油站人员身心健康和设备设施的安全运行。

六、防火防爆措施

油库加油站着火爆炸事故统计分析结果说明，预防着火爆炸事故的对策，主要从着火爆炸的"三要素"入手，严格执行各项规章制度，归纳起来：一是提高人员安全素质，控制人的不安全意识和行为；二是改善工程技术措施，控制油品的不安全状态，即油品的失控与油

气的逸散和积聚；三是抓好规章制度的落实，消除技术设备设施与管理方面存在的缺陷。同时还应重视环境的影响。

(一) 理顺安全管理渠道

理顺油库安全管理渠道，明确各级职责和权利，使管事、管人、管物(含钱)结合起来。

(1) 从上而下建立油库加油站安全管理体系(安全管理和技术管理相结合)。

(2) 油库加油站消防经费和大修经费归口主管油库安全的职能部门经管。

(3) 在油库现有编制内调整、建立安全技术组织。既是安全技术的职能部门，又是领导在安全技术方面的参谋。

(4) 油库加油站实行党委领导下的党政、行政、技术安全三种职能的分工负责制。

(5) 明确各级职责和权利，将安全管理落实到单位和人头。

(二) 必须贯彻"安全第一，预防为主"的方针

油库安全管理，必须贯彻"安全第一，预防为主"的方针，在事故发生之前，找出防患于未然的方法，加以预防。

(1) 积极广泛地组织好群众性的"三预"活动，以便及时发现问题，解决问题。

(2) 将事故管理概念引入油库管理机制，通过事故的统计分析，找出油库事故发生的规律，为安全决策提供可靠的信息依据。

(三) 准确判断爆炸危险场所

油库加油站装卸、储存、输送、灌装、加注等作业活动过程中不断产生油气，并向周围空间释放、扩散，形成爆炸性混合气体。在实际中判断场所有无油气产生，有无爆炸性混合气体形成，应根据场所空间区域范围内油品的种类与数量，设备与设施的配置，操作方法与运行情况，有无通风设备及其效果，容器与设备有无损坏或误操作的可能，以及同行业中曾发的事故案例等方面进行分析判断而确定。

1. 爆炸危险场所的判断过程

(1) 确定有无油气释放源。如无危险源则划为非危险区域，有危险源则应从有无持续形成爆炸性混合气体的可能性判断。调查爆炸性气体浓度有无连续或长时间地超过爆炸下限可能的场所，有连续或长时间超过爆炸下限，则划为0级区域。如储存易燃油品油罐内上部气体空间，储存易燃油品油罐孔口等部位。

(2) 判别在正常情况下形成爆炸性混合气体的可能性。在正常情况下有形成爆炸性混合气体可能的场所，则划为1级区域。如盛装易燃油品容器、储罐排气孔口附近，作业中打开的孔口附近；检修时拆开的储罐、管路开口附近；内浮顶油罐浮盘上部空间；室内或低洼、管沟等通风不良可能积聚爆炸性混合气体处等。

(3) 判别异常情况下形成爆炸性混合气体的可能性。在异常情况下有形成爆炸性混合气体可能的场所，则划为2级区域。如储罐、管路腐蚀穿孔而渗漏和误操作造成的跑油；检修失误或失修的跑冒滴漏；通风系统故障等致使油气积聚，形成爆炸性混合气体的场所。

2. 油气释放源

凡是能向气体空间排放或散发油气的孔、口等皆应视为油气释放源。而油气释放源的存在与否是判断爆炸危险场所的重要依据。在油库油气释放源主要有：

(1) 开敞状态下经常释放油气的孔口。如测量孔、人孔不加盖或不关闭；呼吸阀故障、液压安全阀缺油等，使油罐与大气空间直通，经常有油蒸气释放。

（2）设备、设施上设置的孔口。如呼吸系统排气口，真空罐排气口，真空泵排气口，消气器排气口，装卸油鹤管口，以及通风系统排气口等，在正常作业运行中都有油气排出。

（3）作业活动(含设备、设施、工艺检修)中打开的孔口。如测量孔、装卸油品口（铁路油罐及汽车油罐车人孔，油桶口等），因作业活动需要打开时释放蒸气。

（4）封闭状态的孔口或部位，正常情况下有可能泄漏微量油气。如阀门和油泵盘根，密封体损坏的各种孔口等。

（5）装有阀门、管接头及仪表等的管路，在正常情况下有微量油气泄漏。通风良好时，可不视为油气释放源，通风不良时应视为油气释放源。不装阀门、管接头及仪表等的管路，原则上不视为油气释放源。

3．油气释放源所处环境条件

（1）处于非开敞式建(构)筑物内部的油气释放源，一般情况下将内部空间全部划为爆炸性危险场所。其等级范围应根据不同情况分别确定。

（2）处于开敞式建(构)筑物或露天油气释放源，由于油气扩散受环境和自然条件影响较大，应根据其发生危险的最大极限确定危险场所的等级范围。

（3）处于较大空间的油气释放源或油气释放量较少的部位，正常情况下只能在局部范围内形成爆炸性混合气体时，局部范围应划为 0 级，其余区域应根据爆炸混合气体可能达到的范围，划分不同等级。

4．通风对爆炸性混合气体积聚的影响

油气释放源周围的通风状况是判断爆炸性危险场所的重要因素。主要分析自然通风，强制通风及通风阻碍情况。

（1）自然通风区域。一般露天或敞开式建(构)筑物，局部敞开建(构)筑物的敞开部分，应视为自然通风区域，爆炸性混合气体不易积聚。

（2）强制通风区域。建(构)筑物内装有机械通风设备，使整个室内空间能充分通风换气，爆炸性混合气体被吹散。

（3）阻碍通风区域。室内通风受到阻碍，或室外存在阻碍通风的障碍物等情况，使通风不畅，形成小循环或产生气旋等，不易使爆炸性混合气体扩散，出现爆炸性混合气体积聚死角，形成阻碍通风区域。由于油气比空气重，流动于低层，易于在低洼、管沟等处积聚，也形成阻碍通风区域。

（4）当爆炸性危险场所设有经常运转的通风机，能保证场所足够的换气次数和适当的均匀程度，且风机故障时有备用风机自动投入运转，该场所可降低一个防爆等级。

（5）当爆炸危险场所内任意点的可燃气体浓度设有自动控制的检测仪器，在浓度接近爆炸下限的25%时，发出可靠报警的同时，或者联动风机自动有效通风，或者切断电源的条件下，该场所可降低一个防爆等级。

（6）当爆炸危险场所采用抽气通风时，风机室与被通风场所的爆炸危险等级相同；采用送入通风，且有隔墙隔绝风机室，其风道有防爆炸性混合气体侵入装置时，风机室可划为无爆炸危险场所。

5．同一场所具有不同危险的油气释放源

当在同一场所内具有不同闪点的数种油品时，应按闪点最低油品确定爆炸危险场所的等级范围。

6. 无爆炸危险的场所

不超过爆炸性油品自燃温度的炽热部件的设备附近；场所内爆炸危险油品数量不大，且在通风柜内、罩下操作；露天或开敞安装的输送爆炸性油品的管道（不含阀门、法兰等附近）地带，均可视为无爆炸危险场所。

（四）加强防爆电气管理使用

油库加油站防爆电气设备引发的着火爆炸事故，有的发生在作业过程中，有的发生在油罐间或泵房内，有的是由于防爆电气本身质量性能下降而引起的，所有这类事故看似偶然，但有其内在的规律。针对以上问题，主要从以下四个方面着手解决。

1. 要提高思想认识

各级领导要充分认识油库加油站防爆电气设备存在问题的严重性和抓紧整改的迫切性，要从建设和谐社会和节约型社会的高度认识确保油库加油站安全的重要性，切实把加强防爆电气设备管理作为保证人民生命财产安全和社会稳定的一个重要内容来抓，加大人力、物力、财力投入，加强管控力度，做到防患于未然。

2. 要做好普查摸底

要在上级主管部门统一部署下，抽调聘请防爆电气技术骨干，依据规范要求，逐库站对防爆电气设备进行全面普查，摸清防爆电气设备现状，找准存在的问题，登记造册。依据普查结果，对不符合要求的限期改正，对不具备运营条件的强制停止运营。通过普查改造，努力使防爆电气设备的安装、使用、管理纳入标准化、规范化轨道。同时，在普查过程中，也要把储油、输油工艺设备和设施的安装列入普查计划，对油罐安装在罐室内、管沟敷设输油管道、非密闭卸油和喷溅式卸油等问题一并解决。

3. 要搞好竣工验收

油库加油站新建或改造项目，在抓好方案论证、图纸设计、施工管理的同时，要从油库站长远建设和安全管理的高度考虑，严格按照技术要求，组织有关部门和技术人员，依据施工图纸及国家规范，对整个施工项目特别是防爆电气设备进行现场检查，确定等级是否符合要求、安装是否符合标准，质量是否过关。要严格履行验收程序，不能凭汇报下结论，不能仅看一下现场，查一下资料，或者运行一下了事。要做到不验收不接收，不验收不结算，不验收不使用。对验收中检查发现的问题，在逐个解决后，要进行再次复查，确保存在问题得到全部解决，存在隐患得到全部消除，做到不留尾巴，不留死角，不留后患。验收时指出的整改问题必须全部落实后，才能交付使用。

4. 要加强使用管理

按"谁主管、谁负责，谁使用、谁负责，谁安装、谁负责，谁检修、谁负责"的原则，实行责任到人，按级负责制。把防爆电气设备的安全责任分解到每一个人身上，要在油库加油站职责中明确不同岗位的具体责任人，在防爆电气设备上注明岗位负责人姓名及本次、下次检修保养时间。对防爆电气设备制定切实可行的定期检修保养制度，实施"零故障管理"，确保其完好率达到100%。要制订、完善防爆电气安全管理责任追究制度，明确各级、各类人员职责，增强针对性、可操作性。要加大监督检查力度，真正使防爆电气设备管理走上制度化轨道。

第四章

油库加油站防静电技术

静电是油库加油站着火爆炸事故的主要点火源之一，油库加油站由静电放电引发的着火爆炸事故时有发生。据油库 445 例着火爆炸事故统计，因静电引发的事故有 54 例，占 12.1%。因此，研究静电危害的原因，采取工程技术手段和管理对策，是预防和避免静电危害的一项重要任务。

第一节　静电的产生

油品储、运、灌、加的过程中，不可避免地发生搅拌、沉降、过滤、摇晃、冲击、喷射、飞溅、发泡，以及流动等接触、摩擦、分离的相对运动而产生、积聚静电。当静电积聚到一定程度时，就可能因放电而引发着火爆炸事故。

一、静电产生的基本原理

（1）摩擦起电。用毛皮摩擦橡胶棒时，橡胶棒上带负电，毛皮上带正电；用绸子摩擦玻璃棒时，玻璃棒上带正电，绸子上带负电。这是人们很早以前就发现的一种摩擦起电现象，摩擦起电是物体得失电子的结果。

（2）双电层理论。双电层理论认为，液体介质无论是极性分子、杂质分子，还是中性分子都可以通过不同途径离解成正负离子，而杂质分子更容易直接离解成正负离子。当液体与其他介质接触时，液体中一种极性离子被吸引并依附在固体表面，称为固定层（负电荷），另一种离子（正电荷）分布在靠液体一边，这部分电荷的密度随着离开管壁距离的增加而减小，处于一种扩散状态，叫扩散层。这种能使介质分子按极性分离的界面称为"界面效应"。当液体流动时，扩散层的离子被带走，成为带电液流；而那些被吸附在界面上的离子，其电荷则经管壁流散到"地"中而中和。

试验表明高度精炼的石油产品在管道中流动产生的静电是非常微小的，含有杂质的油品（由于杂质直接离解成正负离子）则产生大量静电。这就是说，油流含有介质离子是其产生静电的内因，与它物接触的"界面效应"是其产生静电的外因。当油品流携带一种极性离子时，界面上立即对地流散等量的另一极性电荷，这是油品能稳定起电的必要条件。由此可见，油品静电的产生是与界面的性质、界面的大小以及静电的流散紧密相关的。

二、流动带电

管道输送油时能产生静电，国内外做过许多试验，以探索不同流速、不同油品、不同电导率、不同含水含气量、不同过滤介质、不同管口形式、不同装油方法、不同油面高度、不同大气温度和湿度等对静电产生的影响。

试验表明：一是流速大，单位时间内产生的静电量也多；二是高绝缘过滤介质与油品接触的界面大，是管路中静电的主要产生源；三是过滤器之后的管路产生的静电比过滤器的少。

某单位在小型试验中，测得过滤器的静电电位在万伏以上。

据测试，当过滤器用绸套在汽油中摆动清洗中，迅速提离油面，测得绸套上的静电电位为3500V。

三、喷射、冲击带电

油品不仅因流动会产生静电，而且亦会因喷溅、冲击、沉降与空气、水分和杂质等摩擦而产生静电。瀑布直泻而下，溅起无数微小水滴，与空气接触，"界面效应"使这些微小水滴具有强烈的带电现象。

高速喷溅式加注油料时，其喷射、冲击形同瀑布，会使油面出现高电位，并产生带电的油雾(电子云)，由此引起着火爆炸事故并不鲜见。运输中的油罐车，油料在油罐中振荡、冲击，与油罐壁摩擦也会激起带电的油雾。如果油罐内有水，起电将更为严重。

喷射、冲击起电，具有以下特点：一是冲击飞溅，生成无数微小液滴，与空气接触面大大增加，起电量大。二是气体包围飘浮的微小液滴，形成浮游带电云雾。它可以在相当长时间里保持带电状态。三是当带电云雾与接地的罐壁接触，或者与坠落导体相撞时，将产生静电放电。带电云雾也能将电荷转移给穿过云雾的坠落体，而后由带电落体触地(罐底)放电。

四、沉降带电

油料由于不同程度的含有杂质，如固体颗粒杂质和水分等，这些颗粒杂质或聚集成的大水滴向下沉降也会发生静电带电现象。

据试验，汽油中加入6%(体积)的水，输送时起电效应大大增强，试验罐($1000m^3$)内的电场强度是无水时的50倍。由此可见，油中含水是产生静电的重要原因。在装油作业中试验测得：油罐油面静电电位最高时，出现在停止输油后(此时装至总容量的90%)的5~10s之内，有的甚至延长到20s以上。其原因是油中水分较多时，停止输油后水滴沉降中与油品摩擦，增大了静电的产生。

另外，其他摩擦也能带电。不仅水与油接触摩擦会产生静电，而且气体与油接触摩擦也会产生静电。据试验，在$1000m^3$的汽油罐里打气循环试验，当油流中注入12%以下的氮气时，油罐内空间的电场强度和油面电流(用漂浮于油面上的金属盘汇集导出)无明显影响；当注入氮>30%(含水汽油注入氮气≥25%)时，电场强度和油面电流都上升为原值的2~4倍。

除油品摩擦能产生静电外，风吹塑料管也会产生静电。

五、人体带电

人体活动时，由于衣服与衣服、人体与衣服摩擦、鞋底与地面或地板摩擦而使人体带电。据试验测得人体电位见表4-1。

表 4-1　人体活动带电情况表

序　号	人体活动情况	人体电位/V
1	坐在人造革面椅子上，然后起立(椅子对地绝缘)	18400
2	椅子经 20MΩ 接地后	170
3	椅子绝缘，人穿 50MΩ 鞋，从椅子起立	220
4	同 3，椅子经 3MΩ 接地	135
5	穿塑料鞋，站在红胶板地面上脱尼龙衫	9300
6	穿塑料鞋，脱外衣(内穿的确良衬衣)	350

六、感应起电和带电

(一) 静电感应

如图 4-1(甲)所示。A 为带电体，B 为绝缘导体，当带电体 A 靠近 B 时，则在 B 的两端产生等量的异性电荷，这种现象就叫静电感应。当带电体 A 拿开时，B 又为不带电体。

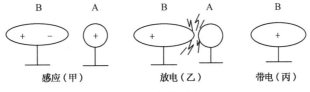

图 4-1　静电感应

(二) 感应起电、带电

如图 4-1(乙)，上述过程继续，A、B 进一步靠近，间隙足够小时，A 端的正电荷与 B 端的负电荷就会发生放电现象，放电的结果，正负电荷中和，B 成为带正电的带电体(丙)。

这种感应起电、放电过程，在装油作业中并不少见。如用采样器取样，油面为带电体，如果采样器没有接地，成为独立导体，在采样器接近油面时，就会发生上述静电感应和放电的现象。当采样器进入油层取样时，它又收集了油中部分电荷而成为带电体；提起时，若它与接地的罐口靠近，上述静电感应和放电现象又将重演。如果这种放电强度达到点燃能量，又存在爆炸性油气混合气体时，就会导致着火爆炸事故。

又如图 4-2(甲)，A 为带正电的带电体，B 为受感应的导体，C 为接地体。当 C 接近 B，产生放电火花，中和 B 上正电荷(乙)，然后 A、C 离开，B 即由原来的中性变为带负电的导体(丙)。这样使导体带电的方法，叫感应起电。

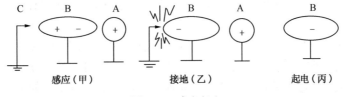

图 4-2　感应起电

在油库加油站作业中，可能出现类似感应起电，B 正在有油气爆炸可能的危险场所作业，突然 A 带电走过来(人走动可能摩擦带电)，使 B 感应；B 在作业中，手触接地体 C，产生放电，放电后即脱开；这时 A 又离去，B 就成了孤立的带电导体，又成为现场的灾害因素。

综合上述分析：静电产生的原因主要是摩擦起电和感应带电。其特点：一是油品静电的起电量与"界面效应"的强度有关。而当流速大，或通过微孔过滤，以及高速喷溅、剧烈振荡，或含水、杂质和空气，或与电导率低的物体接触时均将产生较强的"界面效应"。二是在高速冲洗油罐、油舱时，能产生不容忽视的静电云雾。三是对人体带电、感应起电，或风、沙摩擦起电，不容忽视。

第二节　静电的流散与积累

静电的产生、消散、积累、放电有一定的规律。在这个过程中，放电，特别是火花放电是造成油库加油站着火爆炸事故的重要点火源之一。

一、静电的流散

(一)静电流散

经丝绸摩擦起电的玻璃棒，将其孤立悬挂起来，其所带静电亦将逐渐消失。这是由于玻璃棒带电后，它与大地或接地体("0"电位)之间存在电位差，这个电位差驱使玻璃棒上的静电荷流散。同理，油罐内液面上积聚的电荷亦将通过油品向接地的四壁流散。尽管空气、油品的导电性能十分差，但这种流散是存在的。

(二)流散的规律

通过试验和在给定条件下的理论计算，证明静电通过介质内部对地流散是随着时间按指

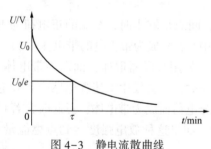

图4-3　静电流散曲线

数规律衰减的。如图4-3是静电电位(U)衰减与时间的关系曲线，其高电位段陡峭，低电位段平缓，说明静电电位高时流散快，电位低时流散漫。图中U_0为静电起始电位，它衰减至U_0/e($1/e = 0.36788 \times 10^{-12}$)所需的时间$\tau$，称为时间常数。它是识别某介质导电性的指标。不同的介质有不同的静电流散时间常数，可按下式求得。

$$\tau = \varepsilon_r \varepsilon_0 / r$$

式中　ε_r——介质的相对介电常数；

　　　ε_0——真空的介电常数($\varepsilon_0 = 8.85 \times 10^{-12}$)；

　　　r——介质的电导率($\Omega^{-1} \cdot m^{-1}$)。

如以喷气燃料为例，它的相对介电常数$\varepsilon_r = 2$，取电导率$K = 10^{-12}\Omega^{-1} \cdot m^{-1}$($1\mu S/m$或称一个导电单位)。

则：$\tau_{航煤} = 2 \times 8.85 \times 10^{-12}/10^{-12} = 17.7s$。这就是说，航空煤油中的静电通过自身向接地的罐壁流散，其电位衰减至原电位的$1/e$(36.8%)时，所需时间约为17.7s。如果在油品中加入抗静电添加剂，使电导率增大，就可大大地加快静电流散速度。如上所述，喷气燃料中加入抗静电添加剂，使电导率达400个导电单位时，则时间常数为0.045s。电荷全部消失到零电荷需要4~5τ，即加入抗静电添加剂的喷气燃料，静电电荷全部消失仅需0.2min。油品不同，电导率也不同，产生静电的情况也不相同，最为严重的是喷气燃料，其次是汽油，原油几乎无静电危害。

二、静电的积累

从静电流散过程分析可以看出，静电的积累是与静电产生同时诞生的静电现象。当单位时间内静电的产生多于流散时，就表现为静电的积累。而静电积累使电位升高，从而使静电的流散加速。当静电流散加速至与静电的产生速度相等时，就达到该积累过程的饱和值。

油品在管路中，以某种流速稳定地输送时，其静电积累过程经过推算或实测用图 4-4 示意。在图中，横坐标为管长，单位是 τ×平均流速；纵坐标为标志静电积累的任何一项指标（冲流电流、体电荷密度或静电电位）。从"0"开始，流过 τ，静电积累可达饱和值的 63%；过 3τ，即达饱和值的 95%；过 5τ，便达饱和值的 99%。由此可见，用管道输油数百公里，亦不用担心油品静电积累得没尽头。即使管线再长，静电积累也超不过此管与该流速相适应的某一饱和值。

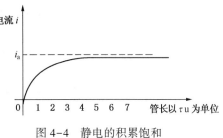

图 4-4 静电的积累饱和

在管道输油过程中，静电流散速度大于静电产生速度的情况也是有的。例如，油品流经过滤器时获得很高的电位，从过滤器流出进入管路后，静电流散多于产生，出现一个衰减阶段。据试验资料介绍，通过过滤器后的带电油流在管线（管长 L）中的电位变化见表 4-2。

若连接过滤器出口的油管有足够的长度，油品静电将降到与该管段和流速相适应的饱和值。因此，与过滤器出口相接的管线长度被称为缓和长度。如某场站利用高位油罐向汽车加油车装油时，过滤器（内装 530 号滤芯）后直接连接的耐油胶管长为 4~5m，缺少缓和长度，曾在一年里先后发生四次静电失火事故。过滤器之后的管线缓和长度应以多少呢?

据日本做的试验表明，不同电导率的带电油品，经 2τ 时间的缓和后，几乎都未出现放电现象；而缓和时间小于 2τ 时，则往往有电晕或火花出现。因此，建议过滤器之后的缓和长度，以能获得 2~4τ 的缓和时间为宜。

表 4-2 从过滤器流出的带电油流在管道中电位的变化

测点离过滤器的距离	1/2L 处	3/4L 处	管线出口处
静电电位/V	3400	2200	1650

我国喷气燃料的静电消散时间常数以 18~22s 为多；若取 τ=20s，则流量为 1000L/s 的加油设备，欲获得 2τ 的缓和时间，$DN150$、$DN100$、$DN80$ 的管线所需的缓和长度分别为 19m、43m 和 76m。

SY/T 6319—2016《防止静电、雷电和杂散电流引燃的措施》中规定，"管道系统中从过滤器到油出口至少要有 30s 的缓冲时间，对于精练的、低导电率产品，缓冲时间最好超过 30s"。

三、静电放电

静电除流散以外，还以放电的形式进行消散，当静电积累到一定程度会在空间放电。空间放电有三种形式，即电晕放电、刷形放电、火花放电，如图 4-5 所示。对于油库加油站来说,电晕放电能量小,造成危害的概率也小;刷形放电作为引火源和静电电击的概率高于电晕放电;火花放电能量大,引发静电危害的概率高,是油库加油站静电火灾事故的主要点火源。

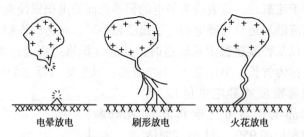

电晕放电　　　　刷形放电　　　　火花放电

图 4-5　静电放电的三种形式

第三节　汽车油罐车装油时的静电

给汽车油罐车装油时,其整个装油系统的静电产生情况可分两段:一是发油管路,从储油罐经过泵、过滤器到灌装油鹤管;二是油品流出鹤管之后。

一、发油管路中的油品静电

图 4-6 是油罐汽车装油系统的示意图。在示意图上方绘出了该系统发油管路中油品静电电荷密度的示意曲线。现分段加以分析列于表 4-3。

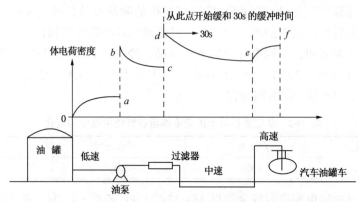

图 4-6　汽车油罐车装油时发油管路中的油品静电

表 4-3　汽车油罐车装油系统静电的变化情况

段　别	0a	ab	bc	cd	de	ef
起止点	从油罐口至油泵吸入口	油泵排出口至过滤器进口	过滤器进口至出口	过滤器出口至灌油台油管变径处	灌油台油管变径处至加油鹤管进口	加油鹤管进口至出口
起电材料特点	管径较大	油泵内流程短,叶轮转速高	管径中等	流程较短,但过滤器介质是高起电材料	管径中等,缓和长度足够	管径小

续表

段 别	0a	ab	bc	cd	de	ef
流速	较低	油泵内流速高,与管道摩擦大	中等	流速不高,但过滤时接触面大	中等	流速大
静电饱和值	较低	较高	中等	高	中等	较高
曲线特点	油流电位从零开始积累	油面静电陡升段	d 点高于饱和值,此段为静电开始衰减段	起电量陡增,成为系统静电最高点	d 点电位虽高,但长度足够,可衰至饱和值	静电饱和值有所提高,为静电积累段

上述静电产生过程四起两落。"起"是由于单位时间内静电的产生多于静电的流散;"落"是由于单位时间内静电的产生少于静电的流散。其中以过滤器产生静电的作用最为显著;但只要在过滤器之后有足够的缓和长度,即可使静电衰减至中等饱和值。若在鹤管管口绑扎过滤绸套,将使静电突然跃升。因此,应严禁这种危险的过滤措施。

二、流出鹤管后的油品静电

油品流出鹤管口之后,与谁接触摩擦?流速有无增减?此外,罐内液面不断升高对油面的电容、电位有何影响?这些问题都需有个明确的答案。

(一)喷溅式灌装油与潜流式灌装油的差别

喷溅式灌装油,管口高悬,油品出管口后,增加了一段与空气接触摩擦的过程,油流在下落过程中速度逐渐加大,且落差愈大,速度亦愈大。此外,油流中还挟带着空气冲击罐底或冲击罐底油层,泛起许多气泡,溅起许多油沫,更增加了与空气的接触面,致使静电量显著增多。

潜流式灌装油,管口接近罐底,油出管口后无加速度,没有与空气接触摩擦的过程,避免了气泡的产生和液体翻动,故潜流式灌装油静电的产生远低于喷溅式灌装油。这点是被国内外试验所证明的。在解放牌油罐车4000L的油罐进行装油时,静电电位试验结果列于表4-4。

表4-4 4000L油罐车装油时静电电位试验数据表

气 象		喷溅式油面静电电位/V	潜流式油面静电电位/V	备 注
温度/℃	湿度/%			
12.7	69	650	100	出口绑过滤绸套
		7200	2600	出口绑过滤绸套
11.7	65	950	550(管口在液下10cm);250(管口在液下20cm)	通过绸毡过滤器
3.8	62	>3000	2100	通过稠毡过滤器

根据国外对9.46m³油罐所做的装油(油品电导率 $K = 2×10^{-12}\Omega^{-1} \cdot m^{-1}$)试验,取其中两种管型的试验结果,如图4-7所示。在落差(管口至罐底的距离)为0.76m和0.05m时,油

面电位几乎与管口形状无关；但落差为 1.5m 时，油品喷射、冲击、搅拌的起电作用就非常明显。大落差时，45°斜切管口的鹤管，具有较好的消静电作用；另外当管口形状和落差一定时，油面电位大致按流速的指数关系增加。

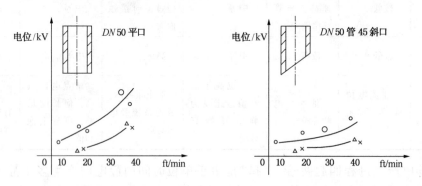

图 4-7　流速、落差和管口形式对油面电位的影响

"○"—落差为 1.5m；"×"—落差为 0.76m；"△"—落差为 0.05m

(二)油面电位分布情况的启示

(1) 根据测试，加油车喷溅式灌装喷气燃料时，测得液面静电电位分布的情况，见表 4-5。

表 4-5　加油车明流灌装喷气燃料时液面静电电位分布情况表

测量点位置	测量点至灌装油液面中心的距离/cm					
	0	10	20	30	40	50
油面电位/V	>3000	2550	2100	1700	1700	0

注："0"电位是近油罐壁板处的液面电位；测试时，气温 2.8℃，湿度 59%。

表列数据说明：灌装油处液面中心电位最高，向油罐壁液面电位梯次下降，静电流散的趋势速度加快。在 50cm 处的测点靠近罐壁，其液面电位为"0"，是因油罐壁接地，静电流散容易。而 40cm 处的测点(离罐壁仅为 10cm)，电位突然跃升至 1700V，说明油品电导率低，阻碍着静电的迅速流散。

(2) 图 4-8 是试验中测得油箱中电位分布情况，其电位曲线犹如地形的等高线。电位最高点在油箱中央位置，愈接近器壁电位愈低。

上述两例测试结果说明：一是带电油品进油罐后，若不与油罐壁、隔板等接地体接触，直接流向液面时，因液面静电流散慢而形成液面静电的积累。二是若将进入罐内的带电油品予以适当引导，使其流速逐渐降低，并充分接触油罐壁等接地体，使油面静电获得良好的流散通道，将使液面电位显著降低。

Y0401 加油车油罐内设的缓和室如图 4-9，就有这样的作用。油罐内设一块导流板，等于将进油管加装了一段截面较大的异形管道，油品通过导流板的上沿流入罐内，降低流速，增加了与油罐壁板接触的时间和概率，使油品静电得到进一步衰减。

(3) 油罐内液面电位受油品液面高度的影响。往罐内装油，油面不断升高，经理论计算和实测都证明油面电位、电容随着油品高度的变化而变化。图 4-10 是解放牌 4000L 加油油罐装油试验得出的结果。从该图可以看出一个重要情况，在油面 2/3 油罐高时，油面电容有最小值，油面电位值最高值(15000V)。据计算，矩形罐的液面电容最小值在略高于 1/2 油罐高处；椭圆形油罐的液面电容最小值是 2/3 油罐高处。因此，选定安全装油速度时，要考虑这一情况。

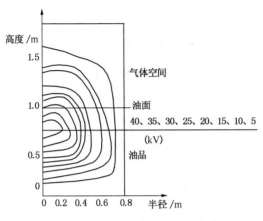

图 4-8　某试验油箱中的静电电位分布

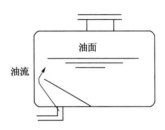

图 4-9　Y0401 加油车油罐
缓和室示意图

在装油初期是否可以忽略静电危险呢？否。装油初期，输油管是放空了的，油流奔腾而出，挟带着气泡，还可能携带着水、杂质，起电强烈。特别是喷溅式灌装油时，底油层被冲击振荡，就可能出现局部液面高电位，引起危险的静电火花。同时，灌装油初期，油罐内极易达到爆炸浓度范围，因而容易发生事故。

三、油罐内静电分布规律

综合上述分析和计算得出：拱顶油罐最高静电位在油罐中心位置；油罐顶有支柱的

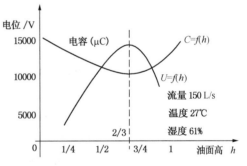

图 4-10　油面高度与电容、电位关系

油罐最高静电位在中心与罐壁的 1/2 处；油罐车最高静电位在 1/2～3/4 处；输油管路系统在通过油泵、过滤器时静电产生增加，通过油泵、过滤器后，经过一定长度后静电有所下降。掌握静电积累的这些规律，对于油库加油站预防静电危害极具指导意义。

第四节　防静电危害的措施

在油库加油站作业中，防静电措施主要有三个方面：减少静电产生；促进静电流散；避免火花放电。油库加油站预防静电火灾的措施见图 4-11。

一、减少静电的产生技术

（一）控制流速

控制流速是减少静电产生的有效方法。

（1）空罐装油初流速一般不大于 1m/s，当入口管浸没 200mm 时可以适当提高流速。

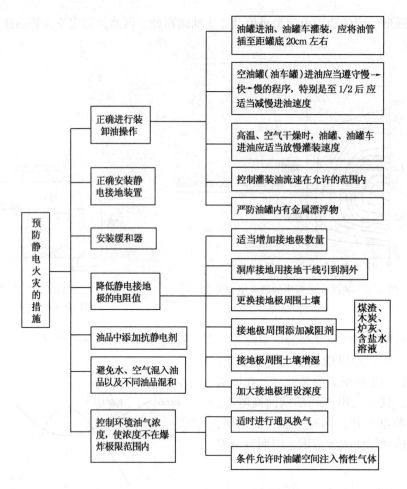

图 4-11　油库加油站预防静电火灾的措施

（2）铁路槽车装油初速仍以 1m/s 为宜，当油出口被浸没后，且油品电导率小于 50Ps/m 时，可按下述公式提高流速：

$$V < 0.8/D$$

式中　　V——流速，m/s；
　　　　D——管径，m。

（3）汽车油罐车装油，灌装速度应不大于 4.5m/s。

（4）灌装 200L 油桶，每桶灌装时间应大于 1min。

大多数国家都把灌装油最初速度限在 1m/s 左右，待油管出口被浸没以后，流速可以加到 4.5~6m/s。

（二）减少轻油与高起电材质剧烈摩擦（除过滤器外）

（1）电导率很低的高分子聚合物、丝绸、水、杂质、空气等都是高起电材质。禁止在加油管口、加油枪口加装绸套进行过滤。也不要在漏斗里加过滤绸过滤轻油。

（2）输送油品前，注意排放输油系统的水分和杂质；吸入系统的连接和填料应密封，不让空气吸入。

（3）不要用高起电材质制作轻油储油容器和轻油输油管，不能用非导电的塑料桶装汽油。

（三）避免喷溅式灌装油

采用潜流式灌装油代替喷溅式灌装油，以减少冲击、喷溅。

（四）避免其他形式的摩擦起电

如不拉塑料管、尼龙管上油罐，使用导静电传动皮带，使用防静电织物作风机和风管连接的柔性软管，不用化纤织物、泡沫塑料等擦拭油罐。

（五）减少人体静电

（1）在0级、1级场所，不应在地坪上涂刷绝缘油漆，不用橡胶板、塑料板、地毯等绝缘物铺地。

（2）在0级、1级场所的工作人员，严禁穿着泡沫塑料鞋子、塑料底鞋子、化纤衣服，可穿防静电鞋、布鞋和军用皮鞋，穿着防静电工作服、棉布工作服。

（六）注意转换灌装油品

所谓转换装油就是给曾经装过轻质油料的油罐车改装重油。如装过汽油的油罐车改装煤油、柴油。装煤油、柴油产生静电多，但不易形成爆炸性混合气体，静电危害不大。装过汽油的油罐车内存有爆炸性混合气体，底部存有残余的汽油，当注入煤油、柴油时，产生静电多，容易发生火花放电，易引起爆炸。结论是转换装油时，应排净残留的油品和爆炸性混合气体，最好进行清洗。

二、促进静电流散技术

提高介质导电率和提供静电流散通道是促进静电流散的两个途径，通常采用如下办法来加快静电流散。

（一）设备接地

（1）金属储罐、泵房工艺设备、输油管线、鹤管等均应可靠的接地，有利于带电油品的静电流散。需要接地的设备应与接地干线或接地体直接相连，不得彼此串联。接地电阻不大于100Ω，容量大于50m³油罐接地点不应少于两处。

（2）带螺旋钢丝或内嵌铜丝编织的胶管，在胶管的两端应将钢(铜)丝与设备可靠连接，并接地。

（3）移动设备的接地可采用电池夹头、鳄鱼夹钳等连接器做临时性连接，但不应用连接不可靠缠绕方式。

（4）油罐测量孔应有接地端子，以供采样器、测温盒、导电绳子等接地。

（二）其他导静电措施

（1）储油容器内壁需要涂装防腐时，应采用比所装介质电导率大的涂料，其电阻率应小于$10^8 \Omega \cdot m$(面电阻率低于$10^9 \Omega$)。

（2）在装油管路的过滤器之后，设置足够的缓和长度，以延长流散时间(以30s为宜)。

（3）储油罐进口设缓和室；罐内设接地隔板；绝缘罐(涂有良好绝缘涂层)内，在进口的油流方向设置裸露金属板，并与绝缘罐进油口的管接头进行电气连接，使带电油品进罐后，充分接触接地体。

（4）喷气燃料加抗静电添加剂。根据试验，喷气燃料加抗静电添加剂是加速静电流散的有效方法，具有显著的消静电效果。试验数据见表4-6。

表 4-6　抗静电添加剂的消静电效果表

添加剂含量/10⁻⁶(抗静电添加剂)	油品电导率/(10⁻¹²Ω⁻¹·m⁻¹)	过滤介质	油面最高电位/kV
0	15	纸、玻璃纤维	19.6
0.1	50		4.6
0.2	120		1.2
0.4	240		0.5
1.0	400		0
0	15	纸、玻璃纤维	14.0
0.1(ASA-3)	50		9.5
0.2(ASA-3)	80		5.5
0.4(ASA-3)	170		2.6
1.0(ASA-3)	250		2.26
0	10	六层绸	24.5
0.5	220		2.1
1.0	355		0
0	5	四层纸滤芯	15.0
0.2	140		0
0.5	220		0

注：试验油品为大庆2号喷气燃料；大气温度25℃；相对湿度27%~40%。

（5）进油管出口采用45度切口或其他易减少静电产生的形式。

（6）场地喷水，增加湿度。场地喷水，增加湿度适用于能被水浸湿，或者在表面能形成导电水膜的情况。如水蒸气能湿润衣服和地面，以降低人体静电。油品在管中输送，或通过滤芯过滤时产生的静电，不受大气影响；油罐车灌装油时，油罐外大气很难进入罐内，且不能在油面形成导电水膜，故对带电油面很难产生影响。

（7）在可能产生静电危险的爆炸危险场所的入口处设置人体导静电的接地柱，以消除人体静电。

（8）汽车油罐车采用导电橡胶拖地带，以消除油罐车运输途中产生的静电。

（9）在油罐车装卸系统安装消静电器。消静电器的工作原理如图4-12所示。当带电油品进入消静电器绝缘管后，由于对地电容变小，使内部电位提高，在管内形成高电压段，使电离针端部具有高电场，其内堆积的电荷被吸入油品中和，或者因高场强使油品部分电离发生中和作用，达到消除部分静电的效果。

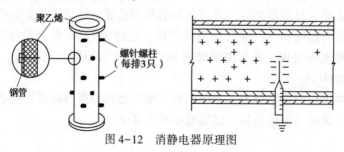

图 4-12　消静电器原理图

三、避免静电放电

静电产生也往往伴随着静电逸散，如果自然逸散就不会形成危害，但以火花放电的形式逸散，就具有很大的危险性，可能引起着火爆炸。具备以下条件时就会形成静电危害：一是积聚起来的电荷所形成的静电场具有足够大的电场强度；二是静电场具有形成静电放电的条件，放电能够达到点燃的能量；三是静电场所内有爆炸性混合物存在。具备上述三条就会发生爆炸。

减少静电产生、加速静电流散，从削弱电场强度、控制放电能量方面起到抑制作用。另一方面就是避免形成或减少放电的机会，主要有如下方法：

（一）金属设备进行电气连接并接地，相邻设备形成等电位

罐、管、泵都有良好的接地，与"0"电位大地相通，使它们彼此间成为等电位，则无发生电火花可能。这一作用是抗静电添加剂所不能代替的，在喷气燃料加添加剂之后，各项设备的接地装置必须完好。如设备、管道用金属法兰连接时、风机进出口软风管两端、铁轨和鹤管之间、灌桶间（场）的灌桶嘴和灌装油桶之间等都必须设置跨接线，汽车油罐车和灌装油管路之间应设置临时夹、卡连接，使之成为导静电通道。

（二）防止静电放电间隙形成

清除罐内能聚集油面电荷的金属漂浮物或悬挂金属物。如易拉罐，悬挂于油罐内的导线，罐壁上的焊疤（瘤）等。对不能撤除的油面计量浮子等，必须用导线与油罐壁进行电气连接并接地，使之成为油面静电流散的通道，而不能成为危险的电荷收集体。

（三）灌装油静置一定时间

轻质油品进入油罐、油轮、油舱、油罐车后，经过一定的静置时间，方可检尺、测温、采样。静置时间见表4-7。

表4-7 轻质油品进罐后静置时间规定表

油罐容量/m³	<10	11~50	51~5000	>5000
静置时间/min	3	5	15	30

注：铁路油罐车和汽车油罐车静置时间为2min，不得边进油边测量。

（四）正确使用测温盒和采样器

测温盒和采样器必须用导静电的绳索，并与油罐体进行可靠连接；油罐的测量口应当设置铜（铝）护板、导尺槽、接地端子；检尺时，测尺应沿导尺槽下放上提，测量过程中应将护板盖好；严禁使用化纤布擦拭测量、取样、测温器具。

（五）储油、运油容器清洗

（1）通常禁止用高压水、压缩空气冲洗轻油（含原油）油罐、油轮、油舱。当必须高压冲洗时，应按油罐、油轮、油舱清洗安全规程和其他有关规章制度实施。罐内爆炸性混合气体浓度必须在爆炸极限下限的20%以下。

（2）严禁用汽油等易燃液体清洗设备、器具、地坪；严禁用压缩空气清扫装过轻质油料的管线、油罐；严禁用化纤和丝织物及泡沫塑料擦拭储油、输油设备；严禁用汽油、煤油洗涤化纤和丝织物；严禁用非导电塑料桶灌装易燃油品；在作业现场使用的一切胶管、软管等必须采用防静电制品。

第五节 防静电接地

根据《油库设计规范》(GB 50074—2014)、《汽车加油加气站设计与施工规范》(GB 50156—2012)和《军队油库防静电危害安全规程》(YLB 3002A—2003),对油库加油站设备设施防静电接地的要求进行概述。

一、防静电接地范围

除已进行防雷电措施的设施、设备无须再做静电接地外,还应考虑的防静电接地的设施、设备有:一是金属油罐、输油管线、泵房工艺设备;二是钢质栈桥、鹤管、铁路钢轨;三是铁路油罐车、汽车油罐车、油轮(驳);四是零发油工艺设备、加油站工艺设备、灌桶设备、加油枪(嘴);五是非金属油罐的外露金属构他、附件;六是金属通管;七是洗桶设备;八是人体排静电。

二、防静电接地要求及具体做法

根据国家对油库加油站防静电接地规定,结合油库加油站工程实际和使用情况,对防静电接地做法有如下具体要求:

(一)洞库防静电接地系统做法

储油洞库内的油罐、油管、油气呼吸管、金属通风管(非金属通风管的金属件)、管件等都应用导静电引线(φ8 或 φ10 钢筋)连接。主巷道内应设置导静电干线(一般用 40×4 扁钢),用引线和干线连接形成导静电系统。干线引至洞外,在适当位置设静电接地体。如有两个以上洞口,最好向两个口引出接地干线,每个口设置一组接地体。洞库油罐、油管防静电系统,见图4-13。

(二)油罐防静电接地做法

金属油罐外壁,应设置防静电接地点,容量大于 50m³ 的油罐,其接地点应不少于两处,对称设置,且间距不大于 30m,并连接成环形闭合回路。非金属油罐应在罐内设置防静电导体引至油罐外接地,并应与油罐的金属管线连接。洞室油罐和输油管线静电接地系统、立式地面油罐防静电接地装置、卧式油罐静电接地装置示意图,见图4-14和图4-15。

另外,油罐测量孔附近应设置接地端子,以便采样器、测温盒的导电绳和测量工具接地。油罐内涂刷防腐涂料时,涂料应比所装介质电导率大,其电阻率应低于 $10^8 \Omega \cdot m$。

(三)输油管路的防静电接地做法

地上、管沟敷设输油管路的两端、分岔、变径、阀门等处,以及较长管道每隔 200m 左右都应接地一次;输油用胶管外壁应有金属绕线;所有管件、阀门的法兰连接处都应设置导静电跨接;平行敷设的管线之间在管道支架(固定座)处应设置导静电跨接,平行敷设的地上管线之间间距小于 1m 时,每隔 50m 左右应用 40×4 扁钢跨接;输油管线已装阴极防护的区段,不应再做静电接地。输油管线的防静电接地示意图,见图4-16。

(四)铁路装卸油作业区的防静电接地做法

铁路装卸油站场的设备设施,如钢轨、钢制装卸油栈桥、集油管、鹤管、油罐车等处都应设置防静电连接并接地。每座装卸油栈桥的两端和中间应各设一组连接线及接地体。铁路装卸油作业区预防静电连接及接地示意图，见图4-17。

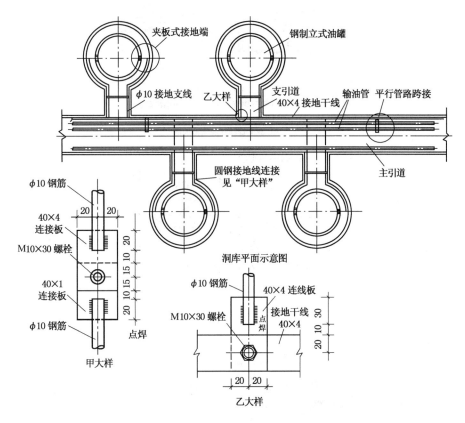

图4-13 洞室油罐、油管防静电系统

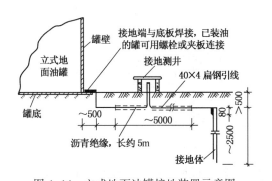

图4-14 立式地面油罐接地装置示意图

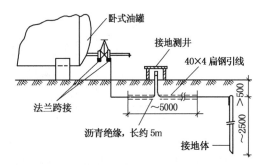

图4-15 卧式地面油罐接地装置示意图

（五）码头装卸油品设施的接地

码头区内的所有输油管线、设备和建筑物、构筑物的金属体，均应连成电气通路并进行接地。码头的装卸船位应设置接地干线和接地体，接地体至少有一组设置在陆地上。在码头（趸船）的合适位置，设置若干个接地端子板，以便与油船（驳）作接地连接。码头引桥、趸船等之间应有两处相互连接并进行接地。连接线可选用35mm（多股）铜芯电线。

（六）自动化计量设备的接地

一是凡使用称重式计量仪表的油罐，仪表在油罐上和伸入罐内的管线均应采用金属导

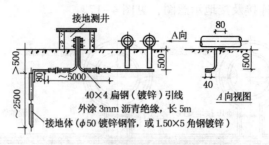

(a)地上管路防静电接地图

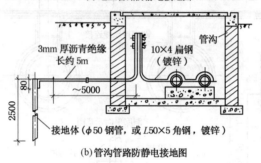

(b)管沟管路防静电接地图

图 4-16 输油管防静电接地

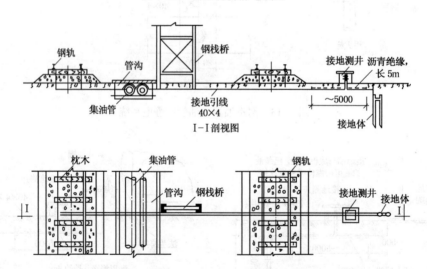

I-I剖视图

图 4-17 铁路装卸油作业区防静电接地图

管，并安装牢固；自动计量在油罐内设置的金属物应做好接地连接。二是液位计仪表及部件必须和油罐做可靠的电气连接。三是自动电子计量灌装设备的预防溢油、静电的联锁装置必须可靠、完好。

（七）导静电扶手

在油库加油站爆炸危险场所出入口处，如储油洞库出入口处、油罐室出入口处、油泵房及灌装油间门口、装卸油作业栈桥梯下等，应设置导静电扶手。扶手体应用引线与接地体相连。另外，爆炸危险作业人员应穿着防静电服、鞋；内衣不应穿着两件或两件以上的化纤材质服装；袜子应为纯棉材料，不应穿着尼龙、腈纶袜；严禁穿着泡沫塑料、塑料底的鞋子。

（八）接地测井或测量箱的设置

（1）接地测井的位置应离开易燃易爆部位，且选在不受外力伤害、便于检查、维护和测量的地方。

（2）防雷接地测井中的接地干线与接地体之间不设断接螺栓，直接测量接地电阻值。

（3）防静电接地测井中的接地干线与接地体之间应设断接螺栓，测量接地体的电阻时应断开接地干线。为保证测量数据的精度，对距测点 5m 的接地干线应涂以 3~5mm 厚的沥青绝缘。

（4）接地测量井图，见图 4-18。

（5）加油站接地系统图，见图 4-19。

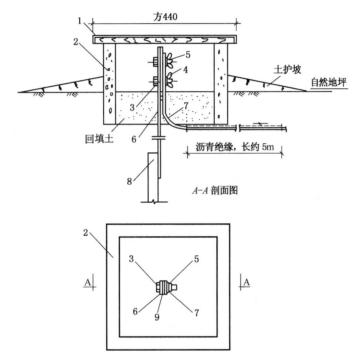

图 4-18　接地测量井图

1—盖板；2—井壁；3—螺栓；4—蝶形螺母；5—弹簧垫片；6—接地扁钢；7—接地引线；8—接地体；9—分割条

（九）接地体的设置

（1）一般接地体与建筑物之间的距离不宜小于 1.5m，独立避雷针及其接地装置与道路或建筑物的出入口等的距离应大于 3m。

（2）接地体（顶面）埋设深度不应小于 0.6m。

（3）为了减少相邻接地体的屏蔽作用，垂直接地体的间距不宜小于其长度的两倍。

（4）接地体必须采用焊接连接。如采用搭接焊接，其搭接长度必须是扁钢宽度的 2 倍或圆钢直径的 6 倍。焊接部位应进行防腐处理，接地体引出线埋地部分应作防腐处理。

（5）接地体回填土内不应夹有石块、建筑材料或垃圾等，在土壤电阻率较高地区可掺和化学降阻剂，以降低接地电阻。

（6）接地体在地面上必须设立标桩，标桩刷白底漆，标以黑色字样，以区别接地体的类

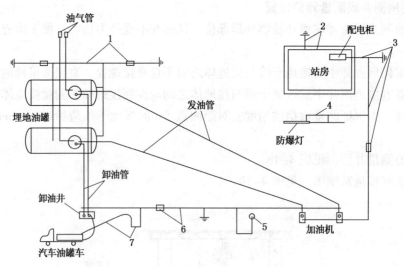

图 4-19　加油站接地系统图

1—防雷、静电接地和检测井(10Ω)；2—屋顶避雷带和接地(10Ω)；

3—电器保护接地和检测井(4Ω)；4—防爆灯外壳、接线、电缆外皮保护接地(4Ω)；

5—导静电手握体；6—油管线防雷、静电接地和检测井(10Ω)；7—汽车油罐车接地

别和编号。

(7) 接地干线和接地体所用材料可按本书第二章中的表 2-20 选择。

（十）接地电阻值要求

(1) 仅作静电接地的接地装置，其接地体的接地电阻应不大于 100Ω；与防感应雷接地装置共同设置时，其接地电阻不大于 10Ω。

(2) 防雷保护接地点，其接地电阻不大于 10Ω。

(3) 电气设备保护接地点，其接地电阻不大于 4Ω。

（十一）化学降阻剂简介

降低接地电阻的方法有：加大或加多接地装置、更换土壤、在接地极周围加食盐或木炭等方法。从 20 世纪 80 年代初又开始应用化学降阻剂，8-Ⅱ型长效化学降阻剂和富兰克林 909 长效降阻剂，前者用量：垂直电极 100~150kg，水平电极 300~400kg。后者用量见表 4-8 和表 4-9。

表 4-8　富兰克林 909 长效降阻剂垂直接地体用量表

接地体长度/m	0.5	1	1.5	2	2.5	3
降阻剂用量/kg	2	4	6	8	10	12

注：接地体直径 $d \leqslant 60$mm。

表 4-9　富兰克林 909 长效降阻剂水平接地体用量表

接地体长度/m	1	2	3	5	10	15	20	25
降阻剂用量/kg	4~6	8~12	12~18	20~30	40~50	50~66	70~100	100~120

第六节　防静电危害的管理

一、进行防静电危害安全教育

（1）油库必须对全体工作人员进行防静电危害安全教育，在每年的业务训练中安排相良训练内容。油库规章制度、设备检查、安全评比都要有防静电方面的具体内容。

（2）油库技术部门应了解油库所储油品的静电特性参数，并掌握测量方法。了解静电危害的安全界限及减少静电产生的措施。

二、建立防静电设施和检查测试档案

（1）应建立全库静电接地分布图，详细记载接地点的位置，接地体形状、材质、数量和埋设情况等。

（2）所有防静电设施、设备必须有专人负责定期检查、维修，并建立设备档案。静电防护用品应符合国家有关规范规定，不得使用伪劣、无合格证号或过期失效产品。

三、检测仪表和检测

（1）油库必须配备静电测试仪表，根据不同环境条件及对象，进行静电产生状况普查和检测，并针对实际存在的问题，制定整改及预防措施。

（2）每年春、秋季应对各静电接地体的接地电阻进行测量，并建立测量数据档案。若接地电阻不合格，应立即进行检修。

（3）及时检查、清除油罐（舱）内未接地的浮动物。

（4）在爆炸危险场所，作业人员必须使用符合安全规定的防静电劳动保护用品和工具；严禁在爆炸危险场所穿、脱、拍打任何服装，不得梳头和互相打闹。

四、加油站预防静电危害基本措施

加油站静电着火事故的发生，归根到底是由于静电放电产生静电火花点燃加油站内可燃气体引起的。通过对加油站静电着火事故发生的原因分析，加油站在日常工作中，要注意采取以下防范措施：

（1）要加大用塑料桶灌装油品的危害性宣传，杜绝用塑料桶灌装油品。如有用户使用塑料桶时，应加以谢绝，并说明危害。

（2）要严禁用汽油清洗衣服、机件以及用汽油擦拭设备等。

（3）工作人员作业期间应着防静电服装，禁着化纤等易产生静电的衣料。

（4）要广泛普及静电知识，认真进行静电事故分析，从中总结防静电危害的经验，吸取他人教训，做到警钟长鸣。

（5）要认真落实规章制度，加强岗位技能培训，提高业务熟练程度，虚心学习油品知识和油料安全知识，消除一切事故隐患。

（6）要采用密闭卸油加油方式，严禁喷溅式灌注油料，用潜流式灌装。严格控制油品流速在 4.5m/s 以下。

（7）禁止使用不导电的聚乙烯软管等塑料制品输送油料。

（8）在卸油和倒油作业时，要制定作业程序和安全措施，按步骤和要求实施。

（9）清扫管道时，要严禁用压缩空气吹扫轻质油品管道。

（10）储油输油换装油品时，储油容器必须清洗干净，严防水分、杂质混入。

（11）灌装油桶时，油桶必须接地，并同灌装管道连接。如果油桶外面有漆层，则在安装接地线时，必须去掉绝缘的漆层。

（12）加强设施设备检查维护，确保静电接地良好。将储油输油设备和灌装设备跨接并接地，使其与大地形成等电位体。

（13）禁止采用喷溅式卸油。卸油时，油罐和油罐车都应设接地装置，并将二者作电气连接，以防静电积聚形成危险。

（14）加油站建设与改造要按照《汽车加油加气站设计与施工规范》进行。确保工艺先进，符合"规范"技术要求。

第五章

油库加油站防雷电危害技术

雷电危害举世瞩目，特别是黄岛油库油罐发生雷击火灾之后，引起了国内极大重视。据美国 20 多年的石油火灾统计，其中 55% 是由雷电引起的。近年来，由雷电引起的油库加油站的火灾爆炸事故也屡有发生。据近 20 年来不完全统计，仅非金属油罐较大火灾就发生了 11 起，受灾容量 $13.1 \times 10^4 \mathrm{m}^3$。雷电是油库加油站火灾主要点火源之一。

第一节　雷电的概念与危害

一、雷电的概念

雷电是一种常见的自然现象。雷电是由于地面气温升高，形成一股上升气流，其中含有大量的水蒸气和尘埃。这些物质在上升的过程中，由于经受着上升气流和高空高速低温气流的吹袭、冲击、摩擦、剥离而带电。水蒸气凝结分裂为带正电的"大"水滴和带负电的"小"水滴。带正电的水滴以下雨的形式降落到地面，带负电的水滴仍然飘浮于空中，且到处飘移，出现了电荷的分离与积蓄，形成带不同电荷的雷云。在雷云中部有强烈的上升气流，形成了带正电的冰晶与带负电的水滴分离和积蓄。随着异性电荷的不断积蓄，不同极性云块之间，或云块与大地之间的电场强度不断增大。当电场强度超过云与云，或者云与大地（含地上的建筑物、构筑物）之间空气所能承受的击穿强度时，空气被击穿产生放电。电荷在电离通道中中和，产生强烈的光和热，这种热能使周围空气突然膨胀，产生轰鸣声。电荷中和产生的光就是人们常说的"闪"；空气突然膨胀产生的轰鸣声就是人们常说的"雷"。

雷云之间击穿放电并伴随有光和声的现象，就是人们通常说的雷或雷电；在雷云与大地（含建筑物、构筑物）之间，伴有光和声的放电现象称为落地雷。

另外，还有一种特殊的雷电，它的载体是一个球状等离子气团，其形状和颜色各异。它随气流在低空飘移，甚至沿着地面滚动。在飘移、滚动过程中，遇到某种激发因素就会发生爆炸。人们把这种雷电称球形雷。根据等离子理论，球形雷的载体是某种等离子凝结团，是气流在高温或很强的电磁感应作用下电离而成，正离子与负离子处于统一体中并等量，离子体暂时处于平衡状态。这种离子气团具有较好的导电性和流动性，在飘浮、滚动过程中，少量离子重新组合发出微弱晖光，能量耗尽后消失。球形雷通常发生在雷击前数秒或数分钟，球形雷的直径在 10~100cm，它能随风飘入室内或穿堂而过，其运行轨迹很不规则，飘浮滚动、直上直下，甚至固定不动或沿着物体移动。球形雷的能量大小不一，小者仅在蚊帐上烧个小洞，大者可引起爆炸，带来巨大破坏。

　　根据雷电的不同形式，分为片状、线状和球状三种。片状雷电多发生在雷云之间，危害较小；线状雷大部分为常见的落地雷，易造成雷击灾害；球状雷的危害难以预测和预防。

二、雷电的危害

　　雷电具有很大的破坏力和多种破坏作用。雷电对油库加油站的危险性可归纳为直接雷击、雷电副作用、雷电波引入、反击四种形式，其破坏作用主要表现为放电时所显示的各种物理效应和作用。

（一）电效应

　　落地雷具有数万甚至数十万、数千万伏的冲击电压，足以烧毁电力系统的发电机、变压器、断路器等设备及电气线路，引起绝缘击穿而发生短路，导致可燃、易燃物的着火和爆炸。

（二）热效应

　　落地雷的电流一般为几十至几千安培，有的峰值电流高达数万安培至 10×10^4 A。当这种强大的"雷击电流"通过导体时，在极短的时间内转换为大量的热能。雷击点的热能通常为 $500 \sim 2000$ J。雷电通道中的这种热能可使金属熔化或气化，往往酿成火灾。

（三）机械效应

　　雷电的热效应将使物质和各种结构缝隙里的气体剧烈膨胀，同时使水分和其他物质分解为气体，这就造成雷击物内部出现强大的机械压力，致使雷击物遭受严重破坏或爆炸，砖、石、混凝土、木结构建筑物和构筑物毁坏，油罐胀裂或凹陷等。

（四）静电效应

　　油库加油站金属设备较多，当这些金属设备处于雷云和大地间的电场之中时，金属物上会感应大量电荷。雷云放电，云与大地的电场消失，但金属物上的感生电荷却不能立即逸散，产生很高的对地静电感应电压。静电感应电压往往高达几万伏，可以击穿数十厘米的空气间隙而发生火花放电，这对油库加油站安全威胁很大。

（五）电磁感应

　　具有很高电压和很大电流、发生时间极短的雷电，在它周围空间将产生强大的交变磁场，处于这一磁场中的导体感生出较大的电动势，还会在闭合回路的导体中产生感应电流。如导体回路中有的地方接触电阻较大时，就会局部发热或发生火花放电。这对于储存易燃、可燃油品，易于积聚爆炸性混合气体的油库加油站是很危险的。

（六）雷电波侵入

　　当雷击架空电力线路、金属管路时，产生的冲击电压使雷电波沿着线路或管道迅速传播。当侵入建筑物内时，可造成配电装置和电气线路绝缘击穿而产生短路，或者使建筑物内的易燃、可燃油品燃烧、爆炸。此种雷电灾害占整个雷电灾害的 $50\% \sim 70\%$ 以上。

（七）反击

　　当建筑物、构筑物、防雷装置等遭受雷击时，其内外的电气线路、金属管道等可具有很高的电压，如其间距较近时，可产生火花放电，这种现象叫作反击。反击可能引起电气设备绝缘破坏，金属管路烧穿，甚至造成着火和爆炸事故。

　　上述七种物理效应产生的破坏作用可归纳为电性质的破坏作用、热性质的破坏作用和机械性质的破坏作用。电性质的破坏作用主要表现为数百万伏及至更高的冲击电压可能毁坏电气绝缘，烧断电线或损坏电杆，造成大规模停电；而绝缘损坏则可能引起短路，导致火灾和爆炸，是造成油库加油站受到严重破坏的直接原因之一。热性质的破坏作用主要表现为巨大雷电流通过导体，在极短的时间内转换为大量的热能，引燃易燃品而造成火灾或爆炸。机械性质的破坏作用主要表现为被雷击物遭到破坏，甚至爆裂成碎片。此外同性电荷之间的静电斥力，同方向电流或电流拐弯处的电磁力也有很强的破坏作用。

三、遭受雷击的条件

遭受雷击的因素多而复杂，但也具有一些可供借鉴的规律。遭受雷击主要与地质、地形、地物、建筑物、地理条件相关。

（一）地质条件

由于土壤电阻率较小，易于积聚电荷，特别是湿地、河床、池沼、苇塘，以及地下水位高、金属矿床等地点更易积聚电荷，容易遭雷击；地下水面积大、矿泉、地下水出口处等容易遭受雷击；岩石山或土壤电阻率较大的山坡雷击多发生于山脚，反之多发生于山顶。

（二）地形条件

由于海洋潮湿空气从我国东南进入大陆，经日光暴晒天气闷热，遇到山体气流上升而出现雷雨，造成山的东坡、南坡遭受雷击多于西坡、北坡；因山中峡谷较窄，不易受日光暴晒和对流，缺乏形成雷的条件，雷击少于山中平地；靠山、临水地区的低洼湿地易遭雷击；山口、风口或河谷等雷暴走廊与风向一致时，容易遭受雷击。

（三）地物条件

空旷地中的独立建筑物，建筑物中的高耸建筑和特别潮湿的建筑；房旁大树、接收天线、山区电力线路及转角、铁路集中地；屋顶为金属结构、地下有金属管道、建筑物内有大型金属设备的容易遭受雷击。

（四）建筑物条件

主要取决于建筑的坡度、形式和长度。平顶、坡度不大于 1/10 时的檐角、女儿墙和屋檐；坡度大于 1/10 而小于 1/2 时的屋角、屋脊、檐角和屋檐；屋脊长度大于 30m 的山墙；坡度大于 1/2 的屋角、屋脊和屋檐；坡度大于 4/5 时的屋脊等都容易遭受雷击。

（五）地理条件

湿热地区比干冷地区雷暴多。从赤道向南、北雷暴频数递减。全国雷暴趋势是华南大于西南大于长江流域大于华北大于东北大于西北。雷击密度是山区大于平原，平原大于沙漠，陆地大于湖海。

四、雷电参数及雷暴分布

雷电参数包括雷暴日、雷电电流幅值、雷电电流陡度、冲击电压等。正确理解雷电参数的概念及雷暴分布，对制订防雷决策具有重要意义。

（一）雷暴日

凡是能听到雷声的天日就叫雷暴日。雷暴日是表示雷电活动频繁程度的参数，通常以年平均雷暴日数来衡量，数值越大雷电活动越频繁。我国把年平均雷暴日数值不超过 15 日的地区，叫少雷区，超过 40 日的地区叫多雷区，两者之间地区叫雷区。

（二）雷电电流幅值

雷电放电和雷电电流都具有冲击特性。雷电电流幅值就是雷电放电时冲击电流的最大值，即峰值。雷电电流是一种电流幅值大、作用时间短的瞬变过程，雷电电流由零增加到峰值只需要几微秒，再由峰值下降到零，也只有数十微秒。雷电流上升的曲线叫波头，雷电流下降的曲线叫波尾。通常在雷区防雷时，采用的雷电电流幅值为 $10 \times 10A$。

（三）雷电电流陡度

雷电电流陡度是雷电电流随时间而上升的速度。雷电电流陡度可高达 $50 \times 10A/\mu s$，平均约为 $30 \times 10A/\mu s$。雷电电流陡度越大，其对电气设备造成的危害也越大。一般防雷设计选用的波头值为 $2.6\mu s$。

（四）雷电冲击电压

直接雷击的冲击电压由两部分组成。第一部分决定于雷电电流和防雷装置的冲击接地电阻，第二部分决定于雷电电流陡度和雷电电流通路的电感。

（五）雷暴分布

我国雷暴日数值呈南方多北方少，山区多平原少的特点。一般来说，雷暴冬季少于夏季，但在南方有时隆冬也有雷暴出现。雷暴出现时间一般以下午为多。雷暴分布规律是：

（1）海南岛中部和西双版纳年均雷暴日 120 天以上。

（2）云南南部、两广、海南省年均雷暴日 90~100 天。

（3）长江以北地区年均雷暴日 30~40 天。

（4）西北干旱地区年均雷暴日少于 20 天。

第二节　预防雷电危害技术

雷电目前尚无防止其发生的方法，但可以根据雷电危害的形式采取相应的对策加以预防，防止或减少不良后果。预防雷的方法按其基本原理可归纳为四种。

（1）引雷。预设雷电放电通道，将发展方向不明的雷云引至放电通道，使雷电电荷导入地下，从而保护周围建筑、设备和设施，如避雷针。

（2）消雷。预设离子发生器，即空间电荷发生器。当雷云与大地所形成的静电场电压达到一定值时，空气被电离，形成空气离子。离子发生器即源源不断地提供离子流与雷云电荷中和，避免直接雷击或减弱其强度，如消雷器。

（3）等电位。将导电体(金属物)进行电气连接并接地，预防雷电产生的静电和电磁效应及反击，如防感应雷接地。

（4）切断通路。当雷击架空电力线路时，切断引入室内的线路，将雷电电流导入地下，以保护室内设备，如避雷器。

一、避雷针(带、网)防雷

（一）避雷针(带、网)防雷原理

在雷云放电过程中，开始从云端向大地发展时，其方向并不受地面物体的影响；在接近地面时，向着地面上最高物体的方位发展。

　　根据雷云总是通过高的物体放电的特性，特意在建筑物上（或附近）设置一个高的物体——避雷针（带、网），把向被保护物体发展的雷云，引导到避雷针（带、网），将雷电电流按预定通路泄漏到大地，从而保护建筑物。避雷针实质上是引雷针。

（二）防雷装置（避雷针）组成

　　防雷装置由接闪器、引下线和接地装置三部分组成。

　　（1）接闪器。接闪器主要指避雷针，宜采用钢管或圆钢制成，其直径不应小于下列数值：

　　①针长 1m 以下的避雷针：钢直径为 12mm，钢管为 20mm；

　　②针长 1~2m 避雷针：圆钢为 16mm，钢管为 25mm；

　　③接闪器所用材料应镀锌，或者采用有色金属；

　　④避雷针的接闪器不应装有放射性物质。

　　（2）引下线。引下线通常采用圆钢或扁钢，优先采用圆钢。其尺寸不应小于下列数值：

　　①圆钢直径为 8mm；

　　②扁钢截面为 48mm²，扁钢厚度为 4mm；

　　③引下线所用材料应镀锌。

　　为了便于测量接地电阻及检查引下线、接地线的连接情况，在引下线距离地面 1.8m 以下应设置断接卡；引下线在易受机械损坏的地方，即地下 0.3m 至地上约 1.7m 段应加保护设施，如加设套管。

　　（3）接地装置。接地装置分为垂直接地体和水平接地体。垂直埋设的接地体，宜采用角钢、钢管、圆钢等；水平埋设的接地体，宜采用扁钢、圆钢等。接地体的尺寸不应小于下列数值：

　　①角钢为 ∠25×25mm，角钢厚度为 4mm；

　　②钢管直径为 DN50mm，钢管壁厚为 3.5mm；

　　③圆钢直径为 10mm；

　　④扁钢截面为 100mm²，扁钢厚度为 4mm；

　　⑤油库加油站一般采用 DN50×4.5 的镀锌钢管，或者 50×50×4.5 的镀锌角钢，其长度 2.5m。

　　在腐蚀性较强的土壤中，应采取热镀锌等防腐措施或加大截面。

　　为了减小相邻接地体的屏蔽效应，垂直接地体间距及水平接地体间距宜为 5m。垂直接地体长度通常不小于 2.5m。

　　接地体埋设在高电阻率土壤中时，为降低接地装置的接地电阻，可采取深埋方法，或延伸到低电阻率土壤中埋设，或添加降阻剂。

　　接地装置工频接地电阻和冲击接地电阻的换算公式为

$$R = ARi$$

式中 A 值见表 5-1。

表 5-1　工频接地电阻与冲击接地电值的比值

土壤电阻率/($\Omega \cdot$ cm)	$\leqslant 1 \times 10^4$	5×10^4	1×10^5	$\geqslant 2 \times 10^5$
一般接地装置	1.0	1.5	2.0	3.0
环绕房屋的接地装置	1.0			

(三) 避雷针保护范围的确定

受到避雷针保护的空间称为保护范围。这里应指出,避雷针附近的空间都能受不同程度的保护。距离避雷针越近的空间保护程度高,遭受雷击的概率小。国内规定的保护概率是 0.1%。

根据《建筑物防雷设计规范》(GB 50057),在避雷针设计时,当散发油气呼吸阀、排气管等管口外的以下空间,应处于接闪器的保护范围,当管口有管帽时,根据表 5-2 规定的确定;管口无管帽时,管口上方半径 5m 的半球体为保护范围。接闪器与雷闪的接触点应设在上述空间之外。避雷针和架空避雷线的支柱及其接地距离被保护物,以及与其有关联的管道、电缆等金属物不应小于 3m。

表 5-2　有管帽的管口外处于接闪器保护范围内的空间

装置内压力与周围空气压力差/kPa	排放物的相对高度	管帽以上的垂直高度/m	离管口处的水平距离/m
<5	重于空气	1	2
5~25	重于空气	2.5	5
≤25	轻于空气	2.5	5
>25	重或轻于空气	5	5

避雷针的保护范围用几何作图法和计算来确定,其作图方法和计算公式在《建筑物防雷设计规范》(GB 50057—2010)中有明确规定。避雷针保护是一个折线锥形体或几个折线锥形体的组合。具体作图和计算按照"规范"提供的方法和公式进行。为形成概念举四种不同保护范围的避雷针示意图,见图 5-1~图 5-4。

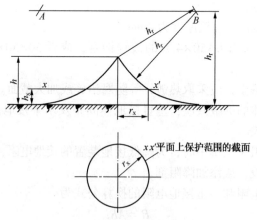

图 5-1　单支避雷针保护范围

二、预防高电压雷电波侵入的保护措施

(一) 阀型避雷器

阀型避雷器是保护发、变电设备的最主要的设备。图 5-5 是保护小容量变配电装置的阀型避雷器的结构,其额定电压为 10kV。瓷套内主要由一些串联的火花间隙和一些串联的

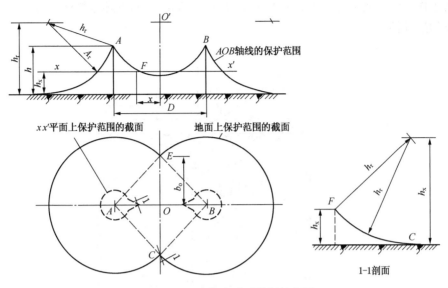

图 5-2　双支等高避雷针保护范围

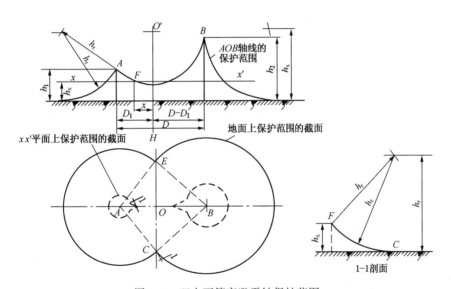

图 5-3　双支不等高避雷针保护范围

电阻阀片组成。

避雷器装设在被保护物的引入端。其上端接在线路上，下端接地。正常时，避雷器的间隙处于绝缘状态。不影响系统的运行。当因雷击，有高压冲击波袭击线路时，避雷器间隙被击穿而接地，从而强行切断冲击波。这时，能够进入被保护物的电压仅为雷电流过避雷器及其引线和接地装置产生的所谓"残压"。雷电流通过以后，避雷器间隙又恢复绝缘状态，以便系统正常运行。

（二）管型避雷器

管型避雷器结构原理见图 5-6。管型避雷器主要由火弧管和内、外间隙组成。用胶本或塑料制成的灭弧管，在高电压冲击下，内外间隙击穿，雷电波泄入大地。随之而来的工频电流也产生强烈的电弧，并燃烧灭弧管内壁，产生大量气体从管口喷出，能很快吹灭电弧，以保持正常工作。它实质上是一个具有熄弧能力的保护间隙，而不必靠断路器动作来灭弧，保证了供电的连续性。

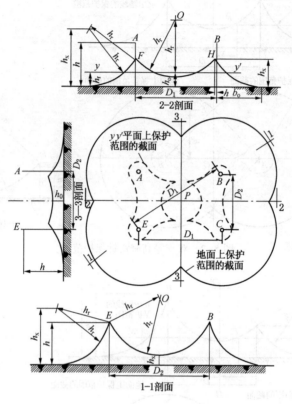

图5-4　四支等高避雷针保护范围

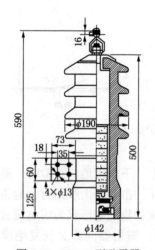

图5-5　FS-10型避雷器

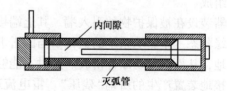

图5-6　管型避雷器结构原理示意图

（三）保护间隙

保护间隙是一种简单的过电压保护元件。将它并联在被保护的设备处，当雷电波袭击时，间隙先行击穿，把雷电引入大地，从而避免了被保护设备因高幅值的过电压而击穿。保护间隙的原理结构见图5-7。保护间隙主要由镀锌圆钢制成的主间隙和辅助间隙组成。主间隙做成角形，水平安装，以便其间产生电弧时，因空气受热上升，被推移到间隙的上方，拉长而熄灭。因为主间隙暴露在空气中，比较容易短接，所以加上辅助间隙，防止意外短路。

防雷电侵入波的接地电阻一般不得大于30Ω，其中，阀型避雷器的接地电阻不得大于10Ω。

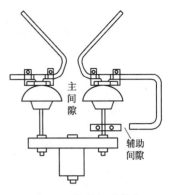

图5-7　保护间隙结构原理示意图

三、电离防雷装置

电离防雷装置是一种新技术，由顶部的电离装置、地下的地电流收集装置及其中间的连接线组成。

电离防雷装置与传统避雷针的防雷原理完全不同，它不是通过控制雷击点来防止雷击事故，而是利用雷云的感应作用，或采取专门的措施，在电离装置附近形成强电场，使空气电离，如采用放射性元素使空气电离，以产生向雷云移动的离子流，使雷云所带电荷得以缓慢中和，从而保持空间电场强度不超过空气的击穿程度，消除落雷条件，抑制雷击发生。

电离防雷装置的高度不应低于被保护物高度，并应保持在30m以上。感应式电离装置可以制成不同的形状（如圆盘形、圆锥形），但都必须有多个放电尖端。有针部圆盘的半径愈大，消雷的效果愈好，但该半径与电离防雷装置高度的比值不宜超过0.15。地电流收集装置应采用水平延伸式，以利于收集地电流。雷云电量一般不超过数库仑，电离防雷装置工作时，连接线只通过毫安级的小电流，所以导线只需满足机械强度的要求即可。

四、其他防雷电危害的措施

其他防雷电危害措施主要是预防感应雷、球形雷，以及预防雷电副作用和雷电波侵入。

（一）预防感应雷

由于静电感应或电磁感应所产生的高电压会引起放电，会导致爆炸危险场所的爆炸。所以，爆炸危险场所要特别注意预防感应雷危害。其主要措施有：爆炸危险场所的金属设备应有良好的接地；爆炸危险场所互相平行的金属管路、相距较近的管线和设备（小于100mm）应当进行电气连接；在爆炸危险场所金属设备应避免形成开口环形系统。

（二）预防球形雷危害

由于对球形雷的认识尚在深化中，防球形雷的措施也尚须完善。其主要措施是：雷雨天气应关闭门窗，洞库除了关好防护、密闭门外，还应关闭好铁栅栏门，以防球形雷随风进入；球形雷入室内时，应屏息不动，以免破坏周围气流平衡，造成球形雷追人，更不得追打球形雷。

（三）防雷电副作用

为预防雷电副作用对油库加油站安全的危害，凡是油库加油站危险场所的金属设备、设施都应有良好的电气连接和可靠的接地。防雷电副作用的接地电阻不应大于10Ω；接地极可与防静电或电气接地装置共用，但接地电阻应满足最小值要求。

第三节　油库加油站预防雷电危害的要求

油库加油站预防雷电危害除了各类油罐的具体要求外，还有其他许多地面建筑，其防雷措施可按一般建筑物设防。其中具有 0 区和 1 区爆炸危险环境的建筑物，按照第一类防雷建筑物设防；具有 1 区、2 区爆炸危险环境的建筑物按照第二类防雷建筑物设防。

一、钢油罐防雷

(一) 接地及其电阻

为降低雷击点的电位、反击电位和跨步电位，钢油罐必须做防雷接地，接地点不应少于 2 处。接地点沿油罐周长的间距，不宜大于 30m，接地电阻不宜大于 10Ω。

(二) 易燃油品油罐防雷要求

(1) 当油罐钢板厚≥4mm 时，对雷电具有自身保护能力，钢板厚<4mm 保护作用较弱。凡装置阻火器的地上卧式油罐的壁厚和地上固定顶油罐的顶板厚度≥4mm 时，不应装设避雷针。铝质顶油罐和顶板厚度<4mm 的钢油罐，应装设避雷针(网)。避雷针(网)应保护整个油罐。

(2) 由于浮顶油罐采取了密封措施，浮顶上油气少，达不到爆炸下限，不应装设避雷针，但浮顶与油罐用 2 根截面不小于 25mm² 的铜质复绞软线做电气连接。对于内浮顶油罐，钢质浮盘油罐连接导线应选用横截面不小于 16mm² 的铜质复绞软线；铝质浮盘油罐连接导线应选用直径不小于 1.8mm 的不锈钢钢丝绳。使用不锈钢钢丝绳主要是防止接触点发生电化学腐蚀，影响接触效果，造成火花隐患。

(3) 当覆土油罐的覆土厚度在 0.5m 以上时，雷击土层可将雷电流疏散导走，起到保护作用，可不设避雷针。但其呼吸阀、阻火器、采光孔、量油孔等金属附件，应做电气连接并接地，接地电阻不宜大于 10Ω。

(4) 储存可燃油品的钢油罐内的气体空间，油气浓度一般达不到爆炸下限，油品闪点高，雷电作用时间短(一般在几十微秒)，雷电火花不能点燃油品而造成火灾，故不应装设避雷针(线)，但必须做防雷接地。

二、山洞易燃油品油罐预防高电位引入要求

(1) 地上或管沟敷设的金属管道在雷击或雷电感应时，会将高电位引入洞内。所以，进出洞内的金属管道从洞口算起，当其洞外埋地长度超过 $2\sqrt{\rho}$（ρ 为埋地电缆或金属管道处的土壤电阻率 Ω·m）且不小于 15m 时，应在进入洞口处作 1 处接地。当其洞外部分不埋地或埋地长度不足 $2\sqrt{\rho}$ 时，除在进入洞口处作 1 处接地外，还应在洞外做 2 处接地，接地点间距不应大于 50m，接地电阻不宜大于 20Ω。

(2) 雷击时，高电位可能沿电力、信息架空线路进入洞内造成危害。所以，电力和信息线路应采用铠装电缆埋地引入洞内。洞口电缆的外皮应与洞内的油罐、输油管道的接地装置相连。若由架空线路转换为电缆埋地引入洞内时，从洞口算起，当洞外埋地长度超过 $2\sqrt{\rho}$ 时，电缆金属外皮应在进入处做接地。当埋地长度不足 $2\sqrt{\rho}$ 时，电缆金属外皮除在进入洞口

处作接地外，还应在洞外作两处接地，接地点间距不应大于 50m，接地电阻不宜大于 20Ω。电缆与架空线路的连接处，应装设过电压保护器。过电压保护器、电缆外皮和瓷瓶铁脚，应做电气连接并接地，接地电阻不宜大于 10Ω。

（3）当洞外金属呼吸管和金属通风管在遭受直击雷、感应雷的高电位时，会通过管道引入洞内，就可能在间隙处放电引燃油气造成爆炸着火。所以，金属通气管和金属通风管的露出洞外部分，应装设独立避雷针。爆炸危险 1 区应在避雷针的保护范围以内；避雷针的尖端应设在爆炸危险 2 区之外，并符合本章"一、避雷（带、网）防雷"中"（三）避雷针保护范围的确定"的要求。

三、信息系统防雷要求

（1）为减少雷电波沿配线电缆传入控制室，将信息系统击坏，装于地上钢油罐上的信息系统的配线电缆应采用屏蔽电缆。电缆穿钢管配线时，其钢管上下两处应与罐体做电气连接并接地。

（2）为防止雷电电磁脉冲过电压损坏信息装置的电子器件，油库加油站内信息系统的配电线路首末端需与电子器件连接时，应装设与电子器件耐压水平相适应的过电压保护（电涌保护）器。

（3）为了尽可能减少雷电波侵入避免发生雷电火花引发事故，油库加油站内的信息系统配线电缆，宜采用铠装或屏蔽电缆，电缆敷设宜埋于地下。电缆金属外皮两端及在进入建筑物处应接地。当电缆采用穿钢管敷设时，钢管两端及在进入建筑物处应接地。建筑物内电气设备的保护接地与防感应雷接地应共用一个接地装置，接地电阻值按其中的最小值确定。

（4）为防止信息装置被雷电过电压损坏，油罐上安装的信息系统装置，其金属外壳应与油罐作电气连接。

（5）因信息系统连线存在电阻和电抗，若连线过长，电压降过大，会产生反击，将信息系统的电子元件损坏。因此，油库加油站的信息系统接地，宜就近与接地连接。

四、其他爆炸危险区域防雷要求

（一）易燃油品泵房（棚）防雷

（1）易燃油品泵房（棚）属于爆炸和火灾危险场所，应采用避雷带（网）。网格为均压分流，降低反击电压，将雷电电流顺利泄入大地。避雷带（网）的引下线不应少于 2 根，并应沿建筑物四周均匀对称布置，其间距应不大于 18m。网格不应大于 10m×10m 或 12m×8m。

（2）若雷击金属管道及电缆金属外皮，或其附近发生雷击，都有会在其上产生雷电过电压。为防止过电压进入危险场所，进出油泵房（棚）的金属管道、电缆的金属外皮或架空电缆金属槽，在泵房（棚）外应当作 1 处接地，接地装置应与保护接地装置及防感应雷接地装置合用。

（二）可燃油品泵房（棚）防雷

（1）可燃油品泵房（棚）属于火灾危险场所，防雷要求低于易燃油品泵房（棚）。在平均雷暴日大于 40d/a 的地区，油泵房（棚）宜装设避雷带（网）防直击雷。避雷带（网）的引下线不应少于 2 根，其间距不应大于 18m。

（2）进出油泵房（棚）的金属管道、电缆的金属外皮或架空电缆金属槽，在泵房（棚）外侧应做 1 处接地,接地装置宜与保护接地装置及防感应雷接地装置合用。

(三) 装卸易燃油品鹤管和油品装卸栈桥防雷

(1) 露天装卸油作业设施,雷雨天不允许作业。没有作业就不存在爆炸危险区域,所以不装设避雷针(带)。

(2) 在棚内进行装卸油作业设施,雷雨天也可能进行作业,这样就会存在爆炸危险区域。在棚内爆炸性混合物有存在概率,且 1 区概率高于 2 区概率,雷击棚的概率也有。因此,在棚内进行装卸油作业的设施应装设避雷针(带)。避雷针(带)的保护范围应为爆炸危险 1 区。

(3) 油品装卸作业区是爆炸危险场所,进入油品装卸区的输油(油气)管道在进入点应接地。接地可将沿管道传输的雷电流泄入地中,减少作业区雷电流侵入,防止反击雷电火花。其接地电阻不应大于 20Ω。

(四) 在爆炸危险区域内的输油(油气)管道防雷

(1) 输油(油气)管道的法兰连接处应跨接,其主要原因是防止法兰连接处发生雷击火花。当不少于 5 根螺栓连接时(接触电阻不应大于 0.03Ω),在非腐蚀环境下可不跨接。

(2) 为防止平行管道之间产生雷电反击火花,平行敷设于地上或管沟的金属管道,其净距离小于 100mm 时,应用金属线跨接,跨接点的间距不应大于 30m。管道交叉点的净距离小于 100mm 时,其交叉点应用金属线跨接。这样管道之间形成等电位,雷电反击火花就不会产生了。

(五) 油库加油站生产区的建筑物内 400V/230V 供配电系统的防雷

(1) 当电源采用 TN 系统时,从建筑物内总配电柜(箱)开始引出的配电线路和分支线路必须采用 TN-S 系统。使各用电设备形成等电位,对人身安全、设备安全都有好处。

(2) 建筑物的防雷区,应根据《建筑物防雷设计规范》(GB 50057)划分。工艺管道、配电线路的金属外壳(保护层或屏蔽层),在防雷区的界面处应做等电位连接。在各被保护的设备处,应安装与设备耐压水平相适应的过电压(电涌)保护器。

(3) 避雷针(网、带)的接地电阻,不宜大于 10Ω。

(六) 加油站防雷基本措施

加油站主要是通过引雷和控制易燃易爆物两个方面预防雷电的危害:

1. 引雷

引雷就是人为设置雷电导入大地的通道,将雷电引导泄入大地,使其不通过加油站的设备、设施,达到安全的目的。

(1) 设置避雷带。在 GB 50156—2012《汽车加油加气站设计与施工规范》中,对易燃油品泵站(棚)规定应采用避雷带(网),要求避雷带(网)的引下线不应少于两根,并应沿建筑物四周均匀布置,其间隔不应大于 18m。网格不应大于 10m×10m 或 12m×8m,接地装置应与保护接地及防感应雷接地装置合用。这是由于易燃油品泵站(棚)相对加油站其他建筑物比较高,又有易燃油品,必须加以保护。

(2) 埋地油罐要做好附件的电气连接。对于油罐,其上部设置的金属阻火器、呼吸管可兼做接闪器和引下线,一般不做专门接地,但一定要做好可靠的电气(金属线连接)连接,否则,不仅不能防雷,反而会引祸。

(3) 加油站内的电源线路要采用电缆直埋敷设,并将电缆屏蔽层作接地处理。

（4）加油站的接地装置要做两处以上，每一处接地装置的接地体至少要两组，以防电源线过压和地线高电位。因为雷电击中接闪器，电流沿引下线和地线向大地泄放时，这时对地电位升高，有可能向临近的物体跳击，从而造成火灾或人身伤亡。

（5）要做等电位连接。一是把加油站的加油机外壳、加油枪、油罐、呼吸阀、电缆金属屏蔽层、电力系统的保护线以及各种金属管道等用电气连接的方法连接起来，使整个加油站成为一个良好的等电位体；二是在电力线或与外界有联系的导线处和电源端接上合适的过电压保护装置（避雷器），并且避雷器的接地端要与加油站防雷接地直接进行电气连接。因为在不同的工作阶段、不同的环境下，各接地线上的电位有可能不同，如果分别接地，就有可能产生一定的电位差并导致"跳火"。

（6）加油站内的其他高位构、建筑物，如广告牌、射灯等，在避雷装置不能覆盖保护时，要做单独接地处理。

（7）要定期对防雷接地系统进行检测维护。要在每年雷雨季节前对防雷、防静电装置进行检查，检查接地装置是否完好；测量全部接地装置的接地电阻，如发现接地电阻值超标时，应对接地系统进行全面检查；检查有无因维修或改建建筑物，防雷接地装置的保护发生变化。

2. 控制易燃易爆物

（1）加油机与输油管连接时，要采用柔性连接（金属软管）。否则，因与加油机连接的油管，没有补偿能力，如果加油机振动，会使油泵受力而造成损伤渗漏。

（2）加油站油罐不能设置在房间内，要按照《汽车加油加气站设计与施工规范》要求，必须要采用直埋式；管沟应当回填，或者将输油管埋设在地下；油罐人孔盖板要盖严；通气管线要高于地面 4m 以上，沿建筑物布置时要高出建筑物 1.5m 以上，通气管线口要安装阻火器。这些要求其目的就是防止和控制油品、油气泄漏逸散和油气集聚，消除雷电引发着火爆炸的条件。

（3）要严格执行"雷雨时节禁止进行轻油的装卸和油罐清洗通风作业，要切断设备电源"的规定。

（4）严格落实加油站设施设备日常维修保养制度，杜绝"跑、冒、滴、漏、渗"的现象，确保油蒸气浓度在规定的范围内，切断着火源和爆炸源。

第四节　防雷装置检查维护

为使防雷装置的保护功能可靠，不仅要设计合理、施工正确，还必须适时维修、测试。

一、避雷针的检查

每年雷暴日到来之前进行定期检查测试，特殊情况及时检查测试。其主要内容是：

（1）接闪器有无因雷击而熔化或折断。避雷器瓷套有无裂缝、碰伤，并按规定进行预防性测试。

（2）引下线有无锈蚀、机械损伤、折断等情况，锈蚀使截面减小 30% 以上时必须更换。

（3）引下线在地面以上 2m 至地下 0.3m 有无被破坏情况。

（4）断接卡连接处有无接触不良，接地装置周围土壤是否沉陷。

(5) 维修建筑物、设备及建筑物本身变形时，防雷装置的保护功能是否变化。

(6) 有无因挖土、植树等动土作业将接地装置毁坏。

(7) 检测全部防雷装置的接地电阻是否符合规定值。

二、避雷器的检查

(1) 巡视检查电气设备时要检查避雷器上端引线和下端接地线是否良好，有无断开现象（绝不能断开）。

(2) 每次雷电活动后，应检查避雷器的瓷管表面有无闪络痕迹（损坏），计数器是否动作，并记录动作次数。

(3) 避雷器每年雷雨季节过后，应取下送电力部门进行电气试验，合格后第二年雷雨季之前装上，用摇表进行绝缘测定，绝缘值不低于 $1M\Omega$。

三、控制油品流失及减少油气逸散、积聚

雷雨时，停止通风、收发油、测量等作业，盖好油罐与大气相通的孔口，并将有关设备的电源开关拉开。这些也是预防雷电危害必不可少的环节。

第六章

油库加油站安全"收储发"

　　油库加油站工作经验和事故分析说明，实现油库加油站安全"收储发"的基础是工作者良好的素质，配套齐全、技术状况完好的设备和设施，科学可行的规章制度。而保证油库加油站安全"收储发"的基本条件是，严肃认真的科学态度，一丝不苟的贯彻执行作业程序，操作规程，安全管理规定。其方法是充分调动人体器官的功能，"脑勤想到，腿勤走到，眼勤看到，耳勤听到，鼻勤嗅到，手勤摸到"，广泛收集油库加油站运行中的各种信息，结合油库加油站工作经验和事故教训，以及科学技术知识，综合分析作业过程中各种现象对油库加油站安全的影响，及时发现不安全因素，消除事故隐患，从而实现油库加油站的安全"收储发"。

第一节　散装油品的"收储发"

　　散装油品装卸作业及其入罐储存是油库加油站的主要业务。熟悉设备、设施性能，掌握装卸作业程序、操作规程和安全管理规则，管好、用好设备、设施，是完成散装油品"收储发"的重要保证。

一、散装油品的接卸

　　油库加油站散装油品的接卸，按油品运达形式分为，铁路油罐车、汽车油罐车、油船和油驳，以及管路输送四种来油接卸方式。因运达形式的不同，接卸油品的设备、设施也不同，但其作业程序及安全技术要求则大同小异。接卸油品的作业程序是：接卸油准备→下达接卸油命令→接卸油作业→接卸油结束。其安全技术要求是，防止跑油、混油、着火爆炸、设备损坏、中毒和伤亡等事故的发生。现以接卸铁路油罐车为例说明接卸油的安全技术要求。

（一）接卸油的准备

　　（1）油库加油站接到车站来油预报后，应及时通知现场值班员，准备卸车。并做好接车准备，取回证件交付现场值班员。

　　（2）车站送车时，主管运输人员(或消防值班员)，按《机车入库安全规则》，监护机车入库，并与送车人员配合对好鹤位。检查铅封是否完好。如发现问题，应会同车站做好商务记录，按章处理。

　　（3）现场值班员根据来油品种、牌号、数量，以及始发站和预定入库时间，通知有关人员做好接卸准备。并会同保管人员确定输入油罐。如果来油需要加热接卸时，应提前做好加热准备。

(4) 铁路油罐车入库后,现场值班员应进行接卸油动员,布置任务,讲明人员分工及接卸油工艺,提出安全要求,按接卸油工艺领取开阀号牌。

① 运输员和化验员应核对证件、运输号、车号,始发站和发油单位。化验员应逐车检查外观和油罐车底部水分、杂质,并按规定采样进行接收化验,填写化验单交现场值班员。如有质量问题,应查明原因,报告有关部门处理。

② 保管员应测量卸入油罐和回空罐(或零位罐)的油品高度,核对空容量;测量油罐车油品高度、油温,计算核对来油数量。并将测量结果填入有关记录。如来油数量超过允许误差范围,应及时报告处理。

③ 装卸员或保管员把鹤管插入油罐,或连接卸油管,并将罐车口用石棉被盖好。

④ 消防人员接好静电接地,准备好消防器材。通常消防车应到现场,必要时消防车、消防器材按灭火作战方案展开,做好灭火准备。

⑤ 电工检查电器设备并送电;司泵员检查输油设备,打开有关阀门,做好输油前的准备。巡线员或保管员检查管路,并打开或关闭沿线有关阀门、油罐进出油闸门、洞库呼吸系统阀门,并注意检查油罐呼吸系统是否畅通。

⑥ 现场值班员应再次核对证件、运输号、车号,检查各岗位的准备情况,根据作业流程检查阀门开关情况,确认无误,填写卸油准备工作记录。

(二) 下达接卸油命令

现场值班员检查各岗位准备工作是否完成。特别应注意油品化验合格;量油完毕,来油数量核实,空容量已算出;阀门打开无误,并与工艺流程核对;各岗位准备工作全部完成,核对无误后,下达卸油命令。

(三) 接卸油作业

(1) 打开真空系统阀门、鹤管阀门,司泵员启动真空泵引油。在实际中也可利用油罐位差自流灌泵,但应防止冒罐跑油。

(2) 启动输油泵卸油,应注意油泵进出阀门的打开顺序。即离心泵是先打开进口阀门,后打开出口阀门,且应根据压力变化逐渐打开出口阀门;容积泵是先打开出口阀门,后打开进口阀门。压力正常后,转入正常卸油作业。

(3) 正常卸油作业中,各岗位人员应坚守岗位,不得擅离职守。司泵员应监视油泵运行,注意仪表(特别是压力表)参数变化和运转声音,检查油泵和电机轴承温升,以及盘根是否泄漏;巡线员应巡回检查管路;保管员监视油罐进油情况;装卸员监视油罐车液面下降,并适时转换油罐车,保证连续卸油;及时组织司泵员、装卸员等抽净油罐底油;消防人员或安全员应检查静电接地、油罐车口石棉被覆盖情况,并注意纠正违章作业的现象。

(4) 各岗位人员应定时或不定时向现场值班员报告情况,发现异常情况应立即报告,现场值班员应随时了解各岗位情况,纠正错误操作,做好卸油作业记录。

(四) 卸油作业结束

全部油罐车卸完后,下达卸油作业结束的命令,做好收尾工作。

(1) 司泵员和保管员配合放空输油管线;各岗位人员关闭有关阀门,并交回阀门编号牌和钥匙。

(2) 各岗位人员清理现场、器材、工具,擦拭设备、铅封油罐车,或者将油罐车口盖好，上紧螺栓，通知车站调车。

（3）待储油罐液面平稳后，保管员测量油罐、回空油罐内的油品高度，计算入罐油品数量，并与卸油数量核对。按分工各自填写作业记录。

（4）现场值班员进行作业小结，指出注意问题。然后复查无误，切断电源，方可离开现场。

（五）注意事项

（1）各岗位人员必须严格执行操作规程，坚守岗位，充分运用眼看、耳听、手摸、鼻嗅等人体功能，监视设备运行情况，以便及时发现问题，解决问题。

（2）测量油品高度时，必须按表6-1规定时间进行，以免造成静电危害。

表6-1　不同容积油罐检尺采样静置时间

油罐容积/m³	<10	11~50	51~5000	>5000
静置时间/min	3	5	20	30

（3）卸油作业时，必须认真检查油罐呼吸系统，以保证其呼出正常。

（4）开关阀门时，通常工艺流程的阀门应编号挂牌，执行按阀门号牌开关核对制，以防误开、错开、漏关，造成跑油、混油事故。

（5）未放空的输油管路，应部分放空，或者增设胀油装置，以防止油品温升胀裂管线。

（6）通常接卸油罐车5个（含）以上时，库领导应到现场值班；4个（含）以下时由基层领导或业务技术干部现场值班。

（7）雷雨天禁止接卸油作业，以防雷击事故发生。

二、散装油品的储存

散装油品储存是由炼油厂到使用单位整个供给链中的重要环节之一，是使起伏不定的消耗和稳定的生产间保持平衡的手段，也是生产中断，供应受到影响的缓冲手段。因此，散装油品的储存安全具有重要意义。

（一）油罐装油前的准备

（1）油罐装油前，罐内应清洗干净，进行必要的防腐处理（全部或者顶、底板及第一圈板）。保证油罐及其附件齐全可靠，不渗不漏，无锈蚀。

（2）每个油罐都必须根据国家有关规程编制单独的容积表，并经计量部门检定签证。新建、改建立式金属油罐必须装水至安全容积80%以上，稳定48h或72h后方能进行检定。容积表检定误差不大于±0.2%。

（3）每个油罐都应根据装油品种和季节温度变化，确定安全容量（容量和质量）及安全装油高度。几种油罐允许装油高度是：

① 立式拱顶金属油罐装油至油罐的拱角处。

② 装有泡沫发生器的立式金属油罐，装油至泡沫发生器出口下沿处。

③ 立式准球顶金属油罐，装油至球矢高的2/3处。

④ 非金属油罐装油至设计（装油）高度。

（4）油罐减少蒸发损耗装置应符合油罐允许正、负压力的要求。露天汽油罐要采取减少蒸发损耗的措施。要因地制宜地改善储存保管条件。

（二）油罐安全容量的计算

表示油罐安全容量的参数有三个，即安全容积、安全油品高度、安全质量。油罐安全容积及安全油品高度可从油罐容积表中查得，而油罐储存油品的安全质量，需经计算求出。如罐内已储部分油品，且接卸油品与罐内原有油品存在较大温差，还需计算平均油温和密度，才能计算出油罐欠装油的安全质量。

（1）油罐安全质量的计算公式：

$$m_{安} = v_{安} \rho_{接油} - \alpha (T_{最高} - T_{接油})$$

式中　$m_{安}$——空油罐最大允许装油安全质量；

　　　　$v_{安}$——油罐安全容积；

　　　　$\rho_{接油}$——接卸油时的油品密度；

　　　　α——密度温差修正系数（表6-2）；

　　　　$T_{最高}$——油库加油站所在地历年最高温度（表6-3）；

　　　　$T_{接油}$——接卸油品的油温。

表6-2　油品密度温度修正系数

项　　目	汽　　油	煤　　油	柴　　油	其他油品
修正系数	1.0‰	0.8‰	0.8‰	0.7‰

注：此表提供数据只供计算油罐安全质量使用或估算使用。

表6-3　全国铁路油罐车运输途中最高油温

地区范围	季　节　划　分					
	冬　春		雨		夏　秋	
	月份	最高油温	月份	最高油温	月份	最高油温
东北地区 （山海关以北）	12~2	2℃	3~5	28℃	6~11	33℃
长江北地区 （武汉、成都以北）	12~2	17℃	3~5	34℃	6~11	39℃
长江南地区 （武汉、成都南）	12~2	24℃	3~5	24℃	6~11	39℃

（2）油品平均温度的计算公式：

$$T_{平均} = T_{接油} + (T_{罐油} - T_{接油}) V_{罐油} / V_{罐安}$$

式中　$T_{平均}$——接卸油品与罐内油品的平均油温；

　　　　$T_{接油}$——接卸油品的油温；

　　　　$T_{罐油}$——罐内油品的油温；

　　　　$V_{罐油}$——罐内油品的体积；

　　　　$V_{罐安}$——油罐的安全容积。

（3）油品平均温度时的密度公式：

$$\rho_{平均} = \rho_4^{20} - \alpha (T_{平均} - 20)$$

式中　$\rho_{平均}$——平均油温时油品密度；

ρ_4^{20}——油品标准密度；

α——密度修正系数；

$T_{平均}$——平均油温。

（4）油罐欠装油的安全质量公式：

$$m_安 = V_安[\rho_{平均}-\alpha(T_{最高}-T_{接油})]$$

式中 $m_安$——罐内欠装油的安全质量；

$V_安$——罐内欠装油的安全体积。

其他符号同前。

（三）罐装油品的测量、计算及化验

各种油罐（含铁路油罐车、汽车油罐车、油船和油驳）内油品测量所用的钢卷尺或套管测量尺，以及称重法、压敏式、电容式、雷达式等油罐液体计量仪表，都必须按有关规程定期检定，使之符合国家油品计量要求。计算罐装油品质量时应按GB 1885进行。罐装油品化验应按有关技术规程规定的化验项目和周期进行。保证油品数量准确，质量符合技术标准的要求。

1. 罐装油品的测量

通常罐装油品储存管理中的测量分为出入库测量、监视测量、清库测量。

（1）出入库测量是接卸油品及发出油品前后，测量罐内油品高度，以掌握罐内油品数量。每次接卸油或发出后，应及时测量，并做好核对和记录。

（2）监视测量是储存油品的油罐无进出油时，在储存期间的测量。测量间隔时间，不同情况有不同要求。通常新建、改建、清洗、修理油罐进油后的第一周内，每天测量检查2~3次，即早晚或早中晚各一次；常储油品罐，甲、乙类油品的油罐与丙类油品罐测量间隔时间，一般前者每周或每月测量1~2次，后者每月或每季测量1~2次；安装有自动或半自动测量仪表时，一般每日或隔日测量。测量次数的规定应根据油库加油站的具体实际，如金属油罐、非金属油罐，洞室油罐、覆土式油罐，贴壁、离壁油池，以及储油种类等不同做出规定。每次测量应与上次测量核对并记录。如发现油罐内液面异常，要增加测量次数，并及时报告，查明原因及时处理。

（3）清库测量是在规定的截止时间，对全部罐装油品进行测量，以查清各种油品的库存数量，作为制订进出油品计划，或者盘点及处理"盈亏"的依据。清库测量按不同需要分为月、季、半年、年底，或特定时间等测量。

（4）测量内容主要是油水总高、水高、油品温度和密度，为计算罐装油品数量、核实进出油品数提供原始数据，为安全接卸、输送、发出油品等作业活动提供安全技术数据。

2. 罐装油品的测量技巧

这里所说的罐装油品测量技巧是用钢卷尺或套管测量尺测量油品高度的技巧。

（1）测量油品高度时，应先将测尺与接地端子连接，然后在油罐固定测量位置下尺，将测深锤轻轻放入油中，并将测尺移向固定测点，使用拇指和食指夹住卷尺，从固定测点垂直下放。

（2）当重锤快接近罐底（约20cm）时，应当缓慢下放，重锤刚好触接罐底时，应立即向上垂直提起，不应倾斜和摇摆，否则会使油面波动。另外，下放时不允许冲击罐底，或者提起再放，这也会引起油面波动。这种微弱的油面波动会影响测高精度。

（3）当测尺提上后，应迅速观察油面浸湿线高度，并记下读数。否则，浸湿可能会消失或上升。

（4）测量润滑油、锅炉燃料油等油品时，重锤触及罐底后应稍停，使靠近测尺油面恢复平静后，再提起测尺读取油面高度。

（5）卧式油罐测高时，下放必须与油罐的垂直直径相重合。否则，会因罐底呈弧形，致使读数小于实际油品高度，铁路油罐车测高，应注意因测尺放入积油坑，而使读数大于实际油品高度数。

（6）测量油品高度时，不得少于 2 次，读数精确到毫米(mm)，两次相差不得超过1mm，如两次相差大于 1mm 时，应重新测高。

（7）每次测高读数，都必须如实记入测量登记表内，以便掌握实际情况。测高结果应取较小数值。

（8）测量罐底水高时，应在测尺上涂抹"试水膏"测得。如测量汽油因蒸发看不清浸湿时，可将测尺用棉纱擦净再次测量，或在擦净处涂抹"寻油膏"测量。

3．"试水膏"和"寻油膏"的调配

（1）可逆性试水膏配方见表 6-4。配制时将氯化钴、氯化钙、甘油、胶液混合后，加热到 90℃溶解，至 120℃时，加入立德粉搅拌，并继续加热，逐渐变成天蓝色即成，装瓶待用。该试水膏的优点是使用后，用烘箱烘过可再用。

表 6-4　可逆性试水膏的配方　　　　　　　　　　　　　　　　%

原料名称	氯化钴	氯化钙	立德粉	甘　油	羧甲基纤维液
配　比	14	1~20	50	50	30

注：羧甲基纤维液可用桃胶代替。

（2）普通试水膏，这种试水膏的配方有两种。其配方见表 6-5。配制时先将甘油加热至100℃脱水后，将研磨成细末的立德粉、桃胶及其他原料混合均匀，放入脱水甘油内搅拌而成。其特点是遇水后变为天蓝色。

表 6-5　普通试水膏的配方　　　　　　　　　　　　　　　　%

原料名称	纯甘油	立德粉	桃　胶	印　油	油罐靠	甲基蓝
配方之一	40	44	2	9	5	
配方之二	40	57	2			1

（3）其他试水膏调配

将水胶 10g、铅丹或朱砂 5g、普通砂糖 10g、甘油 10g 混合，放在小火上煮 15min 而成。该膏与水作用时，冬季 1~2min，夏季 30s。

将工业甘油 35 份加热至 50~60℃后，用墨水粉上色到深暗色，再与加热的航空蓖麻油混合，然后再与研细的肥皂沫混合而成。其与水作用时间 5~10s。

将浸水肥皂 67 份与绀青(青色颜料)混合均匀而成。其与水作用时间4~7min。

将 2~3 茶匙麦面粉与甘油调和成糊状物，再将碘液滴入 10~15 滴，变成浅黄色为止。其与水作用时间 2min 左右。该膏应现配现用，时间稍长，会变暗失效。

将碳酸钙 62 份与无水碳酸钠 7 份混合，每100g 混合物中加氧化铅 0.5g，小心搅拌，同时逐渐加入磷酸三甲苯脂，成绿色稠膏。其与水作用时间约 30s。

将 150L 甘油煮沸，加入甲基橙 10g，待其溶解后，再滴入有机酸（如草酸、醋酸）20~30 滴，然后用研细的粉笔面调和成糊状即可。

将白糖 250g 溶于 1500mL 水中（可加热），再加入白土调成糨糊状，然后加红墨水 200~500mL，搅拌成均匀红色的糊状物则成。

（4）寻油膏的调配

将油烛红 1 份溶解在四氯化碳 10 份中，用滤纸过滤后，再将其注入钡基脂 50 份内搅拌至混合均匀，然后加入立德粉 50 份搅拌均匀，放于无尘通风处，使四氯化碳充分挥发而成。

将普通树脂（或精制松香）70% 与苯胺 30%（质量）掺和而成。也可用凡士林、滑油、粉笔细末调和成糊状寻油膏。

用"寻油膏"测量汽油高度时，不宜用含有粉笔细面的寻油膏，也不宜在测尺上涂抹粉笔测量油品高度。因汽油渗透性很大，易发生浸润，使测得的读数大于实际油品高度。

4. 测油品高度的安全事项

（1）测量人员应严格执行区域安全规定。不得带入火种，不能穿着带钉鞋和化纤服装。

（2）测量人员应使用符合防爆要求的手电及棉纱，不得用普通手电和化纤抹布。

（3）开启罐盖或测量孔时，应在上风方向，测量含铅汽油时，宜携带防护口罩和橡胶手套。

（4）测量前应将测尺与接地端子连接，大风及雷雨天气应停止测量。

（5）登上油罐、车、船后，需待呼吸正常后再进行测量。冬季攀登油罐、车、船时，应防滑倒跌伤。

5. 罐装油品数量的计算

根据测量出的油品高度（油水总高减去水高），从油罐容量表查出油品体积，按下列公式计算。然后将计算结果与上次结果或进出数量比较，核实数量。如误差超出允许范围，应查明原因处理。

$$m_{油} = \rho_4^t V_{油} = \left[\rho_4^{20} - \alpha(t - 20) \right] V_{油}$$

式中　$m_{油}$——罐装油品的总质量；

$\quad\quad V_{油}$——罐装油品体积（据油品高度从容积表查得）；

$\quad\quad \rho_4^t$——罐装油品的视密度；

$\quad\quad t$——罐装油品的温度；

$\quad\quad \rho_4^{20}$——罐装油品的标准密度；

$\quad\quad \alpha$——密度修正系数。

6. 罐装油品静态测量计算结果准确度

（1）立式油罐±0.35%；

（2）卧式油罐±0.7%；

（3）铁路油罐车±0.7%；

（4）汽车油罐车±0.7%。

7. 罐装油品的化验

罐装油品化验分为入库化验和储存化验两种。入库化验是油罐进油后采样进行的化验。

其目的是为储存、发出油品提供质量依据，以及计算油品数量提供标准密度。储存化验是罐装油品按规定期限采样进行化验。其目的是掌握油品储存中质量变化情况，研究油品在不同储存条件下的质量变化规律及储存期限。

8. 罐装油品的储存期限

油品储存期限是指从生产厂出厂日起，至储存终止日的总时间。油品储存期限因生产厂家、储存条件、品种牌号不同而有差别。储存期限见表6-6~表6-10。

表6-6 液体燃料油储存年限

油料名称	储存年限	备 注
航空汽油	5、(10)	括号系地下、半地下储存油
车用汽油	5、(8)	括号系地下、半地下储存油
喷气燃料	5、(10)	括号系地下、半地下储存油，五厂、六厂的产品不宜储存
军用柴油	15	
轻柴油	8	
舰用燃料油	8	

表6-7 润滑油储存年限

油料名称	储存年限	备 注
8号航空润滑油	10	
8号合成航空润滑油	8	
20号航空润滑油	15	
汽油机、柴油机润滑油	15	
稠化机油	8	
汽轮机油	8	
机械油、压缩机油	12	
齿轮油、双曲线齿轮油	10	

表6-8 仪表油储存年限

油料名称	储存年限	备 注
4号、5号、14号、16号精密仪表油	8	
8号航空仪表油	15	

表6-9 液压油储存年限

油料名称	储存年限	备 注
10号航空液压油	10	
舰艇液压油	5	
合成锭子油	8	
合成刹车油	5	
植物刹车油	3	

表 6-10 润滑脂储存年限

油 料 名 称	储存年限	备 注
钙基、钠基、锂基、钙钠基润滑脂	5	
钙基润滑脂、防锈润滑脂	5	
7007、7008 航空润滑脂、特 7 号精密仪表脂	5	
烃基润滑脂	10	

（四）储油罐的技术管理

罐装油品储存期间应做好油罐及其附件的技术管理，以确保油罐及其附件的技术状况良好，达到减少蒸发损耗，保证罐装油品的安全。

三、散装油品的发出

油库加油站散装油品的发出应执行"发陈存新，优质后用"的原则。其作业程序是散装油品接卸的相反作业。按照装油工具分为铁路油罐车、汽车油罐车、油船和油驳、油桶等四种发油形式。其作业程序和安全技术要求基本相同。但是多数油库加油站散装油品发出中，以灌装汽车油罐和油桶为主，外来不安全因素较多，威胁油库加油站安全作业。

（一）铁路油罐车的灌装

1. 灌装油前的准备

按照发油计划、凭证或指示，及时申请铁路油罐车，贯彻"发陈存新"的原则，严格做到"四不发"。即容器不洁和渗漏不发、质量不合格不发、数量不准不发、证件不齐和标记不清不发。

（1）接到车站送车预报后，由现场值班员组织发油作业人员，按照分工准备工具器材，检查设备，进行发油前的测量，确定工艺流程，做好发油的准备。

（2）铁路油罐车入库对好鹤位后，检查罐车内部，是否满足所发油品对容器的清洁度要求，必要时擦拭油罐车内部。与此同时，按照工艺流程领取开阀号牌，连接导静电接地，准备好消防器材，必要时消防车到位。鹤管插入罐车，石棉被盖口。

（3）各项准备工作完成，核对无误后，下达开阀灌车的命令。

2. 灌装油作业

灌装油作业与接卸油作业的安全要求相同，按照接卸油作业事项执行。所不同的是应根据油品到站途中的气温情况，确定装油安全高度(安全容量)。其计算方法与油罐安全容量的计算方法相同，只是计算原始数据中最高温度应取铁路油罐途经地区的最高温度。按温差几种铁路油罐车装油高度见表 6-11。

表 6-11 按温差几种铁路油罐车装油品高度   cm

始终温差	500 型	4 型	601 型	600 型	604 型	605 型
1	261	296	298	296	296	252
2	258	293	296	294	293	251
3	255	289	295	289	289	251
4	251	285	293	285	285	250

续表

始终温差	500 型	4 型	601 型	600 型	604 型	605 型
5	248	282	291	283	281	249
6	245	278	289	277	277	248
7	242	274	287	273	273	248
8	239	271	285	269	270	247
9	235	267	283	265	266	247
10	233	263	282	261	262	246
11	230	259	280	258	259	246
12	227	257	278	257	256	245
13	223	255	276	256	255	244
14	220	255	274	255	254	244
15	217	254	272	254	253	243
16	214	252	271	253	252	243
17	211	252	269	252	241	242
18	207	251	267	251	251	242
19	204	250	265	250	250	241
20	202	250	263	250	249	241
21	201	249	261	249	248	240
22	201	249	259	248	248	240
23	201	248	257	248	247	239
24	200	247	256	247	247	238
25	199	247	255	246	246	238
26	198	246	254	246	245	237
27	198	245	254	245	245	237
28	198	245	253	245	244	236
29	197	244	252	245	243	236
30	196	243	252	244	243	235

3. 灌装油结束

铁路油罐车装油完毕，现场值班员下达装油结束的命令，作业人员按分工做好岗位的收尾工作。放空管内油品，关闭阀门，交回阀门号牌；测量计算储油罐、回空罐、铁路油罐车油品高度，并进行计算核对发油总数；关好油罐车口盖，进行铅封；填写发油凭证及化验单；擦拭设备，清理现场，归陇工具器材；按分工各自填写作业记录，进行灌装作业讲评；通知车站调车。另外，中转铁路油罐车，必须打开罐盖，逐车检查底部水分、杂质，测量油品高度核对数量，采样化验，重新铅封。

（二）汽车油罐车的灌装

灌装汽车油罐及油桶是油库加油站油品发出的主要任务。其特点是外来人员和车辆多，容易将不安全因素带入灌装作业现场；灌装油品数量多少不等，相差悬殊，转换次数多；油品溢漏、渗漏现象较多，是油库加油站事故"多发区"，必须十分注意安全，实行半封闭式管理。

1. 汽车灌装油系统的形式

目前国内汽车发油系统，形式种类较多。如由油罐到汽车，由油罐经高位油罐到汽车等。在不同的系统中又有自流工艺与油泵输送工艺之别。发油计量有流量表、容积表及称重等。发油设施有亭式、站台式、侧面停车廊式、通过廊式等多种。操作分手工、半自动和自动三种。在这些汽车发油系统中，经高位油罐系统增加一次大呼吸；工艺流程中大多缺少消气和恒流阀；亭式、站台式、侧面停车廊式都存在着倒车和调车问题；亭式还有电气防爆不符合使用场所安全要求问题。结合油库加油站工作者的素质和技术水平，综合分析比较各种汽车发油形式及系统工艺的合理性、可靠性、稳定性、安全性，以油罐自流或管道泵输送油工艺流程，半自动化操作的通过廊式系统，优点较多。

2. 汽车灌装油的程序

(1)灌装油作业准备。参加灌装油作业人员，按照分工检查设施，将工具器材和消防器材就位，做好灌装油前的一切准备。

(2)办理手续。领购油人员按照规定到办公室办理领油或购油手续，在零发油门口进行登记，汽车排气管安装防火罩，并接受门卫或安全员的检查。

(3)汽车进入灌装油现场。领购油人员办好手续后，将汽车按规定路线开入灌油现场，停在指定的鹤位，将领购油凭证交给发油人员。

(4)插入鹤管。连接导静电接地，打开罐口，将鹤管插入油罐，用石棉被盖好罐口。检查罐内是否有残油，罐车卸油阀是否关闭(汽车灌装油作业发生混油、溢油、跑油大多由此造成)。

(5)灌装油作业。打开阀门向油罐车或油桶灌装油。半自动或自动灌装油系统按领购油数量设定；手工操作系统应将领、购数量换算为容积单位的数量，并监视流量表显示，以确认装油数量。装油到规定数量时，自动或手工关闭阀门。灌装油桶时，应注意及时转换油桶。

(6)装油结束。装油完毕后，将罐口石棉被揭去，取出鹤管，关闭罐口，拆除静电接地。取出鹤管到罐口时应当稍做停留，以便管内外附着油品滴入罐内。

(7)汽车驶离现场。装油结束后，领、购油人员按规定办理出库手续，将汽车开至零发油门口，交回防火罩，注销入库登记。

3. 注意事项

(1)作业人员都必须执行各项安全制度，并监视领购油人员和驾驶员遵守安全规定。

(2)汽车灌装油作业现场常有少量油品的溢漏、滴洒，应采取有效措施，加以预防。

(3)应注意导静电接地的假性连接，如接触不良，连接断路，连接不当形成短路等没有与大地接通，易引发静电事故。

(4)作业人员应随时注意并消除外来不安全因素。如汽车铁皮底大箱，车上装有液化气钢瓶，检查调试车辆，有无带入钢笔形和手表打火机，电击棒，电子打火器等。

(5)灌装油前应检查汽车油罐和油桶内有无残油，油罐车卸油阀是否关闭，油桶有无渗漏等。防止因此造成跑油、溢油、漏油，甚至引发着火爆炸事故。

(三) 散装油品的灌桶作业

油库加油站除给领购油单位灌装油桶外，还有将散装油品灌装入油桶，由散装转为整装储存待发的作业活动。这种灌装作业大多由流量表或磅秤计量。作业特点是油桶搬运频繁，劳动强度大，作业条件较差，易出现溢油和工伤事故。

1. 灌装油前的准备

按照业务部门的灌桶通知单或发油计划进行灌桶作业的准备。

(1) 按不同油品的灌桶工艺检查灌桶间(棚)的工艺管路，各阀门通、断油路是否正确，关闭不使用的阀门，检查灌装油旋塞阀或加油枪是否灵活。使用移动式灌桶设备时应接好导静电线。

(2) 按照规定测量油品温度、密度，并核准流量表或磅秤。

(3) 准备并检查搬运机械、器材和工具、消防器材的技术状况。

(4) 按照不同油品及季节确定每桶的灌装量。用流量表计量时，将质量换算成容积。不同油品的安全灌装量见表6-12。

表6-12　200L油桶灌装定量　　　　　　　　　　　　kg

油品名称	冬 春 灌装定量	夏 秋 灌装定量	油品名称	冬 春 灌装定量	夏 秋 灌装定量
车用汽油	140	135	煤油	160	160
工业用汽油	140	135	轻柴油	160	160
120#溶剂汽油	140	135	重柴油	165	165
200#溶剂汽油	145	140	润滑油	165	175

2. 灌装油作业

(1) 作业人员应集中思想、精力，按规定流速掌握灌油，保持流速平稳，严防溢油。

(2) 用泵输灌装时，必须避免灌油嘴或油枪同时关、停，防止压力过高。如灌装压力过高时，应调低泵速，防止胶管脱落、设备损坏、溢喷油事故的发生。

(3) 通常灌装精度应掌握在±0.2kg。灌足量后，应当加垫片拧紧桶盖。如需搬倒油桶转移时，应当垫上轮胎等软垫，严禁没有垫撑搬倒碰撞。

(4) 在灌桶作业中，应有专人检查桶内是否有水和杂质，是否装过化工原料或其他产品，凡不符合质量要求的油桶都不得使用。并检查灌装后的油桶，如发现渗漏，及时倒桶。

3. 灌装作业结束

灌桶完毕应及时排净管内余油，关闭阀门，擦拭设备；收整搬运机械及器材和工具，清理现场；关闭灌桶间门、窗和油桶出入孔口；清点核对灌装数量，喷刷标记。并及时入库堆垛，登记账、卡。

4. 注意事项

(1) 灌装汽油、煤油时应戴口罩、手套等防护用品，尽量避免皮肤与油品接触；下班后和饭前应洗手、洗脸。

(2) 严禁用塑料漏斗灌装油，以及使用"非导静电塑料桶"装油，也不得用塑料管或非导静电橡胶管进行灌油作业。

(3) 严禁在雷雨天进行灌装油作业；不允许在大风、雨、雪天或大雾潮湿气候下进行露天灌装油作业。

（4）加热油品灌装时，油温不得超过65℃；灌桶后不能立即拧紧桶盖，待油温下降后及时拧紧，防止水分、杂质进入。

（5）灌装作业通常应用防爆工具。作业中严禁敲击；灌桶间应通风良好，必要时应采用符合场所防爆要求的防爆通风设备，强制通风。

第二节 整装油品的"收储发"

凡是以各种规格的油桶、听、盒等盛装的油品，称为整装油品。整装油品可用机械或人力搬运，接卸、储存、运输有较大的机动性。通常由火车、汽车、船舶等运输工具运送到油库加油站，或者油库加油站将散装油品灌装为整装油品。再由油库加油站分发到销售点，或者直接发给用户。整装油品消耗量少，但品种规格多，"收储发"工作量大，劳动强度高。

一、整装油品的接卸

（一）接卸前的准备

（1）接到整装油品车、船到达预报后，应根据来油品种、数量、包装等情况，安排好接卸准备。如人员分工，作业机械，储存库房或场地，倒漏工具或容器，消防器材等。

（2）车、船入库后，核对运单、货票、油品化验单等单据是否齐全相符，车、船号是否一致，铅封是否完好。

（3）如发现异常，例如车、船体和铅封不完整等情况，应根据发货单，会同承运方核对品种、规格、数量。如有数量短少、渗油严重等情况时，应索取商务记录，以便处理。

（二）接卸作业

（1）打开车门时要防止油桶滚出伤人，严禁在车门前站人。

（2）卸油时应有软垫（轮胎）或桥板，严禁直接抛掷、撞击和沿坡滚下，前后相撞，以防油桶损伤；发现渗漏油桶时应及时倒桶。

（3）按不同品种、牌号分类堆放，清点油桶数，并与证件核对。

（4）接卸结束后，应清洁车、船，关好车门；归陇机械、器材和工具，清理现场；填写作业记录，进行讲评；通知车站调车。

（三）入库验收

（1）按照整装油品采样规定，逐个品种采样化验，核查油品质量，并按表6-13所列数量抽查桶底水和杂质情况。

表6-13 整装油品桶底水和杂质抽查数

验收桶数	100以下	100~200	200~400	400~600	600~1000
抽查桶数	10以下	10~15	20~30	31~40	41~50

（2）校正磅秤，逐只油桶过磅验斤，误差超过±0.2‰时应重新标记油品质量，并验明油桶质量等级。

（3）如抽查中发现含水分、杂质桶数比率较大时，应逐桶检查排除水分、杂质，并过磅验斤，重新标明油品质量。如水分、杂质较多，排除水分、杂质后应调整桶内油品质量，使其符合要求。

(4) 各项检验完成后应填写过磅和包装验收单。连同化验单一起作为收货凭证。按此填写入库验收单，作为保管记账及处理溢、损的依据。

（四）问题处理

如果在验收中，发现质量不合格，桶底水和杂质较多，油桶质量等级不符，数量出入较大等情况时，应按供货合同要求或其他规定，通知发货单位来人共同检查验收，研究处理。

二、整装油品的储存

整装油品应尽量入库(棚)储存，无库(棚)储存时，也可露天存放。但应设法缩短露天存放时间。整装油品入库顺序是：各种润滑脂——润滑油——特种液——甲、乙类油品。甲、乙类油品、酒精应与润滑油(脂)分库存放。

（一）整装油品的入库堆放

(1) 整装油品入库应区别不同品种、规格、批次、包装、分类、分区堆放。堆间、类间、区间应留有油品进出运输及日常检查的通道。运输通道不小于 1.8m，垛间通道不小于 1.0m。

(2) 整装油品库、棚、场应建帐；垛应当建卡。卡上应有垛号、品名、规格、数量、批次、时间等内容。帐、卡与实物相符。

(3) 润滑脂、高级忌水油品、质量不稳定易劣变油品，以及听装油品应全部入库(棚)存放。

(4) 整装油品库(棚)要合理安排，尽量采用机械堆垛和进出库作业，提高房间利用率，减轻劳动强度。

(5) 库、棚耐火等级、面积不符合防火规定的不得储存甲类油品，禁止甲、乙类油品和酒精与丙类油品混存。

（二）堆垛方法和规定

1. 堆垛方法

(1) 卧放。垫高双行并列，桶底相对，桶口朝外，大口在上，卡紧垛列。垛高不超过三层，层间应加垫木。卧放实际中很少采用；汽油、煤油桶不得卧放。

(2) 立放。双排直立，可垒放 2~4 层，交花垒层，桶口露出(便于抽倒漏桶、采样化验和检查桶底水杂)。地面及层间宜加垫木。

(3) 斜放。下部加垫木，桶底一边离开地面，桶身与地面呈 75°角，双行排列或鱼鳞相靠。单口桶时口朝上，双口桶时两口水平。此法多用于露天堆放。

2. 库、棚内堆垛规定

(1) 凡闪点在 28℃ 以下的油品，层高不得超过两层，闪点在 28~60℃ 的油品，层高不得超过三层；闪点在 60℃ 以上的油品，最高不得超过四层。立放堆垛底层不得超过 90 桶。

(2) 成件整装油品堆垛时，垛底应加垫层，交花堆垛，双行并列，最高不得超过五层，垛间应留 0.5~0.8m 的走道。

(3) 库房门与相对主运输通道宽不小于 1.8m，垛间通道宽不小于 1.0m，垛与墙间应留 0.25~0.50m 的间距。

(4) 库、棚内堆垛采用立放，可提高库房的利用率。

3. 露天货场堆垛规定

(1) 露天堆垛一般应采用卧放或斜放。润滑油桶应卧放，如立放必须用篷布遮盖，其他桶装油品必须斜放。

(2) 露天堆放油桶，每垛长不宜超过25m，宽不应超过15m。垛中两行一排，排间距离不小于1.0m；垛间距离不小于3m。

(3) 露天堆垛应做到：场地干净，桶身桶面干净；垛间一条线，桶口朝外或朝上一条线，垛与消防通道一条线。

(三) 检查与防护

1. 检查内容和要求

(1) 油桶外表和地面有无渗漏油迹。

(2) 堆垛是否稳固，有无倒塌危险。

(3) 检查库房的湿度、温度、油蒸气浓度，并适时进行通风。

(4) 露天桶装油垛上遮盖是否严实。

(5) 油桶顶、底是否有膨胀鼓起的爆裂迹象。

(6) 及时清除露天油桶顶部积水、积雪。

(7) 新灌装或新接收的桶装油品，第一周内应每日检查三次，以后每日检查一次。

2. 防止压瘪、胀裂

(1) 按冬春定量灌装的油桶，过夏时必须逐只油桶调整为夏秋定量。

(2) 夏季桶装汽油、煤油应存放在库、棚内；若露天存放，气温达28℃以上时，宜采取喷水降温措施。

(3) 加温后灌装的油品，必须待油品温度下降到30℃以下，才能盖紧桶盖，防止因温降桶内形成负压，致使油桶压瘪变形。

(4) 禁止堆垛高度超过允许层数存放。

3. 桶装油品的质量

(1) 库、棚内储存期较长的桶装油品，应适时抽查桶底水杂、乳化油层；露天立放、斜放桶装油品，雨后应抽查桶底水杂。如发现水分、杂质或乳化，应及时处理和采样化验。

(2) 库、棚内桶装油品质量应每半年检查一次；露天存放的桶装油品应每季检查一次。

(3) 油品质量检验采取试样比例见表6-14。

表6-14　桶装油品质量检验采样比例

油品名称	轻质油品	润滑油		润滑脂	高级润滑油(脂)
		桶	听		
占总数比例/%	5	5	2	2	20

注：1. 采样的桶、听、盒、瓶不少于2件；

　　2. 特供用户质量检验应从多少件中采样，应与用户协商确定。

三、整装油品的发出

整装油品发出与散装油品发出一样，应执行"发陈存新，优质后用"的原则。整装油品发出大体有两种形式。一是整车、整船发出，二是零星发出。

(一) 整车、整船发出

1. 排货位

按照发出计划及品种数量，组织人员、机械，将待发桶装油品集中到货场或站台，并排列整齐。如果边灌桶边装车、船时，必须事先准备好足量的、质量好的空桶备用。

2. 装车、船前的检查

(1) 核对承运部门调来车、船种类是否符合所要装运油品的要求，必要时应进行清扫。

(2) 核对油品名称、牌号、件数、数量是否符合发出计划或起运单数据。

(3) 油桶有无渗漏，桶盖是否上紧，标记是否清楚。

(4) 听、盒装油品是否包装或捆扎保护妥当。

3. 装车、船作业

(1) 根据整装油品装车、船的方法，准备作业机械或桥板，以及垫板、倒装渗漏油桶工具和消防器材，并进行分工。

(2) 装车、船作业中应在现场值班员统一组织指挥下进行。装入车船的油桶，必须堆放整齐、牢固。

(3) 机械操作手必须严格执行操作规程，并按照装车船程序进行工作，防止伤人和损坏油桶。

(4) 装车、船中应分层点清油桶数或包装数，并逐件检查标记情况。

4. 装车、船作业结束

(1) 按照铁路、航空等交通运输部门有关装载的技术规定，检查装载情况，无误后施以铅封。并填写装车、船记录。

(2) 核实装载数量，填写实发品名、规格、数量、包装(油桶)级别等发货或结算凭证，连同化验单等交有关部门办理手续。

(3) 通知承运单位取车或起航，并办理交接手续。

(4) 清理现场，保养擦拭机械，归陇器材和工具。

(二) 整装油品的零星发出

整装油品零星发出多数是用户到油库加油站自提，也有零担托运的情况。

用户自提主要是按照提货凭证核实品种、规格、数量，防止错发；装车防止撞击和伤人；禁止手续不全或凭口信、白条出库。

零担托运时，及时与承运单位联系，按凭证要求的品种、规格、数量交承运单位，并办理托运手续，将发货或结算凭证交有关部门办理手续。

(三) 注意事项

(1) 必须严格执行油品质量不合格不发，数量不足不发，油桶渗漏不发，标志不清不发。

(2) 整装油品发出应及时核实结存数量，填写垛卡，核减结存数，并记账。

(3) 发出整装油品时一定要注意安全，防止机械或油桶碰砸伤人。

第三节　加油站卸油和加油作业

安全作业贯穿于加油站各项业务活动全过程，如班前准备、班前会、交接班(库存、设备、安全交接)、进油计划、油品接卸、油品加注、经营核算、员工管理等。这里重点介绍接卸油作业和加油作业两个环节。

一、接卸油作业

加油站接卸油时，必须严格按照作业程序和操作规程进行。接卸油作业程序是迎接油罐车进站→引导罐车停进油罐车位→检测油品数量和质量→连接卸油管和静电接地→卸油收尾。接卸油作业流程见图6-1。

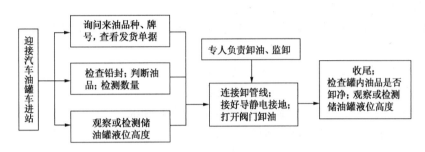

图 6-1　接卸油作业流程框图

(一)卸油前的检查测量

防止来油品种与发货单填写的油品不符；防止因接错油而发生的混油事故；防止发油数量差错和运输途中个别司机的不法行为，造成亏油原因不清，责任不明，应做好以下几点：

(1)汽车油罐车进站后，首先应询问清来油品种、牌号，查看发货单的内容。作业人员必须上车进行计量验收，其内容是：

① 查看罐车铅封是否完好(油罐车应有3个铅封，分别在罐顶人孔、卸油口和罐底排油口)。

② 打开罐盖凭感官检验油品颜色、气味，鉴别与发货单所发的油品、牌号是否相符。

③ 测量罐车内油品高度和密度，核对来油量，进一步判别与发货单的油品是否相符。

(2)为防止卸油开错油罐阀门而造成油品相混，装不下而发生冒油事故，卸油前必须观测液位计或测量储油罐的存油量。

(3)上述检测完成后，接好静电接地导线和卸油胶管，然后开启阀门卸油。卸油时，司机和作业人员必须坚守岗位进行监卸，不得离开现场或做其他无关的事情，以防事故的发生。

(4)收卸油完毕，作业人员必须上罐车检查罐内油品是否卸干净。一是严禁凭经验办事，如根据听卸油时油品流动的声音判断油品是否卸干净，凭估算卸油时间作法。二是防止车内有卸不净的余油时，再次装油时造成冒油事故或换不同品种油品时发生油品相混，降低油品质量，甚至产生质量事故。特别强调专车专用，换装油品前必须清洗罐车，保持罐车的干净。

(5)卸油结束后

① 观测储油罐液位计或检测液位的高度。检测时必须静置5min，以防静电危害。

② 撤除导静电接地线和卸油胶管，办好交接手续。

(二)卸油操作程序和安全要求

(1)接卸人员应引导罐车停放在相对应油罐的停车位。

（2）查验油品质量合格证及发货单、来油品种、数量以及与进油计划是否相符（无油品质量合格证的油品可拒卸人）。

（3）检查汽车油罐车3个铅封是否完好。

（4）接卸人员登罐车查验油质，如颜色、气味、是否混浊、有无明显杂物等。

（5）检测油罐车内的油品高度和密度，核对来油数量，误差在定额以内即以接卸，超定额损耗可拒卸。

（6）测量油罐的实际油量，计算来油能否装得下。

（7）接好卸油管线。接头应接合严密、牢固、完好。

（8）连接导静电接地线。静电接电夹子应夹在油罐车卸油口的金属部位上，导静电有效。

（9）卸油现场准备好灭火器、石棉被等灭火器材。

（10）接卸油时，与进油油罐连接的加油机停止加油。

（11）上述工作完成后，通知罐车司机打开阀门开始卸油。

（12）卸油过程中应有专人负责接卸、监卸。

（13）卸油过程中禁止闲杂人员逗留、围观。

（14）卸油完毕后，接卸人员应登罐车检查来油是否卸干净。待卸油管线内油品流净后，拆除卸油管和静电夹子。

（15）计量储油罐内的实际油量，关好油罐口盖并上锁。

（16）填写卸油记录，双方签字。

（17）引导油罐车离站。

（18）进油油罐应当静置5min方可加油（防止油品中的不洁杂物进入汽车油箱）。

二、加油作业

（一）加油作业流程

加油车辆进站后，收款员应询问顾客加油品种、数量并算账收款。加油员负责引导车辆停在适宜车位，提示顾客熄火，并接过车钥匙，打开油箱为顾客加油。加油作业流程见图6-2。

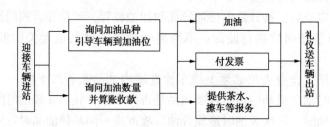

图6-2　加油作业流程框图

（二）加油作业程序

（1）加油员主动引导车辆停在加油位置，确认车辆熄火。

（2）应事先问清加油数量和油箱容量。

（3）收票证后加油。

（4）应主动唱收唱付。

（5）每次加油操作前，先将加油机泵上显示码回零，并请顾客确认。

（6）加油时杜绝"洒、冒、滴、漏"。

（7）加油完毕须确认是否扫码支付或现金支付；现金支付需及时找零。

（三）操作安全规定

（1）加油站员工要树立"安全第一"的思想，成立义务消防组织，责任到人。

（2）加油员在岗期间也是现场安全员，负责进行加油现场的安全管理。严格执行"用户进站加油须知"。

（3）加油站内严禁烟火。严禁携带一切危险品入站。

（4）严禁在加油站内检修车辆，敲击铁器。

（5）严禁向汽车的汽化器和塑料桶内加注汽油。

（6）严禁在加油站内接打手机。

（7）所有机动车均须熄火加油。摩托车应熄火后推入站内加油，且不得在站内发动。

（8）加油机接地线应保持完好，导静电有效。

（9）有高强雷电时，严禁加油。

（10）加油站内严禁闲杂人员随意出入和逗留。

第七章
油库加油站安全消防

火灾是油库加油站安全的大敌，也是世人普遍关注的重大问题。它是一种发生频率较高的灾害，任何时间、任何地点都有可能发生。它不仅在极短的时间内把大量物质财富化为乌有，而且危及人们的生命安全。因此安全消防至关重要。

第一节　防火和灭火的基本原理

消防工作是预防和扑灭火灾工作的总称。我国消防工作总结历史的经验，以《中华人民共和国消防法》予以规范的"预防为主，防消结合"的方针，是消防工作的指导原则。对油库加油站来说，这一方针不仅适用于火灾的预防和扑灭，而且对于预防各类事故的发生都具有积极的指导意义。

"预防为主，防消结合"的方针，科学地说明了防火与灭火的辩证关系，反映了人们同火灾作斗争的客观规律。正确理解和认真执行这一方针，就必须认真做好防火工作，力求从根本上防止火灾的发生。与此同时，积极做好灭火的各项准备工作，一旦火灾发生，能迅速有效地予以扑灭，最大限度地减少火灾造成的伤亡及损失。

防火与灭火是一个问题的两个方面，相辅相成，有机结合，"防"中有"消"，"消"中有"防"。"防"为"消"创造条件，"消"为"防"提供补充。"防"可以减少火灾的发生，避免火灾的危害；"消"可以减少已发生火灾造成的伤亡和损失。忽视任何一方面的工作，都将降低同火灾作斗争的成效。

一、火与火灾

燃烧的本质是可燃物与氧（含氧化剂）发生强烈的放热反应，并发热、发光。火是燃烧的俗称。

火灾是指失去控制的燃烧，并对财产和人身造成损害的燃烧现象。防火是指采取有效的工程技术和管理措施，防止燃烧失控。

二、燃烧的充分和必要条件

（一）常见的燃烧反应

氢气的燃烧：$\qquad\qquad 2H_2+O_2 =\!=\!= 2H_2O$

甲烷的燃烧：$\qquad\qquad CH_4+2O_2 =\!=\!= CO_2+2H_2O$

木炭的燃烧：$C+O_2 \!=\!\!=\! CO_2$

金属钠和水反应：$2Na+2H_2O \!=\!\!=\! 2NaOH+H_2$

氢气与氯气化合的燃烧：$H_2+Cl_2 \!=\!\!=\! 2HCl$

（二）燃烧的必要条件

燃烧发生是有条件的，可燃物、助燃物、点火源是燃烧的三要素，三者结合是燃烧发生的基本条件。无论缺少哪一个条件燃烧都不能发生。防止火灾发生就应避免三者的结合，而灭火的原理则是破坏三者的结合。

（1）可燃物。凡是能与空气中的氧气或其他氧化剂起化学反应的物质称为可燃物。按物理状态可燃物分为气体、液体、固体三类。

① 气体可燃物。凡是在空气中能燃烧的气体都称为可燃气体。如氢、一氧化碳、甲烷、乙烯、乙炔、丙烷、丁烷、油气等。

② 液体可燃物。液体可燃物绝大多数都是有机化合物，分子中都含有碳、氢原子，有些还含有氧原子。液体可燃物中有不少是石油化工产品。如酒精、汽油、柴油、煤油、苯、乙醚、香蕉水、丙酮、油漆、松节油等。按闪点液体可燃物分为两类，闪点低于60℃的为易燃液体，闪点为60℃及其以上的为可燃液体。

③ 固体可燃物。凡是遇明火、热源能在空气中燃烧的固体物质称为固体可燃物。如煤、木材、纸、布、棉花、麻、钠、塑料、糖、谷物、草、铝等。另外，还有遇水能自燃的固体。

（2）助燃物。助燃物是能帮助和支持可燃物燃烧的物质，即能与可燃物发生氧化反应的物质称为助燃物。燃烧是一种氧化反应，助燃物是氧化剂，其分子结构中常含有氧元素或卤素、无机酸根、过氧化物等。空气中含有21%的氧气，大多数燃烧是可燃物与空气中氧的作用。

（3）点火源。点火源是指提供可燃物与氧、助燃物进行燃烧反应的能量来源。根据点火源的能量来源不同，点火源分为八类。

① 明火，如各种火焰、火柴等；

② 化学热能，如燃烧热、分解热、反应热、聚合热等；

③ 高温表面，如点燃烟头、发热白炽灯、发动机热表面等；

④ 电热能，如电阻发热、介质发热、感应发热、电弧、电火花、静电发热、雷电发热等；

⑤ 机械热能，如摩擦热、压缩热、撞击热等；

⑥ 生物热，如微生物在新鲜稻草中发酵发热等；

⑦ 光能，如日光聚焦等；

⑧ 核能，如核分裂产生热等。

在油库加油站中常见的造成火灾危害的点火源主要有明火、高温表面、电热能、机械热能等。表7-1列出了几种点火源的温度。点火源的温度越高，越易引起可燃物的燃烧。

（三）燃烧的充分条件

燃烧发生的充分条件是一定的可燃物浓度、一定的含氧量、一定的点火能量。以上三个条件要相互作用，燃烧才会发生和持续。三个条件中任何一个的量达不到客观需要量时，都不会发生燃烧。

表7-1　几种点火源的温度

点火源名称	温度/℃	点火源名称	温度/℃
火柴火焰	500～650	气体火焰	1600～2100
烟头中心	700～800	酒精灯火焰	1180
烟头表面	250	煤油灯火焰	700～900
机械火星	1200	蜡烛火焰	640～940
煤炉火焰	1000	焊割火星	2000～3000
烟囱飞火	600	汽车排气管火星	600～800

(1) 一定的可燃物浓度。只有可燃气体达到一定的浓度，才会发生燃烧或爆炸。虽有可燃气，但浓度不够，含量少，燃烧或爆炸也不会发生。

(2) 一定的含氧量。虽有氧气存在，但浓度不够，含量低，燃烧或爆炸也不会发生。几种可燃物燃烧所需最低含氧量见表7-2。

表7-2　几种可燃物燃烧所需最低含氧量

可燃物名称	最低含氧量/%	可燃物名称	最低含氧量/%
汽　油	14.4	乙　醚	12.0
煤　油	15.0	乙　炔	3.7
乙　醇	15.0	氢　气	5.9
丙　酮	13.0	大量棉花	8.0

(3) 一定的点火能量。任何形式的点火能量都必须达到一定的强度才能引起燃烧或爆炸。所需点火能量强度由可燃物的着火温度决定，即引起燃烧的最小着火能量。着火温度还受含氧浓度、空气温度、暴露时间、容器大小和形状等因素的影响。几种可燃物的最小着火能量见表7-3。

表7-3　几种可燃物的最小着火能量

可燃物名称	最小着火能量/mJ	可燃物名称	最小着火能量/mJ
汽　油	0.2	丙　烷	0.305
氢　气	0.019	乙　醇	0.375
乙　炔	0.02	丙　酮	0.115
甲　烷	0.47	苯	0.55
乙　烷	0.285	环氧丙烷	0.19

综合燃烧的必要和充分条件得出，影响燃烧形成和持续进行有六个因素。即可燃物、外部加热(点火源)、氧(助燃剂)、适当配比、混合作用、反应释放足够热量，才能维持燃烧。

三、燃烧的基本形式及过程

(一) 燃烧的基本形式

同时存在可燃物、助燃物、点火源是燃烧的必要条件。通常燃烧有两种形式，即有焰燃烧和无焰燃烧。

（1）无焰燃烧可用经典三角形表示三者的关系，如图 7-1 所示。燃烧三要素（三边连接）同时存在，相互作用，燃烧才会发生。无焰燃烧有三个特点：一是无连锁反应；二是氧存在于可燃物的界面上；三是可燃物为炽热的固体。

（2）有焰燃烧，由于燃烧过程中存在未受抑制的游离基（自由基）作中间体，因而燃烧三角形增加了一个空间坐标，形成了燃烧四面体，如图 7-2 所示。有焰燃烧也有三个特点：一是燃烧过程中未受到抑制，形成连锁反应，存在游离基（自由基）；二是扩散并自动地连续燃烧，释放能量，达到有焰燃烧的温度；三是可燃物呈蒸气或气体状态。

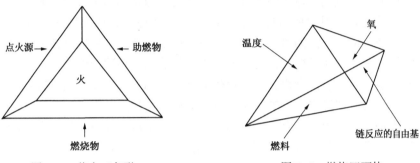

图 7-1　着火三角形　　　　　　　图 7-2　燃烧四面体

不论是有焰燃烧还是无焰燃烧，燃烧过程十分复杂，其维持燃烧的基本形式，如图 7-3 所示。固体可燃物经高温分解产生气体、可燃液体的蒸气和可燃气体燃烧时，出现火焰是有焰燃烧。有些固体，如焦炭、木炭等，它由固态的碳直接参与氧化反应，这种燃烧是不出现火焰的表面燃烧，是无焰燃烧。有的固体，如煤、木材等，燃烧开始为有焰燃烧，之后继续进行无焰燃烧。

（二）燃烧的过程

在可燃气体、液体、固体物质的燃烧中，其燃烧速度，气体最快，液体次之，固体较慢。它们的燃烧过程如图 7-4 所示。

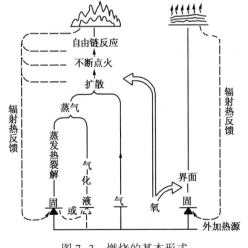

图 7-3　燃烧的基本形式

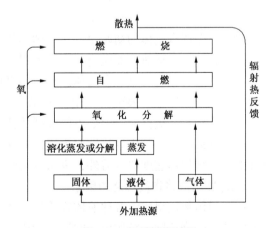

图 7-4　物质燃烧过程

(1) 气体物质燃烧。由于气体物质燃烧仅需氧化或分解气体的热，或将气体加热到点燃的热量，因此容易燃烧，且速度快。根据燃烧前可燃气体与氧的混合状况不同，燃烧分为两类。一是扩散燃烧，是指可燃气体从喷嘴口或孔洞喷出，在喷嘴或孔洞处与空气中的氧气边扩散混合边燃烧的现象。如天然气井发生井喷燃烧。这种燃烧通常为稳定燃烧。二是预混燃烧，是指可燃气体与氧气在燃烧前已混合，并形成一定浓度的可燃混合气体，被点火源点着引起的燃烧。这种燃烧往往是爆炸式燃烧。爆燃后，火焰返回至泄漏气体处，转为稳定式扩散燃烧。

(2) 液体物质燃烧。可燃和易燃液体燃烧过程，并不是液体本身燃烧，而是液体受热蒸发出来的气体被分解、氧化，达到燃点温度而燃烧的。通常称为蒸发燃烧和预混燃烧。

(3) 固体物质燃烧。因固体可燃物分子结构的复杂性，其物理性质不同，燃过程也不同。一是蒸发燃烧，熔点较低的可燃固体，受热后熔融，然后蒸发成气体而燃烧。二是分解燃烧，分子结构复杂的固体可燃物，受热分解出与加热温度相适应的热分解产物，这些热分解物被氧化而燃烧。三是表面燃烧，有些可燃固体，其蒸汽压力非常小或难于发生热分解，不能发生蒸发燃烧或分解燃烧。当被氧包围其表面时，呈炽热状态发生无焰燃烧。其特点是表面发红、无火焰。四是阴燃，有一些可燃固体在空气不流通场所，加热温度较低或含水分较多等条件下，只发生冒烟，无火焰的燃烧现象。如大量堆放的煤、麦草、稻草、湿木材等，受热后易发生自燃。

四、影响物质燃烧的主要因素

影响物质燃烧的因素多而复杂，主要与物质本身组成和理化特征、储存条件和周围环境等密切相关。

(一) 影响可燃气体燃烧的因素

(1) 气体的组成。气体组成的繁简决定着燃烧过程的长短，而燃烧过程又表现为燃烧的快慢。

(2) 气体的浓度。燃烧速度与可燃气体、助燃气体的浓度有关。通常情况下，可燃气体浓度稍大于化学计量比时，燃烧速度出现最大值。可燃气体浓度与化学计量比过低或过高其燃烧速度都变小。在可燃混合气体中惰性气体浓度对火焰传播速度影响很大，燃烧速度随惰性气体浓度增加而下降，直至熄灭。

(3) 可燃混合气体的初始温度。气体燃烧速度随初始温度的增大而加快。在火场上，由于可燃混合气体被加热，而燃烧速度大大提高。

(4) 管道直径。可燃混合气体在管道内燃烧时，其性能通常以火焰传播速度表示。实验表明，火焰传播速度一般随管径增大而增大，但管径增大到某一极值时，传播速度不再增大。管径小到某一极值时，火焰不能继续传播。

(5) 管道材质。管道导热性对火焰传播速度也有影响，同样条件下，管道导热性差比导热性好的火焰传播速度快。另外，重力场对管道内火焰传播速度也有一定影响。

(二) 影响液体物质燃烧的因素

(1) 液体物质组成。各种液体物质的燃烧速度是不同的。一般是易燃液体物质高于可燃液体物质的燃烧速度；结构单一的液体物质燃烧速度基本相等；多种物质的混合液体往往是先快后慢。

（2）液体物质的初始温度。初始温度越高，燃烧的速度越快；火焰的热辐射能力越强，燃烧速度越快；比热容、蒸发相变焓越大，燃烧速度越慢。

（3）储罐内液体物质的液位。储罐内液位高低不同，其燃烧速度也不同。液位高时大于液位低时的燃烧速度。这主要是由于液位高时，火焰根部与液面距离小，液面接受辐射热多，单位面积蒸发量大，空气助燃充分，燃烧反应速度快。

（4）储罐直径。可燃物和易燃液体储罐直径对液体物质燃烧速度影响很大。一般是随着储油罐直径增大(油罐容量越大，则直径越大)，燃烧速度加快。消防科研单位试验数据见表7-4。

表7-4　不同直径油罐燃烧速度

项　目	5000m³		2000 m³		400 m³		50 m³	
	mm/min	kg/min	mm/min	kg/min	mm/min	kg/min	mm/min	kg/min
航　汽	3.9	180	0.66	160			2.1	91.9
车　汽	3.2	150	2.86	130	1.86		1.75	80.85

（5）油品含水量。油品含水量对燃烧速度影响较大，特别是对初起火时的影响更大。由于油品中的水分升温汽化时要获得热量，因此油品含水量越高，燃烧速度越小。

（6）风。风对液体燃烧速度有一定的影响。一般说，风速越大储油罐内液体的燃烧速度越大，只有风速达到某一临界值时，燃烧速度才会下降，甚至将火焰吹灭。

(三) 影响固体物质燃烧速度的因素

对固体物质燃烧速度的影响因素很多，大体有固体物质自身因素和环境因素两类。

（1）固体物质自身因素。如固体物质的厚度、密度、比热容、导热性，以及几何形状、含水量等都会影响其燃烧速度。一般是厚度大、密度大、比热容大、导热差，燃烧速度慢。

（2）环境因素。固体物质周围的气体组成，可燃材料的温度，外加辐射热流，周围空气的流动(风)等都会影响其燃烧速度。

五、燃烧的类型

燃烧分为闪燃、着火、自燃、爆炸等类型。各种类型的燃烧具有不同的特点。

(一) 闪燃

在一定的温度条件下，液态可燃物表面会产生蒸气；固态可燃物也会蒸发、升华或分解产生可燃气体。这些可燃气体或蒸气与空气混合而形成可燃性气体，遇明火时会发生一闪即灭的闪光，这种现象叫闪燃。能够引起可燃气体(含易燃和可燃液体的蒸气)闪燃的最低温度称为闪点。闪燃不能引起易燃液体的持续燃烧。闪燃虽是一闪即灭的燃烧现象，但闪燃是液态、固态可燃物发生火灾的前兆。

(二) 着火

可燃物在与空气共存的条件下，当达到某一温度时与火源接触即发生燃烧，将火源移开燃烧仍将持续进行，这种持续燃烧的现象叫着火。能够引起着火所需的最低温度叫燃点或叫着火点。燃点高于闪点。

(三) 自燃

自燃是物质不用点火就能够自行燃烧的现象。自燃分为受热燃烧和自热燃烧。受热燃烧是可燃物质在外部热源作用下，温度升高，达到自燃点时着火燃烧的现象。自热燃烧是一些物质在没有外来热源影响下，由于物质内部发生物理、化学或生化过程而产生热量，这些热量积聚引起物质温度持续升高，达到自燃点而燃烧的现象。

物质在没有外部火花或火焰的条件下，能自动引起燃烧和持续燃烧的最低温度叫自燃点。影响物质自燃点的因素有压力、温度和散热条件等。

（四）爆炸

爆炸分为物理性爆炸和化学性爆炸两类。物理性爆炸是热能的作用，液体变为气体或蒸气，体积膨胀，压力急剧升高，大大超过容器本身的极限而发生的爆炸。化学性爆炸是物质从一种状态迅速转变成另一种状态，并在瞬间产生大量的热和气体，伴有巨大声响的现象。化学爆炸前后物质的性质和成分均发生了变化。化学爆炸能产生高温、高压，能够直接造成灾害或导致灾害的蔓延，有很大危险性。

爆炸按照传播速度分为爆燃、爆炸、爆震三种。

（1）爆燃的传播速度为每秒数十米至百米（亚音速），爆燃的压力不剧增，没有爆炸声。可燃气体混合物在接近爆炸上限或下限时的爆炸属于爆燃。

（2）爆炸的传播速度为每秒数百米至千米，爆炸时（在爆炸点）能引起压力剧增，有震耳的响声。气体爆炸混合物多数属于这类爆炸。

（3）爆震又叫爆轰。这种爆炸的特点是具有极高压力，爆炸以冲击波的形式向外传播，每秒可达1000m以上（超音速）。由于爆震的速度快、威力大，具有很大的破坏力。如各种处于全部或部分封闭状态下的炸药爆炸；气体在特定浓度范围内的爆炸，或处于高压条件下的爆炸，都属于这种爆炸。

（五）扩散性燃烧和预混合燃烧

扩散性燃烧是可燃物与助燃物混合界面上形成稳定燃烧的现象，即可燃物和助燃物一边扩散混合一边燃烧的现象。如蜡烛焰、打火机火焰、煤气灶火焰、炉膛火焰等。扩散性燃烧火焰传播速度决定于可燃物与助燃物的混合速度，一般小于10cm/s。

预混合燃烧也称爆炸性燃烧，是可燃物与助燃物以适当的比例预先充分混合再点燃的燃烧现象。如汽油机做功是汽油经汽化器雾化与空气混合进入气缸后被点燃做功的，这种燃烧就是预混燃烧。它的火焰传播速度决定于化学反应速度，一般为10~100m/s。

六、灭火的基本方法

根据燃烧的充分和必要的条件，防火、灭火的基本方法就是去掉其中一个或几个条件，使燃烧不能发生或不能持续。

（一）冷却灭火法

冷却灭火的原理是降低燃烧物质的温度，使可燃性蒸气或气体的释放速率降低，直至停止，从而使火熄灭。作为冷却介质的灭火剂，其降温效果，主要取决于它的比热、潜热、沸点。最常用的冷却介质（灭火剂）是水。水灭火的优良性能是水的比热、潜热，利用率较高，取材方便。

当用水灭火时，水将燃烧形成的热量通过传导、蒸发、对流等带走而起冷却作用。水的灭火能力可归纳为五个方面。

（1）水的汽化热，1kg水在0~100℃汽化时，要吸收3755~4512kJ的热。

（2）水汽化体积可膨胀到2500∶1，极大地减少封闭空间中的氧含量。

（3）水以一定的角度及压力喷雾时，可吸入大量空气，形成高倍数泡沫。

（4）用3.78L/min的水，通常可扑灭2.8m³分隔空间的一般可燃物火灾。

（5）水中添加不同的药剂可取得更佳的灭火效果。如添加表面活性剂，可促进吸水和渗透作用；添加增稠剂可延缓流淌和渗透；添加磷酸铵、碳酸碱、硼酸碱金属，可形成阻燃的覆盖层；泡沫液可对固体和多种液体形成泡沫覆盖层。

（二）稀释氧灭火法

稀释氧灭火是对气体空间中的含氧量而言的，对于化合态固定在分子结构内的氧是无法稀释的。如将CO_2、N_2等气体人工喷射到着火空间里，降低该气体空间的含氧百分率，可使火灾熄灭。氧气稀释的必要程度，因可燃物的不同而有很大的不同。

有效利用稀释氧含量原理灭火的典型例子是：喷射CO_2气体至封闭或半封闭空间的灭火。通过稀释氧和对火焰的"吹灭"作用，迅速灭火。这里注意的是封闭空间内火灾，燃烧中将氧消耗，但不能靠此来自动灭火，必须采取防爆和防复燃措施。因为不完全燃烧可导致产生大量的易燃气体，如无意中打开进口或不适当的通风将可能引起爆炸。通常把这种现象称为"逆通风爆炸"。在油库加油站中有的油罐、洞内爆炸就属于此类。在采取密闭窒息灭火时，必须防止"逆通风爆炸"的发生。

（三）移去可燃物灭火法

有焰燃烧模式，其固体或液体可燃物必须先汽化，可燃固体被热解蒸馏或液化蒸发，可燃液体蒸发，可燃气体不经历上述过程。无焰燃烧模式是燃烧不需要汽化，直接发生在固体与空气的界面。由此可知移去可燃物，破坏燃烧的必要条件是灭火的重要方法。移去可燃物的方法有直接和间接之分。直接移去可燃物就是将可燃物撤离火灾现场，间接移去可燃物就是排除有焰燃烧的蒸气，或者覆盖无焰燃烧灼热的表面。不同环境中移去可燃物的具体方法举例如下：

（1）储油罐发生火灾时，可利用油罐的进出油管将油品输送到其他储油罐。

（2）如火灾的原因是气体或液体管道破裂、法兰损坏、填料或密封泄漏等，则应关闭阀门切断可燃物来源。

（3）固体可燃物发生火灾时，唯一实际可行的灭火方法是移走固体可燃物。

（4）森林火灾的标准灭火程序是，在火焰前峰前进的路线上用推土机开辟一条隔火带，清除路线上的所有燃烧物，阻挡火势前进。

（5）由水和泡沫液充气而形成的灭火泡沫覆盖固体和液体可燃物，是飞机、储油罐、运油罐灭火的基本方法。

（6）干粉灭火剂扑灭流散油品、润滑油（脂）火灾得到了广泛的应用。用干粉和水喷雾联合扑灭大型变压器火灾取得了成效。

（四）化学抑制火焰灭火法

化学抑制火焰进行灭火的方法，仅适用于有焰燃烧的模式。化学抑制火焰灭火唯一的条件是，必须使活性形式的基团OH^-、H^+、O^{2-}等不能起维持火焰的作用。具有干扰活性基团性质的物质分属三类。

（1）气态、液态的卤代烃类，其所用卤素等级越高则效果越好。如三氟一溴甲烷（$CBrF_3$）的1301灭火剂；二氟一溴一氯甲烷（$CBrClF_2$）的1211灭火剂；二氟二溴甲烷

（CBr$_2$F$_2$）的 1202 灭火剂；四氟二溴乙烷（CBrF$_2$CBrF$_2$）的 2402 灭火剂。但这类灭火剂已禁止使用。

（2）碱金属盐类干粉灭火剂，其中的阳离子部分为钾、钠，阴离子部分为碳酸氢盐、铵基钾酸盐或卤化物。如碳酸氢钠干粉灭火剂，碳酸氢钾的干粉灭火剂，铵基甲酸钾的干粉灭火剂等。

（3）铵盐干粉灭火剂（磷酸二氢铵较好），其中形成阴离子磷酸盐基团（H$_2$PO$_4^-$）和阳离子铵基团（NH$_4^+$），前者吸收一个 H$^+$活性基团变成正磷酸，脱水变成偏磷酸。

上述几类物质喷射到火焰上后，热解成阴离子和阳离子游离基团，并促使 OH$^-$与 H$^+$化合，从而减轻它们对延续火焰的作用。如施用适当数量的这种药剂就可熄灭火焰，达到灭火的目的。

（五）各种方法的联合灭火法

在实际灭火方法中，没有一种方法是利用单一原理进行灭火的，每一种基本灭火方法都包含有其他基本灭火方法的原理和作用，只是冷却、隔离可燃物、稀释氧含量、化学抑制火焰等作用的主要与次要之别。通常灭火都是各种灭火原理、各种基本灭火方法的综合运用。如喷射水灭火，以冷却降温为主兼有隔离可燃物、稀释氧含量的作用；泡沫覆盖灭火以隔离燃烧物为主兼有冷却降温的作用；喷射干粉灭火以化学抑制火焰为主兼有隔离可燃物的作用；喷射二氧化碳或液氮灭火以稀释氧含量为主，兼有冷却降温作用。

七、油品燃烧的特点

油品燃烧特点因油品及储存条件的不同而不同。

（一）轻质油品的燃烧特点

轻质油品燃烧的主要特点是轻质油品密度小（一般不大于 0.85），燃烧热值高、速度快、火焰高、火势猛、热辐射强，易造成罐顶、罐壁塌陷，易引起相邻油罐及其他可燃物的燃烧。

（二）重质油品燃烧的特点

重质油品燃烧的主要特点是密度较大（一般大于 0.85），燃烧速度较慢，具有热波性，容易出现沸溢、喷溅现象，火焰常呈现时高时低的现象。火焰低时，燃烧强度较弱，是灭火的良机。

（三）油品在洞室内燃烧的特点

洞室、半地下油库加油站的油罐室和巷道，因只有巷道通向外部空间，在这类场所油品燃烧时，具有不同的特点，主要表现是：

（1）缺氧燃烧。由于内部空间小，通风不良，油品燃烧需要的大量空气得不到满足，燃烧发生后很快进入缺氧状态。这种半封闭的缺氧火场，极易造成人员窒息。

（2）有害物积聚。由于通风不良，油品燃烧产生积聚大量二氧化碳、一氧化碳、烟灰等有害物质。据资料介绍，地下火场造成的死亡人中，50%~85%是由于有害物质和缺氧所致。

（3）排烟困难。由于洞室等地下空间，只有巷道与外部空间相通，油品燃烧产生的高温浓烟充满洞室和巷道，向外排放极其缓慢。这种高温烟气会极大地危害人体健康。

（4）烟筒效应。洞室和巷道发生油品燃烧后，有一个巷道口的洞室，是洞口上部排烟，下部进空气；有两个巷道口的洞室，位置较高的排烟，较低的进空气；有上下巷道的洞室，上巷道排烟，下巷道进空气。这种有规律的排烟和进气称作烟筒效应。

（5）油品燃烧的液面温度及其速度

① 油品燃烧的液面温度。油品燃烧有大量的辐射热产生，对油品表面不断加热，油品液面温度升高，挥发增强。油品挥发吸收大量的汽化热，当辐射加热与汽化吸热达到热平衡时，油品液面温度达最大值。轻质油品挥发强，吸热多，液面温度较低；重质油品挥发小，吸收热量少，液面温度较高。表7-5是几种油品燃烧的液面温度。

表7-5 几种油品燃烧的液面温度

油品名称	汽 油	煤 油	柴 油	原 油	重 油
液面温度/℃	80	321~326	354~366	300	>300

② 油品燃烧的速度。油品燃烧速度受油罐直径、风力、气温等的影响。轻质油品其速度基本一定，原油、重油的燃烧速度先快后慢。表7-6是几种油品燃烧速度的参考数据。含水油品(原油、重油)若含水量超过8%时，油品呈乳化状，不燃烧；含水量4%~8%时，燃烧不稳定，含水量小于4%时，燃烧稳定。

表7-6 几种油品的燃烧速度

油品名称	航空汽油	车用汽油	煤 油	直馏重油
燃烧速度/(mm/min)	2.1	1.75	1.1	1.41
燃烧质量速度/[kg/($m^2 \cdot h$)]	91.98	80.88	55.11	78.1

八、油品火灾的形式特征

由于油库加油站储存、输送的工艺设备及作业活动的不同，其发生火灾的形式特征也不同。主要有运油罐、油桶、油罐、输油管路等散发、积聚的油气及流散油品着火爆炸。

（一）油罐火灾

（1）油罐起火原因。油罐发生火灾的原因较多，一般有明火作业、电气火花、静电火花、自燃、雷击等。

（2）不同油品油罐发生火灾的比率。因油罐所存油品不同，火灾危险性也不同。原油、重油需加热，汽油易挥发，火灾危险性较大；煤油、柴油不易挥发，火灾危险性较小；润滑油不易引起火灾。

（3）油罐火灾形式特征。油罐火灾形式特征大体分为两种。其一是稳定(火炬形)燃烧，如火灾发生于油罐顶部孔洞及敞口油罐和油池。其二是油罐火灾中爆炸或沸溢、喷溅，造成油品流散或油火飞溅，形成大面积火灾。

（二）铁路和公路油罐车火灾

铁路和公路油罐车在装卸油过程中，可能因铁器碰击、静电、雷击、杂散电流等火源点燃，形成罐口燃烧的"火矩"形火灾或爆炸；在运行过程中，如出现撞车、颠覆、翻车等事故时，往往导致油罐车爆炸、破裂，油品流散的大面积火灾。

（三）油桶火灾

油桶灌装作业可能由于碰撞、静电等火源点燃引发火灾或爆炸；油桶修理焊接作业中，因油桶内积聚可燃性混合气体而爆炸的事例较多；桶装油品库房(棚)、堆放场发生火灾，如扑救不及时会出现油桶爆炸飞起的情况。这是由于油桶两端是薄弱环节，受热爆炸时一端破坏所致。在爆破喷射力的作用下，横卧油桶向未爆炸的一端飞跑，立放油桶会腾空飞起。这样就会造成火灾的扩大蔓延。

(四) 流散油品火灾

这类火灾情况复杂，受流散油品多少、跑油部位、地理环境等条件的制约。在装卸、灌装作业及检修作业中，因油品失控或少量滴漏、抛洒被火星、高温表面等点燃形成。由于安全防护设施不全或技术状况不良，流散油品可能流到库外而被点燃，火焰沿着油流燃烧到库内，或者在河流、湖海的水面形成大面积火灾。

(五) 逸散积聚油气爆炸

逸散积聚油气爆炸多发生于油桶修理焊接，各种管沟，储存过易燃油品的空油罐，洞室和巷道，以及其他易于积聚油气的场所。其点火源有明火、电火花、雷击等。通常油气爆炸破坏性大，会造成伤亡，也会导致重大火灾的发生。

第二节　消防给水与灭火剂

充足的水源，完善的供水系统，适用的灭火剂是油库加油站消防安全建设的重要内容。

一、消防给水的一般要求

着火油罐和相邻油罐冷却在扑救油罐火灾中，占有特别重要的地位，大量灭火案例证明，充足的水源是灭火成功的关键，决定着灭火的成败。油罐冷却水系统设置要求如下：

(1) 单罐容量不小于 3000m³ 或罐壁高度不小于 15m 的油罐，冷却水需要量较多，要满足水枪充实水柱要求，产生的后坐力很大，操作人员不易控制，应设置固定式消防冷却水系统。

(2) 单罐容量小于 3000m³ 且罐壁高度小于 15m 的油罐，冷却水需要量相对较少，需要水枪数和人员较少，满足水枪充实水柱要求时也容易操作，可设移动式消防冷却水系统，或者固定式水枪与移动式水枪相结合的消防冷却水系统。

二、消防水源与给水

油库消防用水与生产、生活用水压力差别较大。消防用水压力较高，生产和生活用水压力较低。为保证油库消防用水的需要，宜采用独立消防给水系统。特别是一、二、三、四级油库应设置独立消防水供给系统。五级油库一般靠近城镇，城镇给水管网就是油库的水源，再加上消防用水量小，所以可采用消防、生产、生活共用给水系统。当油库所在地能够经常保持足量水源时，也可采用消防、生产、生活共用的给水系统。

(一) 消防水源

油库加油站消防水源可采用给水管网、天然水源、消防水池供给。

(1) 利用给水管网供水时可利用城镇给水管，利用天然水源给水时应有可靠取水设施，枯水期能够保证供水需求量；利用消防水池供水时，应经常保持足量储水。

(2) 为防止火灾对取水的威胁，天然和消防水池取水口(取水井)距被保护建筑的距离，低层建筑不宜小于 15m，储油罐不宜小于 40m；用消防车取水时，消防水池的保护半径为150m。

（3）油库水源及供水系统见图7-5。

（二）消防给水

消防给水的要求主要有给水压力、给水管网、消防用水量、给水范围、供水强度、冷却方法、供给时间等。

1. 消防给水压力

当油库采用高压消防给水系统时，给水压力不应小于达到设计消防水量时最不利点灭火所需要的压力；当油库采用低压消防给水系统时，应保证每个消火栓出口处在达到设计消防水量时，给水压力不应小于0.15MPa；消防给水系统应保持充水状态；严寒地区的消防给水管道，冬季可不充水。

2. 给水管网

一、二、三级油库油罐区的消防给水管道应采用环状敷设；四、五级石油库油罐区的消防给水管道可采用枝状敷设；单罐容量小于或等于5000m³且油罐单排布置的油罐区，其消防给水管道可采用枝状敷设。一、二、三级油库油罐区的消防水环形管道的进水管道不应少于2条，每条管道的给量应能满足全部消防用水量。

3. 消防用水量

油库的消防用水量，应按油罐区消防用水量计算确定。它包括扑救油罐火灾配置泡沫最大用水量、冷却油罐最大用水量和消防人员保护用水量的总和。五级油库消防用水量，应按油罐消防用水量与库内建、构筑物的消防计算用水量的较大值确定。

4. 油罐消防冷却水的供水范围

（1）着火的地上固定顶油罐以及距该油罐罐壁不大于1.5D（D为着火油罐直径）范围内相邻地上油罐应冷却；当相邻地上油罐超过3座时，应按其中较大的3座相邻油罐计算冷却水量。

（2）着火浮顶、内浮顶油罐应冷却，其相邻油罐可不冷却。当着火的浮顶油罐、内浮顶油罐浮盘是浅盘、浮舱用易熔材料制作时，其相邻油罐也应冷却。

（3）着火的覆土油罐及其相邻的覆土油罐可不冷却，但应考虑灭火时的保护用水量（指人身掩护和冷却地面及油罐附件的用水量）。

（4）着火的地上卧式油罐应冷却，距着火罐直径与长度之和的1/2范围内的相

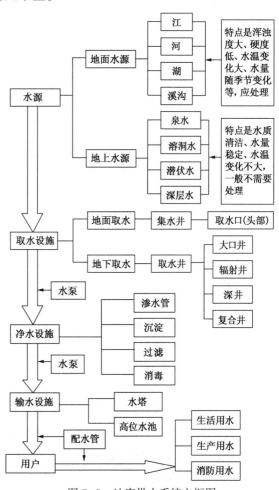

图7-5　油库供水系统方框图

邻罐也应冷却。

5. 供水强度

(1) 地上立式油罐消防冷却水供水范围和供给强度不应小于表7-7的规定。

表7-7　地上立式油罐消防冷却水范围和强度

油罐形式			供水范围	供水强度	备　注
移动式水枪冷却	着火油罐	固定顶油罐	油罐全周长	0.6(0.8)L/(s·m)	
		外浮顶油罐、内浮顶油罐		0.45(0.6)L/(s·m)	浮盘为浅盘式或浮仓用易熔材料制作的内浮顶油罐按固定顶油罐计算
	相邻油罐	不保温	油罐半周长	0.35(0.5)L/(s·m)	
		保温		0.2L/(s·m)	
固定式冷却	着火油罐	固定顶油罐	油罐壁表面积	2.5L/(min·m²)	
		浮顶、内浮顶油罐		2.0L/(min·m²)	浮盘为浅盘式或浮仓用易熔材料制作的内浮顶油罐按固定顶油罐计算
	相邻油罐		油罐壁表面积的一半	2.0L/(min·m²)	按实际冷却面积计算,但不得小于罐壁表面积的1/2

注：1. 移动式水枪冷却水供给强度是按使用 $\phi16mm$ 水枪确定的,括号内数据为使用 $\phi19mm$ 水枪的数据。

2. 着火油罐单支水枪保护范围 $\phi16mm$ 为 8~10m, $\phi19mm$ 为 9~11m;相邻油罐单支水枪保护范围 $\phi16mm$ 水枪为 14~20m, $\phi19mm$ 水枪为 15~25m。

(2) 覆土油罐的保护用水供给强度不应小于0.3L/(s·m),用水量计算长度应为最大油罐的周长。

(3) 着火的地上卧式油罐的消防冷却水供给强度不应小于6L/(min·m²),其相邻油罐的消防冷却水供给强度不应小于3L/(min·m²)。冷却面积按油罐投影面积计算。

(4) 覆土卧式储罐的保护用水强度,应按同时使用不少于两支移动水枪计,且不小于15L/s。

(5) 油罐的消防冷却水供给强度应根据设计所选用的设备进行校核。

6. 冷却方式

(1) 油罐采用固定冷却方式,油罐抗风圈、加强圈未设置导流设施时,其下面应设冷却喷水环管。冷却喷水环管上宜设置膜式喷头,喷头布置间距不宜大于2m,喷头的出水压力不应小于0.1MPa。油罐冷却水的进水立管下端应设清扫口,清扫口下端应高于油罐基础顶面,其高差不应小于0.3m。

(2) 消防冷却水管道上应设控制阀和放空阀门。控制阀应设在防火堤外,放空阀门宜设在防火堤外。消防冷却水用地面水源时,消防冷却水管道上宜设置过滤器。

7. 消防冷却水最小供给时间

(1) 直径大于20m的地上固定顶油罐(包括直径大于20m的浮盘为浅或浮舱用易熔材料制作的内浮顶油罐)应为9h,其他地上立式油罐为6h。

(2) 地上卧式油罐区为4h。

(3) 卧式储罐、铁路罐车和汽车罐车装卸设施不应小于2h。

8. 油库消防系统的设置要求

(1) 一、二、三级石油库的消防系统应设 2 个动力源。

(2) 消防冷却水泵、泡沫混合液泵应采用正压启动或自吸启动，当采用自吸启动时，自吸时间不宜大于 45s。

(3) 消防冷却水泵、泡沫混合液泵应各设 1 台备用泵。当消防冷却水泵与泡沫混合液泵的压力、流量接近时，可共用 1 台备用泵。备用泵的流量、扬程不应小于最大工作泵的能力。四、五级石油库可不设备用泵。

9. 当多台消防水泵的吸水管共用 1 条时，应有 2 条支管道接入水池，且每条支管道应能通过全部用水量。

10. 油库设有消防水池时，其补水时间不应超过 96h。

水池容量大于 1000m³ 时，应分隔成 2 个水池，并应用带阀门的管道连通。

11. 消防冷却水系统应设置消火栓，其设置要求是：

(1) 移动式消防冷却水系统的消火栓设置数目，应按油罐冷却灭火所需消防水量及消火栓保护半径确定，消火栓的保护半径不应大于 120m，且距着火罐罐壁 15m 内的消火栓不应计算在内。

(2) 固定式消防冷却水系统所设置的消火栓的间距不应大于 60m。

(3) 寒冷地区消防水管道上设置的消火栓应有防冻、放空措施。

三、灭火剂

凡是能够有效地破坏燃烧条件，使燃烧中止的物质称为灭火剂。灭火剂按其形态分为液体灭火剂、气体灭火剂和固体灭火剂三类。

（一）液体灭火剂

液体灭火剂分为水、水添加剂、泡沫三种。

(1) 水。水是一种天然灭火剂。冰和雪在消防中很少使用，液态形式的水在消防中应用最为广泛。

(2) 水添加剂。物质溶解于水以后，其物理和化学性质也发生了变化。根据这一特点有选择地向水中添加某些有机或无机化合物，用以改进水的性能，提高灭火效率。这些添加剂有润湿剂、抗冻剂、流动性改进剂、增效剂、增黏剂、防腐剂等。

水和水添加剂主要用于扑救 A 类火灾。

(3) 泡沫灭火。泡沫灭火剂是一些化学物质的浓缩液，使用时通过专门设备和水按比例混合、稀释后，再与空气混合产生泡沫，以泡沫形式灭火。泡沫灭火剂按其发泡倍数（泡沫液和水、空气混合成泡沫后体积膨胀的倍数）分为低倍数泡沫灭火剂（发泡倍数在 20 以下）、中倍数泡沫灭火剂（发泡倍数在 20～200）、高倍数泡沫灭火剂（发泡倍数 200 以上）；按用途分为普通泡沫灭火剂、抗溶泡沫灭火剂。其灭火作用主要是覆盖、冷却、稀释。

① 普通泡沫灭火剂。这类灭火剂适用于扑救 A 类和 B 类中的非极性液体火灾。它包括蛋白泡沫灭火剂、氟蛋白泡沫灭火剂、水成膜泡沫灭火剂、化学泡沫灭火剂、合成泡沫灭火剂等。

② 抗溶泡沫灭火剂。这种灭火剂的特点是适用于扑灭 B 类火灾中极性液体火灾。它包

括金属皂抗溶性泡沫灭火剂、凝胶型抗溶泡沫灭火剂和抗溶化学泡沫灭火剂等。

（二）气体灭火剂

气体灭火剂分为卤代烷和不燃气体，它的特点是灭火效率高、灭火速度快，对设备无污染，弱点是使用范围小，只适用于有围护结构的空间使用，都具有一定毒性或对人体有危害（水蒸气容易烫伤人体）。其灭火作用主要是化学抑制或稀释。

（1）卤代烷灭火剂。卤代烷灭火剂是由氟、氯、溴等卤素原子取代低级烷烃（甲烷、乙烷）分子中的氢原子后得到的一类有机化合物。灭火中常用的有三氟一溴甲烷（1301）、四氟二溴乙烷（2402）、二氟二溴甲烷（1202）等。

卤代烷灭火剂主要用于移动和固定灭火系统中，多用于移动灭火器。1211、1301、1202 等灭火器的应用范围广，适用于扑救 A 类、B 类、C 类和带电设备火灾。但由于卤代烷灭火剂会造成臭氧层的严重破坏而被国际公约限制。目前，我国已明令禁止生产销售卤代烷灭火剂及灭火器，现有卤代烷灭火器使用至报废期为止，不准新购置卤代烷灭火器。

（2）不燃气体灭火剂。这类灭火剂对燃烧呈惰性的气体是通过稀释空气，减少空气中的含氧量来灭火的，主要有二氧化碳、水蒸气、氮气等。二氧化碳和氮气适用于固定和移动灭火系统，用于扑灭 B 类、D 类和带电火灾；水蒸气适用于使用水蒸气的企业单位的固定灭火系统，用于扑灭 A 类、B 类和 C 类火灾。

CO_2 灭火剂不含破坏臭氧层的物质，灭火时清洁无痕迹。但 CO_2 是一种中等毒性的气体，当 CO_2 浓度达到 7%～9%时，会造成呼吸困难、呕吐、感觉麻木；当浓度达到 10%时，人在这种环境中停留 1min 即会失去知觉，使用这种 CO_2 灭火器极易造成人身伤亡。

（三）固体灭火剂

固体灭火剂分为干粉和烟雾两种。

（1）干粉灭火剂。干粉灭火剂是一种干燥、易于流动的微细固体粉末。按用途分为普通干粉灭火剂和多用途干粉灭火剂。其灭火作用主要是化学抑制，它的最大弱点是抗复燃能力差。

① 普通干粉灭火剂。又称为 BC 干粉，它有碳酸氢钠盐干粉、碳酸氢钾盐干粉、氯化钾盐干粉、硫酸钾干粉、氨基干粉等，适用于扑灭 B 类、C 类和带电火灾。

② 多用途干粉灭火剂。又称为 ABC 干粉灭火剂，它主要是以磷酸铵盐为基料的干粉，适用于扑灭 A 类、B 类、C 类和带电火灾。

（2）烟雾灭火剂。烟雾灭火剂是在发烟火药的基础上研制成的一种新型灭火剂。烟雾灭火剂是一种深灰色的粉末状固体混合物，燃烧后具有黑色火药特有的气味。它由氧化剂、还原剂和燃烧速度控制剂等组成；它在密闭的系统中可维持燃烧，不需要外界供给氧气；它只能充装于特制的发烟器，专门用来扑灭可燃液体拱顶油罐的火灾。其灭火作用主要是窒息、化学抑制，还具有一定的覆盖作用。

（四）各种灭火剂适用的灭火范围

各种灭火剂适用的灭火范围见表7-8。

表 7-8　各种灭火剂适用的灭火范围

灭火剂			A类	B类 非极性	B类 极性	C类	D类	带电设备
液体	水	直流	√	×	×	○	×	△
	水	喷雾	√	○	○	○	×	○
	水添加剂 强化水	直流	√	×	×	○	×	×
	强化水	喷雾	√	○	○	○	×	○
	润湿水	直流	√	×	×	○	×	×
	润湿水	喷雾	√	○	○	○	×	×
	增黏水		√	△	△	△	×	×
	酸碱		√	△	△		×	×
液体 泡沫	普通泡沫	化学泡沫	√	√	×	×	×	×
		蛋白泡沫	√	√	×	×	×	×
		氟蛋白泡沫	√	√	×	×	×	×
		水成膜泡沫	√	√	×	×	×	×
		合成泡沫	√	√	×	×	×	×
		高倍数泡沫	√	√	×	×	×	×
	抗溶泡沫	金属皂抗溶泡沫	√	√	√	×	×	×
		凝胶型抗溶泡沫	√	√	√	×	×	×
		多功能氟蛋白泡沫、化学泡沫	√	√	√	×	×	×
	7150灭火剂		×	×	×	×	√	×
气体	卤代烷	三氟一溴甲烷	○	√	√	√	×	√
		二氟一氯一溴甲烷	○	√	√	√	×	√
		四氟二溴乙烷	○	√	√	√	×	√
		二氟二溴甲烷	○	√	√	√	×	√
	不燃气体	二氧化碳	○	√	√	△	×	√
		氮气	△	○	○	△	×	○
固体	干粉	钠盐、钾盐、氨基盐干粉	○	√	√	√	×	√
		磷酸铵干粉	√	√	√	√	×	√
		金属火灾用粉末灭火剂	×	×	×	×	√	×
	烟雾灭火剂		×	○	○	×	×	×

注："√"表示扑救该类火灾最适用；"○"表示可用，有限制地使用该类灭火剂；"△"表示从安全、技术、经济角度考虑，一般不用；"×"表示不适用，可能导致新的危险。

（五）灭火剂的不相容性

灭火剂的不相容性见表7-9。

表7-9　不相容的灭火剂

类　　型	不相容的灭火剂	
干粉与干粉	磷酸铵盐	碳酸氢钠、碳酸氢钾
干粉与泡沫	碳酸氢钾、碳酸氢钠	蛋白泡沫
	碳酸氢钾、碳酸氢钠	化学泡沫

第三节　泡沫灭火设备设施

灭火泡沫是泡沫剂的水溶液，通过物理、化学作用，充填大量气体后形成。泡沫密度远远小于油品密度，因而可以漂浮于油品表面，形成一个泡沫覆盖层，隔绝燃烧液面和油气而灭火。

一、泡沫灭火的一般规定

泡沫灭火系统是世界各国油库普遍采用的灭火系统，对扑灭油罐火灾具有决定性的作用。所以，油罐应设置泡沫灭火设施，但对于缺水少电及偏远地区的四、五级油库，周围空旷，油罐着火后一般不会造成重大危害，当设置泡沫灭火设施较困难时，亦可采用烟雾灭火设施。泡沫灭火系统的设置要求是：

(1) 地上固定油罐、内浮顶油罐应设置低倍数泡沫灭火系统或中倍数泡沫灭火系统。浮顶油罐宜设置低倍数泡沫灭火系统；当采用中心软管配置泡沫混合液的方式时，亦可设中倍数泡沫灭火系统。覆土油罐可设高倍数泡沫灭火系统。

(2) 油罐泡沫灭火系统的设置方式

① 固定式灭火系统经常处于战备状态，启动快、操作简单、可节省人力。而单罐容量大于 $1000m^3$ 的油罐火灾危险性大，应采用固定式泡沫灭火系统。单罐容量小于或等于 $1000m^3$ 的油罐火灾危险性相对较小，可采用半固定式泡沫灭火系统。

② 卧式油罐着火多为火炬形燃烧，容易扑灭；覆土油罐较为隐蔽，着火后没有发生掀顶时可密闭洞口和通风口灭火；丙$_B$类润滑油罐着火概率小；容量不大于 $200m^3$ 的地上油罐着火面积小，需要泡沫量少，这三种油罐可采用移动式泡沫灭火系统。

③ 油库所属的油品装卸码头大于 5000t 时，消防设施要求较高，应按《石油化工企业设计防火规范》(GB 50160) 中有关油品装卸码头消防的有关规定实施；小于 5000t 时，应配置 30L/s 的移动喷雾水炮 1 只和 500L 推车式压力比例混合泡沫装置 1 台；五级油库所属的油品装卸码头，应配置 7.5L/s 喷雾水枪 2 只和 200L 推车式压力比例混合泡沫装置 1 台。

(3) 油罐区泡沫灭火系统的泡沫混合液量，应满足扑救油罐区最大用量泡沫混合液的单罐火灾、扑救该罐流散油品火灾和辅助用泡沫枪混合液用量之和。

(4) 油罐区泡沫灭火系统泡沫液的储存总量除按规定的泡沫混合液供给强度、泡沫枪的数量和连续供给时间计算外，还应增加充填管道的需要量。

(5) 采用固定泡沫灭火系统时，除设置固定式泡沫灭火设备外，还应设置泡沫钩管、泡沫枪和泡沫消防车等移动灭火设备。

二、泡沫灭火系统流程图

泡沫灭火系统有固定、半固定、移动泡沫灭火系统。固定和半固定又分为液上和液下泡沫灭火系统。泡沫灭火系统流程图见表7-10。液上泡沫灭火系统是利用泡沫灭火设备将泡沫注入油罐，覆盖燃烧液面，有效地冷却燃烧液面和隔绝油气而熄灭火焰；液下氟蛋白泡沫灭火系统利用氟蛋白泡沫液特有的疏油性和良好的流动性，使泡沫能安全通过油层覆盖燃烧液面和隔绝油气对燃烧区的供给，从而达到灭火的目的。

表7-10　泡沫灭火系统流程

名　称	图　例	说　明
固定式液上喷射泡沫灭火系统示意图	 1—油罐；2—泡沫产生器；3—混合液管；4—阀门； 5—水泵；6—比例混合器；7—泡沫液罐	由固定泡沫混合液泵、泡沫比例混合器、泡沫液储罐、泡沫混合液管、泡沫产生器、水源和动力等组成。其特点是投资大，操作简单，出泡沫快，节省人力，劳动强度小
固定式液下氟蛋白泡沫灭火系统示意图	 1—油罐；2—泡沫喷口；3—泡沫管线；4—止回阀； 5—阀门；6—高背压泡沫产生器；7—混合液管线； 8—消防泵；9—比例混合器；10—水池	由消防泵、供水管线、泡沫管线、止回阀、高背压泡沫生产器、泡沫液储罐、水源和动力等组成。其特点是不会因油罐爆炸而受到损坏，止回阀密封效果差，有渗漏现象
半固定式液上喷射泡沫灭火系统示意图	 1—泡沫消防车；2—油罐；3—空气泡沫产生器； 4—空气吸入口；5—混合液管	由水源或消防栓、泡沫消防车、消防水带、泡沫液混合器和空气泡沫产生器等组成。其特点是比固定系统投资少、维护费用少，需要配备一定数量的消防车、消防水带和分水器等，适用于较为平坦地形

续表

名　称	图　例	说　明
半固定式氟蛋白泡沫喷射灭火系统	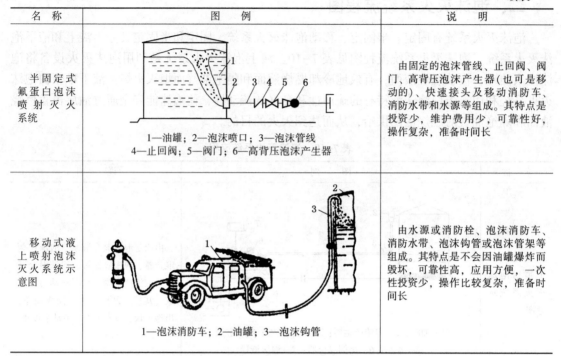 1—油罐；2—泡沫喷口；3—泡沫管线 4—止回阀；5—阀门；6—高背压泡沫产生器	由固定的泡沫管线、止回阀、阀门、高背压泡沫产生器(也可是移动的)、快速接头及移动消防车、消防水带和水源等组成。其特点是投资少，维护费用少，可靠性好，操作复杂，准备时间长
移动式液上喷射泡沫灭火系统示意图	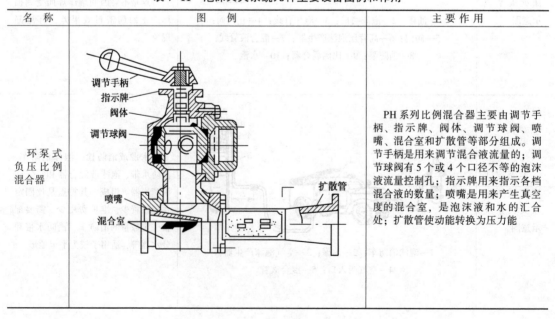 1—泡沫消防车；2—油罐；3—泡沫钩管	由水源或消防栓、泡沫消防车、消防水带、泡沫钩管或泡沫管架等组成。其特点是不会因油罐爆炸而毁坏，可靠性高，应用方便，一次性投资少，操作比较复杂，准备时间长

三、泡沫灭火系统主要设备

　　泡沫灭火系统主要设备有泡沫泵(消防水泵)、泡沫液储罐、比例混合器(高背压产生器)、泡沫产生器、供水管线、泡沫管线、止回阀、阀门等。表7-11列出了其中几种主要设备图例和作用。

表7-11　泡沫灭火系统几种主要设备图例和作用

名　称	图　例	主　要　作　用
环泵式负压比例混合器	调节手柄 指示牌 阀体 调节球阀 喷嘴 混合室 扩散管	PH系列比例混合器主要由调节手柄、指示牌、阀体、调节球阀、喷嘴、混合室和扩散管等部分组成。调节手柄是用来调节混合液流量的；调节球阀有5个或4个口径不等的泡沫液流量控制孔；指示牌用来指示各档混合液的数量；喷嘴是用来产生真空度的混合室，是泡沫液和水的汇合处；扩散管使动能转换为压力能

续表

名　称	图　例	主要作用
高背压泡沫产生器	1—壳体；2—压力表；8—喷嘴；4—止回球； 5—混合管；6—罩管；7—扩散管	液下高背压泡沫产生器由喷嘴、混合室、混合管、扩散管等构成。当高压混合液通过喷嘴以一定速度喷出时，在混合室形成真空区吸入空气，空气与泡沫混合液形成泡沫，进入扩散室，部分动能变为势能，压力升高，流出扩散管后，形成具有一定压力的空气泡沫
立式泡沫压力比例混合器结构图	1—供水支管；2—进液阀；3—比例混合器；4—出液阀； 5—出液管；6—加液口；7—加液阀；8—排放阀；9—储液罐； 10—检查阀；11—检查阀；12—放水阀	PHY 系列比例混合器主要由比例混合器、泡沫液储罐、球阀、孔板、喷嘴、管道等组成。当消防水泵的压力水沿供水管道进入比例混合器时，大部分压力水经喷嘴向扩散管喷出，由于射流质点的横向紊流扩散作用，在混合室形成一个低压区，使压力管的小股水进入泡沫液储罐，将泡沫液经泡沫液管道通过孔板压入混合室，使泡沫液与水按6：94或3：97的比例进行混合，输送给泡沫产生器进行灭火。PHY 系列比例混合器有 PHY32/C、PHY48/55、PHY64/76、PHY72/30·C 四种规格
卧式泡沫比例混合器结构图	1—泡沫液储罐；2—压力表；3—加液口 4—比例混合器；5—人孔盖；6—进水阀 7—出液阀；8—泄放阀；9—排气阀	

名　称	图　例	主要作用
横式空气泡沫产生器安装示意图	 1—立管；2—泡沫室；3—根管；4—滤网； 5—油罐；6—罐壁；7—导流板；8—防火堤	
立式空气泡沫产生器安装示意图	 1—孔板；2—空气吸入口；3—产生器壳体； 4—泡沫室壳体；5—滤网；6—玻璃挡板； 7—泡沫室盖；8—导向板；9—混合液输入管； 10—短管 11—闷盖	PC/PS 系列泡沫产生器由产生器、泡沫室和导流板等组成，具有结构简单、体积小、质量轻、安装方便等特点。它是安装在油罐壁上，用以产生和喷射泡沫的灭火设备。其作用是使泡沫混合液和空气充分混合形成灭火泡沫，喷射发送至燃烧液表面上。它分为横式、立式和槽式三种形式，有 PS4/PC4、 PS8/PC8、 PS16/PC16、PS24/PC24 和 PS32 等规格

续表

名 称	图 例	主 要 作 用
地上消防栓	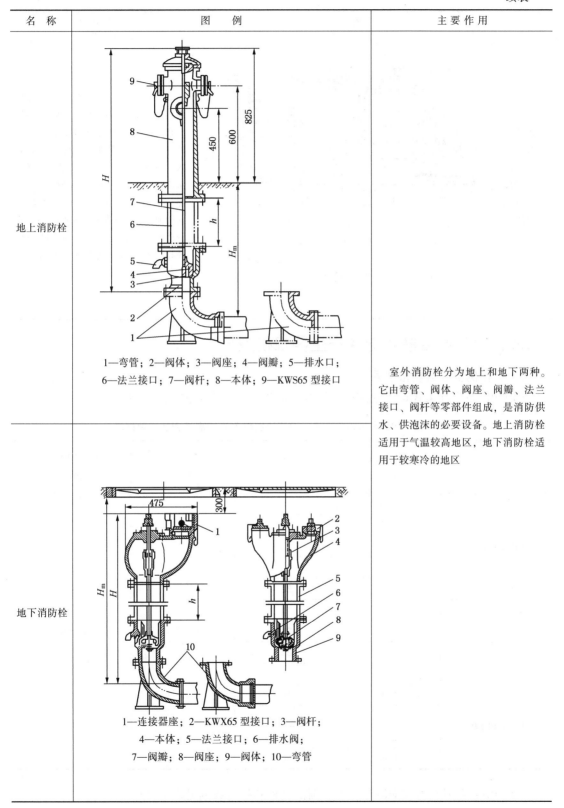 1—弯管；2—阀体；3—阀座；4—阀瓣；5—排水口； 6—法兰接口；7—阀杆；8—本体；9—KWS65 型接口	室外消防栓分为地上和地下两种。它由弯管、阀体、阀座、阀瓣、法兰接口、阀杆等零部件组成，是消防供水、供泡沫的必要设备。地上消防栓适用于气温较高地区，地下消防栓适用于较寒冷的地区
地下消防栓	1—连接器座；2—KWX65 型接口；3—阀杆； 4—本体；5—法兰接口；6—排水阀； 7—阀瓣；8—阀座；9—阀体；10—弯管	

续表

名　称	图　例	主 要 作 用
PH32型固定式空气泡沫负压比例混合器安装示意图	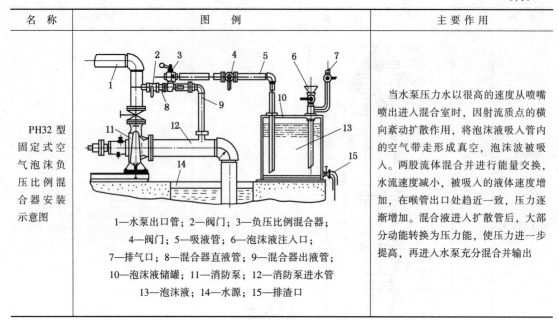　1—水泵出口管；2—阀门；3—负压比例混合器；4—阀门；5—吸液管；6—泡沫液注入口；7—排气口；8—混合器直液管；9—混合器出液管；10—泡沫液储罐；11—消防泵；12—消防泵进水管；13—泡沫液；14—水源；15—排渣口	当水泵压力水以很高的速度从喷嘴喷出进入混合室时，因射流质点的横向紊动扩散作用，将泡沫液吸入管内的空气带走形成真空，泡沫波被吸入。两股流体混合并进行能量交换，水流速度减小，被吸入的液体速度增加，在喉管出口处趋近一致，压力逐渐增加。混合液进入扩散管后，大部分动能转换为压力能，使压力进一步提高，再进入水泵充分混合并输出

四、比例混合器和泡沫产生器规格型号

(一) 比例混合器规格型号

(1) PH系列环泵式负压泡沫比例混合器的规格和技术数据见表7-12。

表7-12　PH系列环泵式负压泡沫比例混合器的规格和技术数据表

型　号	泡沫液量/(L/s)	混合液量/(L/s)	进口工作压力/MPa	出口工作压力/MPa
PH32/PH32C	0.24	4		
	0.48	8		
	0.96	16		
	1.44	24		
	1.92	32		
PH48	0.96	16	0.6~1.4	0~0.05
	1.44	24		
	1.92	32		
	2.88	48		
PH64/PH64C	0.96	16		
	1.92	32		
	2.88	48		
	3.84	64		

(2) PHY系列压力式泡沫比例混合器的规格和技术数据见表7-13。

表7-13　PHY系列压力比例混合器规格和技术数据表

项　　　目	PHY32C	PHY48/55	PHY64/76	PHY72/30C
工作压力/MPa	0.6~1.2	0.6~1.2	0.6~1.2	0.6~1.2
泡沫型号	3%	6%	6%	3%
液合液供给量/（L/s）	32	48	64	72
混合比/%	3~3.5	6~7	6~7	3~3.5
储罐容量/L	700	5500	7600	3000
最大供液时间/min	12	30	30	23
总质量（含泡沫液）/t	0.5	9	11	6

（二）泡沫产生器规格型号

（1）液上喷射空气泡沫产生器的规格和技术数据见表7-14。

表7-14　液上喷射空气泡沫产生器规格和技术数据表

型　　　号	工作压力/MPa	混合液量/（L/s）	空气泡沫流量/（L/s）
PC4	0.5	4	25
PS4			
PC8	0.5	8	50
PS8			
PC16	0.5	16	100
PS16			
PC24	0.5	24	150
PS24			
PS32	0.5	32	200

注：PC型是横式空气泡沫产生器，PS是竖式空气泡沫产生器。

（2）液下喷射空气泡沫产生器的规格和技术数据见表7-15。

表7-15　液下喷射空气泡沫产生器规格和技术数据表

型　　　号	工件压力/MPa	背压/MPa	混合流量/（L/min）	泡沫倍数/倍	泡沫25%析液时间/s
PCY450	0.7	0.21	450	2.5~4	180
PCY450G	0.7	0.21	450	2.5~4	180
PCY900	0.7	0.21	900	2.5~4	180
PCY900G	0.7	0.21	900	2.5~4	180
PCY1350G	0.7	0.21	1350	2.5~4	180
PCY1800G	0.7	0.21	1800	2.5~4	180

（3）消防栓。消防栓是灭火和冷却供水的重要设备之一，其规格和技术数据见表7-16和表7-17。

表7-16　地上消防栓规格技术数据表

型　　　号	公称直径/mm	进水口直径/mm	出水口直径/mm	公称压力/MPa
SS100	100	100	100，65×2	1.6
SS150	150	150	150，65×2	1.6

表 7-17　地下消防栓规格和技术数据表

型　号	进水口		出水口		工作压力/ MPa	开启高度/ mm
	形式	直径/mm	形式	直径/mm		
SX65	法兰式	100	接扣式	65×2	1.6	50
SX100	法兰式	100	连接器式	100	1.6	50
SX65-10	承插式	100	接扣式	65×2	1.0	50

五、泡沫混合液供给强度与泡沫产生器设置数量

(一) 泡沫混合液供给强度和连续供给时间

泡沫混合液供给强度和连续供给时间是灭火作战中估算泡沫液用量的基本依据。

(1) 固定、半固定式液上喷射泡沫灭火系统的燃烧面积,按油罐横截面面积计算,泡沫混合液供给强度和时间见表 7-18。

表 7-18　液上喷射泡沫混合液供给强度和时间表

泡沫液种类	供给强度/ $[L/(min \cdot m^2)]$	连续供给时间/min	
		甲乙类油品	丙类油品
蛋　白	6.0	40	30
氟蛋白	5.0	45	30

注:如果采用大于此表规定的混合液供给强度,混合液连续供给时间可按相应比例减少,但不得小于此表规定时间的 80%。

(2) 内浮顶油罐泡沫灭火系统,浅盘式和浮仓采用易熔材料制作的内浮顶油罐的燃烧面积、泡沫混合液供给强度和连续供给时间,按固定顶油罐执行。

(3) 甲、乙、丙类油品地上固定顶油罐,采用液下喷射泡沫灭火系统泡沫混合液供给强度、时间和泡沫进入油罐的速度见表 7-19。

表 7-19　液下喷射泡沫混合液供给强度、时间和泡沫进入油罐速度表

油　品	供给强度/ $[L/(min \cdot m^2)]$	时间/min	泡沫进入油罐速度/(m/s)	
			甲、乙类油品	丙类油品
甲、乙、丙类	5.0	40	<3	<9

(4) 泡沫炮、泡沫枪灭火系统扑灭油品火灾时,泡沫混合液供给强度和连续供给时间见表 7-20。

表 7-20　泡沫炮、泡沫枪灭火泡沫混合液最小供给强度和连续供给时间表

泡沫液种类	供给强度/ $[L/(min \cdot m^2)]$	连续供给时间/min	
		甲、乙类油品	丙类油品
蛋白、氟蛋白	8.0	60	45
水成膜、氟蛋白	6.5	60	45

(5) 泡沫炮、泡沫枪灭火系统扑灭油罐车装卸栈台火灾时,泡沫混合液供给强度和连续供给时间见表 7-21。

表7-21　扑灭装卸栈台火灾泡沫混合液供给强度和连续供给时间表

表7-21　扑灭装卸栈台火灾泡沫混合液供给强度和连续供给时间表

泡沫液种类	供给强度/[L/(min·m²)]	供给时间/min	装卸油品种类
蛋白、氟蛋白	6.5	20	甲、乙、丙类油品
水成膜、氟蛋白	5.0	20	

注：汽车油罐车栈台按整个栈台的表面积计算，铁路油罐车栈台按不小于5节铁路油罐车所占栈区的表面积计算。

（6）泡沫炮、泡沫枪扑灭围堰内流淌油品火灾时，泡沫混合液供给强度和连续供给时间见表7-22。

表7-22　扑灭围堰内流淌油品火灾泡沫混合液最小供给强度和连续供给时间

泡沫液种类	供给强度/[L/(min·m²)]	连续供给时间/min	
		甲、乙类油品	丙类油品
蛋白、氟蛋白	6.5	40	30
水成膜、氟蛋白	6.5	30	20

注：保护面积按围堰内的地面面积与其中不燃结构占地面积之差计算。

（7）泡沫炮、泡沫枪扑灭无围堰流淌油品火灾时，泡沫混合液供给强度和连续供给时间见表7-23。

表7-23　扑灭无围堰流淌油品火灾泡沫混合液供给强度和连续供给时间表

泡沫液种类	供给强度/[L/(min·m²)]	连续供给时间/min	
		甲、乙类油品	丙类油品
蛋白、氟蛋白	6.5	15	
水成膜、成膜氟蛋白	5.0	15	

注：保护面积根据保护场所具体情况确定最大流淌面积。

（二）泡沫产生器设置数量

（1）液上喷射泡沫灭火系统泡沫产生器设置。固定顶油罐、浅盘式和浮仓采用易熔材料制作的内浮顶油罐，泡沫产生器型号及数量应根据计算所需的泡沫混合流量确定，且设置数量不少于表7-24规定。

表7-24　液上喷射灭火泡沫产生器设置数量表

油罐直径 D/m	$D \leqslant 10$	$10 < D \leqslant 25$	$25 < D \leqslant 30$	$25 < D \leqslant 35$
泡沫产生器数量/只	1	2	3	4

注：对于直径大于35m的油罐，其横截面每增加300m²，应至少增加1个泡沫产生器。

（2）液下喷射灭火泡沫喷射口安装应高于油罐积水层0.3m以上，泡沫产生器型号及数量应根据计算所需的泡沫混合液流量确定，且泡沫喷射口设置数量应不小于表7-25规定数量。

表7-25　液下喷射灭火泡沫喷射口安装数量

油罐直径 D/m	$D \leqslant 23$	$23 < D \leqslant 33$	$33 < D \leqslant 40$
泡沫产生器数量/只	1	2	3

（3）设置固定式泡沫灭火系统的油罐区，在其防火堤外边设置均匀分布的泡沫消防栓，间距不应大于 60m，用于扑灭流散油品火灾的辅助泡沫枪之用。泡沫枪配置数量、泡沫混合液流量、连续供给时间见表 7-26。

表 7-26　泡沫配置数量、泡沫混合液流量、连续供给时间

油罐直径 D/m	D≤10	10<D≤20	20<D≤30	30<D≤40	D>40
泡沫枪数量/支	1	1	2	2	3
单支泡沫枪流量/(L/min)	240				
连续供给时间/min	10	20	20	30	30

六、泡沫灭火系统的检查维护

（一）低倍数泡沫灭火系统的验收

对已安装好的泡沫灭火系统应进行验收试验，以验证安装的完好性以及系统是否达到了设计的要求。参加系统验收人员应该有设计者、安装者、使用者，以及对该系统有丰富实践经验的有关人员和上级主管部门的人员。验收试验程序是：

（1）一般性检查。用肉眼检查安装是否正确，安装系统的各组件是否符合设计图纸要求，泵、阀操作是否方便；泡沫比例混合器的进出口位置安装是否正确；压力表安装位置及量程是否恰当；泡沫产生器的规格、型号是否和设计图纸一致；所有组件的标志和操作说明书是否一致。

（2）部件检查。系统中所有操作装置或设备，安装前应检查它的功能，并应检查装置和设备性能要求的报告说明书。

（3）管道压力试验。输送泡沫混合液的管道都须 1.5 倍最大设计压力进行水压试验。时间是 2h。对于所有的水平铺设泡沫混合液管道和泡沫管道还要检查排水坡度，水是否能够排净。

（4）冷喷试验。只要有可能就应该进行流量测试和喷射泡沫试验，并测定其工作压力和流量；泡沫液和水的消耗量；泡沫液和水的实际混合比；泡沫倍数和泡沫析液时间；整个系统从启动泵到所保护油罐最远点输送泡沫时间，电源要求和其他工作特性。以确保对危险区域能够按照设计要求进行充分的保护，达到设计目的。

（5）系统复原。完成验收试验后必须对系统用清水进行冲洗，并且将其恢复到工作状态。

（二）低倍数泡沫灭火系统的使用和检修

泡沫灭火系统验收完毕后，应编制岗位操作规程，而且还要将操作规程张贴在消防泵房的设备附近并存档一份。同时培训专职或兼职的消防人员。其任务是定期操作、试验、检查、维修灭火系统。

泡沫设备和泡沫系统在紧急情况下能否使用，要由定期检查、试验和检修来保证。整个系统应确保在任何时间内都处于良好的工作状态。泡沫系统投入使用后，应该设有使用、维护保养和检查记录簿。为保证系统无泄漏，管网或泡沫产生器无损坏，应建立每周、每月、每季、半年或年度检查制度。

1. 每周检查

（1）启动泵能否按时启动，运转是否良好。

（2）管道和阀门有无泄漏。

（3）管道、比例混合器和泡沫产生器有无损坏。

（4）全部操作装置和部件是否完好。

（5）消防泵能否正常供水，压力是否适宜。

检查中如发现问题应立即修理或更换。

2. 每月检查

除每周应检查内容外，还应检查操作者对系统中各设备的性能、用途、作用的理解程度，以及能否熟练地操作装置，并对操作者进行考核。

3. 每季检查

检查和试验全部电器装置和报警系统。

4. 半年检查

（1）检查泡沫比例混合器、泡沫产生器有无机械损伤、腐蚀，空气入口有无堵塞，所有阀件的手动功能是否灵活。

（2）检查地上管道有无腐蚀及机械损伤。如怀疑其强度时，通常应进行压力试验，对地下管道应至少5年检查一次。

（3）每次用过或做过流量试验后，系统必须冲洗，过滤器必须清扫。

（4）无论是自动的或手动的报警和自动设备装置，都必须进行检查。

（5）应对泡沫液及其储存容器的液位高低及有无腐蚀，进行目视检查。

5. 年度检查

除了半年检查的项目外，还要对泡沫液的成分和性能进行分析测试。一般泡沫液样品送交泡沫液检测中心进行分析测试，或送交泡沫液生产厂家进行化验分析。还要仔细检查储存泡沫液容器内有无沉淀物或沉降物。

对于半固定式和移动式泡沫灭火系统，应根据具体情况，在保证系统时刻处于良好的战备状态下，可自行灵活掌握并制定行之有效的检查和维修制度。

（三）中倍数泡沫灭火系统的使用和维护

中倍数泡沫灭火系统验收后，日常的管理是一项很重要的工作，消防设备是以防为主，常备不懈，如果平时没有很好地进行维护和演习，就不能保证在灭火时发挥作用。

1. 混合液管道的保养

（1）混合液管道长期保持空管，内部管壁生锈，铁锈容易堵塞管路、阀门，因此必须定期冲洗管道，保证管路畅通无阻。

（2）管道的阀门应定期检修，特别是通向泡沫发生器的隔断阀门，如果关闭不严，会使大量混合液流入邻近油罐，使着火罐的泡沫供给量大大减小，甚至灭不了火。

（3）应经常检查中倍数泡沫发生器喷嘴、发泡网以及过滤器是否堵塞，如有堵塞应及时清除。

（4）中倍数泡沫发生器的密封玻璃挡板如有破裂应及时更换，保证油罐的密闭性。

2. 泡沫液泵组的保养

不同的泡沫液泵组应当分别建立保养制度。

(1) 机动消防泵机组。机动消防泵机组一般应分为日保养和一、二、三级保养。

① 日常保养，也称例行保养。其中心或重点是检查、清洁。

② 一级保养。每隔 3 个月(按每天启动空转一次计算)，或者运行 50h 必须进行以润滑、紧固为中心的一级保养。

③ 二级保养。每隔半年，或者运行 200h 必须进行一次以检查、调整为中心的二级保养。

④ 三级保养。一般累计运行 1000~1500h 以后，或发现发动机动力性能显著下降，燃油消耗量显著增加，排气冒黑烟、蓝烟等现象时，应进行以总成解体、消除隐患为中心的三级保养。

(2) 电动泵机组。电动泵机组除了电机以外，其他部分和机动泵机组一样，应参照机动泵机组保养要求进行。电动机的保养分为维护和维修两项内容。

① 启动前的维护

a. 检查电动机及启动设备接地装置是否可靠和完整，接线是否正确，接触是否良好。

b. 电动机铭牌所示电压、频率与电源电压、频率是否相符。

c. 新安装和长期停用(3 个月以上)的电动机，启动前应检查绕组各相及其对地绝缘电阻。对额定电压为 380V 的电动机，采用 $500V \cdot M\Omega$ 表测量，绝缘电阻应大于 $0.5M\Omega$，如果过低则需要将绕组烘干。

d. 绕线式转子电动机应检查集电环上的电刷及提刷装置是否正常，电刷压力是否合适，其压力应为 $0.015~0.025MPa$。

e. 轴承是否有油，滑动轴承应检查是否达到规定油位。

f. 电动机内部有无杂物，可用压缩空气或吹风机将内部吹扫干净。

g. 电动机能否自由转动。

h. 电动机紧固螺钉是否拧紧。

i. 电动机所用熔丝的额定电流是否符合要求。

② 运行中的维护

a. 电动机经常保持清洁，进风口和出风口必须保持畅通，不允许有水滴、油污或铁屑杂物落入电动机内部。

b. 在正常运行时，电动机的工作电流不得超过铭牌上规定的额定值。在检查额定电流是否超过的同时，还应检查三相电流是否平衡。三相电流任何一相电流值与其三相平均值相差不允许超过 10%。如超过 10% 应采取措施，清除后才能使用。

c. 经常检查电动机各部分最高温和最大容许温升，是否符合规定的数值，如有可能则应对温升采取有效的监视措施。特别是在无电压、电流和频率监视和无过流保护的情况下，监视尤为重要。

d. 经常检查电动机的振动、噪声以及是否有不正常的气味，是否冒烟。当不正常的振动、声音，嗅到不正常焦味，看到冒烟时，应立即停车检查。

e. 应经常检查电动机轴承是否过热，是否有漏油现象。

f. 绕线式转子电动机，应检查电刷与集电环间的接触压力、磨损及火花情况。发现火花时，应清理集电环的表面，用 0 号砂布均匀地把集电环表面磨平，并校正电刷压力。

3. 喷发泡沫演习

每当泡沫液报废前，可以利用移动式中低倍数泡沫发生器作一次喷发泡沫的演习。一方面可熟练操作环节，另一方面可检查泡沫质量，以提高操作水平。如果油罐需要清洗或检修时，则可以进行一次在油罐内喷发泡沫的演习。

喷发泡沫的关键，除了保证泡沫混合液的供给强度外，主要是保证泡沫液的混合比，在操作时应注意以下几点：

（1）泡沫液泵的出口压力，不应小于0.7MPa。

（2）泡沫液储罐的通气阀是否已打开。

（3）比例混合器的吸液管子是否建立真空度(应在吸液管上装设真空表，以便检查)。

（4）吸液管上的单向阀阀瓣能否开启。如不能开启，说明阀瓣被泡沫液粘住，所以每次喷发泡沫后，应清洗阀瓣。

第四节　消防车的配备与使用

消防车是消防队伍用于灭火、辅助灭火、消防救援等的机动消防技术装备。

一、消防车分类

消防车就其功能不同可分为四大类。

（1）灭火消防车。指能依靠自身动力量喷射灭火剂，并能独立扑救火灾的消防车。包括泵浦消防车、水罐消防车、泡沫消防车、干粉消防车、二氧化碳消防车和联用消防车等。是现阶段我国消防部门和油库使用最为广泛的一类消防车。

（2）专勤消防车。指担负除灭火之外的某专项消防技术作业的消防车。包括通讯指挥消防车、火场照明消防车、排烟消防车、抢险救援消防车、火因勘察消防车、消防宣传车等。

（3）举高消防车。指装备举高的灭火装置，可进行登高灭火或消防救援的消防车。包括登高平台消防车、举高喷射消防车和云梯消防车。

（4）后援消防车。指用来向火场补充灭火剂及消防器材的消防车。包括供水消防车、泡沫液罐车、器材消防车、救护消防车等。此类消防车，一般用于大型及灭火作业延续时间较长的火场。

二、消防车配备

消防车是油库加油站重要的机动灭火装备，担负着油库加油站扑救初期火灾、油罐冷却和移动灭火的主要任务。要求在火灾条件下，能将专职消防人员及灭火剂、灭火器材、破拆工具、救助器材等安全迅速地运至火场；要求使用和管理人员懂得消防车的知识、正确掌握操作使用和管理技能，以适应实战的需要。因此，消防车的配备数量和位置，对于实施火灾的扑救具有重要的意义。

（1）消防车配备原则。当采用消防车进行油罐冷却时，水罐车的台数，应按油罐最大需要水量配备；当用泡沫消防车进行油罐灭火时，泡沫消防车的数量，应按油罐最大需要泡沫液量进行配备。

（2）消防车配备标准

① 特级石油库应配备 3 辆泡沫消防车；当特级石油库中储罐单罐容量大于或等于 100000m³ 时，还应配备 1 辆高举喷射消防车。

② 一级石油库中，当固定顶罐、浮盘用易熔材料制作的内浮顶储罐单罐容量不小于 10000m³ 或外浮顶储罐、浮盘用钢质材料制作的内浮顶储罐单罐容量不小于 20000m³，应配备 2 辆泡沫消防车；当一级石油库中储罐单罐容量大于或等于 100000m³ 时，还应配备 1 辆高举喷射消防车。

③ 储罐总容量大于或等于 50000m³ 的二级石油库，当固定顶罐单罐容量不小于 10000m³ 或外浮顶储罐、浮盘用钢质材料制作的内浮顶储罐单罐容量不小于 20000m³，应配备 1 辆泡沫消防车。

（3）油库应与邻近企业或城镇消防站协商组成联防。联防企业或城镇消防站在接到火灾报警后，5min 内对着火油罐进行冷却的消防车，10min 内对相邻油罐进行冷却的消防车，20min 内对着火油罐提供泡沫的消防车，可以计入油库加油站的消防配备车辆。

（4）消防车库的位置。应满足接到火灾报警后，消防车到达最远着火的地上储罐的时间不超过 5min；到达最远着火油罐的时间不宜超过 10min。在寒冷地区的消防车库应有保温措施。

三、泡沫消防车的操作使用

（一）使用方法

（1）直接用车载泡沫炮扑救油类火灾。

（2）与半固定式消防设备连接，扑救油类火灾。

（3）与移动式泡沫消防设备连接(如泡沫钩管连接)，扑救油类火灾。

（二）操作使用

1. 水泵的使用

无论是用水灭火还是使用泡沫灭火，都要使用水泵，关于水泵的使用，与水罐消防车水泵的使用相同。

2. 用泡沫灭火

（1）使用空气泡沫炮灭火

① 调节发动机油门，使泡沫炮的压力达到额定工作压力；

② 打开泡沫液阀门，调节混合比，使之与泡沫所需的混合液量相符；

③ 使泡沫炮对准目标喷射。

（2）使用泡沫枪灭火

① 在车上接上水带，连接移动式泡沫灭火设备；

② 打开出水球阀，调整工作压力。再打开泡沫液阀，调节混合比，使之与所需要的混合液量相同；

③ 使泡沫喷射装置对准目标喷射。

（3）外接吸液口的使用

① 在以上两项工作的基础上，打开外接吸液口的闷盖，接上吸液管；

② 将吸液管插入泡沫液桶中吸液。

（三）维护保养

（1）按照说明书的要求对消防车底盘进行保养。

（2）参照水罐消防车的维护保养方法，对水路系统及一般消防器材进行保养。

（3）每次使用泡沫灭火后，必须认真清洗管道、比例混合器和水泵，但不能让水进入泡沫液储罐。

（4）定期检测泡沫液，凡检测不合格的要及时更换。

（5）定期清洗泡沫液储罐，去除沉积物。若发现泡沫液储罐有腐蚀现象，应及时修补，腐蚀严重无法修补时，应及时更换。

第五节　灭火器配置与使用

灭火器是油库加油站扑救小型火灾和初起火灾的主要设备。小型火灾和初起火灾范围小，火势弱，是火灾扑灭的最佳时期。一具合格的灭火器，如果使用得当，扑救及时，可将一场损失巨大的火灾扑灭在萌芽状态，有效地保护人身和财产安全。所以，按照有关规范和标准配备数量足、质量好的灭火器是防火和灭火的重要措施，对油库加油站人员和作业活动的安全具有十分重要的意义。

一、灭火器的种类、灭火级别、使用温度范围

（一）灭火器种类

各类灭火器型号和含义见表7-27。灭火器型号由类、组、特征代号和主要参数四部分组成。其中类、组、特征代号是用有代表性的汉字拼音字母的字头表示，主要参数是指灭火器中灭火剂的充装量和单位，单位用kg或L。

表7-27　各类灭火器型号及含义表

级　别	编　号	特　征	代　号	代　号　含　义
水	S	清水（Q）	MSQ	手提式清水灭火器
泡　沫	P	手提式	MP	手提式泡沫灭火器
		舟车式（Z）	MPZ	舟车式泡沫灭火器
		推车式（T）	MPT	推车式泡沫灭火器
干粉	F	手提式	MF	手提式干粉灭火器
		背负式（B）	MFB	背负式干粉灭火器
		推车式（T）	MFT	推车式干粉灭火器
二氧化碳	T	手轮式	MT	手轮式二氧化碳灭火器
		鸭嘴式（Z）	MTZ	鸭嘴式二氧化碳灭火器
		推车式（T）	MTT	推车式二氧化碳灭火器

注：1. 灭火器代号为M；

2. 举例：MFT50表示50kg的推车式干粉灭火器；MY2表示2kg的手提式1121灭火器；MSQ9表示9L的手提式清水灭火器。

（二）灭火器的灭火级别

灭火器的灭火级别见表7-28。

表 7-28 各类灭火器的灭火级别

灭火器类型		灭火剂充装量		灭 火 级 别	
		L	kg	A 类火灾	B 类火灾
水	手提式	7		5A	
		9		8A	
泡沫	手提式	6		5A	2B
		9		8A	4B
	推车式	40		13A	18B
		65		21A	25B
		90		27A	35B
干粉 (碳酸氢钠)	手提式		1		2B
			2		5B
			3		7B
			4		10B
			5		12B
			6		14B
			8		18B
			10		20B
干粉 (碳酸氢钠)	推车式		25		35B
			35		45B
			50		65B
			70		90B
			100		120B
干粉 (磷酸铵盐)	手提式		1	3A	2B
			2	5A	5B
			3	5A	7B
			4	8A	10B
			5	8A	12B
			6	13A	14B
			8	13A	18B
			10	21A	20B
干粉 (磷酸铵盐)	推车式		25	21A	35B
			35	27A	45B
			50	34A	65B
			70	43A	90B
			100	55A	120B

（三）灭火器使用温度范围

灭火器使用温度范围见表 7-29。

表 7-29　灭火器使用温度范围

灭火器类型	使用温度范围/℃
清水灭火器	+4~+55
干粉灭火器（储压式）	-20~+55
二氧化碳灭火器	-10~+55

（四）灭火器的适用性

灭火器的适用性见表 7-30。

表 7-30　灭火器适用性

项　　目		A 类火灾	B 类火灾	C 类火灾
水型		适用 水能冷却，并穿透燃烧物而灭火，可有效防止复燃	不适用 水流冲击油面，会激溅油火，致使火势蔓延	不适用 灭火器喷出的细小水流对立体型的气体火灾作用很小，基本无效
泡沫型		适用 具有冷却和覆盖燃烧物表面隔绝空气的作用	有选择适用 覆盖燃烧物表面，使燃烧物表面与空气隔离，可有效灭火。但由于极性溶剂破坏泡沫，故不适用	不适用 泡沫对平面火灾灭火有效，但对立体型气体火灾基本无效
干粉	磷酸铵盐	适用 粉剂能附着在燃烧物的表面层，具有隔离空气，窒息火焰，防止复燃的作用	适用 干粉灭火剂能快速窒息火焰，具有中断燃烧过程中连锁反应化学活性的作用	适用 喷射干粉灭火剂能快速扑灭气体火焰，具有中断燃烧过程中连锁反应化学活性的作用
	碳酸氢钠	不适用 碳酸氢钠对固体可燃物无黏附作用，只能控火不能灭火		
二氧化碳		不适用 灭火器喷出的二氧化碳量少，无液滴，全是气体，对A类火灾基本无效	适用 二氧化碳靠气体堆积在燃烧物表面，稀释并隔绝空气	适用 二氧化碳窒息灭火，不留残渍，不损坏设备

二、灭火器的配置

灭火器配置应执行 GB 50140—2005《建筑灭火器配置设计规范》、GB 50074—2014《石油库设计规范》和 GB 50156—2012《汽车加油加气站设计与施工规范》的有关规定，表 7-31 是根据 GB 50156—2012《汽车加油加气站设计与施工规范》整理的加油站消防器材配置表，供配置消防器材时参考。

表 7-31　加油站消防器材配置表

项　目	加油机	地上油罐	埋地油罐	业务用房	一、二级加油站	三级加油站
MF4 灭火器	2 具/2 台			2 具/50m²		
MF4 灭火器、MP6 灭火器	各 1 具/2 台					
MFT35 灭火器		2 具/罐区	1 具/罐区			
石棉被					5 块/座	2 块/座
砂子					2m³/座	2m³/座

注：1. 加油机不足 2 台按 2 台计算。

　　2. 当两种介质储罐之间的距离超过 15 米时，应分别设置。

　　3. 业务用房包括油泵房、润滑油间等，每 50m² 配置应不少于 2 具 4kg 手提式干粉灭火器。

　　4. 其他按 GB 50140—2005《建筑灭火器配置设计规范》规定计算配置。

三、灭火器的操作使用

(一) 清水灭火器

(1) 清水灭火器使用时，将其迅速提到火场，在距离燃烧物大约 10m 处，直立放稳。

(2) 卸下保险帽，用手掌拍击开启杆顶端的凸头。这时二氧化碳气瓶的密封膜片刺破，二氧化碳进入筒体内，迫使清水从喷嘴喷出。

(3) 立即一只手提起灭火器筒体盖上的提环，另一只手托住灭火器底圈，将喷射水流对准燃烧最猛烈处喷射。

(4) 随着灭火器喷射距离的缩短，操作者应逐渐向燃烧处靠近。使水流始终喷射在燃烧处，直至将火扑灭。

(5) 清水灭火器使用过程中应始终与地面保持大致垂直状态，切勿颠倒或横卧。否则，会使加压气体泄出而使灭火剂不能喷射。

(二) 空气泡沫灭火器

(1) 空气泡沫灭火器使用时，应手提灭火器迅速赶到火场，在距起火点约 6m 处停下。

(2) 先拔出保险，然后一只手握住喷枪，另一只手紧握开启压把，空气泡沫就会从喷枪中喷射出来。

(3) 其灭火方法和注意事项同化学泡沫灭火器。

(三) 干粉灭火器

(1) 手提式干粉灭火器使用时，应手提灭火器提把，迅速赶到火场，在距起火点约 5m 处，放下灭火器。使用前应将灭火器颠倒几次，使筒内干粉松动。

(2) 如果是内装式(或储压式)干粉灭火器，应先拔下保险销，然后一只手握住喷嘴，另一只手将开启把用力按下，干粉便会从喷嘴喷射出来；如果是外置式干粉灭火器，应一只手握住喷嘴，另一只手握住提柄和开启把，用力合拢则气瓶打开，干粉便会从喷嘴喷射出来。

(3) 推车式干粉灭火器一般由两人操作。使用时应迅速将灭火器推到或拉到火场，在距起火点 10m 处停下。一人将灭火器放好，拔出开启机构上的保险销，迅速打开二氧化碳钢瓶阀门；另一人迅速取下喷枪，展开喷射软管，一只手握住喷枪枪管，另一只手用力钩住扳机，将干粉喷射到火焰根部灭火。

（4）背负式干粉灭火器使用时，应先撕掉铅封，拔出保险销。然后背起灭火器，迅速赶到火场，在距起火点约 5m 处，占据有利位置，手持喷枪，打开扳机保险（"开"和"关"二字），用力钩住扳机即可喷粉灭火。当喷射完第一筒内干粉后，将换位扳机从左向右推动，再用力钩住扳机，即可喷射第二筒干粉。

（5）使用干粉灭火器扑灭流散液体火灾时，应从火焰侧面对准火焰根部，水平喷射。由近而远，左右扫射，迅速推进，直到把火焰全部扑灭。在扑容器内可燃液体火灾时，亦应从侧面对准火焰根部左右扫射；当火焰被赶出容器时，应迅速将容器外火焰扑灭。使用磷铵干粉扑灭固体火灾时，应使喷嘴对准燃烧最猛烈处，左右扫射，并尽量使干粉灭火剂均匀喷洒在燃烧物表面，直至把火全部扑灭。

（6）在室外使用干粉灭火时，应从上风方向或风向侧面喷射，以利于人身安全和灭火效果。干粉灭火器在喷射过程中应始终保持直立状态，不能横着或颠倒。否则，不能喷粉。

（7）用干粉扑灭可燃液体火灾时，不能将喷嘴直接对准液面喷射，以防干粉气流冲击而使油品飞溅，引起火势扩大，造成灭火困难。

（8）干粉灭火的优点是灭火速度快，能够迅速控制火势和扑灭火灾。但干粉的冷却作用甚微，对燃烧时间较长的火场，在火场中存在炽热物的条件下，灭火后容易复燃。在这种情况下，如能与泡沫联用，灭火效果更佳。

（四）二氧化碳灭火器

（1）手提式二氧化碳灭火器使用时，可用手提或肩扛的方式将灭火器迅速运到火场。在距起火点约 5m 处放下灭火器。一只手握住喇叭形喷嘴根部手柄，把喷嘴对准火焰，另一只手打开手轮或压下开启把，二氧化碳就喷射出来。

（2）推车式二氧化碳灭火器一般由两人操作，先把灭火器推到或拉到火场，在距起火点约 10m 处停下。一人迅速卸下安全帽，逆时针旋转手轮，把手轮开到最大位置；另一人则迅速取下喇叭筒，展开喷射软管，双手紧握喷嘴根部的手柄，对准火焰喷射。

（3）当用二氧化碳灭火器扑灭流散可燃液体火灾时，应使二氧化碳射流由近而远向火焰喷射。如果面积较大，操作者应左右摆动喷嘴，直至把火扑灭。当扑灭容器内火灾时，操作者应手持喷嘴根部的手柄，从容器上部的一侧向容器内喷射，但不要使二氧化碳冲击到液面，以免将可燃液体冲出容器而使火灾扩大。总之，使用二氧化碳灭火器时，应设法将二氧化碳尽量多地喷射到燃烧区域内，使之达到灭火浓度而使火焰熄灭。

（4）当打开启闭阀门或压下开启把时，二氧化碳灭火器的密封开启，液态二氧化碳在其蒸气压的作用下，经虹吸管和喷射连接管从喷嘴喷出。由于压力的突然下降，二氧化碳迅速气化，但因气化所需热量供不应求，二氧化碳气化时不得不吸收本身热量，结果一部分二氧化碳凝结成雪花状的固体，温度下降到 $-79.5\,℃$。所以，从二氧化碳灭火器喷出的是气体和固体的混合物，当雪花状二氧化碳覆盖在燃烧物上时，即刻气化（升华），对燃烧有一定的冷却作用。但二氧化碳灭火的冷却作用不大，主要是依靠稀释燃烧区域中的空气，使含氧浓度降到维持物资燃烧的极限浓度以下，从而使燃烧窒息。

（5）使用二氧化碳灭火器灭火时，手提灭火器在喷射过程中应始终保持直立状态，切不可水平、横卧、颠倒；当不戴防护手套操作时，切记不要用手接触喷嘴或金属管，以防冻伤；在室外使用时操作者应站在上风方向；在室外大风条件下使用时，因喷射的二氧化碳被风吹散，灭火效果很差；在狭小的室内使用时，灭火后操作者应迅速撤离，以防二氧化碳中毒；二氧化碳扑救室内火灾后，应先通风然后进入，未通风不得进入室内，以防中毒窒息。

（五）灭火器操作使用图例

用灭火器灭火时，其操作方法是否正确，对于灭火效果有很大的影响。方法正确能迅速将火扑灭，方法错误可能火扑灭不了，甚至还可能造成人员伤亡，火灾扩大。表 7-32 列出几种正确与错误灭火的图例。

表 7-32　几种正确与错误灭火的图例

操作方法		说明
正确	错误	
		使用灭火器时，应正确、迅速判明风向，顺风打开灭火器，对准火焰根部喷，切勿逆风灭火
		扑灭液体火灾时，应对准液面，由近及远灭火，不应对准火焰灭火
		扑灭管线"跑、冒、滴、漏、渗"液火灾时，应对准滴漏体的部位喷射灭火，不应对准火焰灭火
		使用灭火器扑灭火灾时，根据火势和灭火器数量，可组织几人同时灭火，有条件时不应一人灭火
		火被扑灭后，仍应对现场进行监视，防止复燃，确认无复燃可能时，才能撤离现场
		灭火器使用完后，应充装灭火剂，不允许将空灭火器放在其配置位置上

四、灭火器的维护保养

（一）灭火器放置环境条件

（1）灭火器放置环境温度应与其规定的使用温度范围相符。灭火器不得受烈日曝晒、接近热源，或者受剧烈震动。因为温度过高或剧烈震动会使灭火器内压力剧增而影响安全。对于化学反应式灭火器，温度过高可能导致药粉分解而失效，而气温过低，影响喷射性能。水型灭火器，温度过低还可能导致药剂冻结，失去灭火能力，并可能损坏灭火器筒体。

（2）灭火器应放置在通风、干燥、清洁的地方。灭火器会因受潮或受化学腐蚀的影响而锈蚀，造成开关失灵，喷嘴堵塞，降低灭火器的使用寿命。

（3）灭火器放置地点应明显，便于取用，且不影响安全疏散，推车式灭火器与保护对象之间的通道应保持畅通无阻。

（二）灭火器外观检查

（1）检查灭火器铅封是否完好。灭火器一经开启，即使喷射不多，也必须按要求重新充装。充装后应作密封试验，并铅封。

（2）检查可见部位防腐层完好程度。防腐层轻度脱落的应及时修补，有明显腐蚀的应送消防专业维修部门进行耐压试验，不合格的报废，合格的进行防腐处理。

（3）检查灭火器可见零部件是否齐全，有无松动、变形、锈蚀或损坏，装配是否符合要求。

（4）检查储压式灭火器的压力表示值是否在绿色区域。如果指针在红色区域，应查明原因，检修重装。

（5）检查灭火器喷嘴是否畅通，如有堵塞应及时疏通；检查干粉灭火器的防潮堵是否完好，喷枪零件是否完备。

（三）灭火器定期检查

（1）清水灭火器每半年进行一次全面检查。检查时应卸下器盖，其内容：一是检查气瓶的防腐层有无脱落和锈蚀状况，轻度锈蚀的及时补好，明显锈蚀的送消防专业维修部门进行水压试验。二是检查气瓶内二氧化碳的质量，若质量减少10%时，应进行修复充足。三是检查灭火器筒体有无明显锈蚀，有明显锈蚀的应送消防专业维修部门进行水压试验。四是检查灭火器操作机构是否灵活可靠。五是检查灭火器内水的质量是否符合规定，水量不够的补足，水量超过的排出。六是检查灭火器盖密封部位是否完好，喷嘴过滤装置是否堵塞。各项要求合格者应按规定装配好。

（2）泡沫灭火器每半年应检查一次。检查时应拆开灭火器盖，其内容：一是检查滤网安装是否牢固，滤网是否堵塞。二是检查灭火器盖的密封橡胶垫是否完好，装配有无错位现象。三是检查瓶盖机构，在向上扳起后，中轴是否能自动弹出。四是推车式灭火器应检查行驶过程中有无药液渗出现象。五是推车式灭火器检查瓶口密封圈是否腐蚀，喷枪、喷射软管及安全阀有无堵塞，行走机构是否灵活可靠，并在转动部位加注润滑脂。六是每年检查一次灭火剂，主要检查药液的发泡沫倍数和泡沫消失率是否符合规定的技术要求。

（3）干粉灭火器检查内容：一是每半年卸下气瓶，称量气瓶内二氧化碳的质量。手提式灭火器二氧化碳气瓶的泄漏量大于额定质量的5%或7g(取两者中较小值)，推车式灭火器二氧化碳泄漏量大于10%时，应按规定充足。二是检查操作机构是否灵活，筒体密封是否严密，灭火器盖是否紧固。三是每年检查一次干粉是否吸湿结块(干粉受潮的烘干可继续使用)，若有结块应及时更换。四是检查灭火器出粉管、进气管、喷嘴和喷枪等有无堵塞；出粉管防潮膜、喷嘴防潮堵有无破裂。发现堵塞应及时清理，防潮膜、防潮堵破裂应及时更换。

（4）二氧化碳灭火器每半年检查内容：一是检查喷嘴和喷射管道是否堵塞、腐蚀和损坏。二是刚性连接式喷嘴是否能绕其轴线回转，并可停留在任何位置。三是推车式灭火器行驶机构是否灵活可靠，并加注润滑脂。四是每年至少称量一次质量，手提式灭火器的年泄漏量不得大于灭火剂规定充装量的 5% 或 50g(取两者中较小值)，推车式灭火器的年泄漏量不得大于灭火剂规定充装量的 5%，超过规定泄漏量的应检修后按规定充装量重灌。

五、灭火器水压试验和报废

(一)灭火器检修周期

各种灭火器的初次和定期水压试验时间、报废时间。《灭火器维修》(GA 95—2015)规定的各种灭火器的初次和定期水压试验时间、报废时间见表 7-33。

表 7-33　各类灭火器的初次和定期试验、报废时间表

灭火器名称	初次试验时间	定期试验时间	报废时间
水基型灭火器	3 年	以后每隔 1 年	6 年
干粉灭火器	5 年	以后每隔 2 年	10 年
洁净气体灭火器	5 年	以后每隔 2 年	10 年
二氧化碳灭火器	5 年	以后每隔 2 年	12 年

注：1. 灭火器每次使用后必须进行检查，更换损坏件，重新充装灭火剂和驱动气体。

2. 外观检查发现筒身有磕碰，焊缝外观质量不符合规定要求的，应进行水压试验检查。

3. 塑料器头二年后必须和筒体一起做水压试验检查，不合格者必须更换。金属器头从出厂之日起，每隔五年必须和筒体一起做一次水压试验，不合格者必须更换。

4. 每次维修的铭牌不允许相互覆盖。

(二)水压试验

灭火器的水压试验应由消防专业维修部门承担，具有下列情况之一者应进行水压试验。

(1)清水灭火器充装灭火剂两年后，每年应进行一次水压试验；灭火器外部和内部有明显腐蚀者应进行水压试验。

(2)水压试验压力为设计压力的 1.5 倍。持续时间不小于 1min。试验时不得有渗漏和宏观变形等缺陷。水压试验合格者可继续使用。

(3)二氧化碳灭火器和二氧化碳气瓶，每隔 5 年或表面有明显锈蚀者应进行水压试验，并测定残余变形率，变形率不得大于 6%。试验后应测定壁厚，不得小于(包括腐蚀余度)灭火器筒体壁厚。检查合格者应在灭火器筒体的肩部用钢印打上试验日期和试验单位代号。

(4)水压试验后，应清理灭火器内部杂物，并进行干燥处理。

(三)更换灭火剂

干粉灭火器和二氧化碳灭火器的充装应由消防专业维修部门承担。一是灭火剂质量和加压气体应根据铭牌和说明书要求的质量和压力充装，并考虑环境温度对压力的影响。二是二氧化碳气瓶重新灌装后，应进行气密性试验。其内容是浸水试验和储存试验。浸水试验是将二氧化碳气瓶直立放置在 50~55℃ 的清水中，水面高出气瓶 50mm 以上，保持 60min，不见泄漏气泡为合格；储存试验是将浸水试验合格的气瓶，逐只称重后，再放在室内常温下存放 15 天，然后再称重。前后两次质量应相符，精度为 ±1g。浸水试验和储存试验不符合要求者不得使用。三是消防专业维修部门更换灭火剂和检

验合格的灭火器，应在明显部位标记不易脱落的标志。其内容包括水压试验、重新充装日期和维修单位的名称、地址等。

（四）灭火器的报废

灭火器有下列情况之一者，必须报废。

（1）筒体进行水压试验，不合格的必须报废，不允许补焊。

（2）下列11种类型的灭火器

① 酸碱型灭火器；

② 化学泡沫型灭火器；

③ 储气瓶式干粉型灭火器；

④ 不可再充装型、使用5年以上灭火器；

⑤ 倒置使用型灭火器；

⑥ 软焊料或铆钉连接的铜壳型灭火器；

⑦ 铆钉相连的钢壳型灭火器；

⑧ 氯溴甲烷、四氯化碳灭火器；

⑨ 非必要场所配置的，且需进行维修的卤代烷灭火器；

⑩ 国家规定的不适用的或不安全的灭火器；

⑪ 未经国家检测中心检验合格的灭火器。

（3）下列11种缺陷的灭火器

① 筒体锈蚀严重、变形严重的；

② 铭牌脱落或模糊不清的；

③ 没有生产厂名或出厂日期的；

④ 省级以上的公安部门明令禁止销售，维修或使用的；

⑤ 有锡焊、熔接、铜焊、补缀等修补痕迹的；

⑥ 钢瓶、筒体的螺纹受损的；

⑦ 因腐蚀而产生凹坑的；

⑧ 灭火器被火烧过的；

⑨ 氯化钙类型灭火剂用于不锈钢灭火器中的；

⑩ 某些类型灭火器按国家规定应予报废的；

⑪ 铝制钢瓶、筒体的灭火器暴露在火堆前，或重新刷漆并用烘炉烘干温度超过160℃时。

第六节　灭火作战方案（消防预案）制定和演练

灭火作战方案制定在油库加油站安全消防工作中是一项十分重要的业务建设，是灭火准备的主要内容。它是针对油库加油站重点保护部位可能发生的火灾，根据灭火战斗的指导思想和战术原则，结合现有消防装备和器材，以假设火情拟定的灭火战斗预案，是灭火指挥员下达作战命令的主要依据。

一、制定灭火作战方案的意义和原则

(一) 制定灭火作战方案的意义

通过灭火作战方案的制定和演练，一是有助于消防人员掌握保护对象的情况，预测火灾发生特点和规律，提高战术、技术水平和快速反应能力，一旦火灾发生可以掌握主动权。二是可以促进消防人员学习和掌握消防知识。在调查和制定灭火作战的过程中，按照消防法规的要求，对火险部位进行整改，做好火灾预防工作。三是按照灭火作战方案进行演练可以促进平战结合、训练和实战结合，有助于增强"练为战"思想的树立；演练中义务消防人员参加，可使全员学习和掌握防火、灭火知识，有利于提高全员的安全意识。四是制定灭火作战方案，要进行大量调查研究，分析历史教训，判断起火后可能出现的各种情况，计算灭火所需力量(含人力、装备器材、灭火药剂等)，提出相应对策，可以做到预之而立。

(二) 制定灭火作战方案的原则

制定灭火作战方案应体现如下原则。一是预防为主，防消结合的原则；二是统一指挥，协调配合，准确迅速，机智勇敢，保证安全灭火的原则；三是集中兵力打歼灭战，先控制，后灭火的战术原则；四是救人第一，减少损失的救灾原则；五是机动灵活，保障重点，兼顾一般的供水原则。

总之，灭火作战方案的制定和演练，既是预防工作，又是灭火的准备工作，有助于贯彻"预防为主，防消结合"的消防工作方针，确保油库加油站安全。

二、确定消防重点保卫部位

根据 1985 年 5 月国家消防局批准颁发的《关于公安消防队做好重点保卫单位灭火作战准备的规定》，油库加油站属于重点保卫单位。其因是油库加油站储存的油品是易燃易爆物品，发生火灾爆炸的危险性大，一旦发生火灾爆炸事故，损失大，伤亡大，影响大。

油库加油站火灾爆炸事故的主要燃烧物是油品和油气。油库加油站事故发生概率的顺序是收发作业区、辅助生产区、储油区。其主要发生部位和时机是汽车、铁路油罐车装卸作业、灌装油桶作业、油桶修理焊接作业、废油更生作业和储油罐，以及流淌油品等。这些一般规律对确定油库加油站消防保卫的重点部位具有指导意义，结合油库加油站具体情况作为消防保卫的重点部位考虑。

三、灭火作战方案的主要内容

(一) 油库加油站及重点保卫部位概况

(1) 油库加油站及重点部位地理位置、周围环境、交通道路情况，与责任区公安消防中队的距离。通常用简图表示。

(2) 油库加油站及重点部位的平面布局。重点建筑物和构筑物的特点，耐火等级、建筑面积和高度。通常用平面图、立面图、剖面图，加文字说明表示。

(3) 油库加油站及重点部位储存油品的数量和形式，以及工艺管道等。通常用平面图和表格表示。

(二) 油库加油站及重点部位的火灾特点

(1) 油品发生火灾后，火势发展变化特点，蔓延方向及可能造成的后果。

（2）火灾发生后，在什么情况下具有爆炸危险性，可能波及的范围。

（3）火灾发生后，在什么情况下，可能形成有毒气体，影响灭火战斗的正常进行。

（三）灭火力量部署

（1）油库加油站及重点部位可利用消防栓的位置、距离，供水管网的形状、管径，蓄水池的容量、位置、距离，以及其他可用于灭火的水源，储存量和利用方法。

（2）灭火所需消防车辆、器材、灭火剂的种类、数量；消防车停靠位置和供水方法；水带铺设线路，以及分水器、水枪位置、方向和任务。

（3）油库加油站专职消防队和义务消防队的任务。

（四）扑救措施

（1）根据不同油品的性质、数量及火灾特点，采取相应灭火措施。

（2）针对建筑物、构筑物和设备设施的火灾特点，如洞库、覆土式油罐、地面油罐、油罐车、油泵房和码头、输油管线、库房、电气等发生火灾后可能出现的情况，采取相应的灭火措施。

（3）根据火灾的不同阶段，火场上可能出现的各种情况，采取相应的战斗措施。

（4）抢救人员、疏散物资的方法和路线，以及灭火战斗中应注意的事项。

（五）组织指挥

组织指挥是灭火作战方案不可缺少的组成部分。其组成是根据方案的具体情况，建立一级、二级或多级指挥机构。通常油库加油站火场组织机构由总指挥、副总指挥、技术参谋，以及火场供水、灭火、后勤、通信、警戒、医疗等组成。

四、制定灭火作战方案的程序

油库加油站制定灭火作战方法，首先应与驻地公安消防部门取得联系，使其将油库加油站列为重点保卫单位，然后邀请公安消防部门有关人员共同分析油库加油站情况和油库加油站火灾爆炸事故，确定油库加油站重点保卫部位，再制定灭火战斗方案。

（一）详尽掌握油库加油站具体情况

根据灭火作战的内容，深入现场进行实地查证：油库加油站地理环境及总体布局；油品火灾危险类别，建筑物、构筑物及设备设施特点；容易发生火灾的部位和特点；储油、装卸作业设备设施等与相邻建筑物的距离；水源和道路情况；通信设施和报警手段；分析油库加油站火灾爆炸情况和扑救过程。

（二）确定重点部位，进行科学计算

在调查、查证的基础上，确定重点保卫部位。通常一个油库加油站应有几个重点保卫部位。一个重点保卫部位灭火对策应有多种方案，至少应有两套方案。灭火对策以假设火情进行计算，其计算内容主要是：

（1）火灾蔓延计算：油品燃烧速率计算、火灾蔓延速度计算、火灾蔓延极限距离计算、火灾蔓延至预定地点所需时间计算。

通过上述计算可得出：消防队从接警、车辆出动、到达火场至出水（泡沫、干粉）施救这段时间内，在不同风力、风向、耐火等级等因素影响下，火灾可能蔓延的距离、面积和范围，为制定灭火作战方案，力量部署提供依据。

（2）灭火力量计算：火场供水力量计算、各种灭火剂使用量计算、火灾持续时间计算、选择堵截火势效能计算、控制火势时间计算。

通过上述计算。确定投入灭火的消防车和灭火剂数量，合理安排车辆、水枪，为选择分水器设置地点和水枪进攻方向等提供依据。

(3) 明确作战意图，绘制方案草图。灭火作战意图是根据火势情况采取的战术和技术手段的总构想，是灭火作战的核心。其主要内容是：

① 作战目的：是指对灭火结局的设想。它是根据战术原则、作战特点、战斗能力、着火对象及地形等条件确定的。它的表述应按火灾的不同阶段，提出相应的、具有针对性的目的。

② 作战手段：是指解决火场主要问题和达到灭火作战目的的方法。在落实作战手段时，应根据灭火的基本战术，结合重点部位的具体情况，灵活加以运用。

③ 主要方向：是指为控制火势和扑灭火灾所选择的进攻和战斗的主要方向。这种设想主要取决于火灾特点、蔓延方向、火势发展趋势。因此，应先确定火灾蔓延方向和特点，再确定灭火战斗的主要方向。通常情况下，火势蔓延的主要方向，也就是灭火战斗控制火势、扑灭火灾的方向。

④ 部署和任务：是指灭火战斗的全局或局部的部署和任务。确立作战部署可按主要方面和次要方面部署兵力；也可按主要力量和增援力量、前方战斗和后方供水部署兵力；还可按控制火势、扑灭火灾、抢救人员、疏散物资等灭火战斗的各个阶段部署兵力，并根据部署确定其任务。

⑤ 阵地编成：是指根据控制火势、扑灭火灾的要求，把各种阵地的位置编制成有机的整体。阵地编成是根据任务、火情、着火对象和特点，地形及战术原则和相关数据，将各种阵地的位置从平面移至高处，从室内移至室外，逐一加以确定。

⑥ 火场态势：是指火势和战斗部署、战斗行动所处位置而构成的火场形势。火场态势是随火场情况和时间的变化而变化的。制定灭火作战方案，先设想火情，再设想部署，从而构成整个灭火战斗的演变态势。

⑦ 绘制草图：在制定灭火作战方案的过程中，应根据作战意图及演练过程绘制出各种草图，并加以必要的文字说明。

⑧ 方案中应将灭火指挥部的位置、警戒范围等在图上标明。

(三) 实地演练，修改完善

根据作战意图和草图构想，组织人员和车辆进行实地演练，检验灭火作战方案的可行性。在广泛征求意见和讨论的基础上，将意见归纳整理，对灭火作战方案修改完善，必要时呈报上级审批或备案。

以上是灭火作战方案的主要内容，后勤、通信、警戒、医疗等也是灭火作战方案不可缺少的内容，应根据供水、灭火的方案提出相应的要求。

五、灭火作战方案的演练

油库加油站进行消防演练是贯彻"预防为主，防消结合"方针的重要内容。为使灭火作战方案在实践中得到正确运用，消防演练应按照灭火作战方案进行。

(一) 演练次数及其形式

油库加油站每年应按照灭火作战方案进行两次消防演练，不得少于一次。演练时间应根据季节变换、人员更新及火灾发生规律等情况确定。通常可安排在冬、夏雨季到来之前。演练前应讲授相关的消防知识和演练的内容和要求，演练后应进行总结，肯定演练的成绩，提出演练中存在的问题，并将演练情况和存在问题登录。演练形式分为操场模拟演练、实战模拟演练、专业性灭火演练三种。

（1）操场模拟演练是消防车到达现场后，以停靠水源、铺设水带、设置分水器、连接水枪等为主要内容。同时结合熟悉地形、道路、水源、建筑、设备等情况。

（2）实战模拟演练是消防车到达现场后，按照实战要求出水、出泡沫，或者进行抢救人员和疏散物资。

（3）专业性灭火演练，通常是按油库加油站油桶、油池、流散油品、油罐等火灾形式，设置注水浮油的模拟火灾，组织公安消防、专职消防、义务消防人员参加，根据设置的模拟火灾，采用石棉被、干粉或泡沫灭火器、消防车等进行灭火演练。

（二）演练检验的主要内容

（1）检验灭火组织指挥系统。即火场组织指挥、供水组织指挥。灭火组织指挥、火场组织指挥分工。参谋作用、通信联络等。

（2）检验灭火力量的调度和配合。即车辆出动和行车、各种灭火力量的配合、各专业组的效能等。

（3）检验水源使用。即水源的使用方法、水带的铺设路线、分水器设置，以及水源合理使用和供水方法的科学性。

（4）检验战斗员技能和作战能力。即通过水带铺设、分水器设置、出水、出泡沫、冷却、灭火等检验战斗员的灭火技能和作战能力等。

（5）灭火作战方案修订。根据演练中发现的问题和薄弱环节，对灭火作战方案进行修订和完善，使之更符合实战的需要。

（6）另外，由于油库加油站重点保卫部位情况的变化或消防装备的调整、更新，以及战术、技术水平的提高等，都应适时对灭火作战方案进行修订，以适应新情况下的实战需要。

第七节 油库加油站火灾的扑救方法

油库加油站火灾的扑救应在平时做好准备的基础上，力争做到扑灭火灾于初期。但油库加油站火灾情况复杂，灭火作战任务艰巨，其总的要求是"统一指挥，查明情况，充分准备，控制火势，适时进攻，速战速决"。

一、灭火的基本要求

（一）指挥工作

（1）掌握情况。扑救油库加油站火灾，应及时了解油品及其燃烧特点，掌握燃烧发展变化情况，正确判断灭火时机和灭火措施。灭火指挥员在全面收集、掌握火情、火势，以及单位情况和现状的基础上，经冷静、周密分析判断，采用正确的灭火对策，准确掌握决断时机。

（2）灭火作战决心。扑救油库加油站火灾，应按照灭火作战计划的所需力量进行战斗部署，准确掌握火情、火势、灭火时机，果断决定灭火的行动方针，确定灭火作战的战术和措施。在情况变化时，及时采取应急措施。

（3）下达命令，掌握灭火力量。扑救油库加油站火灾，应集中统一，协调一致，发起进攻的命令应由指挥员统一下达。下达命令时，应让灭火人员明确命令的意图，指明任务，并充分发挥灭火力量的特长。既集中统一，又联合作战，做到时刻保持联系，了解执行任务的情况，战斗进程，人员情绪，物资保障，有无危险情况等。

（4）注意安全。扑救油库加油站火灾，可能遇到油罐、油桶爆炸，油品沸溢、喷溅等危险情况。在灭火战斗过程中保证灭火人员安全，是指挥员不可忽视的一项重要任务。

（二）专业组工作

扑救油库加油站火灾，应根据具体情况，建立必要的专业组。各专业组协调一致，是完成灭火作战的关键。

（1）供水组。火场供水应根据油库加油站灭火作战计划的火场供水力量，具体落实水源，确定火场最优供水方法。组织和指挥火场供水力量，保证不间断地供应火场灭火和冷却用水。

（2）灭火组。应根据火场情况，确定灭火力量的部署，计算和判断可能在扑救过程中发生的意外情况。组织灭火力量，准备好灭火剂、灭火器材。按照灭火作战方案，指挥灭火力量，实施扑救工作。

（3）冷却组。火场冷却应根据灭火作战计划，确定冷却力量的部署，协调冷却力量，合理实施冷却工作。特别是储运油容器火灾，冷却工作极为重要，它对防止火灾扩大蔓延和扑救工作成败关系重大。

（4）警戒组。油库加油站火灾可能发生油品流散，油罐或油桶爆炸，油品沸溢、喷溅等情况。为保证人员安全，应划出警戒区域，禁止与灭火无关人员进入，维护火场秩序。

（5）救护组。在灭火战斗过程中，由于油罐、油桶爆炸，油品沸溢喷溅，以及意外事故发生，可能造成人员伤亡、中毒等。医疗救护必须及时进行抢救工作。

（6）后勤保障组。根据火场需要应及时运送灭火剂、灭火器材；准备供应灭火人员饮食；调动运输工具支援火场工作；组织疏散油桶及其他受火灾威胁的物资；必要时修筑土堤防止油品流散等。

（三）火场指挥部的位置

火场指挥部在火场中的位置对于实施有效指挥、保证灭火作战的胜利具有极为重要的作用，其选择原则是：

（1）能够掌握火场情况的地方。一般应设在能观察着火油罐、库房的地方。当地形高差较大时，宜在较高的地方；当有风时，宜在火场上风或侧风的方向。

（2）不应设在影响灭火行动的地方。火场指挥部应设于爆炸、沸溢、喷溅威胁较小的地方，并不得有碍于火场消防车辆行驶、消防器材运用及水带敷设。

（3）便于各级指挥员报告联络的地方。火场指挥部应设于各级指挥员报告联络方便，无线电台不受干扰的地方，以保证通信畅通。另外，火场指挥员应有袖标，指挥部应有旗帜或灯光等标志。

（四）查明情况

为获取扑救火灾所需信息，做到情况明，决心大，方法对，应在平时调查研究的基础上，实施火情侦察，查明如下情况：

（1）火灾发生部位和环境。了解火灾发生部位，地理环境，平面布置，以及周围有无重要设施、易燃易爆物品等。

（2）油罐火灾应查明的情况。了解火灾油罐和相邻油罐的形式、间距；储存油品种类、数量、液面高低；有无发生沸溢、喷溅的可能及其后果；防火堤的性能及下水道情况；油罐破裂状况，原有灭火设备的完好性及灭火剂的有效性。

（3）桶装油品火灾应查明的情况。了解库房地点、建筑物耐火等级及其周围情况；桶装油品种类、数量及堆放形式；燃烧范围、蔓延方向，对邻近建筑的威胁程度；疏散油桶的必要性、可能性及疏散力量等情况。

（4）油罐车火灾应查明的情况。了解油罐车停靠位置、着火部位、油品种类、燃烧形式，对前后油罐车、邻近建筑有无威胁及其程度等。

（5）油船火灾应查明的情况。了解油船停泊位置、着火部位、油品种类、数量、燃烧形式、油品能否疏散，对其他船只或码头有无威胁及其程度，油船自救能力等。

（6）综合信息，做出决断。火场指挥员根据侦察得到的信息，进行综合分析，对火势发展做出正确判断，明确火场上的主攻方向，核实灭火力量，作好战斗准备，实施进攻。

（7）应注意的是，火场情况是变化的，在整个灭火过程中要不断了解情况，使主观指导符合客观实际，掌握灭火的主动权，夺取灭火战斗的胜利。

（五）充分准备

不打无准备之仗是取得灭火战斗胜利的重要保证。扑救油库加油站火灾做好准备极为重要。

（1）平时准备。油库加油站都应制订灭火作战方案，按方案进行演练，以切实掌握油库加油站的地理位置、储油形式、油品品种、数量和规模，总平面布置，建筑情况，消防设施，道路水源等。

（2）战前准备。油库加油站发生火灾，到达火场时应先进行战前准备。做好简短的战前动员，以鼓舞士气；进攻战斗前应进行试射，使之达到灭火要求；进攻中应交叉掩护，以减轻浓烟、高温对战斗人员的威胁；进攻的管枪手应尽量穿隔热服，戴防护面具和防毒装具等防护装具。

（六）积极防卫

先控制后灭火是战术的通用原则。对于油库加油站储油容器火灾，冷却着火容器和邻近容器是首要任务，以防储油容器变形破坏，发生燃烧或爆炸。

（1）冷却燃烧油罐及其他着火储油容器。着火油罐火焰温度高达 $1000 \sim 1400℃$，在高温火焰直接作用下，罐壁板温度可达 1000℃ 以上，5min 内油罐壁板强度降低 50%，10min 内油罐壁板将发生变形，超过 10min 可能出现罐壁破裂，油品流散。这不仅威胁相邻油罐和周围建筑物的安全，而且造成火势扩大，使火场复杂化。另外，油罐壁板温度超过 600℃ 时，泡沫不能扑灭油罐火灾。所以，油罐起火后，首先应对油罐进行冷却，然后才有可能用泡沫扑灭火灾。其冷却水强度 $0.45 \sim 0.8L/(s \cdot m)$，每支水枪控制周长 $8 \sim 10m$。由于着火油罐四周均受到高温火焰的直接作用，因此冷却时，四周都应喷水冷却。冷却水射到油罐壁板最上部，并使部分水流溅到油罐顶板，均匀地从上而下流淌，并防止出现冷却空白部位。

（2）冷却邻近油罐。着火油罐周围的辐射热强度，与风速、风向、火焰高度、相对距离、油罐直径、罐内液位高低等因素有关。试验表明，燃烧油罐火焰辐射热对四周 1.5 倍油罐直径范围内的邻近油罐威胁较大，位于下风方向的邻近油罐威胁较为严重。

（3）冷却油桶。桶装油品库房或堆放场发生火灾时，可能发生油桶爆炸、油品流散，形成大面积火灾及人员伤亡事故。因此，桶装油品火灾，应及时对油桶进行冷却，防止油桶温度过高，发生爆炸，造成火势扩大及人员伤亡事故。

另外，冷却油罐或油桶时，冷却水不应中断或出现空白部位；冷却水不宜进入罐内，尤其是重质油品储油罐；冷却过程中，应采取措施，安全有效地排除场地积水。

（4）保护毗邻设施。油库加油站火灾对四周设施、建筑会造成很大威胁，应根据具体情况和特点，及时组织力量，采取冷却、疏散、破拆等措施，控制火势扩大，火灾蔓延，保护燃烧部位四周设施的安全。

（5）疏散油桶。桶装油品库房或堆放场火灾，除冷却油桶外，疏散油桶是防止火势扩大，减少损失的重要措施。

（6）筑堤拦油。油库加油站储油容器和工艺设备火灾，可能出现油品流淌，除采取工艺措施，减少油品来源，或者将油品输送到其他油罐外，一般采取加高防火堤，修筑防火围堤，水体上设置水上拦油装置等方法，阻止油品流散、漂流，达到控制火势，防止蔓延扩大的目的。

二、油罐火灾的扑救方法

（一）火炬型燃烧的扑救

油罐发生火灾爆炸事故，可能在破裂处、呼吸阀、测量孔、采光孔等部位，形成稳定的火炬型燃烧的火灾，其扑救方法是：

（1）水流封闭法。根据火炬直径大小、高度，组织数个射水组，部署于不同的方向，同时交叉向火焰根部射水。用水流将火焰与未燃烧油气隔开，造成瞬时断供，使火焰熄灭；或者数支水枪同时由下向上移动，射击的水流将火焰"抬走"，使火焰熄灭。

（2）水喷雾灭火法。根据火炬直径大小、高度，组织喷雾水枪数支，射到火焰根部。利用水雾吸热降温，稀释油气和氧含量的原理，使火焰熄灭。

（3）覆盖灭火法。覆盖灭火法是用覆盖物将火焰盖住，形成瞬时油气与空气隔绝层，使火焰熄灭。这种扑救方法对呼吸阀、测量孔、采光孔等处火炬型燃烧极其有效。其具体方法是将扑救队伍分成相应数量的覆盖组和射水掩护组，穿好防护服。在覆盖进攻前，将覆盖物浸湿，对燃烧部位进行冷却。进攻中射水掩护覆盖人员，从上风方向靠近火焰，用覆盖物将火焰盖住，使火焰熄灭。覆盖物可用棉被、麻袋、石棉被等。

（二）稳定燃烧油罐火灾扑救

这种火灾是由于油罐发生爆炸、油罐顶板被掀掉，在罐内液面上形成稳定燃烧。扑救这种火灾应集中兵力，集中灭火剂，抓住有利时机，迅速发起进攻，力争做到进攻一次取得成功。

（1）战斗分工。在发起总攻前，进攻部队应按照需要编成架设泡沫管架、架设泡沫钩枪、架设消防梯、掩护、供水等战斗小组，各战斗小组在统一指挥下，完成本小组任务。并注意前后配合，密切合作，保证总攻顺利进行。

（2）总攻开始。火场指挥员检查各项准备工作，确认准备就绪，下达总攻命令。进攻部队按照分工和顺序，迅速架设泡沫设备，往罐内输送泡沫。利用消防梯扶助钩枪、管枪等灭火设备；利用水枪射水掩护泡沫设备和操作人员，为操作泡沫灭火设备创造条件。

（3）物资保障。扑救油罐火灾所需灭火剂和其他必要的物资应按需要准备充足，并保证质量。

（4）预备队。扑救油库加油站火灾，战斗时间长，火场情况复杂多变。扑救油罐火灾，可能发生爆炸、沸溢、喷溅，油品流散燃烧等复杂情况，也可能一次进攻不能取得成功，需反复数次才能取得成功。这就需要组织第二梯队和机动力量，以应付火场发生的不测事件。

（5）固定式灭火设备的使用。火灾油罐如有固定式或半固定式灭火设备，且没有受到损坏时，应启动灭火设备灭火。启动固定式灭火设备前，应对油罐进行可靠冷却，并保护好灭火设备。半固定式灭火设备，在冷却油罐的同时，灭火剂和消防车要迅速到位，并与灭火设备连接，检查无误后，往罐内输送泡沫。

（6）移动式泡沫设备的使用。移动式泡沫灭火设备包括泡沫车、泡沫炮等。利用移动式泡沫灭火设备扑救油罐火灾时，应停靠在油罐上风方向，并尽可能停在较高的地方。其安全距离，消防车不小于25m；泡沫炮宜保持在30m，发射时泡沫炮上倾角度宜在30°~45°。移动式泡沫设备使用时，所有参战设备应按灭火计划的分工，各自做好战斗准备，经试射泡沫质量达到灭火要求后，方可下达命令，一齐向燃烧油罐液面喷射泡沫。应当指出的是泡沫进攻一经开始，就不应中断，直至火焰熄灭。同时还应组织必要的水枪射流，保护泡沫进攻人员。

（三）低液位油罐火灾的扑救

当燃烧油罐液位很低时，在油罐壁板高温和气流的作用下，泡沫会受到很大的破坏，降低灭火效果。其常用的扑救方法是增强罐的冷却，降低油罐壁板温度，以减轻泡沫的破坏，提高灭火效果。向轻质油品储油罐内注水，使低液位变为高液位，再向罐内喷射泡沫灭火。无法提高罐内液位时，可在液面上部50~80cm的罐壁板上开孔，从开孔处向罐内喷射泡沫，也可提高泡沫灭火效果。但开孔后，因增加罐内空气对流，燃烧增强。并且开孔较为困难，故一般不宜采用。

（四）顶板塌陷的燃烧油罐扑救

油罐发生爆炸燃烧，油罐顶板一部分掉入罐内油中，一部分在油面上的情况不少。这种情况下，火焰将液面上的顶板烧得很热，对泡沫破坏作用较大，且泡沫不易覆盖遮挡火焰，影响灭火速度。其解决办法是：条件允许时，可提高液面，减少暴露于液面上的顶板或形成水平，然后用泡沫扑救；或者将泡沫钩枪挂于暴露在液面上的顶板一侧，喷射泡沫灭火。同时，泡沫管枪手们用登高工具接近罐顶，直接用泡沫射击高出液面的顶板根部，配合泡沫钩枪，加快火灾的扑救。

（五）数个油罐同时燃烧火灾的扑救

在这种情况下，应采取全面控制，集中兵力，各个消灭的方法扑救。首先是组织必要的力量，冷却全部燃烧和受威胁的油罐，尽力控制火势扩大、蔓延。其次是做好充分准备，调集灭火支援力量、灭火剂、泡沫设备等灭火器材。并根据具体情况确定全部、部分、逐个灭火的战术和计划。三是按照灭火战术和计划，集中兵力，对燃烧油罐发起猛攻。即利用未遭破坏的固定式泡沫和移动式泡沫设备，以及其他灭火器材，合理分配力量，同时扑灭数个油罐火灾，或逐个按次扑灭。四是一般情况下，应先扑灭上风方向的火灾油罐。当上风方向有数个火灾油罐时，应先扑灭对邻近油罐威胁较大的火灾油罐。五是数个火灾油罐同时扑救，必须慎重,不应盲目出击。应根据火场力量,集中优势,不攻则已,攻则必克。急于求成,可能出现全部灭火剂耗尽,连一个油罐火灾也未扑灭的严重后果。

(六) 油品流散油罐火灾的扑救

跑油而造成的火灾,或者油罐爆裂,油品流散,在防火堤内形成大面积火灾,或无防火堤在地面形成流淌火灾,都给扑救工作带来极大困难。应根据具体情况,采取相应的措施,有效地扑灭火灾。

(1) 冷却被火焰包围的油罐。当油罐周围全是燃烧的火焰,灭火人员无法接近油罐时,如油罐上有固定冷却水设备,且未破坏或破坏不严重时,可使用其冷却油罐,避免油罐进一步破坏;如油罐无固定冷却水设备时,也应采用云梯、曲臂梯等登高设备,设法冷却未破坏的油罐。若油罐破坏严重,或者无法冷却未破坏油罐,也可暂时不进行冷却,但应创造冷却油罐的条件。

(2) 扑灭地面火焰。防火堤内有较大面积的燃烧火焰或地面有流淌油火时,应采取堵截包围的灭火战术,集中足够的泡沫枪、泡沫炮等灭火设备,对燃烧区实施分割包围或全面包围,从防火堤或燃烧面边沿开始喷射泡沫或干粉,逐渐向中心流动,覆盖燃烧液面,扑灭油罐外的火灾。

(3) 扑灭油罐内火灾。火场指挥员应根据火场特点和灭火力量,部署罐内外火灾同时扑救,或者是分步进攻。如有较强大的灭火力量,客观条件允许,可采取罐内外火灾同时扑灭,或先油罐外后油罐内的顺序扑灭。条件不允许,应先扑灭油罐外火灾,再扑灭罐内火灾。如果防火堤内油品温度很高,灭火人员很难接近油罐时,可采用云梯等登高设备,或者用泡沫炮,向油罐内喷射泡沫灭火。

(4) 阻止油品流散。在扑救火灾的同时,应注意油品流散状况,防止油品流出防火堤,或者到处流淌,使火灾扩大。如采取加高、加固防火堤;用地下管道或临时敷设管道,将油品或积水排到安全的地方等方法。

三、油罐车火灾的扑救方法

油罐车火灾包括铁路油罐车和汽车油罐车。油罐车火灾往往是在装卸油品的过程中,由于铁器碰撞、静电、雷电等点火源点燃油气而发生,或者是由于撞车、翻车、脱轨等引起大面积火灾。

(一) 油罐车人孔口火灾的扑救

油罐车人孔口火灾,一般形成稳定燃烧,火焰呈火炬状,火焰温度较高,对装卸油鹤管、栈桥及油罐车本身威胁较大。

(1) 隔离灭火法。隔离灭火可利用本章"二、油罐火灾的扑救方法"中,"(一)火炬型燃烧的扑救",即水流封闭、水喷雾、覆盖等方法灭火,其中采用石棉被等覆盖罐口,或将油罐车人孔口盖关闭,使油气与空气隔绝而熄灭火焰较为方便有效。

(2) 利用灭火器灭火。装卸油作业现场大多准备有干粉、灭火器等灭火器材,可利用这些灭火器向人孔喷射,扑灭火焰。着火初期这种灭火法效果最佳。

(3) 直流水枪灭火。当着火时间较长,火焰较大,灭火人员无法接近时,宜用数支直流水枪组成水幕,隔绝空气灭火。也可用泡沫钩管,挂在油罐人孔向罐内喷射泡沫灭火。

（4）注意事项

① 油罐车发生火灾，通常应关闭应急阀门，停止装卸油作业，切断油源，并设法将装卸油鹤管从油罐车内取出。

② 油罐车发生火灾，一般应疏散未燃烧油罐车至安全地带，根据具体情况适时疏散四周的可燃物。条件允许时也可将着火油罐撤离至安全地带灭火。

③ 油罐车发生火灾后，应尽早采取冷却措施，以保护油罐车、鹤管、栈桥及周围建筑，防止火灾扩大。

（二）油罐车流散油品火灾扑救

由于油罐车撞车、翻车、脱轨等情况，油罐破裂，油品流散而发生较大面积火灾。这种火灾热辐射强度大，人员难以接近。这时应根据具体情况采取相应的灭火方法。

（1）冷却油罐防止变形破坏。火场指挥员迅速查明火情，对着火和邻近油罐车进行冷却，防止油罐进一步破坏。

（2）扑灭流散油品火焰。根据地形和地势，采用筑堤、挖沟等办法，阻止油品无控制地进一步流散而扩大火势。与此同时，组织泡沫、干粉、水喷雾等对流散油品火焰发起进攻，将其扑灭。

（3）扑灭油罐车的火焰。在扑灭流散油品火焰之后，应采用泡沫管枪、泡沫炮或者干粉炮等，及时向油罐车火灾发起进攻，扑灭油罐车火焰。采用干粉灭火时应采取冷却措施，防止复燃。

（三）油罐车颠覆大面积流散油品火灾的扑救

这种火灾通常是由于数辆或数十辆铁路油罐车颠覆起火形成。火场情况极为复杂，严重影响其他列车的通行，流散油品还可能影响附近工业设施和建筑的安全。其灭火战术是：根据地形、地势和灭火力量，选准突击方向和突击点，采取集中优势兵力，堵截包围，穿插分割，重点突破，逐个消灭的方法。

（1）控制火势，防止扩大。为防止火势扩大，应千方百计地将未燃机车、油罐车与火灾油罐车脱钩，疏散到安全地带。

（2）筑堤拦油，防止蔓延。采用筑堤拦油的方法，将流散油品控制在一定范围之内，或者挖沟将流散油品引导至易于控制和扑灭的地点。

（3）集中兵力，扑灭火灾。在堵截包围、控制火势的条件下，应集中兵力，采用穿插分割的方法，将燃烧区分割为若干片，然后逐个消灭。扑灭火灾时，可采用泡沫、喷雾水流、砂土、干粉等灭火剂，但应有防止复燃措施。

（4）注意事项

① 通常情况下，应先扑灭流散油品火焰，后扑灭油罐车火灾。但这不是绝对的，有时两者穿插进行，或同时进行。如何选择应根据当时具体情况确定。

② 为扑灭火灾而敷设水带线路时，应不妨碍其他列车通行。

③ 有条件时，可利用火车的机车运水，供应火场冷却和灭火用水。

④ 疏散油罐车、机车时，应注意摘钩人员的安全，必要时应组织水流保护。

四、油船火灾的扑救方法

油船的装卸作业、运输停靠等都在水体中，其甲板面积有限，这使火情侦察、战斗部署、灭火进攻，以及消防技术装备的展开运用，均受到很大的限制，使油船火灾的扑救更加艰难。

（一）油船火灾的侦察

（1）着火油船装载油品种类、数量、燃烧部位和范围、火焰形式，以及火灾扩展的主要方向。

（2）风向、风力、船身停靠方位，四周船只及建筑是否受到严重的威胁。

（3）船体、甲板有无变形，油船设备损坏情况，有无采取工艺措施进行配合的可能。

（4）油品有无沸溢、喷溅或爆炸的可能性，油品是否流入水体，水面有无流散油品的火焰。

（5）船上的自保消防设备情况，有无利用自保消防设备配合消防灭火的可能性。

（二）扑救油船火灾的措施

（1）覆盖窒息法。油品舱口或甲板裂口着火，船体完好无损时，可利用石棉被和其他覆盖物，将舱口盖严，或者关闭舱口盖，也可采用水流、水喷雾封闭舱口，以隔绝油气与空气接触，使其窒息灭火。

（2）船上大面积火灾扑救。船体爆裂，油品外流或重质油品沸溢、喷溅，造成大面积火灾。可利用船上自保灭火设备扑灭火灾，如泡沫、蒸汽等。若自保灭火设备损坏，可采用移动式泡沫或干粉灭火设备进行扑救。甲板上的火灾，可采用覆盖物、泡沫、干粉、砂土等扑救；漂浮在水面上的火焰，应采用漂浮物或水枪拦截的方法，将油品火焰圈在一处，然后用泡沫、喷雾水枪等进行扑救；重质油品沸溢、喷溅时，应先冷却船体，降低船体温度，或者沸溢喷溅停止后，用泡沫或干粉灭火。灭火的同时，对甲板应进行不间断的冷却，对邻近不能驶离的船只及建筑也应进行防卫，以防火灾扩大。

（三）水面上大面积火灾扑救

油品比水轻，油品在水面上扩散燃烧，具有极大的危害。流散油品火焰会随水流向下游移动，严重威胁下游船只、建筑物及水上构筑物的安全。扑救水体表面火焰，首先应采取措施，阻止火焰四处漂流，将其围堵到安全水面，制止火势扩大。如用漂浮物堵截，水枪拦截的方法将火焰围堵到岸边安全地带。再用去油剂、干粉、泡沫等扑灭油品火焰。

（四）注意事项

（1）在装卸过程中发生火灾，应首先切断岸上电源，拆下输油管；有条件时把油船拖到安全地点，防止火灾扩大。

（2）灭火过程中，应尽可能保护船上重要设备，以减少火灾损失。

（3）进入舱内侦察火情时，应戴好防护器材，保证侦察人员安全。

（4）灭火行动中，应注意障碍物，防止碰头、脚滑，以免摔倒或落水。

（5）重质油品发生火灾，应防止冷却水进入油舱，以免造成沸溢、喷溅。注意重质油燃烧征兆，在沸溢、喷溅前将灭火人员撤到安全地点。

（6）灭火过程中，应做好水上警戒，防止无关船只和人员进入火场。

（7）火灾扑灭后，应做好善后工作，防止发生意外事故。

五、桶装油品火灾的扑救方法

在油库加油站中，桶装油品通常储存于桶装库房(棚)或桶装油品堆放场。无论何种形式储存发生火灾，油桶都会受热变形，具有爆炸的危险，情况复杂多变。

（一）桶装油品库房（棚）火灾的扑救

1. 火灾特点

桶装油品库（棚）火灾有两种情况，一种是由建筑物火灾引起油桶火灾；一种是油桶火灾引起建筑物火灾。其结果是可能造成建筑物和油桶油品同时燃烧，还可能引起油桶爆炸，油品流散，火势扩大，甚至油桶连续爆炸，导致油库加油站大面积火灾。这种火灾燃烧时间越长，油桶爆炸的可能性越大；库内流散油品越多，燃烧火焰越旺；严重时流散油品淌出库门，流到库外燃烧。如燃烧时间超过 40~50min，一、二级耐火等级库房的屋面将遭严重破坏，钢筋混凝土保护层脱落，砖墙粉化。在灭火水流作用下，可能导致库房倒塌等事故。

2. 扑救措施

根据桶装油品火灾特点、地形地物、灭火力量，抓住重点，积极防卫，控制火势，运用科学战术，有效地扑灭火灾。

（1）桶装油品库着火，油桶尚未燃烧。火场指挥员根据灭火作战计划，合理布置水枪，迅速向火源进攻，扑灭燃烧部位的火焰。同时用水流保护受到火灾威胁的油桶，防止火势扩大，火灾蔓延。

（2）少量油桶燃烧，库房尚未燃烧。火灾初期，部分油桶起火，但未发生爆炸，应使用泡沫、干粉、砂土等扑灭油桶火灾。同时应组织力量对未燃的油桶和库房进行冷却，防止火灾扩大。如个别油桶或地面少量流洒油品着火，可用石棉被等覆盖灭火，或用干粉、泡沫灭火器，砂土等进行扑救。

（3）油桶和建筑物同时燃烧火灾。由于某种原因，火灾未能扑灭于初期，火势扩大，油桶和建筑物均已燃烧。这种情况下，应根据火场特点，充分准备，部署冷却油桶，扑救库房火灾的力量。油桶冷却与库房灭火应同时进行（扑救库房火灾水流，落到油桶上亦有一定冷却作用）。然后，集中优势力量，采用泡沫枪、泡沫炮、水喷雾等设备向燃烧油桶和地面火焰进攻，迅速扑灭火灾（发起泡沫进攻时可暂停冷却，以免水流对泡沫造成破坏作用）。

3. 注意事项

（1）在油桶连续爆炸的情况下进攻时，应利用地形、地物接近着火点射击，防止油桶爆炸伤人。

（2）库内堆放油桶高低不平，油桶间有空隙，有些地方泡沫不易覆盖，不能及时扑灭。在扑救过程中应不断观察，设法将泡沫喷到任何死角，使火焰彻底熄灭。

（3）扑救油桶和库房同时燃烧的火灾，用水量较多，流散油品火焰随积水扩大而扩大，应组织力量排除或堵截地面火焰。

（4）排除库内积水时，应采取可靠措施，如室外水封井，设临时管路等；将流散油品和积水排到安全的地方处理。

（5）火场需要疏散油桶时，应设专人负责，采取必要的安全措施。如用水流保护疏散人员，确保人员的安全。

（6）设置警戒区，防止无关人员进入，维护火场秩序。

(二)油桶堆放场火灾的扑救

油桶堆放场火灾多因油桶渗漏，分装油品流散地面遇点火源引燃油气而发生，或者油桶装油超过安全容量，夏季高温膨胀爆炸等造成。堆放场油桶在燃烧爆炸时，可向上飞升十多米，甚至更高。在空中继续燃烧，然后向四方散落；有的爆炸油桶，向四方飞出很远，均会威胁四周库房、堆放场及人员的安全。油桶堆放场火灾的扑救方法是，集中兵力，加强冷却，积极疏散，迅速扑灭。

(1) 加强冷却。火场指挥员应组织必要力量，对受到威胁的油桶，及时进行冷却。冷却时可用直流水枪、喷雾水枪、开花水枪射流冷却，以控制火势，防止火灾扩大。

(2) 迅速灭火。对油桶进行冷却的同时，应组织足够数量的泡沫、干粉等灭火力量，在火场指挥员的统一指挥下，向燃烧堆放场发起进攻，扑灭流散油品火焰和油桶火灾。

(3) 积极疏散。对受到威胁的油桶，应指定专人负责疏散，防止油桶爆炸和火灾扩大。必须指出的是，疏散时应随时观察燃烧油桶形状，防止爆炸伤人，且疏散人员应站立在油桶侧面安全地点进行工作。

(4) 筑堤拦油。油桶堆放场发生火灾后，有流散油品时，应组织人力筑堤拦油，防止流到其他堆放场和建筑。条件允许时，也可挖沟排油，将油品引导至安全地带处理。

(5) 注意事项：

① 在油桶有爆炸危险灭火时，应利用有利地形和有利方位进攻，防止伤人。

② 疏散油桶时，应组织必要的水流、水雾对疏散人员进行掩护。

③ 应注意油桶空隙的火焰，不留余火。

④ 建立警戒和监督岗，防止油桶爆炸伤人，或者爆炸飞起油品散落四周，引起新的火源。

六、沸溢、喷溅油罐火灾的扑救方法

储存含水重质油品或原油的油罐发生火灾时，在热波面的作用下，容易发生沸溢、喷溅。油罐火灾发生沸溢、喷溅时，油火将向四周散落，对周围油罐、建筑及火场灭火人员造成极大的威胁。

(一)火灾特点

(1) 火焰温度高。重质油品和原油具有较高的热值，热焓 29309~46057kJ/kg，火焰温度高达 700~1700℃，产生强大的辐射热。

(2) 热传播速度快。重质油品或原油罐发生火灾，热波向液位深层传播速度为 40~120cm/h(与含水量有关)。据此和油罐液位高低估算沸溢、喷溅时间。

(3) 沸溢、喷溅火焰高。

(4) 沸溢、喷溅可多次发生。油罐火灾发生沸溢、喷溅时间，与罐内液位高度和油中含水量有关。液位高，底部水垫层较厚时，有可能发生多次沸溢、喷溅。

(5) 火焰起伏。重质油品或原油罐燃烧中，首先是轻质馏分挥发燃烧，上层重质馏分相对增加，在火焰热辐射作用下，液面产生焦化现象，阻碍液面油气挥发，燃烧速度变慢，火焰减低。随着热油下沉，向液位深层传递，焦化层下油气不断增多，油气压力增大。当油气压力突破焦化层窜出液面时，燃烧速度变快，火焰变高。这就形成了燃烧过程中火焰起伏的现象。

（6）火灾危险性大。由于沸溢、喷溅会造成油火四处散落，形成大面积火灾。

（二）扑救的基本要求

1. 查明情况，正确判断

（1）查明油罐的基本情况。油罐的类型、直径、高度，油品种类，油罐间距等。

（2）查明燃烧情况。着火部位、燃烧形式、火焰高度和颜色，有无沸溢、喷溅动向，对周围的威胁程度。

（3）查明环境情况。火场周围环境、道路、水流、地形，以及可供进攻的路线。

（4）预测可能发生沸溢、喷溅的时间。根据罐内液位高度，水垫层厚度，以及油品燃烧线速度、热波传播速度，估算可能发生沸溢、喷溅的大体空间。另外，还应注意沸溢、喷溅前的征兆。即罐内液面出现蠕动、涌涨、发泡；火焰增大，发亮变白；烟色由浓变淡；罐内发出激烈的"嘶嘶"声等。

（5）综合分析。火场指挥员根据收集的信息，进行综合分析，做出科学的判断，计算灭火力量，组织扑救工作。

2. 充分准备，打有把握之仗

（1）思想准备。火场指挥员应有打硬仗和连续作战的思想准备，全体战斗员要发扬"一不怕苦，二不怕死"的革命精神，并应进行战前动员。

（2）组织准备。应建立合理的火场指挥部，按战斗需要进行严格分工，紧密协作配合。公安消防、企业专业消防、群众义务消防队伍必须协同作战。严格统一指挥，统一行动，保证灭火战斗有序进行。

（3）物资准备。根据计算或估算火场供水、灭火力量，科学地组织好火场供水；准备足够数量的泡沫液和泡沫灭火设备；调集运输工具支援火场工作；准备饮食和饮水，保证灭火人员的需要。

3. 采取正确灭火战术，及时控制火势、迅速扑灭火灾

（1）积极冷却，防止溢沸、喷溅。溢沸、喷溅性油品罐发生火灾后，在未发生沸溢、喷溅前，应集中力量对燃烧油罐进行冷却，并设法排除罐底积水，以预防沸溢、喷溅的发生。

（2）筑堤堵截，阻止流淌。油罐发生沸溢、喷溅后，应采取筑堤方法，阻止油品向四周无控制地流散，将燃烧控制在一定范围内。

（3）堵截包围，分进合击。对流散的地面燃烧油品，应采取战术包围，从不同方向推进，缩小包围范围，直至扑灭。

（4）穿插分割，逐片消灭。对沸溢、喷溅形成的大面积火灾，根据灭火力量计算或估算，集中足够的力量，借助有利地形、地物，使用水枪、泡沫枪、喷雾枪等灭火器材，将其分割成若干较小的片，然后按轻重缓急，逐片扑灭火灾。

（5）攻击油罐，扑灭火灾。将流散油品火灾扑灭后，应抓住有利灭火的战机，集中兵力，向油罐火灾发起总攻。使用泡沫枪、泡沫钩枪、泡沫炮等灭火设备，迅速扑灭油罐火灾。

（6）继续冷却，以防复燃。油罐火灾扑灭后，应对罐壁继续进行冷却，防止油气过多挥发，在油罐高温作用下引起复燃。

（三）扑救中的战术要求

（1）储存重质油品和原油罐燃烧中可能发生沸溢、喷溅，应力争在发生沸溢、喷溅之前

（即起火 30min 内），扑灭火灾。

（2）冷却水时应防止进入罐内，以免导致提前发生沸溢、喷溅，或为沸溢、喷溅创造条件。

（3）在泡沫进攻之前，条件允许时可向油罐内输入冷油，降低油温，然后打入泡沫，以防泡沫进入罐内引起沸溢、喷溅事故。

（4）在有条件时，宜采用液下喷射灭火方法，扑灭沸溢性油罐火灾。

（5）沸溢、喷溅油罐火灾，罐内处于高液位时，在扑救前可用压缩空气进行搅拌，破坏高温层，再用泡沫扑灭。

（四）注意事项

（1）确保指挥部的安全。指挥部是灭火战斗的决策机关，应设于地势较高，便于通信联络及观察整个火场的安全地点。

（2）加强火场组织指挥工作。指挥部应由具有实战经验、战术水平较高的人员组成。各专业组应及时了解火势的发展变化，灵活机动地采取相应措施，确保灭火战斗的主动权。

（3）战斗车辆应位于上风、侧风方向，地势较高的位置，并应与油罐保持不小于 40m 的距离，以保安全。

（4）利用有利的地形、地物，使用防护装具，加强灭火人员的防卫，防止消防人员烧伤、中毒。

（5）组织后备和机动力量，以适应变化了的火场需要。

（6）划出禁区，设立警卫，禁止与灭火无关人员进入火场。

七、油泵房和油管破裂火灾的扑救方法

油泵房和油管火灾多由于油泵和阀门盘根部位漏油，泵壳破裂漏油，遇点火源点燃引发。油管破裂火灾多因腐蚀穿孔、法兰连接密封损坏，或外来机械损伤等跑油、漏油，遇火源点燃引发。油管破裂火灾，通常燃烧的油品向四周喷射，对附近的设备、建筑构成很大的威胁。

（一）油泵房火灾的扑救

油泵房通常都配备有干粉灭火器、泡沫灭火器等设备，有的还有水蒸气灭火设备，或者干粉、自动灭火装置。一般利用这些灭火设置可达到较好的灭火效果。

（1）发生火灾后，应首先停止油泵运转，切断电源和油品来源，再利用现场灭火器材扑灭初期火灾。

（2）若设有水蒸气灭火设备，火灾发生时应首先停止油泵运转，切断油源，关闭门窗，再向室内施放灭火蒸汽，扑灭火灾。

（3）若设有干粉自动灭火装置，火灾发生时应迅速停止油泵运转，切断油源，关闭门窗，人员撤出，监视灭火效果。

（4）当油泵房内发生油品流散，较大面积着火时，首先应停止油泵运转，切断油源，再按灭火计划要求的灭火强度，采用泡沫、干粉、高倍数泡沫等设备，向泵房内喷射或输送泡沫，扑灭火灾。

（5）油泵较大火灾，应采用直流水枪对油泵、管线进行冷却，以防因热应力作用，导致设备破坏，火势扩大。如果泵房为钢结构时，应注意对钢结构进行冷却，防止倒塌，毁坏设

备，火灾蔓延。

（二）油管破裂火灾的扑救

输油管路破裂发生火灾时，通常应采取工艺措施，降低管内油品压力，或者停止油泵运转，关闭着火管段两头闸门，切断油源。然后采取挖坑筑堤的方法，阻止喷出油品流散，火灾蔓延。

（1）地面独立输油管火灾时，在降低管内压力的同时，采用直流水枪或泡沫、干粉等扑灭火灾，也可用砂土等掩埋扑灭火灾。

（2）若多条输油管平行敷设发生火灾时，应在对着火油管灭火的同时，对邻近油管进行可靠冷却，以防油管热胀损坏或法兰密封烧毁，使火势扩大。

（3）管架敷设的输油管路发生火灾时，应冷却管路和管路支架，以免烧毁。

（4）这沟内发生油品火灾时，在水枪冷却掩护下，将管沟盖板撬开，再向管沟喷射泡沫灭火；管沟较长时，可用沙土回填将其分段，然后分别灭火。

（5）输油管发生火灾，在管内压力未降低之前，不应采取覆盖灭火法，否则会引起油品飞溅，造成人员伤亡事故。

八、信息系统火灾的扑救

信息系统火灾主要是指电子设备和通信线路的火灾，多数是由于电气线路和电子设备出现故障引燃可燃物所致。油库加油站的特殊性，也在可能是防雷、防静电接地不当引起火灾所致。

（1）信息系统发生火灾后(如网络机房、通信机房、信息汇聚点等)，扑救难度大，由于设备贵重、精密以及无比的重要性，在火灾扑救过程中保护设备任务重。

（2）火灾发生后，立即将有关电子设备隔离，利用就近配备的灭火器材实施灭火，控制初起火灾，防止火灾蔓延，并迅速判明火灾原因，及时准确地向上级汇报火灾情况及设备隔离情况，提出救援请求，力争将损失降到最小。

（3）一般不宜用水、泡沫灭火剂扑救信息系统火灾，要尽量使用气体灭火剂扑救火灾，如 CO_2 灭火器等。灭火的时候，鉴于部分设备和重要性，有时候需要带电灭火，在保护设备的同时，要做好灭火人员个人防护。

第八章

油库加油站安全检修

设备是油库加油站安全的物质基础，设备完好是油库加油站安全作业的物质保证，安全检修是确保设备完好必不可少的工作。

第一节　设备检修分类与特点

油库加油站设备通常指储油罐、输油管、油泵、装卸油装置、各种阀门，以及为满足工艺和安全要求而设的附属装置和附件等。这些设备安装运行于具有火灾和爆炸危险的场所。所以，安全检修就成为油库加油站设备检修中必须重视和解决的首要问题。

一、设备检修的分类

设备检修通常分为计划内检修和计划外检修两大类。

（一）计划内检修

计划内检修包括根据有关制度规定的日常检修维护和定期专业检修。根据检修的周期、内容要求，专业检修又分为小修、中修和大修三种。

（1）日常检修维护。由岗位人员按制度规定，结合设备的操作运行，综合运用人的感官及必要的工具，分析判断设备是否正常，并进行维护保养。岗位人员如发现无法排除的故障应立即报告，由专业技术人员解决。

（2）定期专业检修。由专业技术人员根据设备检修计划中的检修内容和技术要求，利用专用设备、仪器、工具等对设备进行全面检查，并恢复其技术状态。如遇油库加油站技术力量和技术条件无法解决的问题时，应聘请专业技术部门协助检修，或做出技术性能鉴定。

（二）计划外检修

由于设备运行中突然发生故障或事故，必须进行不停工或临时停工的检修、抢修称为计划外检修。计划外检修是事前极难预料，是油库加油站不可避免的检修作业之一，对油库加油站安全运行影响较大。

由于油库加油站的固有特点，设备的渗漏(阀门压盖、法兰连接、腐蚀孔眼、外来损坏等)、转动装置失灵(联轴、轴承)等情况，目前尚无万全之策加以杜绝，计划外检修不可避免。应大力采用新的科技成果，运用成功的设备管理经验，不断完善和发展设备检修手段，组织预想、预查、预防活动，严格执行日常检查维护和定期专业检修规定，尽量减少计划外检修，变计划外为计划内检修。

二、设备检修的特点

油库加油站其设备和工艺虽没有炼油、化工企业那么复杂，而且大多不在高温、高压条件下运行；油品也没有石油化工原料和产品对设备腐蚀严重。但油品固有的物质危险性，以及油库加油站人员的技术素质水平，致使油库加油站设备检修与其他行业相比具有频繁、复杂、危险的特点。

（一）检修的频繁性

目前是老油库加油站较多，遗留问题较多。经过多年的运行，设备腐蚀、磨损严重，设备老化问题突出。再加上任务、储油品种的变化，设备和工艺的改造、整修、扩建、更新任务繁重，计划内和计划外的检修作业极为频繁。

（二）检修的复杂性

油库加油站设备和工艺虽然较为简单，但涉及多种应用科学和工程技术知识，要求专业技术人员及检修人员具有丰富的知识和技术，熟练掌握不同设备的结构、性能和特点。再加上油库加油站设备检修的频繁，计划检修的变更，计划外检修的无法预测，检修人员少、技能较差，非专业人员比例高，洞内和露天检修作业受环境、天气的制约，高空和地面、设备内外检修作业的交错，临时人员进入检修现场工作较多等。这些情况增加了检修的复杂程度。

（三）检修的危险性

油品固有的物质危险性决定了油库加油站设备检修的危险性。设备和工艺管路中都会残留着易燃易爆有毒的油品，在客观上具备了发生火灾、爆炸、中毒等事故的物质条件，稍有疏忽就会发生重大事故。

（四）人员流动性大

由于油库加油站专业技术人员及检修作业人员流动性大，且经过专门技术培训的少。技术素质差，这对保证设备检修安全和质量极为不利。

油库加油站设备检修的这些特点，决定了安全检修的重要性。

第二节　安全检修的一般要求

检修前认真做好各项准备，包括技术培训非常重要，检修中严格执行安全制度，检修后按技术要求验收和试运行，是油库加油站设备安全检修的三个重要环节，也是设备安全检修的一般要求。

一、安全检修的准备

无论是计划安排的设备检修，还是计划外的设备抢修，都必须按有关规定办理作业票证。如动火作业票、进入罐内作业票等。作业票证的申请、审核和批准是油库加油站设备安全检修准备工作的重要内容。除此之外，还应在组织领导、安全措施、安全教育、设备材料、停运清洗、施工要求等方面做好准备。

（一）组织领导

油库加油站安全检修的组织领导应根据检修作业的项目和内容，工作量和性质，场所的危险等级等建立检修作业临时指挥机构。一般来说，大修和中修应建立检修作业指挥机构，就是小修作业和日常维护也应有两人以上参加，并指定一人负责安全。

检修作业指挥机构应编制和审核检修计划；明确检修项目、内容及人员分工，使项目负责人充分了解工程细节、施工的技术要求和要领；明确项目或区域及岗位的安全负责人，组成安全网络，确定安全人员的职责及相互配合、联络的程序。检修指挥机构应编绘人员分工、施工进度、安全人员的网络、配合程序、主要安全事项等内容的图表。凡是参加检修的人员必须服从检修指挥机构、项目负责人的统一指挥、统一调度。

（二）安全措施

安全检修除了严格执行动火、动土、罐内作业、电气、高空作业等安全规定外，还应根据检修作业的内容和性质、涉及范围、场所的危险等级提出补充安全要求，制定相应的安全检修措施，明确作业程序和操作规程、消防人员和消防器材的配置、进入现场的安全纪律，以及安全人员现场宣传、检查、监督的职责。

（三）安全教育

检修之前应召集参加检修的全体人员进行安全教育。宣布领导机构成员、各级负责人及安全人员名单；宣讲安全检修纪律、规定及安全注意事项；明确检修项目和内容，检修作业的范围和区域划分，检修计划进度和检修作业程序，检修质量和安全标准，联络和配合方法，危险工程和意外情况的处理原则。项目或工区负责人应召集所属项目或区域的全体人员会议，将检修项目的内容和安全要求具体化，有关检修中的安全措施落实到岗位和人头。

安全教育应贯穿于设备检修的全过程，根据检修时间长短和检修过程中的具体情况，在施工期间或施工后期要及时总结前期检修作业中安全和质量情况，针对发生的事故、重大事故苗头和存在问题，重申或补充有关安全检修规定；总结交流安全和质量方面的经验，强调验收和试运行的安全、质量要求，以及安全注意事项。

（四）技术资料

设备检修施工前必须将设备、工艺图纸，相关的标准、规范，检查和检验表格、记录，以及设备、工艺改造、整顿、变更和零部件加工图纸等都要准备齐全。

（五）设备材料

根据设备检修项目、内容和要求，请领、购买所需设备、附件、材料，并检查核对数量质量情况，使之符合技术要求；对检修中所用重点设备和机具进行安全技术检查，保证安全适用；如有高空作业时，应按要求准备搭设脚手架；对安全装具和分析测量仪表，指定专人仔细检查或检验，确保技术状况良好；检修中所要使用的消防设备和消防器材也必须进行认真检查，确保有效好用。

（六）设备停运清洗

设备内部有油品或油品残留物必须根据安全检修的要求进行隔离封堵，排净油品，清扫清洗，还应根据油气逸散距离确定危险区域的范围，设置界标或栅栏。

（七）施工要求

施工要求应在检修准备阶段制定，由检修作业指挥机构审核批准。诸如设备的排空清洗、盲板抽堵、更换零部件、检修部位的具体操作和步骤，以及检修应达到的质量要求等都应在施工方案中阐明。

另外，动火作业的安全措施、焊接工艺、施工要求、检验方法、评定标准等都要提出明确的规定和要求。

二、安全检修的实施

安全检修的实施主要是将严格执行安全制度，落实安全措施贯穿于检修作业的全过程。

（一）检修开始前的检查

检修作业开始之前，必须检查安全措施是否全部落实，其内容主要有：

（1）参加检修作业人员是否适于承担工作。

（2）个人防护装具是否符合检修作业的安全要求。

（3）防毒面具技术状况是否经过检查，数量是否满足要求，急救措施是否落实。

（4）检修作业现场危险区域界标或栅栏，以及检修人员安排是否合理。

（5）设备、工艺管路的隔离封堵，排空清洗是否按要求实施。

（6）通风系统是否按照安全技术要求设置，技术状况是否完好。

（7）电气设备（含自带电源、手电等）是否符合危险场所使用要求，电气防护设施是否完备。

（8）起重机械、吊具、索具是否经过检验，技术状况是否符合要求。

（9）高空作业的脚手架搭设是否牢固、可靠，安全标志是否符合要求。

（10）动火、动土、罐内、高空作业等是否办妥审批签证（票）。

（11）危险场所是否按照安全技术要求进行了检测，检测结果清楚。

（12）消防设施和消防器材是否经过技术检查，配置和数量是否满足要求。

（13）检修作业所需的设备、附件、材料等规格、数量、质量是否满足检修要求；检修所用工具是否符合使用场所安全要求等。

上述内容并不是每项检修作业都有，针对检修作业实际，列出检查内容，逐项落实。如发现不落实之处，应责成有关部门和人员限时解决。

（二）安全检修作业

检修作业开始后，各级安全人员应加强安全检查和监督，使安全制度和安全措施真正落实，付诸检修作业的活动之中。

（1）检修人员每次进入作业现场前，都应检查个人防护装具和工具，并清点人数。

（2）动火、动土、罐内、高空作业时，应按有关安全技术要求进行检查和检测，如作业票证、有害气体浓度、防毒面具、通风保障、安全装具等。

（3）工程技术人员必须在现场指导、检查检修人员的作业活动，发现问题及时解决。

（4）安全负责人或项目负责人应进行巡回安全检查，岗位安全人员应检查督促检修人员严格按操作规程和安全要求进行作业。

（5）必要时应派出安全监督员，监视油品、油气的泄漏，检测危险场所有害气体浓度，控制在危险场所的作业时间等。

（6）检修作业中应随时检验检修质量，发现问题及时采取补救措施。

（7）检修作业中，应对检修内容、设备的缺陷、作业方法、更换的附件等做详细记录，并对每道检修工序按有关标准进行质量检查，做好记录。

（8）每次作业结束时，项目负责人和安全负责人必须进行安全检查，组织清理现场，切断电源，清点人数，确认无误后，方可撤离现场。

（三）检修中的宣传教育和监督检查

在整个检修作业过程中，各级负责人和安全人员，应采取多种形式进行安全宣传教育和监督检查。

（1）班前结合检修作业内容提出或宣讲安全检修规定、安全注意事项。班中随时注意提醒检修人员严格执行作业程序、操作规程和安全规定。班后讲评安全工作情况。

（2）加强现场的安全巡回检查，如发现违章指挥、违章作业时，除及时制止外，根据情节给予批评或处罚。

（3）加强检修作业现场，特别是危险区域的监护，严禁与检修无关人员进入，保证危险区域界标或栅栏的完好。

（4）检修现场应经常清理，设备、材料、工具放置有序，道路畅通无阻。

（5）对动火、动土、罐内、高空作业，以及起重和电气设备的检修尤应重视，严格监护检查，确保有关安全制度和安全措施的严格执行。

（6）检修作业如果发生事故，按预订的措施，组织现场人员扑救，疏散物资、器材，控制事故的扩大。与此同时向上报告，发出救援。发生跑油时，应首先熄灭所有火源，切断油源，封堵跑油口，拦截失控油品。发生中毒事故时应采取抢救措施；发生火灾、爆炸事故，在抢救人员的同时，发出救援，利用现场消防设施和消防器材进行扑救，力争扑灭火灾于初期，或控制火灾扩大。并及时发出救援。

三、安全检修的验收

验收和试运行是油库加油站安全检修作业在项目、工序质量检查基础上的综合质量检验和评价，是检修作业总结的重要组成部分，也是检修后投入运行前的必要准备。

（一）检修结束前的安全检查

检修作业结束前，项目负责人和安全负责人员应组织有关检修人员进行一次全面的安全检查。必要时，请操作人员参加，为验收和试运行作好准备。其主要内容是：

（1）清点工具、器材等，防止遗留在设备或工艺管路内。

（2）按照检修规定内容逐项检查、核实，以免漏掉检修项目。

（3）因检修需要架设的隔离封堵及盲板是否拆除、恢复。

（4）检修中拆移的防护装置，如盖板、接地、跨接、栅栏、栏杆等是否恢复原状，满足安全要求。

（5）检查项目、工序质量检验记录，以进一步核对检修项目和质量标准是否达到要求，并将记录整理。

（6）清理检修现场，达到"工完料净地清，所有道路畅通"的要求。

（7）整理技术资料，装订成册，提出验收和试运行申请。

（二）验收和试运行

在检修作业指挥机构的领导下，组织工程技术、检修和操作人员对检修项目进行验收和试运行。

（1）按照检修计划内容，逐项进行外观检查，核对检修质量检验记录，必要时抽查检修质量。

（2）根据规范、规程和制度规定检查性能测验记录，或者组织测验。

（3）组织强度和严密性试验必须按有关规定执行。

（4）试运行前，必须认真检查：

① 该抽堵的盲板是否抽掉，设备和工艺是否符合试运行要求；

② 各阀门是否灵活、好用、符合试运行前的打开、关闭要求；

③ 全部管路和仪表接头是否复位；

④ 电源线连接是否正确，接地和跨接是否符合安全要求；

⑤ 转动部件用手盘车检查是否正常，冷却和润滑系统是否完好；

⑥ 所有安全附件、仪表、信号装置等是否齐全、好用、灵活可靠等。

经检查核实无误后方可进行试运行。

（5）试运行合格后，按规定办理移交手续，正式投入运行。

（6）整理移交技术资料，所有检修和验收中的技术资料都应整理移交。验收报表等都应作为技术资料移交、归档。

（7）在检修设备正式投入运行前，检修时临时设置的装置和设施全部拆除。并清除易燃物，清洁现场。

四、小修和计划外检修

以上所述是中修、大修作业的一般安全要求，其原则精神也适用于小修和计划外检修。

这里值得一提的是计划外抢修。抢修有两个特点。其一是动工日期和时间事前无法选定，也没有时间充分准备；其二是为了尽快修复，必须连续作业，直至完工。因此，油库加油站应制定各种情况下的应急处置方案，做到人员、抢修材料和工具、安全措施等预有准备。另外，在抢修过程中，必须冷静细致，充分估计可能出现的危险，采取一切必要措施，以达到安全抢修的目的。

第三节　安全检修中的隔离封堵和清扫清洗

隔离封堵和清扫清洗既是油库加油站安全检修的准备工作，又是安全检修作业的重要内容。隔离封堵是断绝油品、油气与检修现场的联系，防止油品和油气窜入检修现场。清扫清洗是清除设备内的残油、油垢、沉渣和油气，消除检修现场的危险物质。两者都是为安全检修，特别是为动火、罐内作业创造一个安全、卫生的作业环境。

一、安全检修中的隔离封堵

油库加油站安全检修作业前一般都应做到可靠的隔离封堵。这项工作不仅本身具有危险性，而且作业质量的好坏对检修安全影响极大。

（一）盲板抽堵

在油库加油站检修设备与运行设备和工艺系统间的隔离封堵，通常的办法是输油管路和通风管路的眼圈盲板转换及盲板抽堵。盲板、眼圈盲板一般设置在油管或风管可拆卸的闸阀、伸缩节接头或法兰连接处。

（1）盲板制作。根据运行系统介质、压力、温度选用相适应的材料，其口径应与封堵口径适应，并留有取放突耳。垫片材料应能耐受管内介质腐蚀。

（2）泄压排净。在盲板抽堵时，应将设备和管内压力降下，油品排净后进行。特殊情况或抢修作业抽堵盲板时，应结合当时的具体情况和条件采取相应的安全措施。

（3）抽堵作业。盲板抽堵应办理审批手续；使用的工具和照明应满足场所的防爆要求；高空作业应有牢固的脚手架，戴安全帽，系安全带；洞内、室内及通风不良场所作业时应注意通风，控制作业时间，室外作业时操作者应在上风方向。作业中应严格执行规定程序和操作要求；应有安全措施，专人监护，准备必要的消防器材；特殊情况或抢修，在带油、带压的条件下作业时，尤应采取有效的安全措施。

（4）记录核查。盲板抽堵应根据检修设备、工艺与运行设备、工艺的联系，制定抽堵方案，对需要隔离封堵的部位绘制必要的图表，订出作业程序和安全要求。抽堵作业时按要求逐一记录核查，以防漏堵。检修结束时，再按要求逐一复位核查，以防止遗漏。

（二）场所隔离

安全检修中，对于动火等有火源作业，需从设施上采取隔离封堵措施。

（1）局部场所隔离封堵。采用不燃材料构筑隔离墙，并用不燃材料抹面，以防止隔离油品和油气进入检修场所的通道，使检修现场与相邻场所断绝联系，形成局部安全区域。

（2）局部送气通风。设置送气通风系统，隔离阻止油气进入检修场所，从而保证检修作业的安全进行。检修作业中，始终保持局部压力高于周围环境压力，这个条件必须满足。

（3）设备和工艺管路隔离。采用上述隔离封堵措施时，还必须将与检修设备相连接的设备和工艺系统用盲板封堵，断绝油品和油气来源。

（4）油气浓度监测。采用局部场所隔离封堵措施时，每次检修作业开始前30min内应用防爆可燃气体测定仪检测检修场所的油气浓度。采用局部送气通风隔离封堵措施时，应用两台同型号规格的防爆可燃气体测定仪监测检修过程，每隔10min左右检测一次。

可燃气体浓度在爆炸下限的1%以下时，可在无防护条件下进行检修作业，浓度在爆炸下限的1%~4%时，可戴防毒面具进行检修作业，时间不得超过30min，间隔时间不少于1h；浓度在爆炸下限的4%~40%范围内时，必须佩戴隔离式防毒面具作业。当浓度达爆炸下限40%时，应停止检修作业，查找原因，采取措施。

二、安全检修中的清扫清洗

油库加油站安全检修之前，必须将储油设备、工艺管路内的油品排净，清扫残油和沉积物，清洗油污，置换油气，方可进行检修。

（一）主要清扫清洗作业

（1）储运油容器按制度规定的清洗、更换储油品种的清洗、防腐和检修前的清洗、储油罐拆除清洗等。

（2）输油管路更换输油品种、内部防腐处理、拆除、改线或增设分支管路等情况下的清洗，以及呼吸管路内部防腐时清洗。

（3）油泵、闸阀、过滤器，以及设备检修、安装前的清洗等。

（二）清洗作业的步骤和方法

（1）清除底油或残油。将储油容器、工艺管路、设备、油泵、闸阀、过滤器内的底油或残油，采取人工或机械方法排净。

（2）清除沉积物和油污。采用人工或机械方法进行，如利用木屑、蒸汽、高压水、清洗剂等材料将储油容器、设备和工艺管路内的沉积物清除。

（3）通风换气。采用机械或自然通风方法，排除设备内的油气。其浓度在爆炸下限的40%时，方可戴防毒面具进入设备内进行作业。

（4）清除锈蚀、旧涂层。可结合具体实际，采用人工、机械、化学方法实施。宜采用碱液、水基清洗液、水冲型脱漆剂、三合一除漆剂，或利用手工方法清除。严禁使用甲苯、二甲苯、汽油等溶剂，禁用火焰清除旧涂层。

（5）清洗中的通风。凡有人进入设备内进行作业时，应始终保持通风良好，使空气质量符合 GBZ 2.1—2007《工作场所有害因素职业接触限值 化学有害因素》空气中有害物质最高允许浓度的要求。

（6）使用工、机具的要求。清洗作业所用工具、机具应符合清洗作业场所危险性的要求。凡有可能产生火花（如机械除锈）时，应按动火作业要求，办理动火作业审批手续。

由于油库加油站清洗设备、工艺管路的情况和工作量差别很大，所处场所的危险程度各有不同，具体清洗作业时，应根据不同情况按此原则精神制定清洗方案。

三、清洗作业应注意的安全事项

油库加油站较大的清洗作业都必须制定清洗作业方案，明确有关注意事项。

（1）明确清洗作业的组织领导、安全负责人、安全监督及人员的职责和分工。

（2）明确清洗作业的项目和内容，涉及范围及隔离封堵的方法和部位，安全作业程序、方法和手续。

（3）明确防火、防爆、防静电、防中毒、防工伤等方面的安全要求，污水、污物的处理方法和标准。

（4）明确通风换气采用方法，油气浓度检测方法和安全标准。

（5）明确清洗作业现场危险区域划定，消防器材、安全界标或栏栅的设置。

（6）对清洗作业中各种作业证签发和技术资料的记录、整理等方面都应提出具体的要求。

以上各点只是在原则上提出了安全事项应注意的方面，具体要求和标准可参考有关规程中的相关内容。

第四节　动火、动土、罐内和高空作业

动火、动土、罐内、高空等作业是油库加油站安全检修经常进行的作业活动，且都具有较大的危险性。因此，动火、动土、罐内、高空作业的安全是油库加油站安全检修、安全管理的重要内容。

一、动火作业

在油库加油站的检修、改造、扩建、系统调整中，经常需要对管路和储油容器进行切割、焊接作业，或者其他明火和易产生火种的作业。这些作业都可能引发着火爆炸事故。

（一）动火的含义

在油库加油站中，凡是动用明火或可能产生高温、火花等火种的作业都应属于动火作业的范围。作业如在禁火区进行，都应办理动火作业审批手续，落实安全防火措施。

（二）禁火区与非禁火区的判断

凡是油库加油站中的爆炸危险场所及储存可燃物的场所都应按禁区看待。但为使油库加油站动火作业安全可靠、经济合理，尚应具体分析判断禁火区内各种物资的易燃程度，油气发生源及爆炸性混合气体的形成因素。根据发生火灾、爆炸危险性的大小，可能造成的危害等确定相应危险范围。

（1）禁火区的判断可按照"第三章，第七节　油库加油站爆炸性混合气体的形成及判断"所述内容进行。

（2）非禁火区是指油库加油站危险区域内的局部安全区。它应符合如下各条：

① 非禁火区应符合第三章"表2-6 石油库内建筑物、构筑物之间的防火距离"的规定。

② 在任何气象条件下，设备正常运转时油气扩散不到非禁火区，非禁火区油气含量不应超过爆炸下限的1%。

③ 室内非禁火区，应与油气发生源隔开，不允许有朝向油气源方向的门窗，其他方向的门窗应朝外开，且道路畅通。

④ 非禁火区周围10m以内不得存放油品及其他可燃物。作业使用的少量有桶盖的电石允许存放。

⑤ 非禁火区动火作业时也应备有适量的灭火器材。

（三）动火作业的安全要求

（1）动火作业票(证)。禁火区内动火时，应办理动火的申请、审核和批准手续，明确动火的地点、时间、范围、方案、安全措施。动火作业手续不齐，安全措施没有落实，动火内容、地点变更，动火作业时间过期等都不准动火。

（2）协作联系。动火作业前应由审批单位通知协作作业单位和相关单位，有关动火作业的设备、部位、时间和协作(调)内容；动火单位应主动与协作和相关单位联系，协调有关事宜；动火负责人和安全负责人应共同组织各项动火作业，落实安全措施，并做好全面记录。

（3）拆迁封堵。凡是可以拆迁至非禁火区或其他安全地方进行动火作业的设备、零部件等，不应在禁火区内动火，尽量减少在禁火区动火的工作量。拆迁设备、零部件后的孔洞应立即封堵，以防油品流失或油气散发。

（4）隔离封堵。凡与动火设备、工艺管路相连的运行设备、工艺系统都必须可靠隔离封堵，以防油品、油气泄漏到动火设备、工艺管路和动火作业场所；必要时应将动火区与其他区域用防火墙等措施隔开。

（5）移去可燃物。将动火地点周围10m内的一切可燃物都应移至安全场所。

（6）灭火措施。动火期间作业点附近的水源应充足，不中断；灭火器材数量足够，性能好；按安全措施派消防车和消防人员到现场，并做好灭火的充分准备。

（7）动火分析。动火分析主要是油气检测、分析，危险区域范围判断。一般在动火前30min进行，如动火中断30min以上应重新分析。分析数据应做记录，分析结果应填写分析化验报告，并签字。重要的动火作业应留试样保存到动火结束之后。

（8）检查监护。根据动火作业性质、范围及场所的重要程度，可能发生事故的严重程度，检修作业指挥机构、项目和安全负责人应会同有关人员，按照动火作业方案和安全措施，逐项检查落实，进一步明确和落实动火现场的指挥和监护人，交代安全事项。

（9）动火作业

① 动火作业应由经考试合格的人员担任，无合格证的人员不得独立从事焊接工作。

② 动火时应注意火星飞溅方向，采用不燃材料挡板来控制火星，防止落入危险区域。

③ 高空动火作业时应戴安全帽、系安全带，遵守高空作业安全规定。

④ 氧气瓶、乙炔发生器或乙炔气瓶不得泄漏，两者间距不小于5m，距明火10m以上。

⑤ 电焊机火线和接地线应完整无损，连接牢固。禁止用铁棒代替接地线或搭接于固定接地点，接地线应接在靠近焊接处的设备上，不准采用远距离接地回路。

⑥ 动火作业超过半小时以上，应检测现场油气有无变化。

⑦ 在动火作业中，相邻设备一般应停止收发、灌装等作业，以防逸散的油气威胁安全。

⑧ 动火作业中如遇跑油或大量油气逸散等不正常情况时，监护人员即令停止动火。恢复正常，重新进行动火分析、办理动火手续后，方可继续动火作业。

⑨ 动火作业中如遇六级以上大风时，一般不应在高处动火，也不宜继续动火。

⑩ 动火作业结束时，应清理现场，熄灭余火，做到不遗留火种，切断电源。

二、动土作业

油库加油站地下各种管路、电缆等设施较多，在动土作业中，往往由于没有完善的技术资料和安全管理制度，不明地下设施情况，而将电缆挖断、电缆受损击穿、土石塌方伤损管路、渗水跑水威胁地下设施、人员坠落受伤等事故发生。因此，动土作业应是油库加油站安全检修的一个不可忽视的内容。

（一）动土作业的含义

在油库加油站安全检修中，凡是可能影响到地下电缆、管路等设备、设施安全的地上作业都应视为动土作业。

（二）动土作业的安全要点

为保证地下设施的安全，油库加油站应绘制地下设施分布总图，划分不同区域的动土作业要求，并及时修改，使其准确反映地下设施情况，作为安全检修和动土作业的依据。

（1）审核批准。凡进行较大的动土作业时都应填写动土作业申请表，写明作业地点、时间、内容、范围、施工方法、土方堆放场所及安全措施，经主管部门审核，领导批准。审核时应与《地下设施分布总图》对照，明确动土作业范围内的地下设施情况，应注意的问题和安全要求，提出同意与否的结论性意见，供领导批准时考虑。

（2）防止破坏地下设施。动土作业中对地下电缆、管路及埋设物，不准用锹、镐、棍等工具撬动，也不准用机械挖土；在挖掘中发现事先未预料到的设施或不可辨认物时，应立即停止工作，报告有关部门，严禁敲击、玩弄或私自处理；机械作业在建（构）筑物附近时，距离至少应在1m以上，防止碰撞。

（3）防止塌方和水害。开挖沟、坑、池等时，必须根据土壤性质和湿度决定边坡或设置支撑。开挖前应根据地面排水系统设计土方堆放场地，必要时构筑临时排水系统，湿陷性黄土地区尤应重视。沟、坑、池挖至地下水位以下时，应考虑排水措施和排出水的方向。施工中应经常检查支撑的安全状况，有危险征兆时应及时加固；已挖基槽、基坑遭水害时，应检查土壤变化情况，采取技术措施，以保基础质量。当有陷塌、滑坡的危险时，下面工作人员必须离开工作面，组织力量挖去滑动部分或采取防护措施后，再进行工作，尤其是雨季和化冻期更要注意陷落。上下基坑时不准攀登水平支撑，禁止一切人员在基坑内休息。在铁塔、电杆、地下埋设物及铁路等附近挖土时，必须在周围加固后方可进行作业。更换支撑时，必须先安后拆；拆除支撑时应先上后下，一般土壤同时拆除的木板不得超过三块，松散和不稳定土壤一次不得超过一块。车辆和行人在开挖处通行时，一般应离开 2m 以上。

（4）防止机械工具伤害。人工开挖的各种工具必须坚实，手柄应用坚硬木料，并加倒楔使其安装牢固；挖土作业时，人员应保持安全距离。机械开挖作业时，应规定开机音响信号；挖土作业中禁止任何人在举重臂、吊斗下面逗留或通过，不准在回转半径内进行辅助工作；机械停止作业时，应将吊斗放在地上，不准使其悬空；消除吊斗内泥土、卡石，应停机并经司机允许；夜间作业时，必须有照明。

（5）防止坠落。挖掘的沟、坑、池等应在周围设置围栏和警语标志，夜间设红灯示警；人员上下沟、坑、池时应铺设防滑板；挖土作业中预留人行土堤应根据土壤性质放坡或支撑加固，顶宽至少 70cm。

（6）防止中毒。在可能有油气或其他有害物质处开挖时，应事前做好防毒准备，派技术人员现场指导，准备必要的消防器材。必要时应佩戴防毒口罩或面具进行工作，并禁止一切烟火，遵守有关安全规定。

三、罐内作业

凡是进入罐内进行检查、测试、清洗、除锈、涂装、检修、施焊等工作都属罐内作业的范围。另外，在油罐室、地坑、管沟、检查井或其他易于集聚油气的场所作业，也宜根据具体情况视为罐内作业考虑安全问题。

（一）罐内作业程序

罐内作业程序是腾空准备→清除底油→通风换气→气体检测→进入罐作业。腾空准备、清除底油、气体检测等都是罐内作业的准备工作，其安全要求见"第三节　检修中的隔离封堵和清扫清洗"和《军队油库油罐清洗、除锈、涂装作业安全规程》（YLB06）中的有关内容。

（二）罐内作业的安全要点

罐内作业是油库加油站危险性较大的一项作业。从以往罐内作业发生的事故看，主要是中毒窒息和爆炸。针对事故原因提出如下罐内作业安全要点。

（1）可靠隔离。需要进入罐内作业的油罐，必须将与其相连的设备、油管、呼吸管、通风管等可靠隔离，绝不允许油气等有害气体窜入。

（2）通风换气。每次进入罐作业前必须经过通风换气，排除有害气体；罐内作业中宜保持通风，特别是化学清洗、化学除漆、涂装、除锈等易产生有害气体、粉尘的作业，必须保证罐内作业全过程通风。

（3）气体监测。进入罐作业前应对罐内气体进行检测，作业中应根据情况进行抽测，保证罐内气体中有害物质含量符合安全卫生要求。

（4）罐外监护。罐内作业应两人（含）以上，罐外一般宜派两人监护。监护人员应当位于能经常看到罐内操作人员的地方，眼光不得离开操作人员；监护人员除向罐内操作人员递送工具、材料外，不得从事其他工作，更不准擅离岗位；发现罐内有异常时，应召集有关人员，将罐内受害人员救出进行急救；如果无人代理监护人，在任何情况下，监护人也不得自己进入罐内；凡进入罐抢救人员，必须戴防毒面具、安全带等防护器具，决不允许不采用任何防护而冒险进入罐抢救。

（5）用电安全。罐内作业照明和使用的电动工具，必须使用隔爆型电器，防爆等级应符合场所安全要求，电缆应采用重型橡套类型，且中间无接头、无破损，不得承受拉力。罐内油气浓度在爆炸下限的 40% 以上时，应视为 0 级场所，不得使用电器设备，不宜进入罐作业。罐内动火作业必须符合动火作业的安全要求。

（6）个人防护。罐内作业，操作人员应穿戴好工作帽、工作服、工作鞋，皮肤不得外露，宜对全身进行防护。罐内作业的可燃气体浓度和作业时间参阅本章第三节"一、安全检修中的隔离封堵"中的有关内容。

（7）空中作业。罐内作业使用的升降机具、脚手架、梯子等的安全装置应齐全、完好，并有防滑措施。具体要求按《军用油库加油站油罐清洗、除锈、涂装作业安全规程》（YLB06）中的有关内容执行。

（8）急救措施。根据油罐安全情况、作业的危险性，事前做好相应的急救准备工作。如在罐下部无人孔的油罐内或下部无出入口的罐室内作业，具有较大的危险时，宜使用具有腰带（胸带）和肩带的安全带，肩带中央有铁吊环的构造为好，以便将受害者成站立姿势拉上来；监护人应握住安全带的一端，随时准备将操作人员上拉；罐外至少准备一套隔离防毒面具等急救用品。

四、高空作业

在油库加油站常有从高处坠落事故发生。因此，做好预防高空坠落工作，对落实油库加油站安全检修具有很大的作用。

（一）高空作业的一般安全要求

在油库加油站设备检修中，凡是在离地面 3m 以上、在散发油气或其他危险环境离地面 2m 以上位置进行作业，都应视为高空作业。在高空作业中，凡是能在地面进行的工作，绝不应在高空进行，以减少高空作业的工作量和时间。

（1）作业人员。凡是患有精神病、癫痫病、高血压、心脏病等疾病的人员不准参加高空作业；患高度近视眼病的人也不宜从事高空作业；酒后、精神不振时禁止登高作业。

（2）作业条件。高空作业均应先搭脚手架，采取防坠落措施，方可进行作业；在没有脚手架或脚手架无栏杆时，应使用安全带或采取其他安全措施；登高人员不宜穿易滑的塑料或硬底鞋；移动式脚手架（特制带轮弧形脚手架）移动时架上不应有人，也不准放置工具和材料。

（3）现场管理。高空作业现场应设围栏或其他明显标志；不准闲杂人员在作业点下面通行或逗留，作业人员也不宜在脚手架下面休息；进入高空作业现场的所有人员都应戴安全帽。

（4）防工具材料坠落。高空作业应一律使用工具袋，工具不准随意散放，较大的工具用绳拴在构件上；在格栅平台上应铺设木板或其他材料；不准用投掷的方式上下递送工具、材料，应采用绳子吊的方法传递；上下层同时作业时，中间必须有严密牢固的隔离设施；工作中除指定的、已设围栏或落料处、槽，可向下倒物料外，严禁向下抛掷物料。

（5）防触电和中毒。脚手架搭设应避开高压线，无法避开时应保证高空作业中电路不带电，或者操作人员在脚手架上带工具、材料活动范围与电线间的最小距离大于安全距离（电压≤110kV 时 2m，≤220kV时 4m)；高空用电作业，导线必须绝缘良好、无接头，有金属脚手架时尤应重视。高空作业点附近如有油气或其他有害物排放时，除作业期间不宜排放外，应向作业人员交代清楚，讲明危害，提出安全要求，并制定意外情况下的应急安全措施。

(6) 气象条件。在 6 级以上大风及暴雨、打雷、大雾等恶劣天气时，应停止高空作业，冬季在零下 10℃以下从事露天高空作业时，应采取防冻伤措施，必要时可在附近设取暖休息场所(但应符合防火、防爆要求)。

(7) 注意结构性能。在罐顶、屋顶等设备、建(构)筑物上作业时，临空面应设置牢固、可靠的栏杆、安全网；严禁直接在无安全措施的石棉瓦、油毡等易碎裂材料的屋顶上作业，此类结构宜在显眼处设警告标志。

(二) 脚手架的安全要求

高空作业的脚手架和吊架应具有承载人员和材料等质量的强度，通常脚手架板荷载不得超过 270kgf/m²，使用时禁止超载。

(1) 脚手架材料。脚手架柱、板应本着就地取材的原则，选用竹木或金属板、管等材料。木材应采用杉木或其他坚韧的硬质木料，禁止使用杨木、柳木、桦木、油松等易折断的木料；用竹子作架杆时应采用坚固无伤的毛竹，不准使用青嫩、枯黄，或有裂纹、虫蛀、受过机械损伤的毛竹；金属管线应无腐蚀、连接部分完整无损，不得使用弯曲、压扁、有裂缝的管子。木质脚手架踏板厚度不应小于 4cm。

(2) 脚手架的连接与固定。脚手架与建筑物连接应牢固。禁止将脚手架直接搭设在建筑的木楞、未经计算附加荷载的结构上，也不得搭设于固定栏杆、管路等不牢固结构上；立杆或支杆底部(埋入地下和地面)应根据土质设置防沉装置；连接各构件间的铰链螺栓，一定要拧紧，用铁丝绑扎一定要牢固。

(3) 脚手板、斜道和梯子。脚手板的两头应放在横杆上，不准在跨度中间有接头。斜道板必须满铺在架子的横杆上；斜道两边、拐弯处和脚手架工作面外侧应设 1m 高的栏杆；通行手推车的斜道坡度不应大于 1∶7，其宽度单向通行时不小于 1m，双向通行时大于 1.5m；斜道板厚度不小于 5cm。脚手架一般应装设牢固的梯子，以方便人员上下。使用起重装置吊重物时，不得将起重装置和脚手架结构相连接。

(4) 照明和防滑。脚手架上禁止乱拉电线。夜间施工设照明线路时，木、竹脚手架应加绝缘子，金属脚手架应加设横担，布线整齐。冬季施工应及时清除脚手架上的冰雪，撒上砂子、锯木、炉灰，或铺草垫等防滑。

(5) 悬吊式脚手架和吊篮。悬吊式脚手架和吊篮应经设计和试验，所用吊绳 (含钢丝绳、麻绳等)直径由计算决定。计算中的安全系数，吊物用不小于 6，吊人用不小于 14；吊绳应作 1.5 倍工作荷载的静荷载试验，吊篮作 1.1 倍工作荷载的动荷载试验；每次使用前应对挂钩、绳索、固定点等进行认真检查；悬吊式脚手架之间严禁用跳板跨接使用；绳索不允许与吊篮边缘、房檐等棱角相摩擦；人力卷扬机应有安全制动装置，其固定锚固的耐拉力必须大于吊篮设计荷载的 5 倍；吊篮作业时应系安全带，安全带应固定在牢固可靠处。

(6) 脚手架拆除。拆除脚手架前应在其周围设栏杆，悬挂警告标志；脚手架上设置的水、电系统，应先断其来源后拆除；拆除作业应由上而下进行，不准上下同时作业，拆下的构件不准随手抛掷，应用工具吊下；不准用推倒整个脚手架或先拆除下层主柱的方法拆除；栏杆、扶梯不应先行拆除，应与拆除工作配合进行。

第九章

电气化铁路专用线的安全防护

随着电气化铁路的新建和改建，位于沿线的油库不同程度地受到交流电气化铁路（以下简称电气化铁路）的强电干扰，事故隐患越来越多，直接影响到油库的安全运行。因此，必须采取有效措施解决电气化铁路对油库的干扰和影响问题。

第一节　电气化铁路对油库设备设施干扰

目前，我国运营的电气化铁路采用单相不平衡方式供电。供电变电所向接触网提供电流，经由电弓引入电力机车，驱动电机旋转牵动列车，然后由铁轨、大地返回变电所。由于传导和感应作用，直接或间接地在附近的油库设备设施上产生对地电位差，构成了威胁油库安全的诸多因素。

一、电气化铁路对油库设备设施的干扰

电气化铁路对油库设备设施的影响因素很多，其规律与几何位置、供电情况及输油管线、设备防腐，以及土壤环境等有关，其干扰影响主要有以下三种。

（一）地电场影响（"阻性耦合"）

电气化铁路的牵引电流是通过铁轨返回变电所接地网的（图9-1）。由于铁轨通过枕木对大地存在泄漏电流，杂散的交流地电流形成了地电位，而邻近的埋地输油管线与其共存于一个电解质环境（土壤）中，以传导方式把交流电以电流或电位形式传递给埋地输油管线等油库设备上，产生"阻性耦合"。特别是油库铁路专用线与电气化铁路接轨时，铁轨直接将杂散交流电引入油库铁路专用线，通过大地的电能传导作用而引起"阻性耦合"，使铁路专

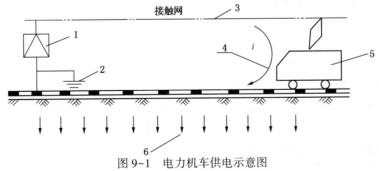

图9-1　电力机车供电示意图

1—变电所；2—接地网；3—接地极；4—牵引电流；5—电力机车；6—泄漏电流

用线铁轨电位升高，在不同金属导体间形成电位差。

土壤电阻率越小，泄漏电流越大，电流泄漏点到输油管线或设备的距离越近，埋地(接地)输油管线、设备遭受地电场影响越严重。埋地输油管线靠近或穿越电气化铁路，埋地油罐、泵房设备距电气化铁路较近时，遭受地电场影响比较明显。

(二)静电场影响("容性耦合")

在有数万伏电压的电气化铁路接触网周围，存在着一个静电场，它通过接触网与附近的油库设备设施，以及输油管线之间的电容作用产生静电感应。由于空气介质的作用，使油库设备设施、输油管线带电而产生电位。

输油管线或设备接地电阻越大，与电气化铁路供电接触网的距离越近，接触网电压越高，环境气候越潮湿，遭受静电场的影响就越严重。悬空的、施工期间或正在修理尚未埋地的输油管线及设备都会聚积大量的静电荷。

(三)电磁场影响("磁性耦合")

由于电气化铁路接触网上数百安培的牵引电流在其周围产生一个交变电磁场，通过磁场感应，使邻近输油管线上也产生交变感应电压和电流。形象地讲，输油管线起到了具有感应电压和电流的"变压器"单匝次极线圈的作用，使输油管线有电流流过，同时使输油管的某一管段两端产生电位差。

电气化铁路牵引电流越大，接触网与输油管线的平行距离越长，相互间的距离越近，土壤电阻率越大，输油管线涂层性能越好，遭受电磁场的影响越严重。这种影响对敷设在管沟或地面上的输油管线较大，埋地敷设的输油管线较小。输油管线感应电压峰值出现于与电气化铁路平行管线的两端、管线间断点(如绝缘法兰)，以及二者几何位置、敷设形式、土壤电阻率等理化参数明显变化处。

电气化铁路对油库设备设施的影响主要是电磁场影响，其表现是对与其平行的输油管线及与管线相连的管线附件和设备。

二、电气化铁路对油库设备设施干扰的危害

电气化铁路对油库设备设施干扰影响的危害主要有以下四种。

(一)产生电火花可引发着火爆炸

储存区、作业区、泵房设备、设施、阀门等产生了较高电位，或者由管线、铁轨、供电接触网直接或间接地输入较高电位，能形成电火花而导致着火爆炸。

(二)影响输油管线的保护效果

交流干扰电流中的直流成分，加速地下输油管线及油库设施的腐蚀(交流产生的腐蚀相当于等相直流产生腐蚀的2%~3%)，破坏输油管线涂层，影响阴极保护设备(如恒电位仪)及牺牲阳极正常工作，使输油管线保护效果降低。

(三)威胁设备和人身安全

在接触网故障情况下，具有击穿输油管线绝缘层和绝缘法兰，烧毁法兰连接螺栓的危险，可能导致电弧烧毁管壁。高电压也会对操作人员的安全造成威胁。

(四)影响通信及自动化的可靠性

对油库有线、无线通信及自动化遥测和数据通信装置，由于电磁场的影响产生干扰，影响通讯效果及遥测的可靠性。

第二节　油库对电气化铁路干扰的防护

电气化铁路对油库的干扰影响是在"阻性耦合""感应耦合"及"电容耦合"的作用下，使进入油库铁轨和油库设施上产生干扰电压，成为威胁油库安全的隐患。特别是引入油库的电气化铁路专用线与油库设施之间形成的电位差，对油库威胁更大，必须采取有效的防护措施。

一、电气化铁路干扰防护的基本方法

油库电气化铁路干扰防护的基本方法是绝缘隔离，分区治理；均压接地，附设回流；因地制宜，排流降压。

（一）绝缘隔离、分区治理

根据油库的实际情况，将全库分为几个区域，用绝缘法兰切断各区域彼此间的金属连接，防止干扰电压的相互传导。再根据不同区域安全技术要求及电气化铁路干扰影响的程度，分别采取相应的防护措施。

（二）均压接地、附设回流

均压接地是根据装卸作业区地上和地下设施较多，彼此接近；装卸作业中有油气混合气体逸散，属Ⅰ级爆炸危险场所，再加上装卸作业中，设施相互接触、碰撞，极易形成干扰电位差产生的火花放电的实际情况，将铁路装卸作业区内的铁轨、鹤管、输油管线等设施，进行可靠的多处电气连接，并进行接地。附设回流是进入铁路装卸作业区的铁轨绝缘轨缝处增设回流开关，电力机车取送罐车作业时接通构成回路，非作业时间断开。

（三）因地制宜、排流降压

根据输油管线法兰连接处 3m 范围内属 2 级爆炸危险场所的规定，以及输油管线与交流电气化铁路平行、交叉使其带有干扰电压的实际，采取绝缘法兰隔离、直接排流和牺牲阳极排流的方法，降低输油管线的干扰电压，减轻输油管线的交流腐蚀，延长输油管线的使用寿命，确保操作人员安全。

油库应根据其所处地理环境情况(视油库储量大小、铁路专用线长度、与电气化铁路及供变电所距离、输油管线与铁轨平行敷设长度、鹤管数量、土壤电阻率，以及铁路专用线是否电化等条件)，设计制定整体防护系统的规模和技术方案。

二、电气化铁路干扰的防护措施

电气化铁路对油库设施干扰的整体防护系统，主要由油库铁路专用线防护、输油管线防护和储油、输油设施防护三部分组成。防护系统有关技术指标应与国家、军队的有关"防爆规程"相一致，并具有性能稳定可靠、结构简单，材料配件通用性强，施工维修、操作管理方便等特点。

在电气化铁路区段，油库铁路专用线一般都采用电气化机车牵引，在铁路装卸作业区内鹤管与储油罐通过地下输油管线相连。当电气化铁路区段有电力机车通过时，铁轨对地电位及流经铁轨的回归电流会传导至油库铁路专用线上，因泄漏电流的影响，作业区内的设备设施也会产生对地电位而形成电位差。这种电位差是产生火花现象的根源。

(一)铁路装卸作业区的防护措施

铁路装卸作业区安全防护包括高压隔离开关、铁路绝缘轨缝和相应的回流开关、控制系统、均压接地装置等。由于装卸作业区属1级爆炸危险场所,在电气化铁路干扰影响下,油库设备设施产生电位差,铁路收发油作业中设施有接触、碰撞而产生火花的可能,再加上油气混合气体的逸散,这就构成了着火爆炸的必要而又充分的条件,成为威胁油库安全的现实因素。图9-2是某油库防护措施平面布置示意图。

(1)接触网。在引入油库的电气化铁路专用线接触网上设置两道高压隔离开关(又称抗电弧分段绝缘器)。在电力机车进库取送油罐车时接通,平时断开。高压隔离开关基本技术指标见表9-1。

(2)铁路铁轨。根据铁路装卸作业区产生火花的主要原因是铁路专用线铁轨传导电流产生的电位差而引起。在引入油库的电气化铁路专用线铁轨上设置两组绝缘轨缝,并安装可靠接地的回流开关和回流开关电气控制装置。当电力机车取送油罐车时,将回流开关接通而短接铁轨的绝缘轨缝;平时断开绝缘轨缝的电气连接,即断开回流开关。这样既可保证机车取送油罐车作业中接通接触网、机车、铁轨的电气回路,又可防止非取送罐车作业时,铁轨电流流入铁路装卸油作业区。绝缘轨缝基本技术指标见表9-2。

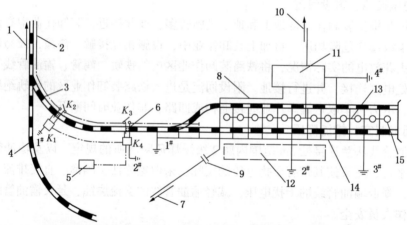

图9-2　油库电气化铁路专用线安全防护措施平面布置示意图

1—车站方向;2—供电接触网;3—油库铁路专用线电气化铁路干线;5—控制室;
6—绝缘轨缝;7—中继泵房或小储存区方向;8—输油管线;9—绝缘法兰;
10—主储存区方向;11—泵房;12—站台;13—集油管;14—均压装置;
15—鹤管(K_1-K_2是回流开关箱,K_3-K_4是高压隔离开关)

表9-1　高压隔离开关基本技术指标

项　目	额定电压	额定电流	高压隔离开关
技术指标	30kV	400A	2组

注：1. 具有灭(电)弧装置;

2. 高压隔离开关第一组应设在铁路专用线起始点15m以内,第二组应设在铁路专用线进入作业区前,与第一组鹤管的距离不小于30m;

3. 隔离开关入库端应设避雷保护;

4. 铁路专用线的高压接触网终端距离第一组鹤管应不小于15m。

表9-2　绝缘轨缝基本技术指标

项　目	绝缘电阻	回流开关接地电阻	绝缘轨缝
技术指标	≥2MΩ	≤10Ω	2组

注：1. 对于进出铁路装卸油作业区的输油管线，也要采取隔离措施，即安装绝缘法兰。绝缘法兰的电阻值应≥2mΩ；

2. 绝缘轨缝第一组设在铁路专用线起始点15m内，第二组设在进入装卸区前，两组绝缘轨缝的间距应大于取送列车的总长度；

3. 每组绝缘轨缝应在电气化铁路侧，设一组向电气化铁路方向延伸的接地装置，接地电阻应不大于10Ω；

4. 回流开关应设置在第二组绝缘轨缝处。

（3）均压接地。由于铁路专用线铁轨传导电流产生的电位与鹤管等油库设备设施间形成电位差，当彼此接触时可能产生火花。为消除这一电位差，防止火花产生引发着火爆炸事故，必须将铁轨、鹤管、输油管线（含集油管）、栈桥等设备设施进行可靠的电气连接，在铁轨与鹤管之间设置均压带和均压接地极。接地装置的敷设应满足电气保护接地要求，均压带专用接地极不少于两处，其专用接地引线宜设为四条，且不得于作业区避雷引线同处设置，两引线平行时，间距不得小于3m。凡有法兰连接的均进行可靠跨接，使油库设备设施与大地形成等电位体。均压接地基本技术要求见表9-3。

表9-3　均压接地基本技术指标

项　目	均压接地带间距	均压接地极接地电阻	法兰跨接电阻值	油库设施对地交流电位	油库设施间的电位差
技术指标	<20m	≤10Ω	<0.03Ω	<1.2V	≤10mV

注：油库设施对地交流电位和设施间的电位差是指均压接地后的要求。

（二）输油管线的防护措施

由于埋地输油管线除法兰连接处3m范围属2级爆炸危险性场所外，其余属非爆炸危险场所，电气化铁路的干扰影响使输油管线带有电位。在正常情况下，不能构成威胁油库安全及人身安全的现实危险。输油管线电位会产生交流腐蚀，成为影响输油管线使用寿命及安全运行的潜在危险。其防护措施主要是降低输油管线的感应电压，减缓交流腐蚀。所以，采取绝缘法兰隔离、直接排流和牺牲阳极排流相结合的防护措施。电气化铁路对地下输油管线干扰影响的方式不同，防护的措施也不同。实践中往往需要根据干扰的途径、方式等，针对具体情况采取不同的防护措施。

电气化铁路通常以"阻性耦合""容性耦合"和"磁性耦合"的方式影响地下输油管线，应分别采取防护措施。

（1）"阻性耦合"通常出现在电力接触网接地极邻近的管段，或与电气化铁路相交的管线交叉点上，一般采取均压等电位方式进行防护。

（2）"容性耦合"产生的干扰影响，通常可采用临时接地的方法进行防护。

（3）电气化铁路与地下输油管线平行间距越小，平行段越长（即通常所谓的"公共走廊"），管线表面防腐层质量越好，周围土壤电阻率越大时，对与电气化铁路平行敷设的输油管线而言，磁性耦合影响占据着主要地位，它破坏管线防腐层，加速、加剧管线腐蚀的现象十分明显。

① 接地排流措施。通过接地电阻很小的接地体把管线上的交流电压降至较低限度。一

般要求接地体的接地电阻应小于该处输油管线的对地电阻。考虑到输油管线中有保护直流电流的存在,排流时需采用隔离或牺牲阳极作接地材料。根据所选用回路的不同和材料的区别,接地排流分为六种。

a. 直接排流。在输油管线和接地体之间直接用电缆连接。该方法简单、实用、易于施工,但阴极保护电流易流失。一般设在与铁轨平行管线的两端和进入装卸作业区、储存区前,以及管段的适当位置,降低管段间歇性干扰电位,见图9-3。

b. 牺牲阳极排流。用牺牲阳极排流(一般采用镁阳极)作接地体的材料,既可起到接地作用,又可起到阴极保护作用,可谓一举两得。这种方法应用较多,目前国外大多也采用这种方法,见图9-4。

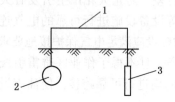
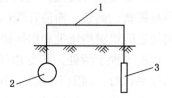

图9-3　直接排流图　　　　　　　　　　　图9-4　牺牲阳极排流
1—导线;2—管道;3—接地体　　　　　　　1—导线;2—管道;3—牺牲阳极

c. 嵌位式排流。在输油管线与接地体之间并联一个正向、两个反向的硅二极管。当交流电压为正半波时,二极管 Z_1 导通;当交流电压为负半波时,二极管 Z_2、Z_3 导通。由于硅二极管 Z_1、Z_2、Z_3 正向压降为 0.7V,负向压降为 1.4V,所以,理论上将残余-0.7V 左右的电压作为管线阴极保护。一般二极管的额定电流选用 20~30A 为宜,见图9-5。

d. 电容排流。利用电容元件"隔直通交"的原理,来降低输油管线的交流电位,同时又可防止阴极保护直流电流的流失。但是,一般电容元件的耐压只有几十伏,且大容量的电解电容器极易击穿烧毁。通常电容器的电容值选择在 3000~5000pF 为宜。见图9-6。

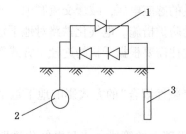
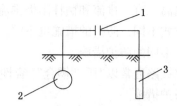

图9-5　嵌位式排流　　　　　　　　　　　图9-6　电容排流
1—硅二极管组;2—管道;3—接地体回　　　1—电容器;2—管道;3—接地体

e. 极性排流。利用二极管单向导电原理,消除输油管线上的正向交流电流,并把负半周的电压阻留于管线上,提高管线的负电位,以利于阴极保护。但管线上的负电位将随着交流电压的幅值增加而升高,有时要高出允许值的许多倍,这时会产生剥离涂层的副作用。一般选用硅二极管,额定电流选用 20~30A 为宜,见图9-7。

f. 管线等电位。在多条输油管线平行敷设时,每隔 100~200m 做一处等电位连接,防止管线之间产生电位差，见图9-8。

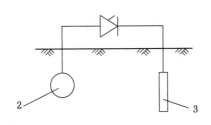

图9-7　极性排流
1—硅二极管；2—管道；3—接地体

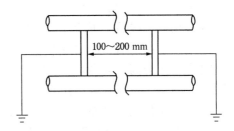

图9-8　管线等电位

② 分段隔离措施。采用绝缘法兰把一条长距离的输油管线分割成若干管段，使管线的纵向感应电位降低，同时可防止管线感应电位进入危险区域，这一方法在国外常用在对直流杂散电流干扰的防护。该方法在已敷设完成的输油管线上施工困难，而且会割断管线上的阴极保护电流，一般不宜采用。

③ 提高恒电位仪抗干扰能力。目前大多管线阴极保护使用的KKG-3系列可控硅恒电位仪，其抗交流干扰为12V，对于电气化铁路影响干扰下的管线，应选用DDG-3BG型恒电位仪，或SF系列恒电位仪(或称管线自动防腐仪)，它们的抗交流干扰标准通常大于30V。

④ 均压等电位措施。将长距离输油管线多处均压连接，使之构成等电位，以防止其管段之间产生电位差。

⑤ 输油管线防护系统主要技术指标(推荐值)，见表9-4。

表9-4　输油管线防护系统主要技术指标

项　目	技术指标
永久性排流接地电阻	10Ω
牺牲阳极接地电阻	20Ω
临时性接地电阻	10Ω
铁轨与输油管线最小平行距离	10m
输油管线保护电位	$-1.3 \sim +0.7V$
设备腐蚀速度	小于当地自然腐蚀速度，交流电流泄漏密度$\leq 1mA/cm^2$

第三节　电气化铁路干扰防护系统的使用管理

一、使用管理

电气化铁路干扰防护系统，必须按制度、规程由专人使用管理。

(一) 使用管理要求

(1) 高压隔离开关和轨道回流开关的操作，必须由持证电工并经培训合格，能够独立工作后方可进行操作，故障维修应由有关专业部门和人员进行。

(2) 无机车进入铁路专用线时，高压隔离开关及回流开关应全部断开。

（3）机车进入铁路专用线前，必须对作业区环境中油气混合气浓度进行测量，确认达到爆炸下限的40%以下时，才能允许接通高压隔离开关和回流开关，机车方能进入铁路专用线。待机车出专用线后，再断开系统所有电气开关，然后再进行收发油作业。

（4）收发油结束后，应测量作业区环境油气混合气浓度，爆炸下限必须降至40%以下时，方能允许闭合高压隔离开关和回流开关，机车进入铁路专用线取车作业。待机车出铁路专用线后，断开系统所有电气开关。

（5）使用防护系统过程中，应维护好所有电气开关和控制系统，保证其性能良好。经常检查绝缘装置、均压、接地网络的完好情况，必要时测量有关数据，以保证系统达到有效的防护性能指标。

（二）回流开关和高压隔离开关规程

回流开关和高压隔离开关安装位置见图9-2中K_1、K_2和K_3、K_4。其中开关K_1、K_2是通过电气控制装置的遥控开关，开关K_3、K_4是手动开关(有条件的可加装电动控制装置进行遥控)。无机车进出铁路专用线时，开关均处于断开位置(即处于常开状态)。回流开关和高压隔离开关必须按规程操作，其控制电气原理见图9-9。

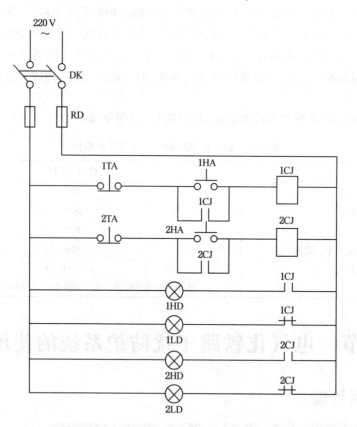

图9-9　回流开关控制电气原理图

（1）操作回流开关和高压隔离开关时，必须持有当地供电管理部门颁发的操作合格证，两人同时到场操作，其中一人监护。

（2）倒闸时，必须确认开关号码、工作状态，传动机构接地完好，方可实施操作。

（3）倒闸操作时，作业人员必须使用耐压 30kV 等级的绝缘操作棒，穿戴相同等级的手套、绝缘鞋和工作帽。

（4）倒闸作业应动作迅速，一次到位，不得发生冲击，检查接触可靠后加锁。如发现异常应迅速切断开关，及时报告并进行处理。

（5）机车进入铁路专用线前，必须测量作业区环境油气混合气体浓度，确认其在爆炸下限 40% 以下时，方可对高压隔离开关和回流开关进行倒闸作业。

（6）倒闸作业完毕，认真填写作业记录。

二、电气化铁路干扰防护系统的维护

（一）防护系统的维护

（1）安装防护系统前，必须对所有设备和零部件进行严密的外观检查和性能检测，保证其技术性能符合要求。

（2）防护系统安装完毕后，要进行总体测试验收，对设计所规定的技术指标逐项检测，检验其防护效果。土壤电阻率较高地区，在制作接地排流过程中，可采用增加接地桩极数或采用化学降阻剂（如富兰克林-909 长效降阻剂）等方式降低接地电阻值。

（3）为保证防护系统防护效果的稳定可靠，应有专人对防护系统定期检查测量，并配齐一套测量仪器（表）。防护设施检查每月一次，每次作业前要对系统进行外观检查；每年必须做两次（上、下半年各一次）常规测量，并做好测量记录。收发作业频繁时，适当增加检查次数。对关键部位的技术指标和防护效果要经常测量观察，如绝缘法兰和绝缘轨缝、设备间电位差、管线的感应电位和保护电位等。

（4）必须严格制订和执行《防护系统使用管理规则》《回流开关和高压隔离开关操作规程》及油库作业的有关规定，不得误操作。

（5）为防止故障状态下对油库安全构成威胁，对损坏或不合格的部件要及时更换或修理，特别是要加强雷雨季节前后的维护保养，保证系统性能完好。

（6）在油库设备检修、施工改造过程中，不得破坏防护系统的有关设备和装置，如确需动换的，必须按要求及时予以恢复，并做好记录。

（7）使用过程中应维护好回流开关装置和高压隔离开关装置；经常检查绝缘装置、均压、接地网络的完好情况。

（二）常用测量仪器（推荐）

所推荐的仪器，可根据防护系统规模的大小，选用合适的规格、数量，以下测量仪器，仅供参考。

（1）DT-830、DMM3800-18 多功能数字万用表，或 MF-20 万用表，用于测量交、直流电位等。

（2）DM-6055 钳形电流表和 MG41-VAM 型钳形电流表，用于测量传导电流等。

（3）ZC-8 型接地电阻测定仪，用于测量排流接地电阻值和土壤电阻率。

（4）ZCllD-10 型（2500V）或 ZC25-3、4 型兆欧表，用于测量绝缘电阻。

（5）$Cu/CuSO_4$ 电极，内装饱和 $CuSO_4$（化学纯）用作测量管线直流保护电位。

（6）接地铜棒 $\phi18×450mm$，用作临时接地极。

（7）对讲机（根据实际情况选购），用作远距离测量时的联络。

（三）防护系统常用测量方法

为了使油库电气化铁路防护系统能正常、可靠、有效地运作，各装置和部件经常保持良好的技术性能，满足技术指标的要求，每年需对油库内防护系统进行两次常规性的检查测量。测量方法如下：

（1）铁轨与鹤管电位差测量。用 DT-830 数字万用表测量铁轨与鹤管电位差，其值不得大于 10mV，并作好记录。测量接线见图 9-10。

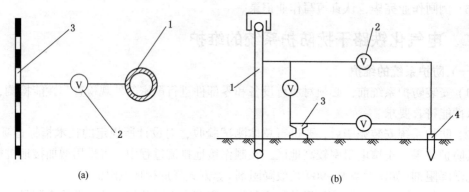

(a)   (b)

图 9-10   铁轨与鹤管间电位差测量接线图
1—鹤管(集油管)；2—DT-830 万用表；3—铁轨；4—接地极

（2）设施及铁轨对地交流电位测量。用 DT-830 数字万用表测量铁路专用线设施及铁轨对地交流电位，其值应小于 1.2V，并作好记录。测量接线见图9-11。

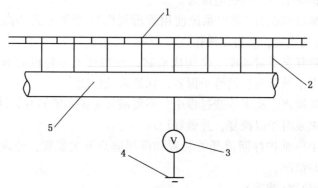

图 9-11   设施及铁轨对地交流电位测量接线图
1—铁轨；2—均压装置；3—DT-830 万用表；4—接地极；5—集油管

（3）铁轨绝缘缝防护效果测量。用电位法对防护效果进行在线测量。在绝缘轨缝一侧通电阴极保护条件下，分别测量两侧铁轨对地电位，若通电一侧铁轨达到保护电位，未通电一侧仍为自然地电位(或只有少许偏差)，则认为绝缘性能良好，否则为异常。测量接线见图9-12。另一种测量方法同绝缘法兰测试。测量结果应作好记录。

（4）输油管线交流电位测量。用 DT-830 数字万用表对输油管线交流电位进行测量，其值不得大于 30V，并作好记录。测量接线见图 9-13。

（5）管线纵向交流电流测量。用钳形电流表在绝缘法兰临时跨接电缆处，对输油管线纵向感应交流电流进行测量，以检查排流防护效果，并作好记录。测量接线见图 9-14。

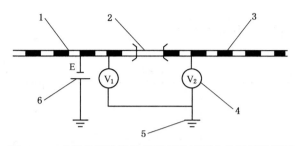

图9-12　绝缘轨缝防护效果测量接线图电位测量接线图

1—外侧铁轨；2—绝缘轨缝；3—内侧铁轨；4—DT-830万用表；5—接地极；6—蓄电池

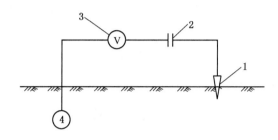

图9-13　输油管线交流电位测量接线图

1—接地棒；2—隔直电容；3—DT-830万用表；4—输油管线

（6）输油管线直流电位测量。用DT-830数字万用表对输油管线直流电位进行测量，以检查阴极保护效果，作好记录。测量接线见图9-15。

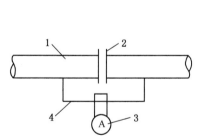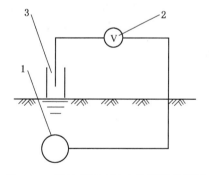

图9-14　输油管线纵向交流
电流测量接线图

1—输油管线；2—绝缘法兰；

3—MG41-VAM型电流表；4—跨接电缆

图9-15　输油管线直流电位测量接线图

1—输油管线；2—DT-830万用表；

3—硫酸铜电极

（7）绝缘法兰绝缘电阻测量。利用电压-电流法对绝缘法兰的绝缘电阻进行在线测量，其值应不小于2MΩ，并作好记录。测量接线见图9-16。

绝缘电阻的计算方法如下：

在$L_{cd}>1m$处接通直流电源E，使b侧达到保护电位，测出a、b两端电压差ΔV_2和c、d两端电压降ΔV_1，按下式计算出绝缘电阻R_H。

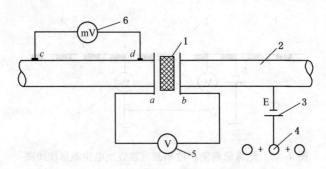

图 9-16 绝缘法兰绝缘电阻测量接线图

1—绝缘法兰；2—输油管线；3—蓄电池；4—接地极；5、6—DT-830 万用表

$$R_{\mathrm{H}} = \frac{\Delta V_1 \cdot \rho_1 \cdot L_{cd}}{\Delta V_1}$$

式中 ρ_1——c、d 管段纵向电阻率，Ω / m；

$$\rho_1 = \frac{\rho_{\mathrm{t}}}{\pi (D - \delta) \delta} \quad (\Omega / \mathrm{m})$$

式中 D——管线外径，mm；

  ρ_{t}——管材电阻率，$\Omega \cdot \mathrm{mm}^2 / \mathrm{mm}$；

  D——管线外径，mm；

  δ——管壁厚度，mm；

  ΔV_1——c、d 间管线电压降；mV；

  ΔV_2——绝缘法兰两侧的电位差，mV。

一般情况下，这种方法要改变 E 的输出，测量三次以上数据，求平均值。L_{cd} 的精度应达到 0.01m。

第十章

油库加油站事故分析与控制

油库业务事故是指与油料、油料装备储存、供应管理相关的事故。主要是：由于责任性不强，没有严格遵守规章制度造成损失的责任事故；由于规章制度没有规定和难以预见的技术原因，如设备突然失灵或工程隐患造成损失的技术事故；由于缺乏业务知识，设备设施失修而又未采取有力措施造成损失的责任技术事故。

另外，也包括了一部分由于被动地受到外界原因的影响造成油库人员伤亡和财产损失的外方责任事故；由于洪水、泥石流、地震、雷击、暴风雨等人力难以抗拒的原因造成损失的自然灾害。

事故分析是对事故形成过程及其内在规律的研究。通过事故分析确定事故发生的内在原因及其激发因素，有利于针对性地采取安全防范措施，防止或减少事故发生。与此同时，还应找出带有普遍性的规律，以指导事故的预测和防范。从而达到不重复过去的失误，并预测未来，避免事故的再现，这就是分析事故的目的。

通过事故分析可以达到：一是总结业务事故的原因和规律，为改进设备、操作、工艺提供依据；二是为安全防护、人员配备、设备投资指明方向；三是为安全教育、技术训练提供具体翔实的内容；四是提出具有指导意义的安全管理的方向和重点；五是为油库储运技术的研究提供新的课题。

第一节　事故有关数据统计

一、油库千例事故有关数据统计

根据收集的1050例（有的一例事故中包含了多起同类事故，故事故总数近1200例）油库事故统计、整理了11组数据。通过这些数据可分析研究油库安全管理的方向、重点区域、重点部位等问题。

（一）事故类型统计

油库事故分为着火爆炸、油品流失、油品变质、设备损坏和其他等五类事故。着火爆炸和油品流失两类事故739例，占70.4%。其中着火爆炸事故445例，占42.4%；油品流失294例，占28.0%，见表10-1。

表 10-1　油库事故类型统计表

类　型	着火爆炸	油品流失	油品变质	设备损坏	其　他	合　计
案例数	445	294	195	62	54	1050
%	42.4	28.0	18.6	5.9	5.1	

（二）发生区域统计

油库事故发生区域分为油品储存区、收发油作业区、辅助作业区、其他等四个区域统计，储存区和作业区894例，占85.2%。其中储存区468例，占44.6%；作业区426例，占40.6%，见表10-2。

表 10-2　事故发生区域统计表

项　目	储存区		作业区		辅助区		其他区		合　计	
	数	%	数	%	数	%	数	%	数	%
着火爆炸	106	23.8	225	50.6	39	8.8	75	16.8	445	42.4
油品流失	171	58.2	109	37.1			14	4.7	294	28.0
油品变质	116	59.5	65	33.3			14	7.2	195	18.6
设备损坏	54	87.1	7	11.3			1	1.6	62	5.9
其　他	20	37.0	20	37.0	1	1.9	13	24.1	54	5.1
合　计	468	44.6	426	40.6	40	3.7	116	11.1	1050	100

注：各类事故中的%是占本类事故的百分数；合计中是占总数的百分数。

（三）发生部位统计

油库事故发生部位主要有油罐、油车(含铁路油罐车、汽车油罐车、油船等)、油泵管线、油桶和其他。储油、输油设备设施共905例，占86.2%，见表10-3。

表 10-3　事故发生部位统计表

项　目	油　罐		油　车		油　泵		管　线		油　桶		其　他		合计
	数	%	数	%	数	%	数	%	数	%	数	%	
着火爆炸	114	25.6	88	19.8	54	12.1	41	9.2	26	5.9	122	27.4	445
油品流失	165	56.1	8	2.7	15	5.1	104	35.4	2	0.7			294
油品变质	129	66.2	38	19.5	12	6.2	7	3.6	6	3.0	3	1.5	195
设备损坏	50	80.7	9	14.5			1	1.6			2	3.2	62
其　他	22	40.7	2	3.7	5	9.3	6	11.1	1	1.9	18	33.3	54
合　计	480	45.7	145	13.8	86	8.1	159	15.2	35	3.4	145	13.8	1050

注：各类事故中的%是占本类事故的百分数。

（四）事故性质统计

油库事故性质分为责任、技术、责任技术、外方责任、自然灾害、案件(仅收集了7例与业务管理关系密切的案件)统计。另外，还收编了11例坚持按作业程序和操作规程办事，检查核对，取样化验，逐只油桶、逐台罐车检查底部水分、杂质、乳化物，预防不合格油品入库，防止了事态扩大的事例。责任和责任技术事故817例，占77.8%。其中责任事故654

例，占 62.3%；责任技术事故 163 例，占 15.5%，见表 10-4。

表 10-4 事故性质统计表

项 目	责 任		技 术		技术责任		外 方		灾 害		案 件		合计
	数	%	数	%	数	%	数	%	数	%	数	%	
着火爆炸	242	54.4	81	18.2	92	20.7	26	5.8			4	0.9	445
油品流失	190	64.6	51	17.4	35	11.9	12	4.1	3	1.1	3	1.1	294
油品变质	166	85.1	3	1.5	11	5.7	15	7.7					195
设备损坏	30	48.4	17	27.4	15	24.2							62
其 他	26	48.1	5	9.3	10	18.5	2	3.7	11	20.4			54
合 计	654	62.3	157	15.0	163	15.5	55	5.2	14	1.3	7	0.7	1050

注：各类事故中的%是占本类事故的百分数。

（五）人员伤亡统计

油库事故后果中只收编了人员伤亡、中毒情况，因时间跨度大、资料不全，事故损失可比性差，未收编事故损失。着火爆炸伤亡人数多，其他类型事故伤亡人数较少，每起事故平均伤亡 1.5 人/起，见表 10-5。

表 10-5 人员伤亡、中毒统计表

项 目	死 亡	重 伤	轻 伤	合 计
着火爆炸	390/2	175	775/25	1336/27
油品流失			/28	/28
油品变质	5	14	77	86
其 他	37/21	20/15	57/49	114/85
合 计	432	209	909	1574/140

注：伤亡总数/中毒伤亡人数。

（六）着火爆炸事故点火源和燃烧物统计

油库着火爆炸事故主要是由于燃烧物和点火源（助燃物——氧在油库任何空间都有）的结合而发生的。为此，统计了燃烧物和点火源两组数据。

（1）燃烧物。燃烧物中油品和油气失控是油库着火爆炸事故燃烧物的主要来源，收编的事故中，这两种燃烧物占 93.7%，见表 10-6。

表 10-6 着火爆炸事故燃烧物统计表

项 目	油 气	油 品	其 他	合 计
案例数	337	80	28	445
%	75.7	18.0	6.3	

（2）点火源。点火源分为电气火、明火、发动机、焊接和其他。其中电气火包括了静电和雷电；明火包括库内、库外（油品流到库外引起）和吸烟；发动机是指发动机热表面、电器、火星等；其他点火源中包括冲击、摩擦等，见表 10-7。

（七）油品流失事故原因统计

油品流失的原因主要有阀门使用管理、脱岗失控和主观臆断、设备腐蚀穿孔、施工和检修遗留的隐患、发动机机油泵胶管脱落、其他六类。前五类 249 例，占 84.7%，见表 10-8。

表 10-7　着火爆炸事故点火源统计表

项 目	电 气 火			明 火			发动机	焊接	其他	合计
	电器	静电	雷电	库内	库外	吸烟				
案 例	88	54	21	50	19	32	53	71	57	445
%	19.8	12.1	4.7	11.2	4.3	7.2	11.9	16.0	12.8	
	36.6			22.7						

表 10-8　油品流失事故原因统计表

项 目	阀门	脱岗失职	腐蚀穿孔	工程隐患	胶管脱落	其他	合计
案 例	119	44	19	58	9	45	294
%	40.5	15.0	6.5	19.7	3.0	15.3	

(八) 油品变质事故原因统计

油品变质事故原因主要是阀门管理使用、检查核对不到位、没有取样化验和逐个油罐检查罐底水分杂质、主观臆断和不负责任、储油容器标志不清和无标志、共用管线没有放空、设备不清洁、来油不合格七类。前三类 126 例，占 84.7%，见表 10-9。

表 10-9　油品变质事故原因统计表

项目	阀门	检查化验	不负责任	标志不清共用管线	设备不洁	外方责任	其他	合计
案例	59	40	27	11	18	21	19	195
%	30.3	20.5	13.9	5.7	9.2	10.7	9.7	

(九) 设备损坏事故原因统计

设备损坏分为油罐凹陷、设备没有排水导致冻裂和其他，不包括其他类型事故中的设备损坏，油罐凹陷是设备损坏的主要形式，49 例，占 79.0%，见表 10-10。

表 10-10　设备损坏事故原因统计表

项 目	油罐凹陷	设备冻裂	其 他	合 计
案例	49	8	5	62
%	79.0	12.9	8.1	

(十) 其他类型事故统计

油库其他事故主要包括中毒、伤亡、自然灾害和其他四类统计。设备损坏事故只收编了造成设备损坏而未引发其他事故的。其他事故中推动铁路油罐车时滑移而发生的事故较多。见表 10-11。

表 10-11　其他类型事故统计表

项 目	中 毒	伤 亡	灾 害	其 他	合 计
案例	19	18	11	6	54
%	35.2	33.3	20.4	11.1	

从上述 11 组数据来分析，油库预防重点是着火爆炸和油品流失事故；预防事故的重点区域是储存区和作业区；预防事故的重点设备设施是油罐、管线(含阀门)、油车和油泵；

主要是预防责任和责任技术事故。

二、加油站百例事故数据统计

根据收集的 115 例加油站事故统计、整理了 6 组数据。通过这些数据可以分析研究加油站事故的一般规律和预防对策。

（一）事故类型统计

115 例加油站事故分为着火爆炸、油品流失、油气中毒三种类型，见表 10-12。其中着火爆炸事故 100 例，占 87.0%，是加油站预防事故的重点。

表 10-12　115 例事故类型统计表

类　　型	着火爆炸	油品流失	中毒事故	合　　计
案例数	100	10	5	115
%	87.0	8.7	4.3	100

（二）事故性质统计

事故性质分责任、责任技术、技术、案件四类，见表 10-13。其中责任事故 67 例，占 58.3%，责任技术事故 34 例，占 29.6%。这两类事故 103 例，占 87.9%，是加油站预防事故的重中之重。在责任事故中基本上是由于没有落实操作程序、规章制度和管理规定引发的。责任技术事故中的技术原因，基本上是由于缺乏专业知识。缺乏专业知识某种程度是包含着责任问题。

表 10-13　115 例事故性质统计表

类　　型		责任事故	责任技术	技术事故	案　　件	合　　计
着火爆炸	电　器	7	8		2	17
	明　火	6	8			14
	烧　焊	9				9
	发动机	5	3			8
	静　电	11	8	4		23
	雷　电				5(灾害)	5
	吸　烟	8	4	2		14
	其　他	10				10
	小　计	56	31	6	7	100
油品流失		10				10
人员中毒		1	3		1	5
合　　计		67	34	6	8	115
%		58.3	29.6	5.2	6.9	100

（三）伤亡人数统计

115 例事故伤亡 379 人见表 10-14，平均每例事故约 3.3 人。这就说明预防事故不仅是为了加油站和单位的安全，更为重要的是为了人员安全。

表 10-14　115 例事故伤亡人数统计表

类　型		死　亡	重　伤	轻　伤	合　计
着火爆炸	电　器	18	12	36	66
	明　火	9	6	26	41
	烧　焊	14	4	6	24
	发动机	20	47	62	129
	静　电	11	3	5	19
	雷　电		2	26	28
	吸　烟	7	7	7	21
	其　他	20		15	35
	小　计	99	81	183	363
油品流失					
人员中毒		2	7	7	16
合　计		101	88	190	379
%		26.7	23.2	50.1	100

（四）事故发生的主要环节统计

加油站 115 例事故发生的主要作业环节是卸油、加油、设备设施渗漏、拆除设备设施、设备设施安装施工、设备设施检修和烧焊，油罐清洗和用汽油搓洗抹布和衣服、其他八个环节，具体数据见表 10-15。其中卸油 42 例，占 36.5%；加油 14 例，占 12.2%。这两项作业是主要业务，必须严格作业程序和操作规程。

表 10-15　115 例事故发生主要环节统计表

类　型		卸油	加油	渗漏	拆除	施工	修烧	清洗	其他	合计
着火爆炸	电　器	6	2	5					4	17
	明　火	9	1	2					2	14
	烧　焊				1	3	5			9
	发动机	2	1				2		3	8
	静　电	8	8					5	2	23
	雷　电	3		2						5
	吸　烟	4	1	3					6	14
	其　他	3						1	5	10
	小　计	35	13	12	1	3	8	6	22	100
油品流失		7	1						2	10
人员中毒								4(清)	1	5
合　计		42	14	12	1	3	8	10	25	115
%		36.5	12.2	10.4	0.9	2.6	7.0	8.7	21.7	100

注：表中"清"是指流失清理中发生中毒；中毒事故中主要是油气中毒，也有煤气中毒。

（五）着火爆炸燃烧物统计

加油站 100 例着火爆炸事故的主要燃烧物是油气和油品，见表 10-16。

表 10-16   100 例着火爆炸燃烧物统计表

项目	油气	油品	其他	合计
案例数	89	11		100
百分数/%	89	11		100

（六）着火爆炸点火源统计

着火爆炸事故点火源主要有八类，即电器、明火、烧焊、静电、雷电、发动机、吸烟和其他，具体数据见表 10-17。

表 10-17   100 例着火爆炸事故点火源统计表

电器			明火			烧焊		静电	雷电		发动机				吸烟		其他	
开关	电线	其他	火机	火炉	其他	烧焊	切割		雷击	感应	电器	火星	热面	其他	火柴	火机	不明	碰撞
8	4	5	2	9	3	8	1	23	4	1	2	3	1	2	8	6	7	3
17			14			9		23	5		8				14		10	
17%			14%			9%		23%	5%		8%				14%		10%	

三、汽车油罐车 167 例行车事故数据统计

运用汽车油罐车配送油品是目前油库加油站常用的一种配送方法。但在其方便快捷的同时，也时常伴随着行车事故的发生，轻则车辆擦刮损坏、油品泄漏污染，重则车辆着火爆炸、伤及无辜人员。研究分析汽车油罐车行车事故发生的特点和原因，探索掌握风险管控的方法措施，对降低事故发生率、提高人民生命财产安全至关重要。

（一）汽车油罐车行车事故发生的特点

汽车油罐车行车事故是移动危险源在道路行驶中发生的交通事故，主要表现有追尾、翻车、碰撞、起火、泄漏、爆炸等。通过对 167 例油品配送事故统计数据综合分析得出，汽车油罐车行车中发生事故主要有 4 个特点。

1. 发生事故的道路特点

汽车油罐车行车事故主要发生在高速、国道、城镇 3 种道路上，当然也有发生在除这 3 种道路的其他道路上，如乡间道路、临时道路等。通过对 167 例事故统计分析，其中高速公路与城镇道路行车发生事故 132 例占 79%（表 10-18），是汽车油罐车交通事故多发的道路。

表 10-18   167 例事故发生的道路特点

项目	高速	国道	城镇	其他	小计
数据	62	20	70	15	167
百分比/%	37.1	12.0	41.9	9.0	100

汽车油罐车在高速公路上发生的事故在 167 例事故中有 62 例占 37.1%。其原因是高速公路路况好，视线清，容易使人放松警惕，再加上车速快、夜间行车、疲劳驾驶、超载等，容易引发交通事故。

汽车油罐车在城镇道路上发生的事故在 167 例事故中有 70 例占 41.9%，是油罐车行车事故中比例最大的。其原因是城镇道路交叉路口多，行人车辆多，违规摩托车、三轮车、助力车多等，再加上车速快，在这些因素的综合影响下，使事故多发。

2. 发生事故的后果特点

汽车油罐车行车发生事故与其他车辆交通事故相比，除造成车辆损坏、人员伤亡外，最大的不同点就是其所载油品的危险特性，还极有可能产生油品泄漏污染和着火爆炸等严重后果。在 167 例事故中，发生油品泄漏 69 例占 41.3%，发生着火爆炸 54 例占 32.3%，2 类事故共 123 例占 73.6%(表 10-19)。充分说明了汽车油罐车交通事故的特殊性和严重危害性。这就要求托运人、承运人、驾驶员、押运员等必须对这种特殊性了解并掌握，妥善处理行车中的意外情况。

表 10-19　167 例事故后果特点

项目	油品泄漏	着火爆炸	其他	小计
数据	69	54	44	167
百分比/%	41.3	32.3	26.4	100

3. 发生事故的责任特点

事故责任车辆是指交通事故发生时谁是主要责任者。在 167 例油罐车行车事故中，油罐车责任事故 107 例占 64.1%(表 10-20)。这是由于油罐车所载油品在行车中不断涌动冲击，当车速变化、坡道行车、超车改变方向、弯道行车、意外事件处理等情况下，车辆都会受到较大的冲击力、惯性力、离心力作用，使车辆稳定性变差，甚至失控。这是发生交通事故中，油罐车比其他车辆责任多的一个重要原因。油罐车行车中的这一特殊性，油罐车驾驶员必须要有充分的认识。

表 10-20　167 例事故责任车辆统计

项目	油罐车	货车	其他	小计
数据	107	27	33	167
百分比/%	64.1	16.2	19.7	100

4. 发生事故的伤亡特点

汽车油罐车行车事故的发生，一般都伴随着人员的伤亡。在 167 例事故中发生人员伤亡的 110 例占 65.5%，伤亡 1264 人，每例事故平均伤亡 11.7 人/起，且烧伤占比很大(表 10-21)。这是油罐车行车事故危害严重的具体表现。油罐车发生泄漏后油品不断挥发，在周围形成爆炸性油气混合气体，人们为获得蝇头小利而回收油品中，如有因碰撞、抽烟、静电等点火源，就会引发爆炸起火，造成重大伤亡。如 2010 年 7 月 2 日，某地油罐车侧翻泄漏，人们在混抢、回收油品时发生爆炸起火，大火蔓延到村庄，造成 235 人死亡、200 多人受伤。这也是在消防、交警、路政人员处理这类事故时设置警戒线、疏散围观及回收油品群众的主要原因。对油罐车驾驶员来说，在发生事故后，不仅应自己逃生，也有责任劝阻围观、混抢与回收油品的人们远离事故现场。

表 10-21　167 例事故人员伤亡数统计

项目	未亡案例数	伤亡案例数	伤亡人员统计			
			亡人	重伤	轻伤	小计
数据	57	110	556	117	611	1264
百分比/%	34.5	65.5	43.3	9.1	47.6	100

（二）汽车油罐车行车事故发生的原因

从统计数据看，汽车油罐车行车事故发生的原因主要有车速、故障、气象、道路四种。另外还有疲劳驾驶、夜间行车、超载、操作失误等其他原因。其中车速快与车辆故障两种原因共 103 例占 61.7%，是引发交通事故的主要原因；车速快与其他两种原因基本上都是人为因素，共 118 例占 70.6%（表 10-22）。如果再加上"故障"中的人为因素，90% 左右都是人为因素引发的事故。由此可见，加强驾驶员的行车安全教育，提高安全意识、驾驶技能和应急处置水平是确保安全的重中之重。

表 10-22　167 例事故发生的原因

项目	车速	故障	气象	道路	其他	小计
数据	63	40	5	4	55	167
百分比/%	37.7	24	3.0	2.4	32.9	100

1. 基本原因

超速行驶、违章超车，逆向行驶、避让违规，车距过近、判断失误，车况不良、超额装载，无证驾驶、疲劳行车，道路缺陷、气象影响，还有酒驾毒驾等，这是交通事故的基本原因，也是汽车油罐车行车事故的基本原因。这些都是表层原因，深层原因是思想麻痹、安全意识淡薄、经济利益驱使等。

2. 车辆故障

刹车失灵、爆胎、掉胎、电路缺陷等是车辆故障的主要表现，是翻车、碰撞事故的基本原因。当然还有避让失当、油品的冲击力与离心力的作用、行车中打手机等也是事故的一个原因。

3. 行车起火

汽车发动机油路电路漏电、短路、渗油是驾驶室起火的主要原因；车辆超载、轮胎气压、轮胎质量是轮胎起火的主要原因。另外，驾驶员与乘员吸烟，未灭掉的火柴、烟头等也是起火的一个诱因。在 20 世纪 70 年代，曾发生过一辆货车在砂石路面超越一辆油罐车时，甩起一块石子，击中油罐人孔起火，其原因是夏季天气炎热，人孔无胶垫，油气逸散，石子碰撞产生火花引起。

4. 气象与道路影响

雨季道路泥泞、路面湿滑，冬季冰雪道路，春季路面翻浆，道面凸凹，还有路上倾倒垃圾、山体崩塌、落石等，都会影响行车安全。对上述路段，车辆业主、驾驶员、押运员等应及时了解掌握，有针对性地采取适当防范措施。

5. 罐体质量

汽车油罐车罐体质量的好坏是行车事故发生后引发油品泄漏的潜在因素。从统计数据看，特别是改装油罐车罐体质量存在问题较多，其表现是罐体结构、焊接质量、钢板厚度等方面存在一定隐患。如 2009 年 12 月 4 日，某油罐车检修焊接中发生爆炸事故，该罐车在两年中罐体先后修焊 10 多次，充分暴露了油罐质量问题严重。正规厂家生产的油罐，其罐体结构、钢板厚度、焊接质量都能满足行车要求，一般不会发生大的问题。

四、汽车油罐车行车的风险控制措施

汽车油罐车装载着易燃易爆油品行驶，无疑是一个移动的危险源。存在着追尾、刮擦、翻车、碰撞、油品泄漏、着火爆炸等潜在风险因素。只有充分认识到了这些风险因素并采取相应的控制措施，才能降低事故的发生率。

1. 人的风险因素及控制措施

人的因素是行车事故发生的主要因素，占到 90% 左右。主要是由于驾驶员、押运员中有不少人文化素质较低，对油品危险性认识不够，法律意识淡薄，操作技能差，缺少应有的安全意识，疲劳驾驶、开快车、强行会车（超车），通过路口、桥梁、涵洞时不减速，甚至酒后驾车，极易引起撞车、翻车等事故。业主在经济利益驱动下，违章运输，非法运输现象也时有发生。为此，要加强驾驶员、押运员及业主的培训学习，充分认清事故发生的严重后果，严格落实危险品运输持证上岗制度，教育引导大家认真遵守交通法规和国家运输管理有关规定，降低人为因素导致的风险。

2. 油品风险因素及控制措施

油品的易挥发、易燃烧、易爆炸、易产生静电、易流淌、易漂浮、易中毒等危险特性，在交通事故发生后极易出现泄漏、着火爆炸，造成更大的危害，若采取措施不及时或不当，可能引发次生灾害，使损失进一步扩大。为此，要加强驾驶员、押运员事故发生后应急扑救的训练演练，随车配备相关灭火器材、工具，制订针对不同事故情况的处置预案，做到预有情况，依案行动，心中有数，沉着应对。

3. 车辆风险因素及控制措施

配送油品车辆的安全状况也是引起事故的一个重要因素，车辆状况良好，是油品运输安全的基础，如果状况不好会严重影响安全，导致事故发生。如爆胎、刹车失灵、电路起火、罐体渗漏等。为此，在每次行车前，要对车辆安全状况进行全面细致的检查和评估，定期对车辆进行维护保养，严格按照车辆行驶安全规范行车，杜绝带故障出车。

4. 道路风险因素及控制措施

交通事故的发生，很多时候与道路状况有关。当油罐车通过地面不平整的道路时会剧烈震动，使车辆机件损坏，还会增大油品涌动、冲击，产生大量静电；在山道、弯道较多的路段行车，加大了侧滑、翻车的危险性。为此，行车前要对道路状况进行评估，尽量避开路况较差的山道、等级以下公路等，避免不了的要小心行车、行慢车，始终把行车安全放在第一位。

5. 气象风险因素及控制措施

天气状况也直接影响到油品安全运输。大雨、大雾、大风、低温冰雪冷冻等天气，因视线不清、路面湿滑等可能引发车辆碰撞或翻车等事故。还有泥石流、滑坡、崩塌、雷电等也影响着安全行车。为此，出车前，要充分了解气象因素，弄清行车区域内天气状况及水文地理、山川湖泊等情况，认真分析天气预报数据极有可能发生的问题，确保万无一失。

第二节　着火爆炸事故的原因及控制

着火与爆炸虽是两个不同的概念，但对油库来说，着火与爆炸往往联系在一起，或燃烧伴随着爆炸，或爆炸伴随着燃烧，或燃烧与爆炸单独发生。现以油库 445 例着火爆炸事故的统计数据为依据，分析研究油库着火爆炸事故各要素的形成及对策。

一、着火爆炸事故燃烧物的形成

油库是储存和供应易燃、可燃油品的基地和中转站。油品的理化特性决定了油品和油气是威胁油库安全的主要物质条件，是油库着火爆炸事故的主要燃烧物。着火爆炸燃烧物的形成主要是油品和油气失去有效控制。着火爆炸事故燃烧物的形成见图 10-1。

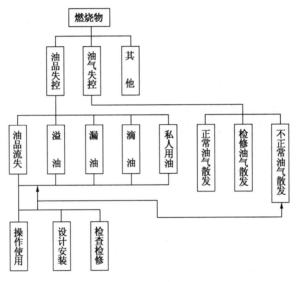

图 10-1　着火爆炸事故燃烧物的形成

（一）油品失控

油品失控不仅会造成物质的损失，而且是油库着火爆炸事故的重要隐患。在 445 例着火爆炸事故中，油品作为燃烧物只有 80 例（占 18.0%），但为数不少的着火爆炸事故中燃烧物是油气。

（1）油品失控。油品失控的原因很多，归纳起来主要有三个方面：

① 操作使用问题

a. 执行制度不严和误操作，造成阀门错开、误开、未关、关闭不严，甚至怕下次阀门难开，有意不关严等，是造成油品流失的普遍原因；

b. 保管人员不熟悉阀门操作使用，误将阀门开启当作关闭；

c. 放空管道后阀门未关，或油罐进出油阀门窜油，放空油罐溢油，或者从呼吸阀、测量孔流失；

d. 用加压泵进行灌装作业时，灌装油桶嘴全部处于关闭状态，压力增大冲毁管道阀门、法兰连接处垫片；

e. 管道放空后，进气管阀门未关，或关闭不严；

f. 卧式油罐液位计管阀门失灵、胶管老化破裂；

g. 收发油作业后，保管人员怕下次阀门难开，将阀门少关两圈，造成下次作业时放空油罐溢油。

② 设计安装问题

a. 主要是没有按规范要求进行设计，施工安装没有严格执行技术要求。如阀门选用不当，在寒区、严寒区选用了铸铁阀门，且未采取保温措施，水积存于阀门中，冬季结冰将阀门冻裂。

b. 管道未设置泄压装置。管内存油受热膨胀，管线阀门、法兰连接处胀裂、垫片冲毁，管线位移破坏了法兰连接的严密性等。

c. 管道未按要求设置补偿器。热胀冷缩时，焊缝受弯曲应力倾斜断裂、焊缝裂口，或弯曲应力破坏了管线阀门、法兰连接处的密封性。

d. 阀门位置设置不当。如将阀门设置于横向位移的管段，且距管路支座近，管线横向位移时阀门连接处的密封受损。

e. 施工安装时，未按规定清洗、试验，渗漏、窜油等没有发现，留下了隐患，或者法兰垫片选材不当，老化变质，甚至将已有裂缝的垫片安装在法兰连接处等。

f. 管道整体强度试验后，水未放或排放不净，冬季结冰而冻裂阀门、管线；或者试验时，操作不当，造成水击而冲毁垫片；或检查验收不严和不验收而交付使用，留下了隐患。

g. 设备、材料安装前没有进行检查验收，使用了劣质设备、材料，或者不符合技术要求的设备、材料。

③ 检查维修问题

a. 没有按检查维修周期进行检查和鉴定，使设备设施失修，以及检查维修中执行制度不严。例如：维修保养不及时，造成阀门失修、失灵。

b. 阀门、管线未按照检查维修周期进行技术检查和鉴定，杂物沉积于阀门内，关闭不严，造成内渗、内窜，以及设备设施腐蚀穿孔等。

c. 设备拆卸检修时，不封堵管口、孔口等；或者检修安装后，不封堵管口、孔口，不关闭阀门等。

d. 设备设施试运转中，放空管线后不关闭阀门，或检修中使用了不合格、不符合技术要求的设备、材料。

(2) 溢油。溢油往往和储存油品容器相联系。储油罐进满油后，继续进油时从孔口外流称为溢。溢油与油品流失相比较无严格的区别，其原因也大致相同。如放空输油管时，放空罐容量不够，且脱岗造成油罐溢流；向储油罐、高位罐输送油时，无人监视液位上升，油罐溢流；阀门窜油，从储油罐孔洞溢油；车辆油箱加油、灌装油桶，以及铁路和汽车油罐车装油失控溢油等。

(3) 漏油。漏油常常和油库的储油、输油设备设施的腐蚀及安装质量相关。如储油罐和输油管线腐蚀穿孔漏油；安装焊接质量低劣，有夹渣、气孔、裂缝漏油；油桶裂缝、锈蚀穿孔漏油；油泵及阀门失修漏油等。

(4) 滴油。滴油经常是由于渗漏而产生。滴油多数与储油、输油设备设施的螺丝口、紧固件连接部位，以及油泵、阀门等转动部位的密封质量相关。如油泵盘根允许的滴油，机械密封磨损和填料松紧不合适滴油；阀门盘根松紧不当渗漏滴油；灌装油罐车、油桶后，管线内残油从鹤管、胶管、油枪口部滴油等。

（5）洒油。洒油往往和"油勤""车勤"人员缺乏知识、怕麻烦联系在一起。如油勤、车勤人员用汽油清洗机件、洗手、洗工作服后，将用过油品随地泼洒。

（6）私人用油、存油。私人用油、存油是油库着火爆炸事故不可忽视的因素。如打火机灌装油后试验打火，个人存的打火机用油发生着火爆炸的事故屡有发生；煤油炉、柴油炉、汽油炉发生火灾的事例也不少；私人摩托车主家里存油发生着火爆炸；还有用汽油洗毛料衣服发生火灾等。

跑、溢、漏、洒、私人用油，不仅是油品火灾燃烧物的来源，而且也是油气着火爆炸事故燃烧物的重要来源。

（二）油气产生与失控

在油库 445 例着火爆炸事故中，油气作为燃烧物的着火爆炸事故 337 例，占 75.7%。

油气释放源向气体空间排放与积聚，以及油品失控的蒸发是油库形成油气着火爆炸事故燃烧物的主要来源。油库油气的产生，从接卸炼油厂来油开始，到输入各种固定和移动储运油容器，直至加入车辆、机械、舰艇、飞机等用油装备油箱的整个过程中都在不断发生，不断排放。

（1）正常情况下油气的排放和积聚。油库正常情况下油气的排放源主要有：运入或运出油库的油船、铁路油罐车、汽车油罐车；各种储存油品的储油罐、高位罐、零位罐、放空罐、油桶，以及真空泵、用油机械设备的油箱等，油库加油站中主要的油气产生源如图 10-2。当这些设备设施大小呼吸发生时，都向大气中排放油气。在通风不良的情况下，油气极易在油罐室、通道、泵房、管沟、阀门井，以及设备设施周围的低洼之处和作业场所周围的气动力阴影区积聚。油库进出、储存、输送、灌装、加注油时，发生大小呼吸是设备设施安全管理所允许的。但由于现有减少大小呼吸的设备设施管理使用不善，简便易行的减少油气逸散的新技术和新设备未得到重视和推广，这就增加了油气的排放，加重了油库着火爆炸的危险性。

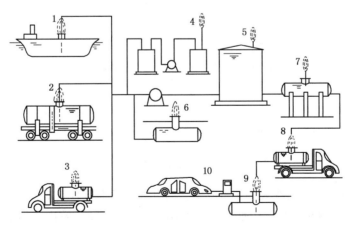

图 10-2　油库加油站中主要的油气产生源

1—油船；2—铁路油罐车；3—汽车油罐车；4—真空泵；5—储油罐；
6—回空罐；7—高位油罐；8—汽车油罐车；9—加油站储油罐；10—汽车油箱

（2）检修条件下油气的排放和积聚。储油、输油设备设施内或多或少都有残留的油品。当检修时，拆卸储油、输油设备设施后，其内部的残留油品蒸发逸散，或者积聚于设备设施之内的油气排出，积聚于检修场所。特别是通风不良的油罐室、巷道、泵房、管沟、阀门井等处，很容易积聚油气。如在油库设备设施检修中，进行清洗、通风等作业时，没有及时将可燃物清除，没有严格执行规范的要求，必然会造成油气的散发积聚，增大着火爆炸事故的概率。

（3）非正常情况下油气的排放和积聚。油库非正常情况下油气的排放和积聚，是指在跑、溢、滴、漏、洒，以及私人用油、存油等失控，以及减少油气排放的设备设施失去应有作用情况下的油气排放和积聚。所以这种失控油品的蒸发逸散，是油库着火爆炸事故不可忽视的危险因素。

（三）其他燃烧物

其他燃烧物如油污、油布、枯草、刨花、沥青等燃烧物引起的火灾，其主要原因是在油库安全管理中，清除可燃物的规定没有落到实处；动火中安全措施不落实，以及周围群众放火烧荒和山火、小孩玩火等所致。

二、着火爆炸点火源及其形成

油库着火爆炸事故的点火源比较复杂，主要有化学点火源（明火和自燃着火）、电气点火源（电火花和静电、雷电放电火花）、高温表面点火源（高温表面和热辐射）、冲击摩擦点火源（冲击和摩擦及绝热压缩）等。其中自燃、热辐射、绝热压缩作为点火源引发油库着火爆炸事故的情况比较少。为便于与实际设备设施、火种相联系，易于分类研究，按油库设备设施不合格电器、静电、雷电、烧焊、明火（分为库内、库外、吸烟）、发动机、其他等七种类型分析油库着火爆炸事故的点火源。在445例着火爆炸事故的点火源中，电气火（含静电和雷电），明火，设备设施烧焊三类火源是油库着火爆炸事故发生的主要点火源。着火爆炸事故点火源的形成见图10-3。

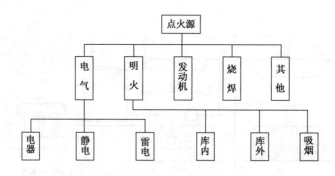

图10-3　着火爆炸事故燃烧物的形成

（1）电气火。在445例着火爆炸事故中，因电气设备不符合要求，或者安装不规范而引发的有88例，占19.8%。主要有油泵与普通型配电安装于同一室内；油泵房和配电室隔墙上有孔洞相通；电器防爆等级与使用场所不相适应；防爆电气合格，但采用普通的布线，或安装不符合防爆要求；配电室与泵房、洞口之间的安全距离不够等。

在电气火点火源中，静电和雷电着火爆炸事故在445例中有75例，占16.9%。静电放电的着火爆炸事故主要原因是：没有设置排静电装置，或者安装不符合规范要求。装卸油品作业或油罐输送油时，流速过快、喷溅式灌装油；使用塑料管输油和用塑料桶装油等，产生和积聚静电，并放电引燃油气所致。雷电着火爆炸事故主要是：覆土金属油罐、非金属油罐和半地下、洞室油罐的外露金属设施，没有设置防雷接地，或防雷接地失灵；油罐腾空清洗和检修时，通风不良造成油气积聚，以及油罐渗漏、油罐测量孔密封不严，雷雨时作业等情况下，产生油气排放和积聚，雷击油罐、油罐测量孔和油罐附件引燃油气混合气体发生着火爆炸事故。

（2）明火。明火包括火柴、打火机、烟头、炉火、灯火等。明火作为点火源在油库着火爆炸事故中居第二位。值得提出的是在统计的着火爆炸事故中，火柴、打火机和烟头引起的火灾占该类火灾的 31.7%。

（3）设备设施烧焊。油库设备设施检修、改造、扩建，以及油桶清洗修理，往往要使用气焊和电焊来烧焊补漏、开孔切割，是工艺设备设施安装的主要方法。

（4）发动机。发动机包括汽车发动机、发动机油泵、空压机等。发动机作为点火源是发动机和排气管的热表面、排气中的火星、磁电机火花、电瓶火花等。这类火灾在 445 例中有 53 例，占 11.9%。主要是油库用发动机油泵作业，在给用户油罐汽车灌装油过程中，发生"跑、溢、滴、漏"的情况下启动车辆，以及发动机油泵运转中检修喷油、加注油品，还有私自灌装油等引起火灾。

（5）其他。这类点火源主要是冲击和摩擦、自燃、杂散电流、高温、超压，以及未查清的点火源等，在 445 例中有 57 例，占 12.8%。其中冲击、摩擦产生的火花作为点火源 21 例，占 4.7%。

三、着火爆炸事故的影响因素

着火爆炸事故的影响因素主要有设计施工、区域功能、安全管理三个方面，见图10-4。

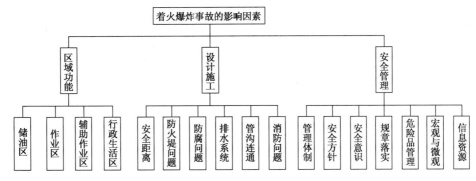

图 10-4　着火爆炸事故的影响因素

（一）设计施工中遗留的隐患

设计施工中遗留的问题，虽不属于着火"三要素"的范围，但它可以促进"三要素"的结合，不仅为火灾提供燃烧物，而且会使火灾蔓延扩大，也是油库安全管理中不可忽视的因素。

（1）油库设计不符合规范要求。油库平面布置满足不了《石油库设计规范》的安全要求。例如：储油区、收发作业区、辅助生产区、行政管理区等四大区域混杂，没有明显界线；各种建筑和构筑物零乱，安全距离不够；总平面布置没有考虑油库所在地区主导风向的影响；将油泵房和配电(非防爆型)设于同一室内等。

(2)储油区防火堤未设或不合格。地面、覆土式油罐未设防火堤，或者防火堤构建不符合规范要求。一旦发生着火爆炸事故，极易造成火灾的扩大蔓延，给火灾扑救和善后处理带来极大的困难。

(3)排水系统设计不合理。油库各大区域的排水、排洪(渠)和下水道互相连通，未设置水封，直通库外。这样当设备设施发生油品流失，或者排放含油污水时，可以沿沟渠流到各区域，甚至流到库外发生火灾。如在445例事故中，有10例是油品流失或清洗油罐排放含油污水，顺排水、排洪沟渠或下水道流到库外，遇明火引燃，燃烧火焰又顺着排水沟燃烧到库内，致使油库内外大火相连。

(4)各种管沟互相连通。油库内输油管管沟、热力管道管沟、电缆管沟互相连通，未进行封堵隔离；输油管管沟和油泵房、灌装油间、油罐室和油罐组互相直通，没有设置隔断墙。这些都是使火灾扩大、蔓延的危险因素。

(5)埋设输油管线没有防腐蚀处理，或者防腐蚀质量低劣，由此而引起输油管腐蚀穿孔造成油品流失的事例较多。还有将输油管阀门或法兰连接埋入土壤，没有设检查井。

(6)消防设备设施不配套。由于历史原因，油库消防问题在设计建设中未予足够重视，致使消防设备和设施不配套，没有消防道路和消防用水的油库为数不少。这个问题对于巷道式储油罐油库、覆土油罐的油库尤为突出。有的油库整修中增设了消防设备，但没有按照规范要求设计，满足不了使用要求。

（二）区域功能对着火爆炸事故的影响

油库储存区、收发作业区、辅助生产区和行政管理区等四大区域，其功能各不相同。不同区域发生着火爆炸事故的部位、概率和灾害特点也不相同。

(1)储存区。该区域发生着火爆炸事故在445例中有106例，占总数的23.8%，比率较低。该区域储存大量油品，油罐大小呼吸频繁，较大的油品流失事故一般发生在储油区，溢、滴、漏油在该区域也有发生，有油品失控和形成油气的条件。但是该区域封闭性管理，进入人员较少、管理严格；对火源的控制极为重视；储油区动火机会少、手续严、防火措施具体。这就是说点火源得到了较好的控制，构成着火爆炸"三要素"结合的概率低，灾害发生率低。在该区已发生的着火爆炸事故中，与油罐(含作业区的油罐)相关火灾114例，占区域数的25.6%，是易于发生灾害的部位。

(2)收发作业区。该区域发生着火爆炸事故概率在油库四大区域中占居首位。在445例中有225例，占总数的50.7%。该区域装卸作业频繁，油气排放源大都集中在这里，油气排放和积聚概率多；技术设备和工艺较为复杂，操作使用频繁，失误概率多，易于使油品失控、跑、溢、滴、洒的现象时有发生。这就构成了着火爆炸的燃烧物。该区域作业人员和外来人员(领油)进出频繁、杂乱，容易将火种(火柴、打火机等)带入；出入车辆多而杂，且常用发动机油泵装卸油品，点火源易于失控，容易形成着火爆炸"三要素"的结合，所以灾害发生概率高。据该区域已发生的着火爆炸事故中，汽车、铁路油罐车和油船火灾88例，占区域数的39.1%；发动机油泵和电动油泵火灾54例，占该区域数的24.0%，这是发生火灾的两个重点部位。

(3)辅助生产区。在445例中有40例，占总数的9.0%。油桶气焊发生爆炸灾害，是该区域的重点。该区域的工作大都需要动火切割、烧焊、加热。如油桶切割、烧焊，加热锅炉，用过油品更生中的加热蒸馏、化验工作中的电炉等都是点火源。另外，该区域有少量油品存放(油桶、用过油品、煤油等)，空油桶中的残留油品、积聚的油气，且与收发作业区毗邻，油气易于扩散到该区。这就具有了着火爆炸的条件。

（4）行政管理区。该区域火灾概率低，在 445 例中仅有 75 例，占总数的 16.9%，火灾发生率较低。在该区域火灾中，枯草、刨花、沥青等作为可燃物的火灾占该区域事故数的 4.7%。

另外，值得注意的是油品流失事故的油品和含油污水从水渠(沟)、下水道等流淌到该区域和库外、水滩、水面等地引燃、点燃的火灾 50 例，占火灾总数的 11.2%，这是值得注意的问题。后者造成的火灾往往形成库内外大火相连，容易造成严重的后果和恶劣的影响。

（三）安全管理中存在的问题

油库安全管理问题是一个系统工程问题。油库领导和工作人员应从系统工程出发，综合分析研究油库的编制体制、人员素质、规章制度、技术设备，以及环境影响和经费等诸要素对安全管理的作用。因油库岗位人员变化快，领导素质等主客观原因，使这方面的工作做得较少较差，影响着油库安全度的进一步提高。

（1）油库安全管理的编制体制不适应安全管理的要求。油库安全管理是多渠道、多部门实施的。如消防经费和消防管理脱节，油库无专职安全员则权利和职责不明确，很难开展安全活动与有效监督。另外，油库消防人员编制严重不足，这就使油库消防工作成为无根之木，无源之水。

（2）安全管理知识缺乏，安全意识较差。油库领导和工作人员安全素质差，缺乏应有的安全管理知识和安全意识。因此，实际中讲抽象安全多，抓具体落实少；讲制订措施多，抓措施的可行性和落实少。

（3）对"预防为主"的方针认识上尚有差距。油库落实"预防为主"方针的具体措施工作做得较少，有的油库还没有开展这方面的工作。

（4）规章制度落实到位还有差距。"没有规矩，不成方圆"。油库安全管理制度基本建立健全，"规矩"有了，但不用"规"和"矩"去校正其行动，等于没有"规矩"。例如不按作业程序和操作规程办事。收发油作业现场消防值班员不清楚自己的职责，不会使用灭火器。消防车值班只有两三人到现场。这样的值班与没有值班区别不大。人人都知道油库有"严禁烟火"的规定，但在安全检查中，仍在油库作业区发现烟头。这种不用"规矩"规范、约束自己行为的现象较为常见。

（5）重视宏观建设，忽视微观管理。油库技术设备设施是油库安全管理的物质技术保障，应使其经常处于良好状况。实际是在看得见的宏观建设和表面管理上下功夫多，技术设备的微观管理上下功夫少。上级检查时搞突击，平时很少过问。所以，技术设备周期性的检查鉴定及日常维护工作难以落到实处。机械呼吸阀失修和阀门渗漏、窜油现象较为普遍，油泵盘根超标准滴油时有发生，油罐长期不清洗、不检修的情况也不在少数。诸如此类技术状况不良的现象极大地影响着油库的安全。

（6）危险场所装饰可燃物是人为的不安全因素。近年来，在油库正规化建设中，在火灾、爆炸危险(洞库、库房、油泵房、配电室、化验室等)场所，常常可以看到铺设了化纤、塑料地毯，以及装饰了塑料壁纸的情况，这就增加了着火爆炸的危险因素。

（7）信息来源少，决策依据不足。信息是决策的依据，是现代管理不可缺少的资源。油库管理信息大体可归纳为四类。第一类是动态（油品收发）信息，如输油的压力、流量、在线温度，油泵、阀门、电动机的动态等。第二类是静态（油品储存）信息，如油罐内储油液位、密度、温度、压力、体积、储量等。第三类是动、静态（安全警戒）信息，如液位、温度、压力、油气浓度、火光报警，禁区内人员行为、门禁等。第四类是各种业务技术资料。这些管理信息是油库管理决策、实施操作、有效管理必不可少的依据。但是管理信息的采集、储存、整理手段落后，且多数油库尚未引起足够的重视。自有管理信息没有积累或极不齐全，甚至为应付检查，在管理信息方面造假。再加上油库地处山沟，信息闭塞，很难获得安全管理经验与安全信息。另外，运用现代安全管理理论，针对油品理化特性及过去经验研究油库安全对策的工作基本没有开展，这势必影响油库安全度的提高。

四、预防着火爆炸事故的对策

油库着火爆炸事故统计分析结果说明，预防着火爆炸的对策，主要从着火爆炸的"三要素"入手，严格执行各项规章制度，归纳起来：一是提高人员安全素质，控制人的不安全意识和行为；二是改善工程技术措施，控制油品的不安全状态，即油品的失控与油气的逸散和积聚；三是抓好规章制度的落实，消除技术设备设施与管理方面存在的缺陷。同时还应重视环境的影响。

（一）理顺安全管理关系

理顺油库安全管理关系，明确各级职责和权利，使管事、管人、管物（含钱）结合起来。

（1）自上而下建立油库安全管理体系（安全管理和技术管理相结合）。

（2）油库消防经费和大修经费归口主管油库安全的职能部门管理。

（3）在油库现有编制内调整、建立安全技术组织。既是安全技术的职能部门，又是领导在安全技术方面的参谋。

（4）油库实行党委领导下的党政、行政、技术安全三种职能的分工负责制。

（5）明确各级职责和权利，将安全管理落实到单位和人头。

（二）必须贯彻"安全第一，预防为主"的方针

油库安全管理，必须贯彻"安全第一，预防为主"的方针，在事故发生之前，找出防患于未然的方法，加以预防。

（1）积极广泛地组织好群众性的"三预"活动，以便及时发现问题，解决问题。

（2）将事故管理概念引入油库管理机制，通过事故的统计分析，找出油库事故发生的规律，为安全决策提供可靠的信息依据。

（3）预防油品流失、着火爆炸是油库贯彻"安全第一，预防为主"方针的重点。一是制订重点保护部位的灭火作战方案和储油、输油设备设施的抢修方案。二是定期不定期组织消防和抢修演练。三是组织好消防知识学习，普及消防知识，学习灭火方法，增强安全意识。四是积极创造条件，建立军、警、民联防，做到共防、共消、共同演习。

（4）利用各种机会，采取种种形式宣传和传授安全知识，提高油库工作者的安全素质，树立安全意识。如典型事故分析、"三预"活动、安全形势分析会、专题讨论、安全知识竞赛和讲座，以及短期培训和代训等方式传授安全知识、安全技术、安全技能。

（三）用制度规范约束人的思想和行为

严格执行制度，用制度规范人的思想，约束人的行为。油库445例着火爆炸事故性质统计数据（表9-4）说明，54.4%事故属于责任事故，15.5%属于责任技术事故。而责任事故基本上是没有严格执行制度，责任技术事故基本上是不执行制度和缺乏专业知识和操作技能造成的。这就是说，规章制度没有真正起到对人的思想和行为规范约束的作用。

（1）充分认识制度的建立健全不等于制度的贯彻执行，严格执行制度比制订制度更难，任务更艰巨。

（2）制度制订以后，能否严格执行，决定的因素是干部。因此，干部除自身执行制度作表率外，还应宣传、讲授制度制订的依据和执行制度的重要性，从而提高大家的认识，使制度与人的思想作风形成一种内在的必然联系，自觉地执行制度。

（3）经常检查制度执行情况，适时修改不符合实际的部分，使之更加完善是执行制度中必不可少的工作。

（4）研究工作条件和环境、生活条件和家庭、习惯做法和作风、社会议题和风气等对人的思想和行为的影响，以便有针对性地做好人的思想工作。根据每个人的不同特点安排合适的工作，也是贯彻执行制度中不可忽视的课题。

（四）加大技术设备设施的检查管理力度

加强技术设备设施的微观维护保养及技术检查和鉴定，工作重点从宏观建设和表面管理工作上转移到技术设备设施的微观管理上来。要减少或杜绝油品失控、油气排放和积聚，除严格制度之外，就是技术设备设施的使用和维护。技术设备设施的技术状况良好是油库安全可靠运行的物质基础。

（1）制订完善技术设备设施维护检查与技术检查和鉴定的周期、内容及方法的标准。

（2）认真落实日常维护检查及定期技术检查和鉴定的规定。

（3）建立健全技术设备设施的档案，每次检修的情况必须详细记录。

（4）建立设备设施更新改造基金，达到报废条件的技术设备设施坚决报废更新，设备设施不"带病"工作。

（5）严格动火和禁火制度。加强火源管理，严格动火和禁火制度，确保禁区点火源的有效控制。电气火、明火和设备设施烧焊三种火源占引起油库着火爆炸事故近60%，这就为点火源管理指明了方向和重点。

① 严禁烟火的规定。在执行中比较普遍的现象是执行不严，"内松外紧，上松下紧，上级检查时紧，平时松"。这种现象必须纠正。

② 严格禁区动火手续。在禁区动火时，必须填写动火申请，按批准的项目，在指定的动火地点和时间内实施。任何人不得以任何借口变更，如需变更应重新审批。无批准手续任何人不得同意在禁区内动火。

③ 严格设备设施动火制度。在设备设施动火发生的着火爆炸灾害中，值得注意的是储存过油的空容器烧焊，特别是油桶烧焊。油桶烧焊一定要先清洗后进行，并严格执行操作规程。储油罐烧焊时，必须按照油罐清洗规程要求，遵守清洗——测定油气浓度——烧焊的程序进行。

④ 按规范要求整修不符合要求的防爆电气，以及防静电和雷电装置。

⑤ 严禁发动机油泵在运转中检修、加油或在禁区修理汽车。

⑥ 充分发挥业务技术骨干的作用。业务技术人员是业务技术工作的骨干，也是油库领导的参谋，又是油库开展安全和学术研究、技术设备设施改造和技术革新、油气的控制和回收，以及新技术推广应用的实践者和组织者。能否充分发挥业务技术骨干的作用，对油库安全管理有着决定性的作用。

总之，油库着火爆炸事故同一切灾害一样，可以分为人祸(人为灾害)和天灾(自然灾害)两种。人祸，一般说来，可以通过现代科学技术和人的努力，在灾害发生之前找出防患于未然的方法，加以预防。而天灾，通常来说，无论如何也不能防止。但随着科学技术的发展，人类对自然规律的进一步掌握，至少可以防止灾害的进一步扩大，或者减少损失。从这个意义上讲，天灾也是可以预防的。

第三节　油品流失的原因和对策

油品流失是油库常见和多发事故之一，从收集的事故案例来看，油品流失少于着火爆炸。但是，流失油品及其形成的可燃气体是着火爆炸事故燃烧物的主要来源。因此，分析研究油品流失事故的发生原因及其对策，预防油品流失事故的发生，对油库安全运行具有极其重要的意义。

一、油品流失的原因

油品流失的原因是多方面的，违章作业是主要的，约占该类事故的70%。油品流失的原因大体可归纳为5类：即阀门操作使用不当；设备设施检修不按规定办事；钢材腐蚀与材料性能不符合技术或使用要求；擅离职守与冒险蛮干；气候环境影响及其他等。

(一)阀门方面的问题

在油库中阀门的用量多、规格型号杂、操作使用频繁，是油库油品流失事故的多发部位，在294例中有119例(40.5%)是由阀门原因导致。其原因可归纳为三个方面。

(1)阀门设计安装问题。一是阀门选型不当。如在寒区、严寒区使用了铸铁阀门，因油品中含水积存于阀门中，冬季结冰冻裂；二是管道没有设置泄压装置。因管道中存油受热膨胀，阀门受压破裂，或者阀门法兰垫片被冲；三是阀门设置位置不当。如在管线横向位移管段设置的阀门，因管线横向位移时阀门受损或者法兰连接密封被破坏；四是管道没有补偿能力(没有设置补偿器)。管道热胀冷缩时法兰连接受损，或者阀门因受弯曲应力法兰密封受损等。

(2)阀门操作使用问题。阀门操作使用中造成油品流失的原因主要是执行制度不严，违章操作。如阀门开错、误开，未开或关闭不严，甚至怕下次难开有意不关严。另外，还有油泵输油中将阀门垫片冲毁等。

(3)阀门的维护检查问题。一是维护保养不及时，造成阀门失修渗漏，或者阀门开关失灵，或因油罐位差窜油造成溢油；二是阀门未定期检修、试压，甚至使用多年未进行清洗、压力检验和技术鉴定，致使杂物沉积于阀内，关闭不严，严重渗油或者窜油；三是阀门检修后未关闭，或者拆除阀门未封堵管口；四是阀门垫片使用了不耐油、不耐压的材料等。

(二)施工检修方面的问题

因施工检修方面的问题引起油品流失的事故原因，主要表现是设计、施工、检修质量，以及违反施工检修程序和操作规程等。在 294 例中有 58 例（占 19.7%）是施工检修问题引发的。

（三）钢材腐蚀及材料性能方面的问题

钢材腐蚀是一种自然现象。人类只能通过科学技术成果的运用和努力，来控制腐蚀，而不能杜绝腐蚀的产生。这里所指腐蚀是由于人们的失误而造成的腐蚀加速。如油罐底板防腐处理不当或未进行防腐蚀处理，使其过早地产生腐蚀穿孔；埋设管道防腐质量低劣或者没有防腐处理等造成腐蚀穿孔。材料的性能方面，主要指的是使用了不符合油库技术要求的材料，其中问题最多的是使用不耐油、不耐压的密封垫片，质量低劣的设备和材料。

（四）脱岗失职和蛮干方面的问题

这方面的问题主要表现是参加作业人员的责任心差，违反规章制度，以及专业知识缺乏，主观武断等问题，其中尤以擅自离开岗位较为突出。这类事故在 294 例中有 44 例，占 15.0%。

（五）环境影响及其他方面的问题

环境影响主要是指气候条件和自然灾害。如气温变化，油品和设备设施的热胀冷缩造成管道断裂，法兰连接密封破坏，设备设施冻裂，以及因洪水、滑坡、崩塌、泥石流等自然灾害造成设备设施损坏，进而造成的油品流失事故。

其他方面的原因，有开山放炮将输油管线砸坏；推土机将埋设的输油管线推断；地面上堆放土、石料或其他重物，将地下输油管道压断；科学论证不充分，不明确操作使用要求等原因。

另外，社会环境对人的安全意识和安全行为的影响，也是不可忽视的因素。

二、预防油品流失的对策

油品流失事故的控制对策主要是搞好设计的技术审核，抓好施工质量，改善人员的素质状况，建立健全并落实好各项规章制度，重视环境气候和自然因素的干扰影响等。

（一）改善设计施工状况，防止遗留隐患

新建油库或老油库更新改造，油库周期性的检修，都必须严格执行有关规范、标准，选用满足油库使用要求的设备设施和材料，认真把好施工图纸审查、施工质量监督、竣工验收关，为油库安全运行打好物质基础。

（二）改善人员素质状况，提高专业水平

人员的素质涉及范围广、内容多，影响因素复杂，是油库安全的首要问题，也是一项经常性的教育和培养工作。这里所说的人员素质是指认真负责的工作态度，严肃细致的工作作风。专业技术水平的最起码要求是懂得油料的理化特性及其危险性，熟悉岗位工作内容和方法，了解设备设施结构和性能，掌握有关的规章制度，并在实际工作中加以落实，严防脱岗和蛮干。

（三）建立完善可行的规章制度是安全作业的依据

建立完善可行的作业程序、工艺流程、操作规程和岗位责任制等规章制度是油库安全管理的基础和安全作业的依据。规章制度不是一成不变的，应随着经验的积累、科学技术的发展及情况的变化，不断加以补充修订，提高完善，使之更符合实际情况。而且应把规章制度的落实放到重要位置上抓紧抓好，使之贯彻于工作的始终。

（四）管好用好设备，特别应重视阀门技术状况的完好

一是要对影响油库安全，容易造成油品流失事故的工艺、设备、设施加以改造整修，使之满足作业功能的要求；二是明确设备设施日常检查维修的内容和方法，并落实好；三是设备设施周期性技术检修和鉴定内容、方法、技术标准等，必须使岗位和检修人员明确，并落实于日常工作之中，从而使设备设施处于完好的技术状态。这里应特别指出的是，应重视阀门使用、检修及施工前的预防检验。制订和落实预防油品流失的安全技术措施，并认真落实。

（五）环境及自然因素的影响必须重视

环境及自然因素对油库安全的干扰影响极大，必须予以重视。环境(含内部和外部)可影响人的思想和行为，成为活的不安全因素，应做好经常性教育与培训，使之具有安全意识和安全行为，具有适应油库工作的专业知识和技术水平。自然因素，如暴雨洪水、滑坡、崩塌、泥石流等都会摧毁油库设备设施，必须通过调查研究，结合油库具体实际制订相应的预防自然灾害的对策。

第四节　油品变质的原因和对策

油品变质是影响油料质量的重要原因之一。分析研究油品变质的原因，对预防油料质量事故和设备事故，延长用油设备的使用寿命具有重要的意义。

一、油品变质的原因

油品变质的主要原因可归纳为阀门操作管理，主观臆断、盲目决定，接收来油不检查核对、取样化验，共用输油管线使用后没有放空，储油容器标志不清等。

（一）阀门方面的问题

阀门问题是造成油品变质的主要原因，在195例中有59例(占30.3%)是阀门操作管理不当引发的。例如阀门安装前没有按规定清洗、压力检验，造成阀门关闭不严、内渗、内窜没有发现，留下了隐患；阀门失修或杂物沉积，造成其关闭不严，或密封面受损封闭不严造成内渗、内窜；执行制度不严，缺乏知识，储油容器标志不清和阀门没有编号等造成阀门错开、误开、未关，或者关闭不严，甚至怕难开有意关闭不严等原因。

（二）接卸油品不检查核对、取样化验

在195例中有40例(占20.5%)是这方面的原因造成的。例如有的油库没有建立接卸油的作业程序、工艺流程和操作规程；有的油库没有按要求进行检查核对、取样化验；有的油库有编制而没有化验人员，或者没有编制化验人员，或者化验人员不在位、业务不熟悉等，造成接卸油时，没有按规定做入库化验及核对证件和车号，没有逐台车、逐座油罐检查油品外观与油罐车底部水分、杂质等。

（三）主观臆断，盲目接卸

油库由此造成的事故不少，且情况复杂。在195例中有27例，占13.9%。例如现场值班和作业人员不核对证件，化验结果不明确即开始卸油，没有随车来油证件，按进油预报计划接卸；化验结果不符合质量标准，主观上认为是新产品；火车站调车人员失误，不化验不核对证件卸车；油品颜色有疑问，不详究原因，盲目接卸；两种油混合已经发现，怕承担责

任，将油品再次输送，造成几种油品多次混合；不等化验结果即行卸油等。

（四）储油、运油设备设施不清洁

在 195 例中有 18 例，占 9.2%。其表现是储油、运油设备中有水分杂质，调错运油车，两种油品混合等。

（五）容器标志不清或没有标志和共用输油管线

在 195 例中有 11 例，占 5.6%。储油容器无标志或标志不清，记错油品储油罐位，接卸油品或者油罐间输送油品造成油品混合；布置任务不清，手续不全等造成油品混合。不同油品共用输油管道，不按规定放空管道内存油造成油品混合。

（六）外方责任问题

由于外方原因造成油品质量问题的在 195 例中有 21 例，占 10.8%。主要是来油质量指标不合格，油品中含有水分、杂质、乳化物等；火车站调错了油罐车；发油单位填写错了油品代号、铁路运单号等。

（七）其他原因

这类事故在 195 例中有 19 例，占 9.7%。其表现是油品质量差、不合格，容器没有清洗，库内输送时，搞错了油品，听错电话和传话错误等。

二、预防油品变质的对策

预防油品变质事故应特别重视阀门的使用管理，严禁主观臆断及来油不检查、不化验的情况发生。

（一）防止阀门误操作和阀门内渗、内窜

这个问题的解决主要是严格执行制度。其中阀门挂牌制及操作核对制的落实，对于防止阀门误操作极为有效。阀门内渗、内窜问题，在安装新阀门前必须按规定进行严格的清洗、试压，在用阀门应按周期进行技术检修和鉴定，以保证密封良好；对于隔离阀、储备油罐进出油阀门等，应根据具体情况，采用眼圈盲板隔断或者更换质量好的阀门。另外，不同油品共用管道必须按规定放空管线。

（二）树立科学态度，防止主观臆断

在任何情况下，都不得以进油计划、以油品颜色和油品气味判断来油品种，必须以科学态度(如化验油品、与来油单位联系、核对证件等)确定来油品种，否则不得卸油。

（三）设置化验人员，坚持化验制度

油库应根据其功能编配应有的化验人员，配备能满足工作需要的化验设备和仪器。接卸油时，必须按规定取样化验，经化验确认，核对证件无误才准许卸油。化验人员必须经过培训、考试合格，取得上岗证后，才允许单独上岗工作。另外，还应当逐台车、逐座油罐检查油品外观和油罐车底部水分、杂质，以防意外。

（四）完善装油罐(含油桶)标志

无论是油罐还是其他装油容器，都应在明显的部位设置包括油罐技术数据和储存油品、数量等的标识牌。油桶灌装后，应按规定在油桶顶盖上喷、刷油品名称、数量等内容标记。

（五）建立接卸油作业程序

接卸油作业程序、工艺流程和操作规程本身就是重要的安全措施。油库应当结合具体实际，建立接卸油作业程序、工艺流程、操作规程和作业时检查核对制度，并加以实施。

第五节　设备损坏的原因

油库设备损坏的情况比较复杂，着火爆炸事故、油品流失、自然灾害及腐蚀等都可以使油库设备遭受损坏。这里所说的油库设备损坏，主要是指设备损坏后未引发其他事故发生。这类事故大多发生于储油罐、阀门、输油管和机动设备等。

一、油罐凹陷的原因

油罐凹陷在油库设备损坏事故中占79.0%。它不仅造成设备损坏，还可能引发油品流失和着火爆炸事故。因此，分析研究油罐凹陷胀裂的原因，对于指导油库安全管理，提高科学管库水平是十分必要的。

(一) 油罐承受的压力和运行

(1) 油罐结构和承受的压力。油罐属薄壁壳体结构，根据金属结构及油罐进出油作业罐内压力的变化，相关规范规定了油罐运行允许承受的压力，为设计提供了依据。但在实际工作中，油库成品油储油罐机械呼吸阀通常工作正压为1961~3923Pa，多为1961Pa；工作压力为245~490Pa，多为490Pa。

(2) 油罐运行和呼吸。油罐运行中，油罐压力由机械呼吸阀(含液压安全阀)进行调节，洞室油罐则由其呼吸系统调节。油罐内气体排出及吸入的过程称为油罐的呼吸。

(3) 油罐压力运行中罐顶承受的压力。油罐运行时，罐顶均匀地承受着大气的压力，特殊情况还要承受风压或者雪载荷等。如因操作使用、检查维修不当，以及受其他因素的影响，油罐呼吸不畅通时，罐压力会成倍、几倍，甚至十几倍增加，对油罐的稳定性威胁很大。油罐压力超限时，极易引起油罐失稳而发生凹陷。所以，油罐在操作使用、检查维修，以及油库设备设施更新改造中，特别应注意检查校核引起油罐压力超限的因素，以确保油罐安全运行。

(二) 机械呼吸阀的压力超过其控制压力

1. 机械呼吸阀(含阻火器)操作维护不当引起压力超限

(1) 机械呼吸阀(含阻火器)封口网布污染或者鸟、虫(如蜂巢、鸟窝)等堵塞呼吸通道。在油罐呼吸过程中，具有过滤作用的机械呼吸阀封口网布，凝结、黏附空气和油罐内油气混合气体中的水蒸气、油气、尘埃等而堵塞网布的孔眼，造成油罐呼吸不畅，压力增大，引起油罐凹陷。另外，机械呼吸阀封口网布破损或未装，鸟、蜂等进入或筑巢，严重堵塞油罐呼吸通道的事也有发生。

(2) 机械呼吸阀活动部位加注润滑油造成黏结。机械呼吸阀的阀片、阀座、导杆、导向孔是严禁加注润滑油的。如果加注了润滑油，大气中的尘埃经过时黏附其上，从而增大了运动阻力，使机械呼吸阀控制压力增大。另外，机械呼吸阀的滑动部位加注的润滑油容易氧化产生胶质，增加运动阻力，甚至会使阀片黏结，而导致失灵。

(3) 机械呼吸阀零部件锈蚀失灵、失效。在油罐运行中，机械呼吸阀经常处于空气和油气混合气体气流的冲击之中，机械呼吸阀零部件，由于受气体及尘埃中所含腐蚀性物质的作用而氧化生锈，从而增大运动阻力，甚至阀片锈死而失灵、失效。

2. 机械呼吸阀安装及检修失误引起压力超限

（1）机械呼吸阀制造精度及安装偏差造成失灵或卡住。按技术要求机械呼吸阀阀盘椭圆度和导杆偏心度不超过 0.5mm，导杆和导孔间隙不大于 2mm，安装垂直度偏差为 1mm。如果误差超过允许范围，会使阀片沿导杆运动受阻，有的还会卡住，造成油罐压力超限，失稳凹陷。在实际工作中，由于机械呼吸阀的阀片的椭圆度和导杆的偏心度，以及安装垂直度超过允许范围，阀片卡住之事常有发生。另外，油罐基础的不均匀沉降及油罐顶曲面的不规则变形，严重影响着机械呼吸阀安装的垂直度。

（2）机械呼吸阀（含阻火器）封口网布过密，减少了通气截面。机械呼吸阀封口网布规格是经过计算确定的。如果检修机械呼吸阀更换网布，使用了丝直径过细、网孔过密的网布，不但会减少呼吸通道的净截面，而且网布容易被尘埃污染堵塞，增加呼吸阻力，造成油罐失稳凹陷。

（3）检修呼吸阀时，（误）将阀片互换或使用了整块垫片。检修组装机械时，误将不同规格的机械呼吸阀的阀片互换，又未进行控制压力校核，使压力超限；或者检修中用整块石棉板作为孔盖垫片，将压力阀升降空间封闭，致使压力阀片开不到位或不能活动。另外，还有阀片丢失自行加工阀片时，既不计算阀片质量，又不检验控制压力，造成压力超限。这种情况虽属个别，但也是造成油罐凹陷不可忽视的原因。

（4）加注、更换液压安全阀密封油品失当。液压安全阀控制压力由加注油品的密度和高度决定。在加注、更换油时，超过规定高度；或者更换油时使用不同密度油品，又未计算注油高度。这些做法都会使压力超限而影响油罐的安全运行。

3. 设备更新改造未进行计算校核引起压力超限

（1）油泵流量与机械呼吸阀的呼吸能力不匹配。新建油库油罐进出油流量与机械呼吸阀的呼吸量是相匹配的。但油库设备更新时，为了满足变化了的收发油需要，未经计算校核选用了比原流量大的油泵，或选用了油泵扬程大于实际作业扬程较多，而未考虑油罐机械呼吸阀的呼吸能力，造成机械呼吸阀的呼吸量与油罐进出油流量不相匹配，造成压力增大。

（2）校核机械呼吸阀控制压力时未考虑阻火器的影响。通常阻火器与机械呼吸阀串联安装于油罐顶部，油罐呼吸气流经过阻火器时，一般产生 98Pa 的压降。如果计算机械呼吸阀的阀片质量，或检测机械呼吸阀控制压力时，不考虑阻火器压降，就等于提高了机械呼吸阀控制压力 98Pa。如油罐压力为 490Pa，而油罐实际运行压力为 588Pa，超过设计压力值的 20%。这个造成油罐凹陷的因素往往被忽视。

（3）旧油罐机械呼吸阀控制压力未调整。随着油罐使用年限的增加，油罐顶板和壁板因腐蚀减薄，强度下降，其承受压力的能力也在减弱。但机械呼吸阀控制压力不变，就可能使油罐失稳凹陷。这是油库普遍存在的问题。油罐顶板、壁板 $2m^2$ 出现麻点，深度达钢板厚度 1/3，或顶板、壁板凹陷、鼓包偏差达 8%（凹陷深、鼓包高除以变形最大距离），或顶板、壁板折皱高度超过钢板厚度 7.5 倍时，应将呼吸阀控制压力调低 25%。

4. 气象变化造成压力超限

（1）机械呼吸阀结霜、结冰而失灵、失效。在环境气温突变及寒冷的冬季，机械呼吸阀的阀片和阀片座、导向杆和导向杆套之间，容易凝水、结霜、结冰，甚至冻死，造成油罐不能正常呼吸。在这种情况下，如果油罐出油，就会因吸气不畅或不能吸气而压力超限，会失去稳定而凹陷。特别是洞室油罐呼吸管道的洞外部分在地温较高气温突降时，含水蒸气、空气进入呼吸管道、机械呼吸阀，凝水、结霜、结冰的事较为常见。

(2)暴雨突降，气温急剧下降油罐凹陷。分析暴雨造成油罐凹陷事故时发现：凡凹陷的油罐都是存油量少，而气体空间大的油罐。其因是暴雨使罐内气体温度急剧下降，气体骤然冷缩，而机械呼吸阀的压力阀盘因惯性作用造成瞬间"失灵"关闭，油罐形成短时假性密闭容器，压力超限使油罐失稳凹陷。

5.洞室油罐呼吸系统故障引起压力超限

(1)洞室油罐呼吸系统的组成。洞室油罐呼吸系统通常由呼吸管路、闸阀、管道式机械呼吸阀、通风式阻火器(或阻火器和机械呼吸阀)等组成。因此，洞室油罐除上述油罐凹陷因素外，还有其独特的因素。

(2)洞室油罐呼吸系统阀门误操作、失灵。对洞室油罐来说，油罐呼吸系统的管道式机械呼吸阀旁通管阀门和洞室油罐呼吸系统阀门控制油罐进出油的大呼吸。如油罐出油时这两个阀门未打开或者假性打开(闸板脱落)都会使油罐压力超限凹陷。

(3)洞室油罐呼吸系统管路积存冷凝油、水堵塞。在呼吸管路堵塞的情况下发油时，油罐压力超限、失稳凹陷。这种事故的原因，一是冷凝的油、水未及时清除，二是呼吸系统未设排水装置。

(4)洞室油罐进油超高，或者油罐之间窜油造成溢油，油品进入呼吸系统的管路。在清除呼吸系统管路中的油时，忙中出错，处理失误或没有进行处理，油罐出油时造成凹陷。这种事故较为常见，应特别注意。另外，这类事故在油罐充水试验中也屡有发生。

(5)洞室油罐呼吸系统管路中铁锈堆积，减少了呼吸通道截面或堵塞。其原因是洞口受外界环境和气温影响大，腐蚀严重所致。

(6)洞室油罐呼吸系统管线直径和油罐进出油管线直径不相匹配。洞室油库呼吸系统管路的管径小而长时，气体在管内流动的阻力损失大于油罐设计允许压力，致使油罐压力增大而发生凹陷。通常洞室油库呼吸管路管线直径应不小于油罐进出油管线直径，具体应经计算确定。

总之，油罐凹陷的直接原因是油罐呼吸系统不畅或堵塞，油罐压力超限、失稳而造成的。但影响呼吸系统不畅或堵塞的因素较多，以上列举的各种因素多数属于人为的失误。所以，控制油罐凹陷的对策是严格执行有关的规范、标准、制度，落实好油罐呼吸系统的日常维护检查和技术检定。这里值得一提的是油罐控制压力的调整，洞室油罐呼吸系统竖管的铁锈堆积，以及暴雨对空罐和空容量较大油罐的威胁，应当引起足够的重视。

二、设备冻裂的原因

油库设备冻裂多发生于输油管、阀门和机动设备。主要是由于内部积水，气温变化结冰造成设备裂缝。

(一)输油管道结冰裂缝

输油管冻裂多数是由于充水试验后未及时放水，或者排水不净，冬季结冰后裂缝、断裂；另一种情况是油品含水沉积于油罐排污管，结冰将有缝排污管焊缝胀裂。这类情况虽然较少，但也忽视不得。另外，埋设输油管不均下沉断裂。穿越道路未设套管，断裂的情况也有发生。

（二）阀门冻裂的原因

阀门冻裂都是因阀门内积水造成。寒区、严寒区热力系统阀门冻裂较多，储油、输油系统的阀门也有裂缝的。冻裂的阀门基本都是铸铁阀，未发现钢阀门冻裂的现象。这里应指出的是油罐排污阀、灌装系统阀门，有不少采用铸铁阀门的。这是油库安全管理的隐患。

（三）机动设备冻裂的原因

油库常用的发动机油泵、空压机、车载泵等，由于间断性使用，或库存设备在试运转后，未及时放水，入冬前又没有检查，冬季结冰裂缝的情况时有发生，在设备损坏中占有较大的比例。

另外，设备损坏的原因，也有因设计不符合规范，施工质量低劣，造成建筑物、构筑物倒塌而砸坏设备的情况。

第六节　其他类型事故的原因和对策

其他类型事故中主要有油气中毒、伤亡、灾害等。其他类型的54例事故中，中毒窒息事故19例，占35.2%。伤亡事故18例，占33.3%。灾害事故11例，占20.4%。

一、中毒事故的原因和预防

（一）中毒事故的原因

其原因是在油气浓度超过安全指标的环境中作业，不采取安全防护措施，不遵守安全规定所造成的。中毒事故发生的主要原因是由于接触油品，吸入有害气体而引起的。

1. 碳氢化合物

油品是由多种碳氢化合物组成的，各种碳氢化合物都具有一定的毒性。其中以芳香烃毒性最大，环烷烃次之，烷烃最小。轻质油品毒性小于重质油品。但是，轻质油品容易挥发，油气容易在空气中积聚；轻质油品对皮肤的渗透能力也强。所以，轻质油品实际对人体危害大于重质油品。

油品挥发出来的油气通过呼吸道进入人体，油品与皮肤接触进入人体是油品对人体危害的主要形式；也有个别违章操作者，用嘴吸入油品引起中毒的现象。

油库工作者一般都有油气很浓刺眼、油味很大、头痛的体验。在这种环境中工作，如不及时通风，或者不及时离开现场，就有油气中毒的危险，甚至造成中毒事故。

（1）在油气浓度 300mg/m³ 以上时，如果长期在这种环境中工作就会逐渐引起慢性中毒。其症状是贫血、头痛、萎靡不振、易疲乏、易瞌睡或失眠、体重下降等。因受油气刺激，眼黏膜会引起慢性炎症，并会使喉头、支气管、声带等呼吸系统发炎，使嗅觉变坏。

（2）在油气浓度 500~1000mg/m³ 时，时间（12~14min）不长就会出现头痛、咽喉不适、咳嗽等症状，进而走路不稳、头晕和神经紊乱等急性中毒症状。急性中毒初期还会使体温下降、脉搏缓慢、血压下降、肌肉无力而晕倒。

（3）当油气浓度 3500~4000mg/m³ 或更高时，人便会在极短时间内（5~10min）出现急性中毒。其症状是失去知觉、抽搐、瞳孔放大、呼吸减弱，直至停止呼吸。

（4）汽油会溶解皮肤表面的油脂。油库工作者大多数有过汽油洗手或手沾上汽油的经历。手沾汽油后，汽油很快蒸发，使皮肤变白、干燥，甚至产生裂口。有的人接触了汽油的皮肤还会发炎或出现湿疹等慢性皮肤病。

(5) 据资料介绍,双手浸入汽油 5min,血液中的汽油含量就会有 0.5mg/L;15min 之后,含量达 31mg/L。一般来说,人体内无积存汽油的条件,汽油可通过肺部迅速排出体外,但对人体仍有不良影响。

(6) 另外,油品的毒性还有:硫化氢(H_2S)、二氧化硫(SO_2)、溴乙烷(C_2H_5Br)和 α-氯萘($C_{10}H_7Cl$)等。硫化氢是无色剧毒气体,有臭鸡蛋味,这种气体对人的神经末梢危害极大,当人进入硫化氢浓度为 1mg/L 的环境中,一瞬间即会丧失知觉,如不及时离开就有生命危险;二氧化硫是无色有毒气体,带有强烈的令人窒息气味,通常人们会本能地离开危险区域,但有人对其感受迟钝,也是很危险的。

2. "乙基液"[$Pb(C_2H_5)_4$],通常叫四乙基铅

为提高汽油的抗爆性而加入的"四乙基铅"是一种剧毒物质。目前,国家已停止含铅汽油的生产。"四乙基铅"通过呼吸道、皮肤、消化道侵入人体,并在体内积蓄。因此,既能引起急性中毒,亦可引起慢性中毒。另外,皮肤接触汽油后,汽油蒸发,"乙基液"残留在皮肤上,这时如果吸烟、喝水、进食,便通过食道进入人体。久而久之,会造成"乙基液"在人体内积蓄而中毒。"四乙基铅"中毒的症状如下:

(1) 急性中毒:轻者多有黏膜刺激症状,同时出现头痛、头晕、全身乏力、易激动和兴奋、多话、自制力差、记忆力下降、睡眠不安,消化系统的症状为食欲不振、恶心、呕吐。有些患者由于植物神经功能紊乱,可出现"三低"(体温、血压、脉搏较正常人低)和感觉异常等症状。重者可能出现运动障碍、恐怖性幻觉、视觉紊乱、全身麻木、容易疲乏、鼻孔出血、头痛、消瘦、失眠、血压下降等,如抢救不及时还可能出现昏迷、肺水肿、脑水肿。

(2) 慢性中毒:症状和急性中毒相似,以顽固性头痛、做噩梦多、严重失眠最为多见。患者常因做噩梦而惊醒、叫喊,同时有头晕、乏力、健忘、多汗、食欲减退、容易昏厥、部分患者有"三低"症状,严重者出现类似精神分裂症。

3. 一氧化碳

一氧化碳气体无色、无味、可燃,具有强烈的毒性。因为它与血色素的亲和力大,约是氧与血色素的亲和力的 300 倍;一氧化碳和血色素结合产生的碳氧血红蛋白,会阻碍其他血红蛋白释放氧供给人体组织,从而加深人体组织缺氧,发生各种病症。一氧化碳对人体的影响,见表 10-23。

在通风不畅、供氧不足的条件下发生不完全燃烧,产生大量一氧化碳和二氧化碳。当空气中一氧化碳含量达 5% 时,人的呼吸会发生困难;超过 10% 时,能很快使人死亡。

表 10-23　一氧化碳对人体的影响

一氧化碳含量/%	对人体的影响
0.01	滞留 1h 以上,中枢神经受影响
0.05	1h 内影响不大,滞留 2~4h 剧烈头痛、恶心、眼花、虚脱
0.1	滞留 2~3h,脉搏加速、痉挛昏迷、潮式呼吸
0.5	滞留 20~30min 有死亡危险
1.0	吸气数次后失去知觉,1~2min 可中毒死亡

4. 其他有害物质

（1）生漆。生漆中的漆酚（不挥发）和我国近年发现的非酚性六元环内酯（亦称漆敏内酯，常温下挥发）是致病物质，对皮肤有刺激性，因此不仅常在过滤、熬煮、涂装中发生接触性皮炎，而且有的生漆过敏者，闻到生漆的气味就会发生过敏症。其症状是：生漆过敏时一般都有程度不同的全身性症状，在脸部或其他接触部位先出现弥漫性红潮、水肿、剧痒，并有密集的丘疹、水泡或融合成大泡，溃破糜烂、渗出。

（2）沥青。沥青中以煤焦油沥青的毒性最大，常在熬煮和涂装时引起急性皮炎，多见于夏季阳光下操作者。长期接触煤焦油沥青的工人，可引起慢性皮炎或其他皮肤病变。急性皮炎是由于刺激和光感作用所致，皮疹以面、颈、背、四肢等裸露部位为多，呈红斑、肿胀、水泡、眼结膜炎症等。发生急性皮炎除对症治疗外，一般应暂时调离接触沥青的工作岗位，并尽量避免日光照晒。

（3）合成树脂。近年来油库中采用防锈涂料。有些涂料是有一定毒性的。其中酚醛树脂及环氧树脂等合成树脂会引起皮炎、皮肤痒，以及慢性咽炎。

油气中毒主要是碳氢化合物和四乙基铅中毒。通过人的呼吸吸入、皮肤渗入、误吞服（汽车驾驶员用胶管从油桶用嘴吸取油）等方式进入人体，可能引起慢性中毒、急性中毒、甚至死亡。

（二）中毒事故的预防

1. 易发生中毒的场所

据测试，油库收发汽油时，排放气体中油气的含量为 $500 \sim 1200 \mathrm{g/m^3}$。而工作场所油气浓度在 $300 \mathrm{mg/m^3}$ 以下才没有中毒的危险。这就是说，收发汽油时排放气体中的油气含量是安全含量的 $1667 \sim 4000$ 倍。在油库收发油作业中，空气中油气含量极易超过安全含量，可能造成中毒或中毒事故的场所，是泵房、洞库、测量孔、呼吸阀、检查井和清洗油罐。

（1）在洞库中，储存、输送油品设备设施渗漏，通风不良时，会造成油气积聚，可能发生油气中毒。

（2）测量油罐储油量时，在打开测量孔的瞬间可能发生油气中毒，特别是安装于洞内和地下的油罐，以及有风测量打开测量孔时，容易发生中毒。因此，开启测量孔时，应位于上风方向，且不应面对测量孔。

（3）呼吸阀附近休息可能发生油气中毒。

（4）地下泵房抽吸油罐底油的泵安装在通风死角处，易造成油库工作人员中毒。

（5）加油站的管沟内阀门严重渗漏，油气积聚在管沟内易造成人员中毒。

（6）清洗油罐，检修储、输油设备设施，极易造成中毒事故。

综上所述，油库发生中毒或中毒事故，一般来说，多发生于油品收发、检修测量、清洗油罐，以及发生跑、冒、滴、漏、渗的场所和易于排放与积聚油气的地方。一是油气排放源附近，二是通风不良的油罐室、巷道，以及易于积聚油气的低洼处和气动力阴影区，三是储存过油品的空容器内。

2. 预防中毒的措施

（1）加强防中毒教育。油库人员在油料收发、保管，设备设施维修保养中，接触油品及其他有害物质是不可避免的。因此，加强防毒教育，做到既不麻痹大意，又不恐慌惧怕，将敬业精神与科学态度结合起来，认真贯彻执行有关规章制度和防中毒措施，就可以避免中毒事故发生。

① 教育中要把思想政治工作和讲清科学道理结合起来，使大家认识到接触有毒物质是工作的需要，不能借口有毒而不干，一个油库加油站工作者应见困难就上，争挑重担，以苦为荣。同时，在工作中必须尊重科学，认真执行防毒规定，搞好必不可少的劳动保护。

② 搞好防中毒和抢救知识传授、宣传，使油库人员掌握防毒知识，克服麻痹大意和恐慌惧怕的偏向。

（2）保证储、输油设备设施的完好。油库储、输油设备设施的完好是防中毒的基本保障。只要有了完好的设备设施，就能减少环境的污染，防止中毒的发生。

① 为了减少空气中油气的浓度，器材设备应不渗、不漏，如有渗漏，应立即排除。

② 泵房、灌油房、桶装库房必须注意通风，及时排除油气，在通风条件不良的工作场所，应采用机械通风设备。

③ 改进不符合要求的通风结构。一是卧式油罐尽量采用直埋方式敷设，避免油气在油罐室空间积聚。二是凡设置在油罐室内的油罐，卸油口、测量口、呼吸管口应当设在油罐室外。三是地下、覆土式油罐应根据条件将"垂直爬梯"改为旋梯，以便工作人员有不良感觉时，能迅速方便的离开现场。四是洞室油罐的测量口附近应设置通风管管口。

（3）严格遵守安全操作规程

① 一般情况下，不应进入油罐车内清扫底油。

② 严格禁止用嘴通过胶管吸取油品。

③ 清洗油罐、油罐车时，应严格执行《油罐清洗、除锈、涂装作业安全规程》的各项要求。采取自然通风或机械通风以排除油罐内的油气，按规定检测油气浓度，清洗作业的人员应按规定着装整体防护服，佩戴呼吸防护用具，避免吸入过量油气，避免油泥等杂物皮肤接触。进入油罐作业时，油气浓度、工作时间等各项要求，必须符合"清罐规程"的规定。

④ 油库设备设施防腐涂装时，应使用危害性较小的涂料。禁止使用含工业苯、石油苯、重质苯、铅白、红丹的涂料及稀料；尽量选用无毒害或低毒害、刺激性小的涂料和稀料。在进行有较大毒性或刺激性的涂料涂装作业时，涂装作业人员应佩带相应的防护用具和呼吸器具。

⑤ 涂刷生漆等工作场所，除应采取通风措施外，暴露的皮肤应涂防护膏。

⑥ 防毒呼吸用具及防护用品必须严格按照"说明书"要求使用，使用前必须认真检查。隔离式呼吸面具无论采用何种供气方式都必须保证供气可靠。

⑦ 凡进入通风不良、烟雾弥漫的燃烧爆炸场所抢险时，作业人员必须严密组织，佩戴相应的防护器具，设监护人，定时轮换，并做好发生意外时的抢救准备。

⑧ 在有中毒危险的场所作业时，必须准备质量合格的防护器具，供人员进入油罐内作业和抢险使用。

⑨ 作业中如发生头昏、呕吐、不舒服等情况，应立即停止工作，休息或治疗。如发生急性中毒，应立即抢救。先把中毒人员抬到新鲜空气处，松开衣裤（冬天要防冻）。如中毒者失去知觉，则应使患者嗅、吸氨水，灌入浓茶，进行人工呼吸，能自行呼吸后，迅速送医院治疗。清洗油罐等作业现场应有医护人员值班。

（4）认真执行有关的劳动保护法规。国家颁发的劳动保护法规是每个单位都必须执行的。油库防中毒应认真执行相关规定。

① 油库按规定配备一定数量的劳动防护器具，以保证有中毒危险作业的需要。

② 建立劳动防护器具的管理制度，保证其质量完好，佩戴适合，具有良好的防护性能。

③ 按规定发给从事有毒有害物质作业的人员营养补助，使身体获得补益。

④ 定期给从事有毒有害物质作业的人员查体，并根据病情及时给予治疗或疗养。

二、伤亡事故的原因和预防

（一）伤亡事故的原因

这类事故发生的主要原因是不遵守劳动安全纪律和规定，违犯操作规程。如高空作业不携带安全带，不戴安全帽，架板超载上人等造成的伤亡事故；铁道专用线停放车皮，违犯规定推车，且没有专人刹车造成"溜车"事故；施工中过早拆除模板造成倒塌事故等。

（二）伤亡事故预防

主要是油库各项作业前应提出安全要求，检查安全防护的落实；作业过程中检查督促遵守劳动纪律，按章办事；作业后清理现场，进行讲评。如油罐内高空作业，作业前应按高空作业要求检查脚手架、安全防护装具，必要时检测罐内油气浓度及通风设备等；作业过程中按要求检查督促工具、材料的传递和放置，脚手架下不允许停留人等；作业后应将现场清理，清除可燃物(如涂料、破布等)，检查无误后切断电源，并进行讲评等。

三、灾害事故的原因和预防

从事故、灾害损失情况来说，灾害事故损失大于油库其他各类事故损失。

（一）灾害事故的原因

灾害事故的原因较为复杂，例如油库选点、定点，施工建设，经费投入，以及当时的政策和指导思想，再加上管理者对灾害事故认识上的差距等都有可能造成灾害的发生。

（二）灾害事故的预防

对于油库和管理者来说，预防灾害事故主要是：调查了解清楚当地多发性灾害的种类和发生时间，针对具体情况采取工程措施、非工程措施、抢险避灾措施加以预防，制订应急处置方案，准备好物资器材，适时加以演练，以提高抗灾避灾能力。

第七节　油库加油站阀门事故原因和预防

阀门是油库储油、输油工艺、加热、采暖、供水、消防等系统中，使用数量最多，规格型号最杂，操作使用频繁的设备。阀门是油库油品流失、油品变质事故的多发部位。在489例油品流失、油品变质事故中有168例与阀门有关，占34.4%。这个统计数据说明，造成油品流失、油品变质事故的原因，1/3以上是由于阀门操作管理不当所致。因此，阀门的使用管理是油库安全管理、预防事故的重点部位、重点设备。

一、阀门事故原因

阀门造成油品流失和油品变质事故的原因是多方面的，归纳起来主要有四个方面。

（一）阀门质量问题

阀门质量不合格。

如某油库施工质量粗劣，投入使用后油罐渗漏、阀门窜油。在整修中试压 $DN100$、$DN150$ 铸铁、铸钢阀门 194 个，其中有 96 个达不到额定试验压力值，或者因渗漏无法进行压力试验。在 96 个阀门中无法修复的有 12 个。

（二）设计安装问题

（1）阀门选用不当。在寒区、严寒区选用了铸铁阀门，且未采取有效的保温措施。水积于阀门中，冬季结冰，阀门冻裂。

（2）管路未设置泄压装置。管线存油受热膨胀，阀门被胀裂，或者法兰垫片被冲毁。

（3）管路未设置补偿器。由于热胀冷缩，阀门被损坏，或者阀门法兰连接受到弯曲应力而丧失严密性。

（4）阀门位置设置不当。如将阀门设置于有横向位移的管段，且距管道支座又近，在管线横向位移时受损。

（5）阀门安装时，未按规定清洗、试压，渗漏、窜油未被发现，留下了隐患；或者法兰垫片选料不当，老化变质；还有安装有裂缝的垫片等。

（6）管路整体试验后，水未放或没有放净水，冬季阀门冻坏；或者试验中操作不当，造成水击，垫片冲毁。再加上验收检查不严，留下了隐患。

（三）操作使用问题

主要是执行制度不严和误操作。如制度不健全或未按章办事，造成阀门错开、误开、未关、关闭不严，甚至怕下次开阀门困难，有意不关严；或者阀门使用操作不当，人为造成"死油"段，热胀冷缩时管路憋压、空穴而损坏等。另外，输油管路系统进行试验，检查压力、检查渗漏时，没有按要求清扫管内铁锈、焊渣、砂石等杂质，阀门闸板的密封面受到杂质冲蚀、划伤、挤压而损伤，或者杂质沉积于阀门底，造成阀门关闭不严；还有利用阀门节流或没有安设过滤器，油品中的杂质冲刷、划伤阀门闸板的密封面，以及输油压力过高，造成阀门关闭不到位等导致阀门内渗、内窜。这是油品变质事故不可忽视的原因。

（四）检查维修问题

（1）维修保养不及时，造成阀门失修，致使渗漏或关闭不严。这对于操作使用频繁的阀门来说，尤应重视。

（2）阀门未按要求定期清洗、试压。甚至有使用 30 年未进行试压及技术检查和鉴定的阀门，致使杂物沉积于阀门内而关闭不严，或者严重渗油、窜油。

（3）不符合使用要求或技术状况不好的阀门更换不及时，或者阀门拆除检修不封堵管口，长期不安装阀门。

（4）应当采用保温措施的阀门，入冬前不保温，阀内积水未排除等，造成阀门冻裂。

（5）检查阀门时，违章带压操作，或者使用不耐油材料做阀门法兰垫片等。

二、阀门事故预防

（一）严格执行设计规范和施工安装要求

（1）适当提高阀门的压力等级。油罐进出油管线上多数设置两道阀门，第一道阀门为备用常开。所以，两道阀门都应采用铸钢阀门。

（2）油库凡有可能积水、气温变化冻结的阀门采用铸钢阀门也是必要的。特别是在寒区、严寒区的油库更为必要。否则必须采取有效、可靠的保温措施。

（3）阀门安装前，必须按规定进行清洗、试压，并做好编号和记录工作，作为技术资料备查。另外新建或大修管道在试压、试漏前，必须进行清扫，清除管内杂质，防止阀门密封面受到损伤，或杂质沉积于阀门内而造成内渗、内窜。

（4）竣工验收时，要对所有阀门进行检查和核对试验记录。

以上各点是做好阀门管理的基础工作，是保证阀门质量和安装符合要求必不可少的工作，也是管好阀门的前期工作。

（二）健全阀门操作流程，绘制工艺流程图

油库应当建立健全阀门操作程序，绘制工艺流程图，将所有阀门在图上统一编号，明确不同收发油作业时，阀门操作顺序。实行收发油作业双人按牌开关阀门和核对制。对关键阀门及可能引起油品流失、混油的阀门应加锁加封，必要时用眼圈盲板隔离。这样做，责任明确，通过领交阀门号牌和钥匙的严格管理，防止操作人员疏忽和失职行为的发生。

（三）明确阀门日常检查、维修的周期和内容

严格执行《油库设备技术鉴定规程》和《油库设备设施更新改造技术规定》中有关阀门鉴定与更新的要求，做好阀门的技术鉴定工作；对渗漏的阀门要研磨修理，无法修复使用的要及时更新，严禁阀门"带病"工作。并明确保管和检修人员对阀门维修保养的责任范围，使责任落实到单位和人头。

（四）加强阀门季节性检查维护

秋末进行排水和防冻工作；开春解冻前对阀门认真检查，必要时借助放大镜检查，以发现微小的裂纹。如对阀门采取了保温措施的，应拆除保温层进行检查。

（五）积极推广使用阀门状态监测技术

如油库实际工作需要，又有经费来源，在进行经济技术分析研究的基础上，积极采用液位、流量、阀门状态监测等技术，也是预防阀门事故的一条有效途径。

第八节　油库加油站预防事故的对策

分析研究油库加油站事故的目的是：从过去的事故中总结经验、积累知识，用以指导现在的行动，并预测将来，努力不犯同样的错误。

一、隐患是隐藏着的事故

隐患就是隐藏着的祸患。它最突出的特点是隐蔽性和危害性。隐蔽性是因为它不容易被发现；危害性是因为它是导致事故发生的罪魁祸首。

在油库加油站中隐患从级别上可分为班组级、队所级、处级、油库级四等，从类型上可分为有形隐患和无形隐患两种。

（一）有形隐患

所谓有形隐患指的是容易发现、看得见、摸得着、嗅得出的隐患。例如汽车进入爆炸危险场所排气管没戴防火罩；油泵和输油管线振动剧烈；作业场所油气浓度大；油泵和电机轴温过高；储油和输油设备锈蚀、渗漏；私自离开工作岗位，打扑克、看电视、睡觉，如此等等。

(二) 无形隐患

无形隐患与有形隐患相对立,它有着更大的隐蔽性和危害性。它不容易被发现,它是存在于人们的思想之中,是一种意识形态的表现。在油库加油站的主要表现是:会上讲了油库禁火制度,不准将火种带入库区,但衣袋里装着打火机、脚上穿着钉子鞋,进入了油库禁区;嘴上讲的是"安全第一,预防为主",遇到具体事故时,违章指挥,违章作业,由此酿成的灾祸可谓"多多"。还有一种表现是对已经发现的有形隐患重视不够,心存侥幸,认为暂时不会出事,结果发生了事故,后悔已晚矣!

(三) 隐患转化

在实践中,常常是无形隐患为有形隐患转化的条件,无形隐患促成了有形隐患发生质变,转化为事故。如1993年10月21日,某炼油厂发生的恶性爆炸着火事故,因为开错阀门造成油品串罐,报警系统连续发出"高液位"声光报警,操作者认为是误报警,不去检查,造成油罐溢油,在周围空间形成爆炸性油气混合气体,被行驶在油罐区消防道路上的拖拉机排出的火星引燃发生爆炸。上述开错阀门、声光报警、溢油、拖拉机在油罐区行驶等都是有形隐患,但促成爆炸的是"认为是误报警"这种思想上不重视安全,安全意识淡薄的无形隐患,造成了在操作中没有执行操作规程、没有落实核对检查制度,结果有形隐患转化为恶性的爆炸着火事故。

分析油库加油站发生的事故时发现,70%以上的事故都是由无形隐患促成有形隐患转化而发生的。

由此可见,无形隐患是油库加油站作业活动中的最大隐患,消除无形隐患是保证油库加油站安全运行的根本保障。

二、预防事故的三项对策

在千例油库和百例加油站事故发生过程分析中得出:油库加油站预防事故有三条规律、三个问题、三项对策可作为指导原则。

(一) 三条规律

在油库加油站日常工作和各项作业活动中,凡是善于"逆向思维""隐患(信息)公开""人人思考"的单位,则可有效预防事故的发生。

(1) 进行逆向思维。为了预防事故,需要借助已经发生的事故,结合单位具体实际,假想具体的事故项目,从反方向分析、判断导致事故出现的环节、因素,并加以消除。如果总打"如意算盘",必然出现某种"纰漏",就可能发生事故。

(2) 隐患(信息)公开。从油库加油站发生的事故中得出一条公认的法则,即每一个灾害事故的背后都有诸多隐患存在。油库加油站要防患于未然,就必须将意识到的有形和无形隐患公开提出来,让大家知道这些隐患的危险性。

(3) 养成人人思考的习惯。如果单位成员认识不到事故(含苗头)的危害,或者没有良好的表现,仅依靠逆向思维和隐患公开来避免事故的方法就很难发挥作用。因此,每个人都需要发挥积极性,并提出具体建议。

(二) 三个问题

油库加油站的每个成员对自己和下属要经常提出"自己的工作与社会的关系怎样?""从油库加油站发生的事故中你想到了什么?""你立即要做的事情是什么?",并表述出来。这样做了，对隐患或者危险就可以采取有效行动，制止危险或者隐患转化为事故。

（1）自己的工作与社会有何种关系？这个问题是提醒大家重新认识自己工作的社会作用。这样做既是为了油库加油站，更为重要的是个人只有发挥了社会作用，自身意义与存在价值才能被认可。这样，大家对成为威胁社会安定的事故才能有深刻认识。

（2）从油库加油站发生的事故中你想到了什么？这个问题是提醒大家要有看到"事故"的眼光，要居安思危。光靠找到原因和加以改善，是不能防止事故再次发生的，需要搞清楚事件的本质。也就是说，要清楚直接原因和背后还隐藏着什么。

（3）你立即要做的事情是什么？这个问题是督促大家采取紧急行动。没有这一点，人员就不能在实际的日常工作中采取有效行动。

油库加油站每个成员都需要对上述三个问题进行思考、梳理答案，陈述观点，树立主动思考的良好习惯。

（三）三项对策

通过对油库加油站事故的分析研究得出，人类在生产实践、安全科学和事故理论研究中总结出来的保障人类安全生产和安全生活的"工程技术""安全教育""安全管理"三大对策，也适合于油库加油站预防事故。

（1）工程技术对策。工程技术对策应以"本质安全化"为目标，强化油库设备设施的工程技术措施，使设备设施和工作环境适应人员工作的需要；以科技为纽带，积极采用新技术、新工艺、新设备、新材料，不断提高油库加油站的科技含量和安全度，创建油库安全运行的物质基础。

（2）安全教育对策。安全教育对策应以人为本，明确"预防为主，安全第一"，全员参与、全方位管控的指导思想；加强政治思想教育和人生观、价值观的养成，提高全员的文化、道德、安全素质，树立"人安"则"库安"思想；开展多种形式安全技术培训，营造油库安全文化，消除人的不安全意识和行为，确保"软件"的正常运行。

（3）安全管理对策。安全管理应以岗位责任制为核心，以"规范""规章"为依据，不断进行油库的综合治理；以作业程序、操作规程的健全和落实为重点，全面落实岗位责任制，保证规章到位。

三条定律、三个问题、三项对策，都需要油库加油站自上而下切切实实加以实施，才能取得应有的成效。

三、"走动"模式管理

目前，油库安全管理的思维模式仍然习惯于传统的事后发文件，安全大检查，会议严要求，缺乏作业现场的监督管理。油库安全管理基本上都实行的是下级对上级负责的安全责任制。这种安全管理机制，安全目标明确，安全措施完善翔实，但落实上存在着"落实不下去，严格不起来"的问题。其主要表现是各级领导深入基层少，对实际情况、现场变化了解掌握少，安全管理上下脱节，安全目标逐级打折扣，违章现象屡禁不止，不安全隐患和等外事故苗头屡有发生。而"走动"管理模式是解决"落实不下去，严格不起来"的有效手段。

（一）"走动"模式管理

所谓"走动"模式管理是用严谨的科学方法，求真务实的工作态度，脚踏实地的工作精神，坚持不懈地从油库安全的基础性工作做起，深入到油库作业的第一线，实现"重心下移，关口前移"的管理方法。具体来说就是各级管理者和工作者，要深入到主管的作业现场和岗位，掌握实时信息，及时发现问题，解决好作业中存在的危险隐患和不安全因素。这是一种体察民意，了解实情，与下属打成一片，上下共同努力，共同创业，在走动中完成安全管理的交流、沟通，并表达对下属关爱的管理方法。

（二）"走动"模式管理的优点

"走动"模式管理具有及时掌握信息，完善作业程序、操作规程、注意事项；适时沟通思想，消除不安全隐患；纠正习惯性违章，解决"落实难"的问题；增强安全教育的针对性，提高安全教育效果；创新管理技术，提高管理水平等五个方面的优点。

（1）及时掌握信息，完善作业程序、操作规程、注意事项。油库作业能否安全可控，从某种意义来说，取决于作业程序、操作规程、注意事项的完善。这种完善又取决于各级管理者对现场第一手资料的掌握程度。而第一手资料的取得，在于了解现场，观察作业的全过程，获取现场实时、真实、全面的信息，从中发现问题，看到差距。例如，油库设备的解体检查维修，不同的设备和场所有其特定的作业程序、操作规程、安全事项。但在实际作业中时有违反规定和不符合安全要求的现象出现。这种违反规定和不符合安全要求的现象是危险因素转化为事故的前兆。如果管理者采取了"走动"模式管理，了解掌握了具体情况，纠正偏听偏信，完善作业程序、操作规程、注意事项，就能避免违反要求的事故再次发生。

（2）适时沟通思想，消除不安全隐患。安全管理说到底是对人的管理，必须以人为本。对油库千例和加油站百例事故统计分析得出，约83%的事故是由于人的不安全行为引发的。其主要表现是思想麻痹大意，注意力不集中，违章指导，判断错误等心理因素，以及违反安全作业程序和操作规程造成的。俗话说"心病要用心药治"。"走动"模式管理是搭设沟通的桥梁，使管理者深入到油库作业第一线，与作业者面对面的交谈，甚至争辩是非，从而达到互相了解，沟通思想，了解作业者的真实想法，找到规章"落实难"的真正原因，找到侥幸心理的根源，然后"对症下药"，消除人的不安全意识和行为。

（3）纠正习惯性违章，解决"落实难"的问题。"走动"模式管理是看得见的管理，主管者动下属也跟着动。主管者每天到现场走动，下属也只好跟着去走动。这样可以真正做到一级抓一级，形成相互监督机制。通过现场监督管理、管理者示范，确保安全目标不打折扣，防止各级互相推诿，欺上瞒下。例如油库习惯性违章，各种作业记录不全、不规范，内部人员带火种进入危险场所等"顽疾"，单靠哪一个部门或哪一个人讲是难以纠正的，必须层层抓，层层管，"走动"模式管理有利于齐抓共管，提高违章纠正的力度和深度，可以解决"落实难"的问题。

（4）增强安全教育的针对性，提高安全教育效果。实行"走动"模式管理，各级管理者可以获得大量第一手资料。这些资料大体可归纳为人的不安全意识和行为、规章的不完善、违反规定等三类，又从中可以看出各级安全目标的落实情况，以此为依据，进行有针对性的教育和技能培训，可获得事半功倍的效果；也可以对各级、各岗位进行客观、公正、具体、全面的考核评价，从而克服教育培训和考核的形式主义，促进人员技能的提高和规章制度的落实。

（5）创新管理技术，提高管理水平。综合上述分析，"走动"模式管理不需要什么资金就可以提高安全管理力度和管理水平，还具有克服官僚主义，搞好上下级关系，提高单位凝聚力，调动积极性，创新管理技术等优点，从而提高油库安全管理水平。

(三)"走动"模式管理的实施

采取"走动"模式管理主要注意的是领导带头,做到制度化;相互带动,相互制约;主动沟通,形成良好氛围;善于观察,勇于创新四方面。

(1)领导带头,做到制度化。"走动"模式管理的实施是一个系统工程,必须各级领导率先垂范,从上而下长期坚持,防止一风吹,具体工作要做到制度化。领导者首先要成为"预防为主,安全第一"的模范,成为名副其实的"油库安全的第一责任者"。领导者的行为能给下属带来信心和力量,用自己的示范作用和良好的表率素质去激励下属的积极性,使"走动"模式管理的理念深入人心,形成上下沟通的良好氛围。

(2)相互带动,相互制约。实施"走动"模式管理要形成"联动"机制。所谓"联动"就是单位领导要走动,部门领导要走动,各级管理监督人员也要走动,从而形成相互监督,责任连带的约束机制。如果下属出了偏差受到处罚,单位、部门领导和各级管理人员也要连带受罚。这样就能使各级管理者和工作者在走动中自然实现"重心下移,关口前移",从而实现领导(含管理者)、作业人员、领导的闭环监控,落实好安全管理目标。

(3)主动沟通,形成良好氛围。"走动"模式管理不同于安全监督,也不同于安全检查。"走动"模式管理应当把沟通作为大事,把收集信息作为主要内容,做到"多听少说,多想少怨,多记少罚,多交流少训诉"。碰到违章现象,不仅要制止,更重要的是多沟通,了解为什么会违章?当事人是怎么想的?采取什么措施来防止。如果一味地严厉处罚,切断了沟通渠道,找不到事情的根源,制止了这次违章,可能在不同地点、不同的时间,同类事件还会重演。

(4)善于观察,勇于创新。"走动"模式管理本身是一种创新。由于油库作业活动多种多样,这就要求各级管理者善于观察,善于发现问题,捕捉到"瞬间闪光",创造性地工作。只要有利于沟通,有利于安全目标实现的都可以考虑,都可以推广。抓住问题的本质,对症下药,就能取得事半功倍的效果。

(四)实施"走动"模式管理应处理好的关系

实施"走动"模式管理应做到"脚勤多走、眼勤多看、鼻勤多嗅、手勤多记、脑勤多想",处理好以下三方面的关系:

(1)处理好与管理授权的关系。管理授权主要指的是指挥权,"走动"模式管理主要指的是监督权。所以"走动"模式管理不能干扰指挥系统,不能越俎代庖,而应当放在收集现场第一手资料,加强与第一线人员的沟通方面。

(2)处理好与安全文化建设的关系。油库作业这个系统工程,涉及的环节多,要达到安全需要综合治理。加强油库安全文化建设,强化安全管理意识,是实现油库安全的重要保证。"走动"模式管理要深入持久地开展,就必须有安全文化的支撑。同时,"走动"模式管理对培植和发扬油库安全文化具有很好的促进作用。

(3)处理好与安全检查的关系。"走动"模式管理与安全检查不同。前者是日常工作,后者是阶段性工作;前者注重收集信息,目的是改进管理方法,后者的重点是查找不足,意在消除缺陷和隐患;前者的侧重点是重于长期效果,后者的侧重点是解决好存在问题。

第十一章

油库加油站事故管理

所谓事故管理就是对危险和事故进行调查、分析、统计、报告、处理、预防等一系列工作的总称。安全与危险是对立的统一。要实现安全，必须防止或消除各种危险因素，预防事故的发生。一旦发生事故，就要处理好事故，调查事故发生的全过程，分析事故发生的本质原因和客观规律，提出事故处理和安全措施，预防事故再次发生。事故管理是一项涉及面广、政策性、技术性、综合性很强的工作。它对于稳定生产秩序，提高劳动生产率，实现安全都具有极其重要的意义。

对油库加油站来说，事故管理是一项贯穿于油库全员、全过程、全方位的安全管理工作。它是综合运用管理技术、专业技术及科学方法，依靠专业管理与群众管理相结合，从调查危险和事故原因做起，分析研究危险和事故的本质因素及客观规律，做好统计、报告、处理，采取有效的整改和预防措施，达到完善安全系统，实现安全"收储发"的目的。

事故预防是事故管理的出发点，是带动各项安全工作的首要环节，事故预防也是事故管理的归宿点。因为处理已显示的危险或发生的事故，必然要落实到今后事故预防之上。这就是说，事故管理要从原来的事故调查分析转到事故前的事前控制预防上来，把防止或消除危险因素发生质变作为事故管理的重要内容，并落到实处。

第一节　事故管理的基本任务

事故管理是油库加油站有机整体的重要组成部分。它能为安全教育、安全作业、安全决策提供可靠的科学依据。其基本任务是：

（一）收集信息，积累资料

凡是石油储运方面有关的各类事故、危险因素、事故隐患等，不管其产生原因如何，都应加以收集，分类整理。特别应注意收集采用新技术、新材料、新工艺、新设备出现的新问题。

（二）深入调查，研究规律

对油库、加油站发生的重大事故或典型事故应深入现场，调查事故发生的全过程，透过事故前后的各种表面现象，研究分析危险存在和事故发生的本质原因及客观规律，为事故处理、安全决策，以及安全技术规范的建立和完善提供可靠的科学依据。

（三）完善安全技术和安全管理系统

根据积累的资料及危险存在和事故发生的本质原因、客观规律，运用安全系统工程及现代安全管理的方法，建立、完善安全技术、安全管理措施，为完善安全技术、安全管理提供具体的整改方案。

（四）为石油储运的科研提供研究课题

实践证明，危险和事故可增强科学研究的活力，为科学研究指明方向，提出新的研究课题。应用科学的发展，几乎都源于危险及事故。可以这样说，应用科学发展的动力和源泉是生产实践中的危险及事故。生产实践中出现危险或发生事故→经过研究找到了防止危险、事故的方法→实践中又出现新的危险、事故→再经过研究解决新的危险、事故。这样循环往复，推动应用科学不断发展。

一、事故及其分类

事故是指造成人员伤害、死亡、职业病，或设备设施等财产损失和其他损失的意外事件。事故分类的方法有多种，现举例如下：

（一）按伤害程度分类

根据伤害程度的不同，事故分为以下三类：

（1）轻伤事故。因工受伤不太严重，休工在 1 个工作日以上的事故。

（2）重伤事故。因工受伤达到下列情况之一的为重伤事故。

① 经医生诊断为残疾或可能成为残疾的。

② 伤势严重，需要进行较大手术才能挽救的。

③ 人体要害部位严重灼伤、烫伤，或非要害部位灼伤、烫伤占全身面积 3% 以上的。

④ 严重骨折（胸骨、肋骨、脊椎骨、锁骨、肩胛骨、腕骨和脚骨等因受伤引起骨折）、严重脑震荡的。

⑤ 眼部受伤较重有失明可能的。

⑥ 手部伤害：大拇指轧断一节，食指、中指、无名指、小拇指任何一只轧断两节或任何两个指轧断一节的局部，肌腱受伤甚剧引起机能障碍，不能自由伸曲而残废的。

⑦ 脚部伤害：脚趾断两只以上的，局部肌腱受伤引起机能障碍，不能行走自如，可能残废的。

⑧ 内部伤害：内脏损伤，内出血或伤及腹膜等的。

⑨ 凡不在上述范围内的伤害，经医生诊断后，认为受伤较重，可根据实际情况，参照上述各点，由企业行政部门会同工会提出初步意见，报当地安全生产监督管理部门审查确定。

（3）死亡事故。发生事故后当即死亡，包括急性中毒死亡，或受伤后在一个月内死亡的事故。

（二）按事故严重程度分类

为了研究事故发生原因，便于对事故进行调查处理和统计分析，国务院有关部门按事故严重程度把事故分为六类。

（1）轻伤事故。只发生轻伤的事故。

（2）重伤事故。发生了重伤但是没有死亡的事故。

（3）死亡事故。一起事故中死亡 1~2 人的事故。

（4）重大死亡事故。一起事故中死亡 3~9 人的事故。

（5）特大死亡事故。一起事故中死亡 10 人及以上的事故。

（6）特别重大事故：符合下列情况之一的事故。

① 民航客机发生的机毁人死亡 40 人及以上的事故；专机和外国民航客机在中国境内发生的机毁人亡事故。

② 铁路、水运、矿山、水利、电力事故造成一起死亡 50 人以上，或一次造成直接经济损失 1000 万元及以上的事故。

③ 公路和其他发生一起死亡 30 人及以上，或者直接经济损失在 500 万元及以上的事故（航空、航天器科研过程中发生的事故除外）。

④ 一起造成职工和居民 100 人及其以上的急性中毒事故。

⑤ 其他性质特别严重、产生重大影响的事故。

（三）按事故性质分类

（1）责任事故。指本来可以预见、抵御和避免的事故，但由于人的原因没有采取措施预防从而造成的事故。这其中大多数是职工不服从管理、违反规章制度、蛮干，或者由于瞎指挥、强迫工人违章冒险作业而发生的伤亡，或者造成了严重后果的事故。

（2）非责任事故。包括自然灾害事故和技术事故。自然灾害事故是指由地震、洪水、泥石流等造成的事故。技术事故是指由于科学技术水平的限制，安全防范知识和技术条件、设备设施达不到应有的水平和性能，因而发生的无法避免的事故。

（四）按致害原因分类

GB 6441—1986《企业职工伤亡事故分类》按致害原因将事故分为 20 类。

（1）物体打击——是指物体在重力或其他外力的作用下产生运动，打击人体造成人身伤亡事故，不包括因机械设备、车辆、起重机械、坍塌等引发的物体打击。

（2）车辆伤害——是指企业机动车辆在行驶中引起的人体坠落和物体倒塌、飞落、挤压伤亡事故，不包括起重设备提升、牵引车辆和车辆停驶时发生的事故。

（3）机械伤害——是指机械设备运动（静止）部件、工具、加工件，直接与人体接触引起的夹击、碰撞、剪切、卷入、绞、碾、割、刺等伤害，不包括车辆、起重机械引起的机械伤害。

（4）起重伤害——是指各种起重作业（包括起重机安装、检修、试验）中发生的挤压、坠落、（吊具、吊重）物体打击和触电。

（5）触电——包括雷击伤亡事故。

（6）淹溺——包括高处坠落淹溺，不包括矿山、井下透水淹溺。

（7）灼烫——是指火焰烧伤、高温物体烫伤，化学的伤（酸、碱、盐、有机物引起的体内外伤）、物理的伤（光、放射性物质引起的体内外的伤），不包括电伤和火灾引起的烧伤。

（8）火灾——是指造成人员伤亡的企业火灾事故。

（9）高处坠落——是指在高处作业中发生坠落造成的伤亡事故，包括由高处落地和由平地落入地坑，不包括触电坠落事故。

（10）坍塌——是指物体在外力或重力作用下，超过自身的强度极限或因结构稳定性破坏而造成的事故，如建筑物、构筑物、堆置物倒塌，挖沟时的土石塌方，脚手架坍塌等，不适用于矿山冒顶片帮和车辆、起重机械、爆破引起的坍塌。

（11）冒顶片帮——是指矿山开采、掘进及其他坑道作业发生的顶板冒落、侧壁垮塌事故。

（12）透水——是指矿山开采、掘进及其他坑道作业发生的因涌水而造成的伤害事故。

（13）爆破——是指爆破作业中发生的伤亡事故。

（14）火药爆炸——是指火药、炸药及其制品，在生产、加工、运输、储存中发生的爆炸事故。

（15）瓦斯爆炸——是指瓦斯、煤尘与空气混合形成爆炸性混合物发生的燃烧爆炸事故。

（16）锅炉爆炸——是指工作压力在 0.07MPa 以上、以水为介质的蒸汽锅炉爆炸事故。

（17）压力容器爆炸——是指受压容器发生的物理性爆炸和化学性爆炸事故。

（18）其他爆炸——是指可燃性气体、蒸汽、粉尘等与空气混合形成爆炸性混合物发生的爆炸事故，以及炉膛、钢水包、可燃粉尘等发生的爆炸事故。

（19）中毒和窒息——包括中毒、缺氧窒息、中毒性窒息。

（20）其他伤害——是指除上述以外的危险因素，如摔、扭、挫、擦、刺、割伤和非机动车碰撞、轧伤等（矿山、井下、坑道作业还有冒顶片帮、透水、瓦斯爆炸等危险因素）。上述第(13)、(14)、(15)、(17)、(18)五类爆炸事故，往往伴随着燃烧，或者是由短暂的燃烧而转化为爆炸，或者是由爆炸引起其他物质燃烧。因而，可以统称为燃烧爆炸事故。燃烧爆炸事故造成危害的根源是火焰的烧灼、热辐射和爆炸冲击波。

（五）地方油库事故分类

（1）事故分类，按事故形式分为 7 类。

① 火灾事故。在生产过程中，由于各种原因引起的火灾，造成人员伤亡或物资财产损失的事故。

② 爆炸事故。在生产过程中，由于各种原因引起的爆炸，造成人员伤亡或物资财产损失的事故。

③ 质量事故。指产品质量(包括工程和服务质量)达不到技术标准和技术规范，造成人员伤亡或物资财产损失的事故。

④ 设备事故。由于设计、制造、安装、施工、使用、检验、管理等原因造成机械、动力、电讯、仪器(表)、容器、运输设备、管道等设备及建(构)筑物等损坏造成损失或影响生产的事故。

⑤ 工艺事故。由于指挥失误，或者违反工艺操作规程或操作不当等原因，造成停(减)产及跑料、窜料的事故。

无伤亡的爆炸、质量、设备、工艺事故以下统称为生产事故。

⑥ 交通事故。车辆、船舶在生产运营时，由于违反交通、航运规则，或因机械设备故障等造成车辆、船舶损坏、物资财产损失或人身伤亡的事故。

⑦ 人身事故。工作时间在生产岗位劳动过程中，发生的与工作有关的人身伤亡或急性中毒事故。

（2）事故等级划分。成品油生产事故等级划分为 4 个等级。

① 四级事故。具有下列情况之一者。

a. 一次跑(冒、漏)油及油料变质 0.5t 以上者；

b. 一次混油 0.5t 以上者;

c. 一次直接经将损失 1000 元以上者。

② 三级事故。具有下列情况之一者。

a. 一次跑(冒、漏)油及油料变质 1t 以上者;

b. 一次混油 1t 以上;

c. 一次直接经济损失 1 万元以上事故。

③ 二级事故。具有下列情况之一者。

a. 一次跑(冒、漏)油及油料变质 5t 以上者;

b. 一次混油 10t 以上者;

c. 一次直接经济损失 10 万元以上者。

④ 一级事故。具有下列情况之一者。

a. 一次跑(冒、漏)油及油料变质 10t 以上者;

b. 一次混油 100t 以上者;

c. 一次直接经济损失 20 万元以上者。

(六) 军队后方油库事故分类

(1) 事故依据其性质,分为 6 种。

① 责任事故。由于责任心不强,没有严格遵守规章制度而造成损失的是责任事故。

② 技术事故。由于规章制度未作规定和难以预见的技术原因,如设备突然失灵或工程隐患而造成损失的是技术事故。

③ 责任技术事故。由于缺乏业务知识,设备设施失修而又未采取有力措施而造成损失的是责任技术事故。

④ 外方责任事故。由于被动地受到外界原因破坏而造成油库人员伤亡和财产损失的是外方责任事故。

⑤ 自然灾害。由于因洪水、泥石流、地震、雷击、暴风雨等人力难以抗拒的原因而造成损失的是自然灾害。

⑥ 行政事故。非业务作业中发生的各种伤亡、财产损失事件、交通肇事等是行政事故。

以上责任、技术、责任技术 3 种事故统称为油库业务等级事故,外方责任事故、自然灾害统称为灾害事故。

(2) 事故依据其表现形式,分为 5 种类型。

① 由于火灾、爆炸造成伤亡和财产损失的,称着火爆炸事故。

② 由于某种原因造成油料流失损失的,称跑(漏、冒)油事故。

③ 由于非人为有意识原因造成二种以上油品相混(包括油品中混入杂质、水分)而造成油品变质、报废处理的,称油品变质事故。

④ 由于某种原因造成油罐、管道、工艺设备、建构筑物、库存油料装备等设备设施损坏的,称为设备损坏事故。

⑤ 由于各种原因造成人员死亡、致残、重伤住院的,称人身伤亡事故。

(3) 事故依据其损失程度,分为四个等级。

① 一等事故。造成人员亡 2 人(含)以上的;造成油料损失、变质或设备损坏等,价值

在 20 万元以上的。

② 二等事故。造成人员亡 1 人或受伤致残 3 人(含)以上的；造成油料损失、变质或设备损坏等，价值在 10 万元以上的。

③ 三等事故。造成人员受伤致残 2 人(含)以下的；造成油料损失、变质或设备损坏等，价值在 5 万元以上的。

④ 四等事故。造成人员受重伤，住院治疗一月以上的；造成油料损失、变质或设备损坏等，价值在 1 万元以上的。

(4) 等外事故。有下列情形之一者。

① 发生火灾、爆炸，造成经济损失 1 万元(不含)以下的；

② 发生油料损失、变质、或设备损坏等，造成经济损失在 2000 ~ 10000 元(不含)之间的；

③ 外来工程施工队在油库作业中发生乙方亡人事故的；

④ 造成油罐吸瘪、变形，但未造成严重破坏的。

二、事故损失评价指标及其计算

事故损失统计指标及其计算应按《企业职工伤亡事故分析》和《企业职工伤亡事故经济损失统计标准》执行。

(1) 事故损失指标的表示形式。事故损失指标的表示形式有绝对数表示、相对数表示、动态相对数、结构相对数、较相对数、均数表示、图形表示等多种方法。

(2) 事故损失评价指标。事故损失评价指标有千人死亡率和重伤率、伤害频率、伤害严重率和伤害平均严重率、经济损失评价指标等。

(3) 事故损失的计算。伤害人数及总损失工作日、平均职工人数、实际总工时和经济损失等。

(4) 事故经济损失。事故经济损失分为直接经济损失和间接经济损失两大类。

① 直接经济损失包括人身伤亡所支付费、善后处理费和财产损失三部分。

a. 人身伤亡费。医疗和护理费、丧葬费、抚恤费、补助费、救济和歇工工资。其中丧葬费按规定审批，抚恤费按规定，从开始支付日期累计到停发日期；歇工工资为被伤害人日工资与事故结案前的歇工日和延续歇工日总和的乘积。

b. 善后处理费。处理事故的事务性费用，现场抢救费用，清理现场费用，事故罚款和赔偿费用。

c. 财产损失费。固定资产损失价值和流动资产损失价值。其中固定资产损失价值：对报废的固定资产，以固定资产净值减残值计算；对损坏的固定资产，以修复费用计算。流动资产损失价值：对原材料、燃料、辅助材料等均按账面值减残值计算；对成品、半成品、在制品等均以企业实际成本减去残值计算。

② 间接经济损失包括停产和减产损失、工作损失、资源损失、新职工培训、环境污染处理及其他费用。

a. 停产和减产损失价值。按事故发生之日起到恢复正常生产水平时止的损失价值计算；

b. 工作损失价值。事故总损失工作日×企业上年利税(税金加利润)/(企业上年平均职工人数×企业上年法定工作日数)；

c. 资源损失价值；

d. 处理环境污染费用；

e. 补充新职工培训费：技术工人每人按 2000 元计算；技术人员每人按 10000 元计算，其他人员视情况参考以上标准酌定；

f. 其他损失费用。

$$经济损失 = 直接环境损失 + 间接经济损失$$

（5）火灾损失计算。火灾损失包括火灾烧毁及因灭火破拆、水渍损失的建（构）筑物、设备、物资等造成的直接损失。其计算方法按公安部批准，1986 年开始采用的《火灾损失额计算方法》计算。

① 火灾损失按完全价值折旧方法计算

火灾损失：重置完全价值×（1－年平均折旧率×已使用年）×烧损率

② 建筑物火灾损失计算：重置完全价值是指新建或购置所需金额，如建筑物的完全重置价=失火时该类建筑物的每平方米造价×建筑物总面积。年平均折旧率为建筑物规定使用年限的倒数。

③ 机器、车辆、飞机、船泊、仪器仪表等火灾损失计算：重置完全价值为当地新购价格；年平均折旧率的使用年限，由《国有企业固定资产分类折旧年限表》查得。

④ 客货运输车、大型设备、大型施工机械等火灾损失计算：重置完全价值为当地新购价格；年平均折旧率为平均工作量折旧率，其值是规定总工作量倒数；已使用年为已完成工作量。

⑤ 流动资产的火灾损失：按其购入价扣除残值计算；成品、半成品、在制品按实际成本计算；商品按进货价格或进货价格扣除残值计算；农副产品按国家收购价格计算。

第二节 事故报告与现场处置

一、事故报告程序

油库加油站发生人身伤亡或火灾爆炸事故，要及时、如实、准确地报告上级主管部门和当地人民政府有关部门。

油库加油站及时报告发生的事故，有利于政府部门或上级机关帮助企业及时组织抢救，防止事故扩大，减少人员伤亡和财产损失，以及时组织专家进行事故调查，分析事故原因，吸取事故教训，并提出防范措施，避免类似事故再次发生，同时教育广大职工和领导干部，加强安全生产管理，严格执行规章，保障安全生产。

发生事故后的报告程序如下：

（一）重伤、死亡和重大死亡事故报告程序

国务院 75 号令《企业职工伤亡事故报告和处理规定》第 5 条规定，"伤亡事故发生后，负伤者或者事故现场有关人员应当立即直接或者逐级报告企业负责人。"企业负责人必须立即如实地将事故情况报告有关部门。企业一旦发生重大伤亡事故，应立即启动事故应急救援预案所规定的程序，及时组织抢救，防止事故扩大，减少人员伤亡和财产损失，同时向上级部门报告。根据国务院 75 号令第 6.7 条规定，企业负责人接到重伤、死亡和重大死亡事故

报告后，应立即报告（24h 以内）上级企业主管部门和当地安全生产监督管理部门、公安部门、检察院和工会。企业主管部门和当地安全生产监督管理部门接到重伤、死亡和重大死亡事故报告后，应立即按系统上报，死亡事故报至省级企业主管部门和安全生产监督管理部门，重大死亡事故报至国务院行业主管部门和安全生产监督管理部门。

（二）特大事故报告程序

企业发生特大事故，其负责人应当按照国务院第 34 号令《特别重大事故调查程序暂行规定》，立即将特大事故伤亡情况报告上级归口管理部门和所在地人民政府，并于 24h 内写出书面报告，包括事故发生时间、地点、单位、事故简要经过、伤亡人数、直接经济损失，以及对事故原因的初步判断和事故控制、救援措施等。由所在地省级政府安全管理部门上报国务院安全生产监督管理部门和有关部门。

《安全生产法》第 80 条明确规定："生产经营单位发生生产安全事故后，事故现场有关人员应当立即报告本单位负责人。单位负责人接到事故报告后，应当迅速采取有效措施，组织抢救，防止事故扩大，减少人员伤亡和财产损失，并按照国家有关规定立即如实报告当地负有安全生产监督管理职责的部门，不得隐瞒不报、谎报或者迟报，不得故意破坏事故现场、毁灭有关证据。"《安全生产法》第 14 条规定："国家实行生产安全事故责任追究制度，依照本法和有关法律、法规的规定，追究生产安全事故责任人员的法律责任。"

所以第 82 条也规定："有关地方人民政府和负有安全生产监督管理职责的部门的负责人接到生产安全事故报告后，应当按照生产安全事故应急救援预案的要求立即赶到事故现场，组织事故抢救。参与事故抢救的部门和单位应当服从统一指挥，加强协同联动，采取有效的应急救援措施，并根据事故救援的需要采取警戒、疏散等措施，防止事故扩大和次生灾害的发生，减少人员伤亡和财产损失。"

事故报告、调查和处理是安全生产监督管理的一项重要内容，只有认真按照未查明事故原因不放过，未使事故责任者和群众受到教育不放过，未吸取事故教训并采取防范措施不放过，未追究事故责任不放过的"四不放过"原则，依法从严查处事故，才能吸取教训，教育群众，引以为戒，加强管理，从而杜绝类似事故重复发生，促进实现安全生产。图 11-1 是根据《安全生产法》，结合油库加油站事故实际，拟制的重大或特大事故报告程序，供参考。

二、事故现场处置及其主要内容

事故现场处置是事故调查的前期工作，目的是为了更好地营救事故受伤人员，并为保障事故调查人员的安全，保留事故现场原貌和顺利开展事故调查做好必要的准备。它主要包括以下内容。

（一）现场紧急营救

最先赶到事故现场的人员有义务尽其所能营救幸存者。如果有关抢救人员如医生、消防队已经到位，作为事故调查人员，其主要任务就是及时记录事故遇难者遗体的位置和状态，受伤者的位置和逃离危险的路线，照相及勾画现场草图。同时告诫救护人员必须记下他们最初看到的情况，包括伤亡者的位置、姿势，移动过的物体的原来位置等。这些对于事故调查中确定事故原点非常有用。

（二）事故现场紧急抢救

最先赶到事故现场的人员除了营救幸存者外，也可能抢救财产。这是事故调查人员要特

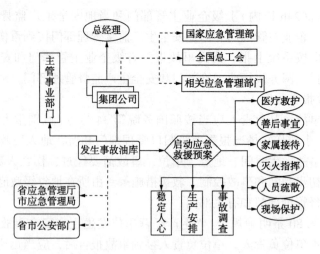

图 11-1　油库发生重大或特大事故报告程序方框图

别注意告诫抢险人员除必要的抢救外，一般应使现场尽可能地原封不动。如果因抢救而移动，则要做好记录，并记住抢救和移动人员的名字，以备事故调查时进一步查证。

（三）现场危险分析

进入事故现场前，必须采取询问有关人员和观察现场全貌等方法，对现场情况作初步了解。了解燃烧爆炸物质名称、建筑物破坏程度、附近还有什么危险物品、有毒物品等。只有做出准确的分析判断，才能采取必要的控制措施，防止进一步伤害和破坏。同时也有利于制定事故调查计划。

（四）维护现场秩序和做好现场保护

维护现场秩序和做好现场保护，对于下一步事故调查中收集物证与人证非常重要。有些事故发生后除了抢救人员外，还有围观人员，这就要求企业保卫部门出面维持秩序并保护现场。对于有些容易消失的物证，如血迹、痕迹、液体、碎片等，要用事先准备好的样品袋、瓶子、标签等收集和保存起来。

（五）做好当事人和目击者的保护

当事人或目击者都可能是未来的人证，要注意对他们的保护，并注意记下他们的名字、单位或地址，还要尽量避免他们之间沟通交流。这是因为任何事故的发生都是意外的，人们是没有心理准备的，事故前一刹那他们看到、听到、感觉到的东西往往可以反映一些真实东西。但如果他们做了交流，受到外人干扰，甚至受到某些别有用心的人的暗示之后，所作证言的可信度就差了。

（六）油库加油站发生着火爆炸应进行如下应急处置

（1）发生着火的应急处置。油罐爆炸着火、输油管线破裂着火，应立即停止输送作业，关闭相关阀门，切断油源。

（2）发生着火爆炸事故后，首先应立即抢救受伤人员，同时利用现场灭火器材进行灭火，并向上级报告。

（3）如发生人员中毒、受伤时，使中毒和受伤人员离开危险场所，并采取急救措施。

（4）参加抢救的同志要舍己为人，但不能盲目行动，应尽量从上风方向进行抢救或灭火。如果是到地下室或阀门井下抢救人，最好带上空气呼吸器，系好绳子和安全带，并带上一条系好绳子的安全带，以便将被救人系好由他人提上去。

第三节 事故调查

一、事故调查的作用与程序

（一）事故调查的作用

进行事故调查的主要目的是要找出发生事故的真正原因，吸取事故教训，并针对事故原因采取防范措施，防止类似事故重复发生。此外，通过事故调查，可以总结研究发生事故时危险因素向不利方面转化的规律，丰富和发展安全技术。有时会从事故教训中得到启发，发明创造新产品、新工艺、新技术。每起事故的发生，都是违背客观事物发展规律的，必然暴露出劳动生产过程中，物质条件的危险因素和管理缺陷。这些用生命和财产换来的血的教训，在平时是难以取得的，极为宝贵的。认真调查事故原因，总结经验教训，不但能找出防止事故发生的防范措施，而且也能揭示蕴藏在事故背后的、未被认识的、新的科学技术。例如，我国春秋时期的鲁国人鲁班，他在上山伐木中手被茅草拉了个口子，发生了一次"工伤"事故。鲁班并没有轻易放过，而是认真吸取了这次事故的教训，并从事故中得到启发，仿照茅草的生态特点创造了带齿的铁条，便发明了锯子。这一发明使伐木提高了效率。从古至今，许多火灾事故不断地丰富了人对火的认识，才产生了一代胜似一代的防火灭火新技术，推广利用，造福于人类。

另外，进行事故调查还有以下重要作用：

（1）正确的事故调查可以为有效的安全防范措施提供实际依据；

（2）通过事故调查可以揭示新的或未被人注意的危险；

（3）有利于查找管理系统的缺陷；

（4）事故调查不仅仅与安全生产有关，对于保险业来说，可以根据事故调查获得的真实原因确定赔偿额度，调整保险费率，排除骗赔事件等。

（二）事故调查程序

事故调查程序见图11-2。

事故调查是一门技术，要不断地学习和总结提高。事故的发生发展过程是比较短暂的，特别是着火爆炸事故，设备被损坏，人员会伤亡，事故现场常常遭到破坏，要把事故原因调查清楚是比较困难的。但是，只要掌握了正确的事故调查技术，按照事故调查程序和步骤，坚持实事求是、重证据、重调查研究，力求从事故发生发展的本来面目去认识它，避免判断上的错误，就一定可以将事故调查清楚。

二、重大事故调查中应注意的问题

（一）重大事故调查的特点

复杂的技术性、强烈的社会性、紧迫的时间性和鲜明的实践性是事故调查工作最突出的特点。只有充分认识这些特点，才能对如何搞好事故调查工作取得共识。

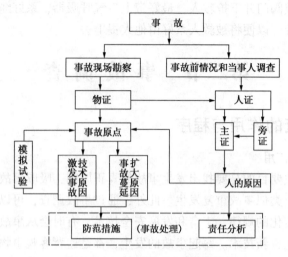

图 11-2 事故调查程序

1. 事故调查是一项技术复杂性强的系统工程

（1）事故的发生是一个从有序到无序，从原因到结果的"正"过程；而事故调查则是一个从无序探求有序，从结果查找原因的逆向认识事物本质的过程。由于对事故发生过程中的各种表象与信息，目前还不能完整地记录下来，大部分证据和信息会遭到损坏、丢失。因此，在调查分析事故原因的逆向认识过程中，存在着众多未知的或不确定的因素。事故调查是一项疑点多、难度大的工作。

（2）由于事故的表现形式具有多样性（爆炸、燃烧、塌陷、断裂、坠毁、相撞等），引起事故的原因具有复杂性，事故发生的场合与部位具有随机性，事故发生的时间具有突然性等特点。因此，事故调查工作涉及多种学科及其综合与交叉，是一项技术性极其复杂的系统工程。

2. 事故调查是一项政策性很强的工作

虽然事故的发生是由"人、机（物）、环境"三因素相互作用与影响的结果。但人的因素在其中起着主要作用。人的因素包括：指挥决策的失职、失误，管理上的疏漏、渎职，设计和制造上的错误、违标，使用和维护过程中的违章、失误等。对重大事故所展现出来的悲惨性后果，所有与事故有直接关系的部门、单位和个人，都会意识到权力、名利与地位的丢失，乃至要受到法律制裁的严重性，会表现出强烈的自我保护意识，进而对事故调查工作造成强大的阻力和严重的干扰。如何正确执行政策和掌握政策界限，排除阻力和干扰，是事故调查各方关注的焦点。

3. 事故调查是一项时限性很强的工作

事故发生后，需要在尽可能短的时间内查明原因，做出正确结论，以便及时采取有针对性的改进与预防措施，及早地恢复正常生产，只有这样才能有效地抑制和防止同类悲剧的重演，才能将停产经济损失降到最低。

4. 事故调查是一项后效性很强的工作

事故调查的结论是否正确，采取的改进与预防措施是否有效，事故责任者认定是否准确，要受到后来实践的严格检验。如果事故调查结论不对，被认定的责任者不服甚至翻案，会造成不良的社会影响，或者所采取的措施不力，会导致悲剧的重演。这样的事例在国内国外均多次出现过，教训十分深刻。

（二）事故调查应注意的问题

1. 事故调查机制和事故调查机构

就事故的性质而言，一般可分为责任事故、非责任事故（包括技术事故和自然灾害事故）。责任事故是指失职、渎职、失误、违规、违章和违法等造成的事故；技术事故是指由于人们尚未掌握或尚未被认识的技术因素而酿成事故。就事故调查的性质而言，可分为专业技术调查和事故责任调查。虽然二者的最终目标都是为了预防事故，但是二者调查的侧重点不同。前者是以找出事故技术原因和探求科学技术上的未知因素为主，后者则是以追究肇事者的行政或法律责任为主。在多数情况下，只有通过对事故的调查分析之后，才能对事故的性质加以界定，而这种调查往往是先进行技术原因调查，后进行事故责任调查。一般是二者结合起来进行。

事故调查是对国家行政部门、企业安全生产管理绩效的一种检查和反馈。所以，国外的事故调查都是由独立而具有超脱性的专门机构来组织实施。以民航事故为例：在美国是由国家运输安全委员会（NTSB）负责；英国是航空事故调查局；日本是航空事故调查委员会；法国是民航事故总检察署；俄罗斯是由航空安全委员会。他们这些机构都负有明确的责任，如确定事故原因，提出安全建议，评价政府运输机构（运输部、民航局）维持运输安全的能力及有效性等。他们的职能是制定法规、监督检查、事故调查和安全教育等。他们之所以这样做，主要是为了排除各有关部门、公司之间"责、权、名、利"等非技术因素对事故调查工作的阻力与干扰，创造一个使专业技术调查人员既不受上级机关和领导人施加压力的外在因素，也不使调查者本人产生掩盖事实真相的内在企图，营造敢于面对客观事实、直言真话的工作环境，以保证事故调查的客观性和公正性。因为事故调查工作一旦失去客观性和公正性，就很难找到事故的真正原因，即使找到了事故的原因，也可能被推翻、扭曲或淡化。

2. 特大事故调查组织与程序

目前我国尚未设立具有超脱性的专司特大事故调查的机构，一般是特大事故发生后，由国务院或国务院委托的部门（一般是国家安全生产监督管理局）组织一个联合调查组，吸收相关部门或行业机构的管理人员和技术专家参加。

要保证事故调查的客观性，联合调查组的组成应坚持以下几点。

（1）重大事故发生后，由政府安全生产监督管理部门主持调查，有关部门参加，但应遵循"独立""超脱"和"回避"的原则进行，不应吸收与此事故有着直接利害关系的部门人员参加事故调查组。

（2）事故调查组下设技术组、管理组和综合组。技术组由与事故无"责、权、名、利"关系的相关专业的技术专家组成；管理组由熟悉国家安全生产法规制度的管理专家组成。

（3）事故调查应遵循一定的程序进行。重大特大事故调查程序，见图11-3。

3. 发挥科学技术的作用

（1）分析手段。对事故物证（痕迹、断口、油液、血液等）的分析鉴定，对事故载体的化学、物理、力学等性能的检测，对事故模式与事故过程的模拟仿真、分析计算及验证试验等，必须利用先进的仪器和分析技术，才能得出准确的数据和科学的鉴定结论。这是事故分析的基础。

（2）分析方法。对经过分析鉴定所确认的数据与证据，还需进行理性的分析与推论，才

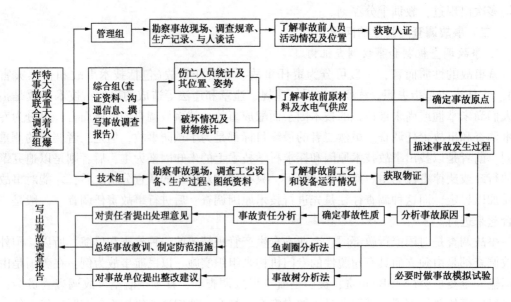

图 11-3　重大特大事故调查程序方框图

能得出科学的结论。这里所需运用的科学分析方法包括：因果关系的逻辑分析法、数学分析法、黑箱分析法和系统分析法等。

（3）技术专家。事故调查大都涉及多个学科及其综合与交叉，需要一批具有实事求是的品格、深厚的专业技术知识、丰富的实践经验和思路清晰的有关学科专家组成专家组，充分发挥他们各自的专业特长，通力合作，取长补短，才能对错综复杂的事故现象进行科学的、理性的分析研究，做出准确、客观的结论。

4. 事故调查结果应及时向社会公布

（1）有利于提高全体国民的安全意识。为了预防事故，确保安全，需要提高全体国民的安全意识，而最好最生动的安全教材就是所发生的事故情况及其教训。

（2）有利于提高群众对事故调查结果的监督与检查。

（3）有利于人民群众对各级政府官员、企（事）业单位领导和人员的行为进行监督。

（4）有利于促进科学技术的进步。重大事故调查结果及时公布，会引起社会上有识之士的关注与思考，从而有利于创新意识的萌发。世界上许多科学技术（材料疲劳学、断裂力等）的创立，安全工程和可靠性工程的提出和完善，许多产品的出现等，都是从重大事故惨重教训中受到启迪而发展起来的。这是世界各发达国家高度重视事故调查工作并将事故调查结果及时公布的重要原因之一。

三、事故现场勘查要点和步骤

（一）事故现场勘查要点

事故调查工作一般都是从勘查现场开始的。事故现场勘查是事故调查的中心环节。在现场勘查中，可以获得确定事故原点和事故原因的主要线索和证据，为正确处理事故提供客观依据。

所谓事故现场，指的是保持着事故后原始状态的事故地点，包括事故波及的范围，以及与事故有关的场所。

1. 事故现场勘查要注意的问题

（1）及时。事故发生之后，要立即组织保护事故现场和进行初步现场勘查。事故原点未找到、事故原因未弄清楚时，不准破坏事故现场。事故现场勘查是时间性很强的工作，若不及时进行，事故现场就会由于风、雨等自然的或人为的原因而遭到破坏，这给取得物证材料和确定事故性质带来困难。

（2）全面。在现场勘查中，要注意到每一个角落和每一个细节，力争把现场的一切痕迹、物证都收集、记录下来，全面地占有材料，以便为分析事故原因提供充分的证据。

（3）细致。在现场勘查中，不但要注意那些明显的破坏情况，还要注意隐蔽的细枝末节，往往是那些不引人注目的微量物证，会成为解开事故之谜的钥匙。

（4）客观。在现场勘查中，要本着实事求是的精神进行调查研究，按照事物的本来面貌去认识事物，及时排除那些伪装的现场材料。

2. 事故相关信息

事故现场勘察是一种信息处理工作。其主要关注四个方面的信息，即人、部件、位置和文件。由于它们的英文单词开头字母都是 P，因而人们也把事故现场勘察技术叫作 4P 技术。

（1）人。以事故当事人和目击者为主，但也应考虑他们的直接领导、亲戚、朋友，以及设备维修人员、现场救护人员等能为事故调查提供帮助的人员。

（2）部件。指被事故损坏或失效的机器设备部件、炸飞的碎块、碎片等。

（3）位置。事故发生时，有关人员和物品（包括残骸）的位置，以及当时的地理、气象等情况。

（4）文件。指与现场有关的记录。如图表、指令、磁带、报告和规章制度等。

（二）现场勘查的步骤和方法

（1）保护事故现场。一般地说，火灾爆炸事故发生之后，现场破坏比较严重，波及的范围也比较大。这时安全技术部门和保卫部门要派人先划定事故现场范围，然后在划定范围内拍摄录像，进行警戒，封锁事故现场，无关人员不得擅自进入现场内，更不准随意移动现场内的任何物品。对于一些重要物件、痕迹，要单独设立标记进行重点保护，必要时还要采取遮拦或遮盖措施，最好及时进行照相或录像。在组织扑灭火灾或抢救伤员的过程中，要尽量使现场少受破坏，变动的范围越小越好。已经变动的，应有两人以上记录现场原貌。如被救人员原来倒卧的地点和姿势，各种痕迹物品分布的原始状况等。若因主客观条件限制一次不能将事故现场勘查清楚时，可以继续保留以供再勘查。现场处理要有批准手续，重大事故现场的处理要经上级领导批准；政治性破坏事故现场的处理，要经当地公安部门批准。此外还需注意，对于火灾爆炸事故，无论是现场灭火、救护，还是现场勘查、清理，都要先了解事故前易燃易爆物品的分布，事故后未燃未爆物品的状态，并采取妥善措施，以免发生意外。

（2）做好勘查前的准备。如准备好勘查、测绘和照相器材（如皮尺、指南针、绘图仪器、照相机或录像机等）；准备好出事场地的平面布置图和设备安装图；选定现场勘查人员，一般应由工程技术人员、安全技术人员、公安保卫人员和熟悉现场情况的老工人等组成；向事故单位和现场保护人员了解事故前后情况和现场保护情况。

（3）现场观察。指的是先不进入现场内部，而只在现场周围进行概貌观察，以便提出勘查顺序及注意事项。通过现场观察，可以了解事故对建筑物或设备破坏的大致情况，判断建筑物及设备构件是否有倒塌、掉落的危险，搞清危险物品的位置、数量及状态等。然后根据这些情况，提出适宜的勘查顺序(如从外围向中心，或从中心向外围，或沿着工艺流程进行勘查)和勘查中的安全注意事项。

(4) 实地勘查。即进入事故现场内进行详尽的调查。第一步，先将事故现场在周围环境中的位置和现场全貌，拍成方位照片和全貌照片，把现场的原始状态记录下来。第二步，逐个研究物体在事故前后的位置变化、物体之间的层次关系和相互作用关系，物体在事故中受到破坏的程度和说明这种程度的痕迹。对于具有物证价值的痕迹物品，要进行实地测量和拍照，进而研究它们与事故发展过程的联系。对于某些有特殊意义的物品、残骸和碎片，要进行编号、制图和称量，必要时还要选取样品进行化学或金相分析。

(5) 整理现场勘查记录。指的是把现场勘查结果和现场提供的各种信息(包括现场人员提供的工艺技术和生产操作的情况)储存起来，制成完整的事故现场资料册。它包括勘查笔录和现场照相、录像、绘图等。有了这些资料，没有参加现场勘查的人也可从中了解现场情况。当事故调查中需要了解现场的某一情况时，可以从现场勘查记录中查找，必要时还可根据勘查记录恢复现场原貌。因此，现场勘查记录是事故现场的客观反映，是确定事故原点和事故原因的有力证据。

四、事故现场勘查记录

在事故现场做勘查记录时，重点是填写好勘查情况笔录，如建筑物、设备破坏情况表，飞散物散落情况表，以及人员伤亡和疏散情况表；编写照片说明和整理录像资料；绘制各种现场图。

(一) 现场勘查建筑物记录

现场勘查笔录包括发生事故的时间、地点；事故概况；现场勘查人员姓名、单位、职务；勘查工作起止时间、勘查范围、顺序及现场保护情况；当时的气象情况等。事故现场建筑物受破坏的情况按表 11-1 所示的格式填写。记录应尽量翔实，并注意以下几点要求。

表 11-1　事故现场建筑物破坏情况登记表

名　称		结　构　特　征	
建筑面积/m²		破坏原因及持续时间	
破坏部位		破坏程度	
直接损失/千元			

(1) 每一栋受到破坏的建筑物都要填写登记表。破坏轻微的建筑物可不填写，但应将其破坏情况在"事故波及范围总平面图"中标出。

(2) 对于建筑结构和破坏程度较为复杂的建筑物，应有"事故建筑物平面图和剖析图"，并统计该建筑物门窗和轻型屋面面积，详细描述其破坏情况。

(3) 建筑物结构特征。一般分为木架结构；砖墙承重、木屋盖；砖墙承重、钢筋混凝土屋盖；钢筋混凝土柱和屋面等。

(4) 破坏原因及持续时间。指火灾、爆炸、外界爆炸后，空气冲击波或飞散物引起其他建筑物破坏，并持续着火的时间。

(5) 损坏的玻璃、门窗、墙体等。玻璃应描述是迎爆面、侧面、背爆面，是个别、少部或是大部破坏，是全大块、条状、小块或是粉碎，并描述其散落范围。门窗应描述扇、框的破坏情况，是个别、少量或是大量破坏，是一般破坏或是摧毁、掉落等。同时，还应注意描述门窗的开启方向，事故时是敞开、虚掩、关闭等。墙体应描述墙体的材质、厚度、破坏的部位，抹灰是否脱落，墙体是否裂缝、倾斜或倒塌，是局部、大部或是整体。详细描述裂缝的宽度、倾斜或倒塌的方向、程度等。如有砖垛，亦应描述其破坏程度。

（6）对于事故波及范围内各种建筑物破坏情况的描述，应包括周围建筑物、隧道、干道架、通廊等构筑物以及电杆、电缆、窨井、防护土堤、树木、草皮、自然地形地貌等破坏的情况。为了说明波及范围及其与事故建筑物的相对方位、距离，还应有"事故波及范围总平面图"。对于重大爆炸事故，尚应对邻近居民点、村庄、城镇等进行调查，并描述其影响情况。

（二）事故现场设备损坏记录

事故现场损坏设备情况按表11-2内容填写。填写时应注意以下几点要求。

表 11-2　事故现场设备损坏情况登记表

设备名称		规格型号		主要参数	
主要安全装置		最后一次检验日期		设备安装地点	
设备原有缺陷		事故时设备运行状态			
设备部件事故前后的位置及其破坏程度					

（1）设备包括工艺设备、动力设备(如油罐、管线、油泵、通风、电气设备等)。事故后要对损坏的设备逐台登记，分析事故原点和事故原因有关的设备要附"设备构造简图"和照片。其余设备可以综合描述。

（2）设备主要参数。是指"设备安装和使用说明书"各参数中与事故调查有密切关系的参数，如油泵和流量压力等。

（3）设备安装地点。要写明设备所在建筑物的名称及设备在该建筑物内的位置。

（4）设备原有缺陷。可根据事故前掌握的情况和事故后鉴定的情况填写。

（5）设备运行状态。是指检修、试车、运行或停用等。

（6）设备各部件事故前后的位置和损坏程度。是该表的主要内容。要写明设备的哪一个部件是弯曲还是断裂。对于压力容器的破口要详细描述，如破口的长度、爆破前后的壁厚及形状等。

（三）事故现场飞散物散落记录

事故现场飞散物散落情况的记录填入表11-3。填写要求有以下各点：

表 11-3　事故现场飞散物登记表

序 号	名 称	飞散物特征数据	事故前所在位置	事故后所在位置及地形特征	飞散造成的后果	备 注

（1）爆炸事故有时会造成较多的飞散物，不可能把所有的飞散物全部填入表内。因此，填入表内的是一些特征飞散物，主要是最大的、最远的、最重的，对建筑物、设备、人员造

成损害的，对揭示事故原点和事故原因有重要作用的等。如各种工具、用具、包装物、零件，以及设备上与操作有关的活动部件、建筑物上的某种构件等。

（2）飞散物名称。应写明哪一建筑物的什么构件或哪一设备的什么部件；对事故中未燃爆的危险品应特别注意描述。

（3）事故后所在位置及地形特征。指的是飞散物散落地点与爆炸点的相对位置、距离和高差，飞散物是否落在对方建筑物的防护堤内等情况。对于较为密集的飞散物，应综合描述其散落范围、密集程度、质量等。必要时，应有"特征飞散物散落图"，或在"特征飞散物总平面图"中标出。

（4）飞散物造成的后果。指的是飞散物对建筑物、设备、地形地貌的破坏和飞散物导致人员伤亡的情况等。

（四）事故现场其他记录

除了填写好上述三个登记表以外，还应写好人员伤亡和疏散情况表、重要物证登记表等。前者主要揭示事故前后人员位置及现场救护中发现的人员倒卧位置和姿势，伤势情况和部位；后者是证明事故前伤员位置的物证，如工装、工鞋，血迹、毛发、工具等，以及揭示事故原点或事故原因的物证。这些物证要单独登记，详细填写其名称、特征、事故前后的位置以及物证检验情况等。

调查事故中人员伤亡和疏散情况按表11-4样式及以下几点要求填写。

表11-4　人员伤亡及疏散路线登记表

序号	姓名	性别	年龄	人员在事故前后的位置或疏散路线	致伤原因	伤害程度（死、重、轻）	受伤部位及伤害情况	备注

（1）人员事故前后位置及疏散路线。对于死亡、重伤人员，要写明其在事故前后的位置；对于轻伤人员，要写明其在事故前的位置和疏散路线（如经由操作台下铁梯，跑出倒在防护堤内，或经由安全窗跳出等）。对大量经由相同途径疏散的人员可合并填写。

（2）致伤原因。指的是医师对负伤人员的诊断结论，如烧伤、炸伤、砸伤、中毒等。

（3）受害部位和伤害情况。指的是经医师对负伤人员全面检查后得出的结论。它不但是职工工伤的原始凭证，而且也为分析事故前，人员活动情况提供线索和依据。

（4）备注栏里可填写死、伤人员倒卧的姿势及其他应该说明的问题。

（5）必要时，可附"事故人员位置及疏散路线示意图"。

（五）现场照相和录像

现场照相包括现场方位照相、全貌照相、中心照相和细目照相。

（1）方位照相。主要反映事故现场在周围环境中的位置。

（2）全貌照相。主要反映事故现场的全貌，反映现场内部各个部分的联系。

（3）中心照相。主要拍摄事故中心现场，着力反映出事故发展中破坏最严重的状态。

（4）细目照相。主要拍摄揭示事故原点和事故原因的痕迹物体，并利用各种光照条件和技术方法反映出它的原始状态和特征。

（5）现场录像。如有必要，可根据现场情况进行全方位录像，动态反映事故现场全貌及中心现场详细情况，有针对性地拍摄痕迹物体的特写镜头。

（六）现场绘图

现场绘图是指根据现场勘查所获得的材料绘制的说明图，有以下八种。绘图时，可根据事故的类别、规模及复杂程度，决定取舍或合并。

（1）事故建筑平面、剖面图；

（2）事故时，人员位置及疏散路线图；

（3）抗爆小室和抗爆屏院的平面、剖面图；

（4）墙板面破坏展开图；

（5）爆坑图；

（6）事故波及范围总平面图；

（7）特征飞散物散落范围图；

（8）设备构造简图及破坏情况示意图。

五、着火爆炸事故现场勘查要点

火灾事故发生后人们所采取的扑救活动，必定会使火灾现场的燃烧痕迹损坏或变动，给现场勘察带来困难，但只要遵循科学的态度和正确的方法，还是能够调查清楚的。现场勘察的步骤和重点是：

（1）环境观察，确定火灾范围。在事故现场外围对火场巡视和视察，先对整个事故现场获得一个总体印象，并确定周围环境与火灾事故的可能联系。

（2）初步勘察，确定起火部位。在不触动事故现场物体、不改变物体原始状态的情况下，根据烟雾走向和烟熏的痕迹，以及着火当时的天气和风向，判断火势蔓延的路线和过程，大体确定起火部位和下一步勘察的重点。

（3）详细勘察，确定第一起火点。在不破坏初步勘察所发现的痕迹、物证的情况下，对其逐一翻动和检查，仔细研究每一种现象和每一个痕迹形成的原因，最好能找到发火物或发热体，以进一步推断第一起火点。

（4）专项勘察，确定起火原因。对火灾现场找到的发火物、发热体或其残骸，进行仔细辨认和专门检查，必要时还要进行模拟试验或微量分析，以确定事故原因。

勘查火灾事故现场，关键在于查找第一起火点。可以根据以下情况判断第一起火点：

① 火场内可能存在的火源、热源、电源。比如容器或管道的热表面，静电放电火花、电气线路短路、摩擦碰撞等。

② 易燃液体、气体的泄漏点。

③ 有人看到最先冒烟的地方。

④ 燃烧残留物或灰烬在承受面上散落的层次。

⑤ 起火时的风向及气体流动方向。

六、事故原点与确定方法

（一）事故原点

事故原点是构成事故的最初起点（第一起火点、第一爆炸点），即事故中具有因果联系和突变特征的各点中最具初始性的那个点。一起事故，事故原点只能有一个。

事故原点具有时间和空间的双重概念。它对事故既表示某一时间，又表示空间的某一点。事故原点的特征有三点。

（1）突变性。事故原点是从事故隐患转化为事故的具有突变特征的点，没有突变特征的点不是事故原点。

（2）初始性。事故原点是从事故隐患转化为事故的具有初始性的点，只有突变特征没有初始性的点不是事故原点。

（3）具有直接因果联系。事故原点是在事故发展过程中与事故后果有直接因果联系的点，只有突变特征和初始性，而与事故后果无直接因果联系的不是事故原点。

在任何事故中，事故原点只能有一个。事故原点不是事故原因，也不是责任分析，它们之间有严格的区别。

（二）事故原点在事故调查中的作用

事故原点理论是事故调查的基础理论，为事故调查提供了科学方法。在事故调查中，必须首先查清和验证事故原点的位置，然后才能对事故调查过程中的各个环节进行定性和定量分析。在比较简单的事故中，如机床伤手，发生事故的人-机接触部位就是事故的原点，也是事故的终点。这时事故原点理论只起了和事故调查程序图相同的作用。但对比较复杂的事故来说，不首先查到事故原点，调查工作就无法深入下去。事故原因或技术条件不是别处的，正是事故原点的，找不到事故原点，就不能正确地进行事故原因分析。如果在未确定事故原点之前，就对事故原因做出结论，其结论就可能是错误的，所采取的措施也可能无针对性。因此，确定事故原点在事故调查过程中是个关键问题。

（三）确定事故原点的方法

（1）定义法。定义法就是用事故原点的定义，查证落实事故的最初起点。此法适用于事故发生、发展过程较明显，凭直观可基本确定事故原点和原因的事故。如机具伤害事故，油库跑油事故等。

（2）逻辑推理法。逻辑推理法是用发生事故的生产过程的工艺条件，结合事故的发生、发展过程的因果关系进行逻辑推理。因为事故的原因与结果在时间上是先后相继的，后一个结果的原因就是前一个原因的结果，依次推导至终点，便可找出事故的原因。此法适用于事故过程不明显，而破坏性又比较复杂的事故，如较大的着火爆炸事故等。

（3）技术鉴定法。技术鉴定法是利用事故现场的大量物证进行综合分析，使事故的发生、发展过程逐步复原，将事故原点从中揭露出来。此法适用于极其复杂，而且造成重大损失的事故，如重大爆炸火灾事故。根据实际工作经验，技术鉴定要查被炸物承受面的痕迹、爆炸散落物的状态和层次、抛射物的方位和状态、人机损伤部位、现场遗留的痕迹等，还要与爆炸物理学、化学工艺学、物质燃烧理论、结构力学等结合进行工作。

七、事故发生前的劳动生产情况和事故当事人调查

事故调查要重证据。证据包括"人证"和"物证"。一切生产活动都是由人直接或间接操作进行的，生产活动中的各种异常现象必然给人留下某种印象，而异常现象的发展就会变成事故。事故发生时，在许多情况下当事人或目击者都能看到一些情况，甚至是事故发生发展的全过程。事故前，劳动生产情况和事故当事人、目击者进行调查，取得"人证"，对于查明事故原因具有重要意义。

比较简单和直观的机械伤害事故，找当事人一问便知；对于比较复杂的燃烧爆炸事故，当事人虽然很难明确说出事故的过程及原因，但他们所提供的一些事故现象，是查明事故原

因的重要线索。

（一）劳动产生情况调查

事故前，劳动生产情况的调查，主要是调查事故发生之前与事故有关的一切情节，查清事故的前因。内容包括：

（1）事故发生前的生产进行情况，人员活动情况，设备运转情况，以及设备缺陷、异常反应，人员思想情绪等；

（2）事故发生时的工艺条件、操作情况及各种参数，要妥善保管原始记录。必要时，应将事故时的工艺条件、操作步骤、各种参数等与正常生产条件逐项进行对比；

（3）生产中发现的异常现象及判断、处理情况；

（4）其他与事故有关的情况。如事故发生时的气象条件，晴雨、风力与风向、温湿度、雷电等。

（5）调查了解事故发展过程及抢险救护情况。

（二）"人证"调查

"人证"调查的对象。凡事故现场人员、目击者及其他与事故有关的人员，都在调查之列。每个职工都有责任协助事故调查人员把事故发展过程和原因搞清楚，不仅使当事人本人接受教训，而且要针对事故发现的管理缺陷提出改进建议，杜绝类似事故今后再次发生。这是每个职工都应当具备的政治责任心和社会公共道德。对于个别害怕承担责任或受处分而隐瞒事故真相的人，调查人员应采取个别谈话的方式，反复说明调查的主要目的在于查明原因，以便采取预防措施，而不是追究责任，以取得调查对象的信任和支持。

在事故调查中，大约50%的信息是由当事人或目击者提供的，但其中有多少是真实有效的、真正能够起作用的，要看调查人员怎样判断、分析和利用它们。

在找当事人或目击者问询时，要注意以下几个问题：

（1）问讯开始的时间越早越好，能得到的信息较多，且可信度较高；问讯开始越晚，所得到的细节越少，内容可能改变。

（2）注意被询问人的性格和情绪。性格内向的人话少，但信息含量不一定少；性格外向或情绪激动的人话多，但往往容易夸大或扭曲事实。

（3）被询问人的证词与性别没有关系，但智商高的人证词的可信度似乎也高一些。

（4）当多人的证词有矛盾时，要进一步用物证去印证和判断。

（5）在调查过程中，应注意了解有关事实真相，不去评论是谁的过失和责任，更不要先入为主，加以引导。

（三）"人证"材料核实

事故调查中获得的人证材料要与物证材料反复核实，取得一致。物证材料是在事故现场找到的事故遗留物（包括残缺物件或痕迹），它是事故现场存在的不以人们意志为转移的客观事实。而人证材料却受到提供材料人的认识能力和心理活动的影响，有时不一定能正确地反映客观事实，更不能偏听偏信，而要用物证材料去核实人证材料，从人证、物证的统一中寻求事故原点和事故原因。必要时，可做模拟试验来印证。"人证材料"准确性影响因素见图11-4。

根据该图，有利于认真研究被调查人的心理活动，及时做好思想工作，判断他是"知""讲"，或是"不知""不讲"（这两者都是老实人），还是"知"而"不讲"，或"不知"而乱"讲"

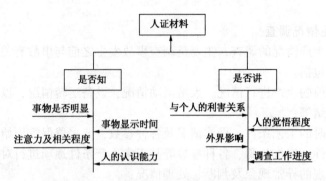

图 11-4　影响人证材料准确性因素图

(这两者都是不老实的人,他们或不讲真实情况,或编造假情况)。事故调查人员一定要注意分析被调查人的心理活动,并设法通过多种渠道了解和查证有关情况。凡是"知"而"不讲"真实情况的人,或编造假情况者,由于缺少事实根据,必然漏洞百出,不能自圆其说,到头来他很可能是事故的主要责任者。调查人员要在反复调查核实的基础上揭露出其虚假性。

第四节　事故分析

一、事故模型

图 11-5 是大量事故发生、发展过程和现场的事故模型。图中明确显示出事故的结构及结构间的关系,能从总体上说明事故的相关概念。

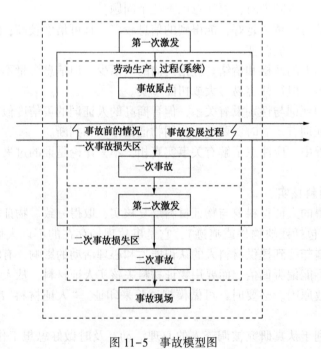

图 11-5　事故模型图

从图中可以看出，在生产或作业过程中，因一次激发，使事故隐患在事故原点处转化为事故。事故原点一定存在于事故发生、发展过程之中，其左端是事故发生前的生产或作业情况，即事故隐患形成过程和状态；右端是事故发展过程。如事故大而复杂，可能向两端延伸，事故前的情况和事故发展过程，有时会超出发生事故的生产或作业范围，事故损失区随之扩大。生产或作业过程中发生的事故第一次激发条件一般容易找到。但是例外的情况就容易被忽略，有时还搞错。如某油库与工厂共用铁路专用线，由于工厂电焊将地线接到铁轨上，引起卸油中铁路油罐车着火。这起事故着火点在油罐口，但激发条件则在油库以外的工厂。

一般来说，一次事故都存在于生产或作业过程之中，其损失和严重程度都不太大。而由一次事故造成的二次激发所引发的二次事故，就可能扩大到生产或作业区域之外，造成严重的损失。

事故发生、发展过程对空间作用的积累，形成事故现场。其涉及范围大小随事故发生、发展过程及第一次激发条件的变化而变化。有了事故模型概念。在事故调查中就能做到心中有数，尽快查清事故。

二、事故分析的主要内容与步骤

（一）事故分析的内容

（1）分析事故原因，包括确定事故直接原因和间接原因。

（2）分析事故性质，确定是责任事故或是非责任事故。

（3）分析事故责任，确定事故直接责任者、间接责任者和领导责任者。

（4）分析应采取的防范措施，提出整改建议。

（二）事故分析的步骤

（1）汇集资料。把事故现场勘察记录、事故前劳动生产情况调查和对当事人、目击者的询问，以及有关照片、图纸、资料、规章制度、生产记录等等，分门别类汇集起来，供进一步分析使用。

（2）个别分析。在综合阅读资料的基础上，采用比较、印证、综合、假设、推理等手段，找出重点人证、物证资料进行个别分析。

（3）综合分析。在上面工作的基础上，通过讨论，采用"排除法"或其他方法，综合能共同证明某一问题的材料，从而判断事故的直接原因。

（4）验证分析。采用"事故树"分析方法进一步验证事故原因的准确性和可靠性。

三、事故分析的方法

对于一起具体事故的原因分析，可根据事故的复杂程度采用不同的方法进行。对比较简单的直观事故，如明火引起火灾、撞击摩擦引起爆炸等，可根据事故原因直接查证它的技术原因和管理缺陷。对于有多个起火点或爆炸点的事故，要首先确定事故原点，接着找出事故原点的激发条件，然后分析事故直接原因，最后分析事故扩大的原因。对于更复杂的事故，可采用危险因素穷举法或"事故树"分析法。前者根据事故调查情况和专业技术知识列出因果图，务求穷尽事故的危险因素，再结合现场勘查、事故前后情况调查，以及模拟试验情况进行分析比较，将与事故无关的因素逐个排除，最后无法排除者，就是事故原因。后者根据危险因素和管理缺陷,逐层分析,绘出事故树图,层层分析即可找到事故原因。

(一) 因果图分析法

因果图也叫树枝图、鱼刺图、特性因素图,因划出的图形是鱼刺状而得名。由于发生事故的原因往往是多方面的,而且主要原因、次要原因互相交织、互相影响,若不按大、中、小和主要、次要等顺序逐个分析,而是眉毛胡子一把抓,就不能理出头绪,很难确切找到事故的真正原因。因此,采用因果图列举各种危险因素,并分析其对事故的影响,是查找事故原因的有效方法。因果分析图简单实用,用于已发生事故的原因分析。其特点是系统化、条理化,因果关系层次分明。

1. 因果分析图的绘制

把事故有关人员组织起来,使每个人都充分发表自己对事故的看法,然后把各种意见按照相互关系加以归纳,用图 11-6 形式表示出。通常事故的发生可归纳为人、原料、设备、方法、计划、环境等六类因素。将各因素由大到小,从粗到细,由表及里,一层一层地寻找原因。再从这些大大小小的原因中,分析确定主要原因。然后采取具有针对性的有效防范措施,防止事故的发生。

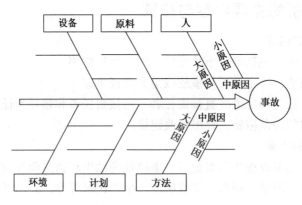

图 11-6　因果分析图

2. 绘制因果图的注意事项

(1) 画因果分析图时,特别要注意实事求是,尊重客观事实,要防止只停留在罗列许多表面现象,而不深入分析"大、中、小"原因的关系上。

(2) 找出各种原因有的可能是防止事故采取的措施,防止事故的措施不写入图内。

(3) 确定主要原因时,要充分讨论,集思广益,不轻易否定别人的意见,主要原因应是多数人的意见。这样的因果图才是一个完善全面的分析。

3. 举例分析

某洞室油库 1000m³ 油罐进油后跑油,处理跑油中油罐吸瘪。事故后经调查分析,其原因是多方面的。根据事故原点理论,跑油发生于油罐测量孔,油罐吸瘪使顶部多处凹陷。用因果图从设备、操作、管理、指挥四个方面进行分析,找出主要原因是进油前未测量罐内液位,进油超过油罐安全容量,油温升高,体积膨胀而从测量孔溢出,同时呼吸管内也进油;油罐吸瘪是由于排放罐内超装油时,未清除呼吸管内存油致使罐内真空度超限造成。图 11-7 是这次事故各种因素归纳的因果分析图。

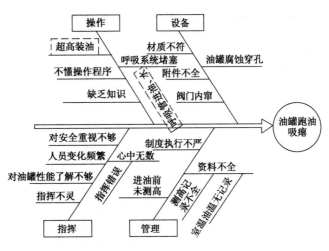

图 11-7 油罐跑油、吸瘪事故因果图

（二）事故树图分析方法

事故树图类似一棵倒置的树而得名。事故树图分析法一般用来分析重大恶性事故的因果关系，也可以进行系统危险性评价、事故预防、事故调查、沟通事故信息等。

（1）事故树图的符号及其意义。事故树图是由各种基本事件符号与其相连的逻辑门符号组成的。基本事件是树的节点，逻辑门是表示与其他节点连接性质的符号。几种最基本的常用符号的符号名称、图形、意义见表 11-5。

表 11-5 事故树图常用符号及其意义

符号名称	图　形	图形意义
矩形符号	▭	表示顶上事件或中间事件。顶上事件一定要清楚，不要太笼统。如一着火爆炸"就很笼统"，而"油罐着火"就表示出了特点
屋形符号	⌂	表示正常事件，即系统正常状态下发生的事件，也称为激发事件。如"空气""油泵运转"等
圆形符号	○	表示基本原因事件，或称为基本事件。它可以是人的错误，也可是机械、设备故障，或是环境因素，是不能再分析的事件
菱形符号	◇	表示省略事件，即由于数据不足或事件本身无意义，没有必要再分析下去的事件
与门符号	A · B_1 B_2	表示逻辑积的关系。与门连接表示只有下面输入事件 B_1、B_2 同时发生，输出事件 A 才发生的连接关系
或门符号	A + B_1 B_2	它表示逻辑和的关系。或门连接表示只要下面输入事件 B_1、B_2 中任何一个事件发生，都可以使事件 A 发生的连接关系

符号名称	图　形	图形意义
条件与门	$\overset{A}{\underset{B_1\ B_2}{\cdot}}\ \alpha$	条件与门连接表示 B_1、B_2 同时发生时，事件 α 不一定发生，只有同时满足 α 时事件 A 才会发生。它相当于三个输入事件的与门
条件或门	$\overset{A}{\underset{B_1\ B_2}{+}}\ \beta$	条件或门表示 B_1、B_2 任何一个事件发生的同时，还必须满足条件 β，输出事件 A 才能发生
转出符号	△	转出符号连接的部分树图是总树图的一部分。三角形内标出向何处转移。转出应与转入对应
转入符号	△	转入符号连接的地方是相应的转出符号连接的部分树图转入的地方。三角形内标出向何处转入

（2）事故树编制过程。采用的是从结果找原因的逆过程分析方法。先确定顶上事件以后，将其扼要地记在矩形框内，在它的下面并列写出造成顶上事件的所有直接原因事件。寻找直接原因事件时，通常从三个方面考虑，即机械设备故障或损坏、人为的差错（操作、管理、指挥）、环境不良因素。然后用逻辑门连接上下层事件，即输出输入事件。若下层事件必须全部发生顶上事件发生时，用与门连接；若下层事件中任何一个发生，则顶上事件发生时，用或门连接。门的连接问题涉及各事件间的逻辑关系，它的正确与否直接影响着以后的定性分析和定量分析，所以必须认真对待。

第二层各事件的所有直接原因写在对应事件下面，即第三层。用适当的逻辑门把二、三层事件连接起来。如此层层向下，直至最基本事件，或各根据需要分析到必要事件为止，这样就构成了一棵完整的事故树图。

（3）举例分析。以某油库地下泵房爆炸为例运用事故树图分析。地下泵房爆炸发生于1977 年 8 月 17 日。地下泵房 3 号汽油泵，因机械密封漏油于 16 日拆开检修，用油盆接装油泵内残油。下班时检修作业未完成，盛装汽油的油盆放在泵轴下。第二天上班后，电工到配电室送电通风。送电启动风机时即发生爆炸，造成泵房内通风管、木门炸毁，配电室电器轻微烧损（仍可使用）。水门碎片沿地下泵房出入巷道拐了两道弯飞出，落于距离巷道口 30m 以远的地方；进风口水泥盖板掀翻 5m 以外，风机入口处帆布柔性接头的压紧法兰拉脱。

该爆炸事故顶上事件是地下泵房爆炸，其直接原因是可燃物、空气、点火源三要素相遇引起爆炸。地下泵房爆炸的事故树见图 11-8。

① 点火源可能有明火和火花两种。明火如吸烟、修焊等；火花如电气、静电、雷击、碰撞等。但这些都是规程、制度、工艺严加控制的因素。

② 在油库"收储发"场所都有油品，也有油气散发。但对于油泵来说，因油品在密闭工艺系统中输送，只有在设备故障或检修时可能发生油品失控，油气散发。这次地下泵房爆炸就是因汽油泵检修，油盆内汽油蒸发形成爆炸性油气混合气体，充满地下泵房、风机室所致。

③ 基本因素在图 11-8 中有 18 个。导致顶上事件发生的这些基本因素的组合叫割集，而最小组合叫最小割集。事故树的最小割集指出了事故发生的途径。利用布尔代数计算，导致顶上事故可能发生的割集数为 66 组。即

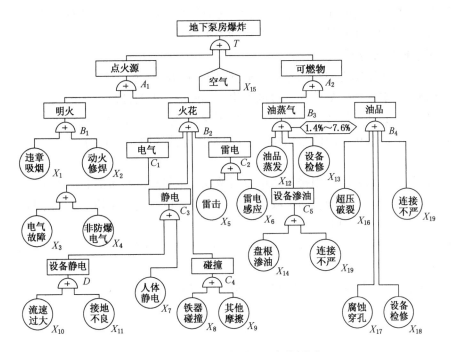

图 11-8　地下泵房爆炸的事故树图

$\{X_1 \cdot X_{12 \sim 17} \cdot X_{18}\}$ 6 组；$\{X_2 \cdot X_{12 \sim 17} \cdot X_{18}\}$ 6 组；

$\{X_3 \cdot X_{12 \sim 17} \cdot X_{18}\}$ 6 组；$\{X_4 \cdot X_{12 \sim 17} \cdot X_{18}\}$ 6 组；

$\{X_5 \cdot X_{12 \sim 17} \cdot X_{18}\}$ 6 组；$\{X_6 \cdot X_{12 \sim 17} \cdot X_{18}\}$ 6 组；

$\{X_7 \cdot X_{12 \sim 17} \cdot X_{18}\}$ 6 组；$\{X_8 \cdot X_{12 \sim 17} \cdot X_{18}\}$ 6 组；

$\{X_9 \cdot X_{12 \sim 17} \cdot X_{18}\}$ 6 组；$\{X_{10} \cdot X_{12 \sim 17} \cdot X_{18}\}$ 6 组；

$\{X_{11} \cdot X_{12 \sim 17} \cdot X_{18}\}$ 6 组。

　　根据爆炸事故现场遗留的痕迹分析，爆炸原点在风机室，当时无人，排除明火引爆的可能，即 X_1、X_2 可排除；经爆炸后检查，电气设备防爆等级和安装，符合场所爆炸要求，可剔除 X_3、X_4；泵房导静电接地、跨接完好，且无输油作业，也无人，即 X_7、X_{10}、X_{11} 不存在；天晴无云不会有雷电，不存在 X_5、X_6，点火源仅剩下碰撞产生火花，即 X_8、X_9。而爆炸后检查设备连接可靠，无锈蚀和渗漏，燃烧物只能是盛装汽油的油盆和拆检油泵残油蒸发，即 X_{12}、X_{13}。这样最小割集只有 $\{X_8 \cdot X_{12} \cdot X_{18}\}$、$\{X_8 \cdot X_{13} \cdot X_{18}\}$、$\{X_9 \cdot X_{12} \cdot X_{18}\}$、$\{X_9 \cdot X_{13} \cdot X_{18}\}$ 4 组，实际上只要找出 X_8、X_9，原因就可查清。经在风机室查证，事故原点是拉脱的风管帆布柔性连接的压紧法兰与风机螺栓碰撞，产生火花引爆可燃混合气体。事故原点在压紧法兰与风机螺栓碰撞处。

　　④ 通过上述事故分析，油库引起着火爆炸事故的因素较多，各因素又交织在一起，用常规分析方法，容易陷入就事论事，只能找出个别、孤立的原因，深层的原因及其相互关系很难揭示清楚，就难以制订全面的预防对策。事故树图分析的优点，在于能深刻揭露引起事故的大量的、复杂的、交织在一起的原因及其因果关系和相互影响。由顶上事件开始，经中间事件，层层深入，追根求源，直到找到引起事故的初始原因。然后根据基本事件间的逻辑

关系，运用数学模型，进行定性、定量分析，为预防事故提供可靠的依据。从而减少安全工作中的盲目性，增加了主动性，有效地避免同类事故重演。

（三）事故的数理分析

数理统计方法的基本思想是通过研究局部推断或判断整体，通过分析大量的偶然现象，掌握出现问题的一般规律。如油库事故的发生是偶然的，但对油库大量的偶然事故进行综合分析就可找出某种必然的规律。事故的数理分析就是寻找发生事故的规律，研究制订防患对策。用数理统计方法分析事故的常用排列图(条形图与曲线图结合)和控制图。

1. 排列图

排列图也称主次因素图。用排列图可以清楚地、定量地反映事故各因素影响的大小，找到事故发生的主要原因，明确预防事故的主要方向。所以排列图是用于分析事故主次因素的方法。排列图的作图方法如下：

① 收集事故，进行分类。针对要解决的问题，收集一定期间或一定数量的事故，按要求分类、分组。

② 统计各类、各组数据。根据分类、分组统计事故出现的次数。

③ 组成排列图数据统计表。按照事故统计次数，以次数多少为序排列于表中，并计算出累计数的累计百分率，见表11-6。

表11-6　油库加油站事故排列图数据统计

项　　目	事故频数/次	累计事故频数/次	累计事故频率/%
油　罐	480	480	45.7
油管线	159	639	60.9
油罐车	145	784	74.7
油　泵	86	870	82.9
油　桶	35	905	86.2
其　他	145	1050	100

④ 绘制排列图。排列图由两个纵坐标，一个横坐标，以及若干个矩形和一条曲线(折线)组成。左边纵坐标表示事故频数，右边纵坐标表示事故频率(累计百分率)；横坐标表示影响安全的各因素。影响因素以主次从左到右排列；矩形表示某个影响因素的大小；曲线表示影响因素大小的累计百分率。以第十章中的"表10-3 事故发生部位"数据编制油库加油站事故排列图数据统计，绘制油库加油站事故排列图，见图11-9。

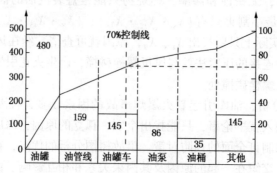

图11-9　油库加油站事故排列图

2. 注意事项

（1）有关事故的数据必须真实可靠，判断要正确无误。

（2）对收集到的事故数据应按要求分类、分组进行统计。

（3）数理统计有助寻找问题及其主要矛盾，及时发现生产或作业中异常情况。但数理统计只能反映问题，不能解决问题。

（4）要灵活地综合运用各种方法和工具，不应局限于某种方法，一定要讲究实效。不要搞形式。

3. 判断和运用

通常事故累计在70%以上的项目称为主要因素，其余的为次要因素。图11-9中，油罐、油管线、油罐车占74.7%，是控制的主要因素，其余三项为次要因素。主要因素确定以后，尚需进一步分层分析，以便有针对性地解决问题。如造成油罐、油管线、油罐车发生事故是责任心问题，还是操作问题，或者是设备问题等，据进一步分层分析得出的结论，采取相应的防范措施，就能很快见到实效。

安全寓于生产或作业之中，安全工作随着生产的开展而产生，也随着生产发展而发展。随着高新科学技术及现代工业的飞速发展，高技术工业的出现，安全保障的技术难度愈来愈大。仅依靠法规、制度，进行安全管理的传统安全管理方法，已不能适应新的情况，必须从被动的事故后进行事故分析的"事故管理"，转变为以事故前预测、预防为中心的现代安全管理，以适应不断发展的新情况。

（四）模拟试验

模拟试验是仿照实际情况用实验方法对实际情况进行描述。事故调查中所进行的模拟试验，是在现场或实验室采用试验方法来描述事故的激发条件，以验证对事故原点及事故原因的分析是否正确。它是事故分析的重要辅助手段之一。

（1）模拟试验的作用。它有两个作用，一是观察在模拟的激发条件下事故发生的可能性，以及试验现象是否与事故现场情况相同，从而核定事故原点；二是对激发条件进行模拟测试，以验证对事故原因分析的正确性。

模拟试验主要是研究事故的激发条件，而不是再现事故过程。

（2）现场模拟试验。在事故现场进行模拟试验比较接近于发生事故的实际情况，可以避免一些人们预想不到的影响因素，因而试验结果的可信度较高。在现场试验也不需要复杂的试验设备，比较容易进行。

现场模拟试验包括现场演示、现场测试、现场鉴定和现场采样。

① 现场演示。所谓现场演示，是指在事故现场仿照事故情况进行演示试验。例如，某油库的洗桶车间发生火灾事故，根据现场勘查和事故前后情况调查，起火点在地沟内电线短路处，短路电弧引燃了地沟盖板上的油污，从而蔓延到整个车间发生火灾。为了证实这里确实是事故原点，就在现场进行演示试验，当电源开关合闸后，该处电缆连续发生三次短路，出现电弧光，能引燃地板上的油迹。这证明了事故调查中所确定的事故原点是正确的。

② 现场测试。所谓现场测试，是指在事故现场仿照事故时的生产工艺条件与操作情况，测试事故的激发条件。例如，某厂硝化甘油分配车间发生爆炸事故，根据现场勘查和事故前后情况调查，确定事故原因是由于喷射输送的过程中产生的水锤冲击作用造成的。为了检验

这种原因的正确性，进行了现场测试。测试结果是：第一，用 29.4Pa 的压力水冲洗喷射器 5min，仍存有硝化甘油 54.4g；第二，使给水管路中进入一定量空气，启动喷射器时管路剧烈振动，并伴有冲击声。同时测得喷射器负压区绝对压力由 21.3kPa 上升到 168kPa。从而验证了该喷射器压力波动产生水锤冲击作用是导致硝化甘油爆炸的真正原因。

③ 现场鉴定。所谓现场鉴定，是指对事故现场的机器设备及其附件进行必要的技术鉴定。比如车辆伤害事故要对车辆的转向、制动系统进行检验；锅炉爆炸事故要对安全阀、水位表、压力表等附件进行检验。

④ 现场采样。所谓现场采样，是指对事故现场某些与燃烧爆炸有关的物质进行采样和分析化验，以确定其组成、浓度、杂质含量和理化性质等，为事故原因提供佐证。这是在许多事故调查中都经常应用的方法。

(3) 实验室模拟试验。除了以上现场模拟试验外，有些疑难事故，为了确定事故的真正起因，还需要做实验室内的模拟试验。例如，某厂雷管装配车间分线尾工序发生爆炸事故，据分析是工人穿化纤衣服操作，人体静电放电引起的。为了验证这种原因分析的正确性，在实验室内进行了雷管静电火花感应试验；又做了人体静电起电和放电试验，并使带电人体接触雷管脚线。结果真的引起了雷管爆炸。从而验证了人体静电放电是引爆雷管的真实原因。

(4) 模拟试验报告。在进行模拟试验时，无论是现场模拟试验，还是实验室模拟试验，都要做好试验记录，写好试验报告。试验报告的主要内容有：

① 试验时间、地点及参加试验人员；

② 试验目的；

③ 试验设备、装置、测试仪器(规格、型号)及安装示意图；

④ 试验步骤和操作方法；

⑤ 试验现象和测试数据；

⑥ 试验结论或结果讨论。

总之，模拟试验是调查事故激发条件的有效方法之一。但也必须注意到，事故的发生往往是许多缺陷事件出现概率的乘积，偶然性很强，有时很难用模拟试验再现。因此，出现这种情况时，不可轻易下定论，须配合其他分析方法慎重考虑。

四、事故责任分析

按照事故处理"四不放过"原则，事故原因调查分析完成后就要确定事故性质，如果定为责任事故就要进行事故责任分析，以确定事故责任者，并进行事故责任追究。

(一) 事故性质判断

一般地说，一起重大责任事故发生后，应根据事故严重程度，按事故隐患来源，追查生产过程各个环节。如生产操作、设备设施、规章制度、教育训练等方面的操作者和管理者，甚至可以追溯到设计、设备安装、劳动组织、生产指标等方面的负责人和执行者应负的间接和直接责任。目的是教育群众，吸取教训，改进工作，采取防范措施，消灭事故隐患，杜绝类似事故重复发生。这样才能做到"四不放过"。

判别是否属于重大责任事故的关键，一是原因，二是后果。后果包括"重大伤亡"和"严重后果"两个方面。具体如何掌握这个判别标准呢？

所谓重大伤亡事故，是指一次事故中死亡 3~9 人的事故。如果一次发生死亡 10 人及以上的事故，就叫特大伤亡事故。

所谓造成严重后果，既包括造成重大伤亡，也包括造成重大或者巨大经济损失，或二者兼有的后果。什么算是"重大""巨大"，各地掌握不尽相同，一般以直接经济损失超过 50 万元的事故算是重大经济损失事故，损失超过 500 万元的事故算是巨大经济损失事故。所谓直接经济损失，是区别于间接损失而言的。前者是事故现场直接造成的各种经济损失，如设备毁坏、厂房倒塌、原材料的损失、备品配件的破坏等造成的有物可算的经济损失，以及事故处理期间因职工伤亡而付出的医疗、抚恤、丧葬费用等。后者是因事故现场损坏带来的其他有联系的、暂时尚无实物可查的经济损失，如停产损失、科研课题的延期损失、事故处理期之后为受伤职工付出的医疗费用，以及在停产、窝工中将要支付的工资、福利费开支等等。

（二）责任事故说明

关于责任事故还需说明的是，有些事故虽不是违章作业或违章指挥造成的，而是由于疏忽大意、漫不经心、马虎从事而发生的，或是由于明知存在着事故隐患，仍抱着侥幸心理去操作而造成的。不管是什么动机或心理状态，只要造成重大伤亡和严重经济损失，都应定为重大责任事故。当事人应定为事故责任者，并分为直接责任者和间接责任者。

一般地说，事故直接责任者应是企事业单位内直接从事生产操作、生产指挥、科学技术活动的人员。如生产工人、安全员、技术员、化验员、科研人员、工段长、作业大队长、车间主任、研究室主任等。如果是非生产性人员，如企事业单位领导、行政业务干事、设计员、资料员等，由于违反规章制度或工作上严重不负责任而造成经济上、政治上重大损失者，应负玩忽职守的责任，是属于事故间接责任者。

当然，如果经过认真调查，确认事故不是由于违章作业或违章指挥造成的，而是由于某种尚不认识的科学技术原因或设备设施原因造成的，即使事故损失较大，也不能定为责任事故。

1. 追究事故责任的一般原则

对于责任事故是否追究事故责任者的责任，一般原则是：

（1）责任人违反《安全生产法》、国家或行业有关法规以及本单位安全生产规章制度，或者违反群众公认的行之有效的操作惯例，应当追究责任；反之则不宜追究责任。

（2）行为与后果之间有直接因果关系的事故应当追究责任人的责任；没有直接因果关系的不宜追究责任。

（3）由于日积月累、多人形成的事故隐患，发生在某个当班人身上，不应当追究当班人的责任。

（4）由于集体讨论决定而酿成事故，应当追究对事故的发生起了决定性作用的主要责任人员或者直接责任人员的责任，不宜追究多数的、次要人员的责任。

（5）由于企业管理和制度混乱等原因而发生的事故，应当追究企业主要领导和分管安全生产的领导者的责任（一般是玩忽职守的性质），不宜追究职工群众的责任。

2. 事故责任分析程序

事故责任分析的程序见图 11-10。

根据图示的程序层层分析，可以了解人在事故中的地位和作用，从而就可确定事故直接责任者和间接责任者。一般说来，确定事故间接责任者的原则如下：

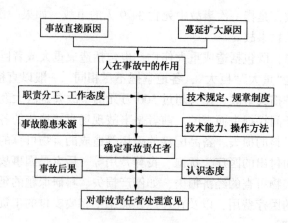

图 11-10　事故责任分析程序图

（1）因设计错误和缺陷而发生事故，应由设计者负责。

（2）因施工、安装及检修错误和缺陷而发生事故，应由施工、安装及检修人员负责。

（3）因工艺条件或工艺技术规定错误而造成事故，应由工艺技术负责人（工程师或技术员）负责。

（4）因官僚主义错误决定、瞎指挥而造成错误操作发生事故，应由指挥者负责。

（5）因缺少安全规章制度而发生事故，应由生产组织者负责；因违反安全规章制度而造成事故，应由操作者负责；但因未经培训学习，不懂安全操作知识而发生事故，应由指派者负责。

（6）因缺少安全防护装置而发生事故，应由生产组织者负责；但对于随便拆除安全防护装置而造成事故，则由拆除者或决定拆除者负责。

（7）对于已发现的重大事故隐患，能够解决而未及时解决造成的事故，应由直接领导负责；无力解决且已呈报有关部门，但仍未解决而造成事故也应由赔误部门负责。

（8）对已发生过事故而没有采取有效防范措施，又发生了类似事故，由有关领导负责。

3. 提出处理意见应注意事项

提出事故责任者的处理意见时，遇有下列情况，可考虑从轻或加重处分：

（1）事故责任者对抢险救护或防止事故扩大有贡献者，应考虑免除处分或从轻处分；

（2）事故责任者主动认识错误并有立功表现者，应考虑从轻处分；

（3）对破坏事故现场，歪曲事实真相，企图推卸事故责任者，应加重处分；

（4）对诬陷他人，企图推卸本人责任者，应加重处分；

（5）对发生事故隐瞒不报或故意拖延、谎报、企图逃避处分者，应加重处分。

（三）事故责任追究的法律规定

《安全生产法》中关于从业人员的事故责任追究，在第 54 条中规定："从业人员在作业过程中，应当严格遵守本单位的安全生产规章制度和操作规程，服从管理，正确佩戴和使用劳动防护用品。"在第 104 条中规定："生产经营单位的从业人员不服从管理，违反安全生产规章制度或者操作规程的，由生产经营单位给予批评教育，依照有关规章制度给予处分；构成犯罪的，依照刑法有关规定追究刑事责任。"

《安全生产法》中关于企业领导干部的事故责任追究，在第 91 条中规定："生产经营单位的主要负责人未履行本法规定的安全生产管理职责的，责令限期改正；逾期未改正的，处二万元以上五万元以下的罚款，责令生产经营单位停产停业整顿。生产经营单位的主要负责人有前款违法行为，导致发生生产安全事故的，给予撤职处分；构成犯罪的，依照刑法有关规定追究刑事责任。生产经营单位的主要负责人依照前款规定受刑事处罚或者撤职处分的，自刑罚执行完毕或者受处分之日起，五年内不得担任任何生产经营单位的主要负责人；对重大、特别重大生产安全事故负有责任的，终身不得担任本行业生产经营单位的主要负责人。"同时，第93条规定："生产经营单位的安全生产管理人员未履行本法规定的安全生产管理职责的，责令限期改正；导致发生生产安全事故的，暂停或者撤销其与安全生产有关的资格；构成犯罪的，依照刑法有关规定追究刑事责任。"

国家有关领导对安全生产非常重视，并就安全生产工作做出了重要指示：

① 安全生产，要坚持防患于未然。要继续开展安全生产大检查，做到"全覆盖、零容忍、严执法、重实效"。要采用不发通知、不打招呼、不听汇报、不用陪同和接待，直奔基层、直插现场，暗查暗访，特别是要深查地下油气管网这样的隐蔽致灾隐患。

② 要加大隐患整改治理力度，建立安全生产检查工作责任制，实行谁检查、谁签字、谁负责，做到不打折扣、不留死角、不走过场，务必见底见效。

③ 必须建立健全安全生产责任体系，强化企业主体责任，深化安全生产大检查，认真吸取教训，注重举一反三，全面加强安全生产工作。所有企业都必须认真履行安全生产主体责任，做到安全投入到位、安全培训到位、基础管理到位、应急救援到位，确保安全生产。

第五节　事故教训与防范措施

根据事故处理的"四不放过"原则，事故处理工作包括：确定事故性质，分清事故责任，总结事故教训，采取防范措施，追究事故责任者，教育干部和职工。

这当中最重要的是总结事故教训，采取防范措施。

事故防范措施有多种多样。根据不同的事故类型和具体生产条件，采取具有针对性的防范措施。

一、安全技术措施

这是根据劳动生产过程中危险因素存在的特点、状态，从设计、工艺、设备结构等方面采取的防止危险因素转化为事故或防止事故蔓延扩大的措施。

（1）从厂址选择、库区布置、设备选型及工艺条件确定等方面都要采取符合有关安全规范规定的技术措施。

（2）对有易燃易爆气体、液体或粉尘的生产、储存、运输应采取消除或控制火源、热源和避免其达到燃爆极限浓度的技术措施。如电气装置采用是防爆型的、安装良好的通风设施等。

（3）受压容器的材质和结构必须保证受压部件能承受具有一定安全系数的工作压力，并安装指示安全状况的仪表(如压力表、液位表)和安全附件(如安全阀)等。

（4）易燃易爆危险场所和高大建筑物要有避雷保护装置；设备、储罐、管道等要有静电接地装置，并保持良好状态。

（5）为防火防爆而设置各种互动、联锁装置，如将温度、流量自控信号与安全放料、停止供料、消防淋水、雨幕等安全装置联动起来等。

由于安全技术措施是在建设、制造设备、施工安装时根据要求设置的，故可称为预防事故发生的第一道防线，即物质基础防线。

二、安全管理控制

这是对劳动生产过程的各项管理工作实行安全控制，以消除生产管理缺陷，防止其对危险因素的激发而造成事故。

（1）制定安全法规、设计安全规范、安全技术规程、各级人员安全生产职责、岗位责任制、安全操作规程等，从规章制度方面进行安全管理控制。例如油库规划建设要遵照《石油库设计规范》和有关设计安全规范；易燃易爆场所严禁烟火，不准穿带钉子的鞋；为避免人体静电危害，工作人员不得穿化纤衣服，并采取消静电措施等。

（2）坚持不懈地进行安全技术教育，包括新职工入厂三级(厂级、车间级、班组级)安全教育，定期过安全日，上安全技术课，举办安全技术培训班，教育工人正确佩戴劳动防护用品、特殊工种的工人进行专门培训和考核等。

（3）开展定期和不定期安全检查，如日查、周查、月查、专业检查、开工和停工检查等。

（4）油库加油站投产前的检查验收。

（5）设备验收、维修检验和定期鉴定等。

（6）危险场所设置遮拦、安全信号和标志；特种作业要有许可证，如易燃易爆场所动火焊接要有动火许可证等。

由于安全管理控制是在生产过程中采取的管理措施，故可称为预防事故发生的第二道防线，即安全管理控制防线。

三、安全防护装置

这是为了防止事故蔓延和扩大而采取的措施，也包括个人防护措施。

（1）具有火灾爆炸危险作业的场所设置消防淋水装置和消防器材。

（2）个人防护用具，如防火工作服，导静电胶鞋、防毒面具等。

（3）油罐周围设置防火堤，并且各罐间留有足够大的安全距离。

（4）为避免某些特别危险的操作影响其他工序的生产，将这些危险工序设置在抗爆小室内，并在工房结构上设置足够大的泄压面积，门、传递窗和观察窗设置成抗爆门窗等。

（5）对一定结构的危险场所(工房、库房)，规定相应的安全定员和安全存量。

安全防护装置是针对生产中危险因素采取的技术性措施，可以把具有连锁反应关系的危险因素分隔开来，把事故限制在最小范围内，防止发展为重大事故。同时，安全防护也与管理有密切关系，比如油罐允许的安全高度，油罐进油作业中由于人为因素超过了安全高度，防护限制措施就不会起到应有的作用。所以安全防护装置是预防事故发生的第三道防线。

四、防范事故发生的基本防线图

（一）油库加油站防范事故发生的基本防线

油库加油站预防事故发生的基本防线有安全技术措施、安全管理控制、安全防护装置，见图 11-11。

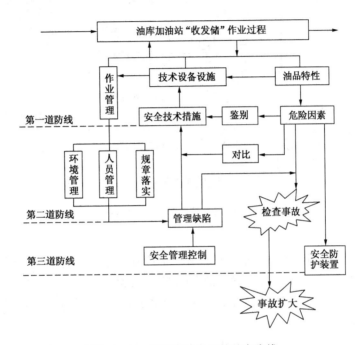

图 11-11　防范事故发生的基本防线

（二）日本防范事故系统

日本根据安全系统工程学和安全管理学的观点，从技术措施改进和组织管理改善两个方面作用于安全系统，形成完整的设施对策和人的对策，并把它们有机地结合起来，构成防灾管理系统，其内容包含了安全技术措施、安全管理控制、安全防护装置、安全教育和技能培训等，值得借鉴，见图 11-12。

五、安全教育与技能培训

油库加油站安全教育与技能培训要坚持"干什么学什么，缺什么补什么的原则"。油库加油站决策者、管理人员、安全专业人员、普通员工和家属等都需要进行安全教育。不同层次需要不同安全知识体系，应有不同教育目标，采取不同的教育方法。

安全教育和技能培训的内容及要求：

（1）相关的安全方针、政策、法规、标准，以及行业和本单位的规章制度。

（2）油品的危险特性和油品出入库质量要求（保证不合格油品不入库，不出库，以对用户使用的安全性，对单位安全和信誉负责）。

（3）在什么岗位就应具备什么岗位管理能力或操作技能，对油库加油站工艺设备的结构性能，不同作业的流程，操作使用中应注意事项，应急处置方法等，有的人应掌握，有的人

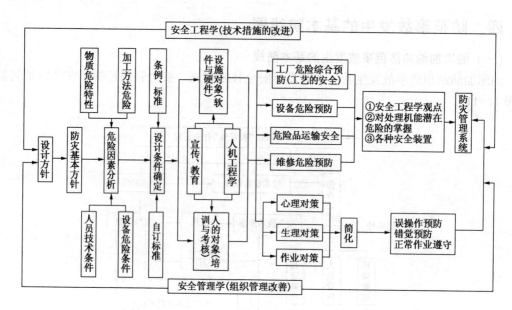

图 11-12　日本防范事故系统

应了解。

（4）对油库加油站的各种自有信息应公开。油库加油站的自有信息主要有动态信息(如输油压力、流量和油泵、阀门等)、静态信息(如储存油品数量、温度、密度、体积等)、动静态信息(液位、压力、油气浓度、人员行动、门禁等)，特别是这三类信息中的危险因素，要求人员了解或掌握。

（5）典型事故分析教育和技术讲座应适时进行，预想、预查、预防活动应经常开展，应急处置方案演练定期进行。

六、对员工的安全管理

对员工仅采取安全教育和技能培训，用规章制度约束其意识和行为是不够的，还必须研究分析员工的心理，研究分析员工的动机和需要。动机是用来说明人经过努力要达到的目的，以及用来追求这些目的的动力。不同的动机可能对安全产生不同的影响和效果。根据美国心理学家马斯洛"需要层次论"五阶段学说，人的行为来源于动机，动机产生需要。人的需要由低级到高级分为五个层次，见图 11-13。这五个阶段是：生理需要是人希望衣、食、住等得到保障；安全需要是人身安全、社会安全、就业保障；归属需要是人希望归属于社会、团体；尊重需要是自尊、自信、得到社会团体承认，希望成为有用的一员；自我实现需要是丰富知识，取得成就。

（1）生理需要是一个人对生存所需要的衣、食、住等基本的生活条件的追求。在一切需要中，生理需要是最优先的，当一个人什么也没有时，首先要求满足的就是生理需要。

（2）安全需要是指对人身安全、工作和生活环境安全、就业保障、经济上的保障等的追求。当一个人生活或工作在惊恐和不安之中时，其积极性是很难调动起来的。

（3）归属需要(社交需要)是指人希望获得友谊和爱情，得到关心与爱护。人是社会人，需要与社会交往，希望成为社会的一员，否则就会郁郁寡欢。

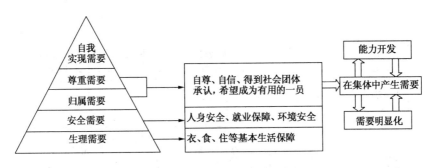

图 11-13 马斯洛"需要层次论"

（4）尊重需要是指有稳固的地位，获得别人的高度评价或被尊重。每个人都有一定的自尊心，若得不到满足，就会产生自卑感、无能感，从而失去信心。

（5）自我实现需要是促使其潜在的能力得以实现的愿望，即希望成为自己所期望的人，完成与自己的能力相称的一切事情。人的其他需要得到基本满足后，就会产生自我实现需要。自我实现需要会产生巨大的动力，使其努力实现目标。

对于一个人来说，这 5 种需要不是并列的，而是由低到高排列的。只有当低层次的需要得到满足之后，才会产生高层次的需要。不过，需要的满足又是相对的，不可能是低层的需要绝对满足之后才产生高层次的需要。一般来说，生理需要满足 85%、安全需要满足 70%、归属需要满足 50%、自尊需要满足 40%、自我实现需要满足 10%，就可以认为是需要得到满足了，就会产生下一层次的需要。

另外，一个人一定时期的需要是多方面的，决定人们行为的是占主导地位的需要，即最想得到满足的需要。特别是进入归属需要后，人会出现一种急切希望得到尊重和自我实现的要求，这时特别应重视开发人的潜能，使其思想和行为符合安全的需要。

根据上述分析，对以生产安全为目标企业（油库加油站）来说，要求员工的思想和行为符合安全要求，但人是一个有思想行为自由的"系统"，受环境和物质的影响，心理过程相当复杂，如需要得不到满足，就会出现不规范的意识和行为，从而成为影响油库加油站安全的一个重要因素，成为发生事故的潜在危险。例如油库加油站保管人员，为争取"红旗库房""优秀保管员"等荣誉，工作认真负责，一丝不苟，特别注意安全。但竞争失败，情绪低落，工作马虎，对油库加油站设备的检查不仔细，收发油作业也心不在焉，这种不安全的意识和行为，往往导致事故的发生。

七、安全系统工程分析方法综合使用模式

安全系统分析是预先分析、故障类型和影响分析、可操作性研究、管理疏忽和风险树、系统功能分析、系统安全目标分析、系统危险性分析，以及安全检查表、系统安全评价、事故树图分析等理论的综合运用。如何使事故分析达到理想的效果，安全系统工程分析方法综合使用模式是一种较好的方法。

（一）综合使用模式方框图

综合使用模式见图 11-14。它由事故标准、事故分析进行、结果及其应用三部分组成。

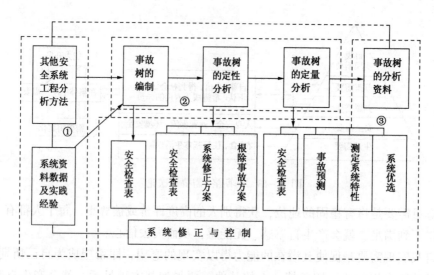

图 11-14　安全系统工程分析方法的综合使用模式

(二) 综合使用模式分析过程

1. 事故树分析准备阶段

此期间要尽量收集系统有关资料和数据。主要有系统工艺流程、工作原理、运行条件、设备结构、操作规程、运行参数、事故资料和数据、可能发生的事故信息；分系统、子系统、机械设备的故障资料、故障率及其对系统的影响；操作、指挥、管理失误；环境条件的影响等。根据这些资料和数据，凭借操作、管理、技术人员的经验，可直接编制事故树，也可先进行其他安全系统工程分析方法。如危险性预先分析、故障类型和影响分析等，从中找出损失程度严重、发生较为频繁的事故作为分析对象，确定事故树的顶端事件。

2. 事故树图分析的进行阶段

在收集资料准备阶段完成后，按照事故树的编制方法进行事故树编绘，做好定性分析和定量分析。每个人都可以根据自己的工作岗位需要、文化水平高低等具体情况，做到其中某一步为止。不管做到哪一步都会产生积极效果，促进安全工作。

3. 结果及其应用阶段

（1）根据编制的事故树，列出基本事件，以提问的方式编制安全检查表。

（2）根据求出的最小割集中基本事件的多少，找出系统的薄弱环节，从中确定修正系统的方案。

（3）根据求出的最小径集，进行分析比较，提出消除事故的方案。

（4）根据事故树结构重要度的分析，按重要度值的大小，编制安全检查表。

（5）根据顶端事件的发生概率，进行事故预测；按照概率重要度、临界重要度编制不同责任者的安全检查表。

（6）通过安全系统工程分析，基本上可以了解和掌握系统的危险性和安全性。

（7）安全系统工程分析，可形成一套事故分析资料，作为安全教育、安全知识传递、安全信息交流、事故分析的资料或工具。

总之，通过安全系统工程分析，可改进系统，加强人的控制，增加系统的安全性，减少或消除事故发生，使系统达到新的安全水平。

八、运用"三圆环"分析法辨识危险因素

"三圆环"逐项分析方法是一种分析、辨识系统危险的有效方法。它是根据"人的不安全行为""机器(物料)的不安全状态""环境不安全条件"三个方面存在的问题，与有关安全法规、标准的差距，从而辨别"人—机(物)—环境"系统危险、危害因素的方法，见图11-15。

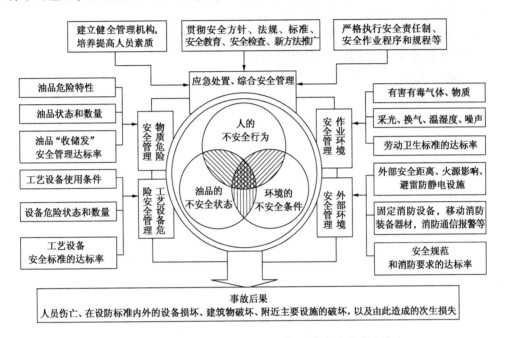

图 11-15　辨识"人—机(物)—环境"系统危险的考查内容

(一) 物质危险性安全管理内容

(1) 对油品危险特性认识掌握情况。

(2) 对油品"收储发"状态和数量管理情况。

(3) 油品"收储发"安全管理的达标率。

(二) 工艺设备危险性安全管理内容

(1) "收储发"工艺设备的使用条件和情况。

(2) 工艺设备在使用条件下有关参数情况。

(3) 油库加油站工艺设备完好的达标率。

(三) 作业环境的影响因素

(1) 作业场所有害有毒气体、物质存在和变化情况。

(2) 作业环境的采光、换气、温湿度、噪声是否影响安全作业。

(3) 油库加油站劳动安全卫生标准的达标率。

(四) 外部环境的影响因素

(1) 各种设备设施、建筑物、构筑物的安全距离是否符合要求；火源使用管理情况；避雷和防静电设施的设置和管理情况等。

(2) 固定消防设备、移动消防装备器材、消防通讯报警的设置和管理情况。

（3）油库加油站消防安全管理规定的达标率。

（五）"人员的不安全行为"即"综合安全管理"内容

（1）建立健全安全管理机构，培养提高人员素质方面的情况。

（2）贯彻安全生产法规、标准方面的情况。

（3）落实各级安全生产责任制方面的情况。

（4）落实作业程序和操作规程方面的情况。

（5）开展安全教育和安全检查方面的情况。

（6）应用推广科学管理新方法方面的情况。

（六）对可能发生的事故的严重度进行估计

（1）可能造成的人员伤亡。

（2）可能造成的设备损坏。

（3）可能造成的建筑物破坏。

（4）可能造成的成品、半成品和物料损失。

（5）可能造成的停工损失。

通过对以上六个方面的逐项分析考查，就可全面辨识出油库加油站是否存在危险和安全管理状况。

参 考 文 献

[1]《油库技术与管理手册》编写组．油库技术与管理手册[M]．上海：上海科技出版社，1997．

[2] 陈文贵．吴建勋，朱吕通．中国消防全书(第三卷)[M]．吉林：吉林人民出版社，1994．

[3] 张国顺．燃烧爆炸危险与安全技术[M]．北京：中国电力出版社，2003．

[4] GB 50074—2014，石油库设计规范[S]．北京：中国计划出版社，2015．

[5] GB 50156—2012，汽车加油加气站设计与施工规范[S]．北京：中国计划出版社，2014．

[6] GB 50058—2014，爆炸和火灾危险环境电力装置计划规范[S]．中国计划出版社，2014．

[7] GB 50057—2010，建筑物防雷设计规范[S]．中国计划出版社，2010．

[8] GB 50151—2010，泡沫灭火系统设计规范[S]．中国计划出版社，2010．

[9] 李思成，杜玉龙，张学魁，等．油罐火灾的统计分析[J]．消防科学与技术，2004(2)．